北窗

A FESTSCHRIFT FOR CHEN ZHIHUA

陈志华先生纪念文集

创于1897
The Commercial Press
商务印书馆

图书在版编目（CIP）数据

北窗：陈志华先生纪念文集 /《北窗：陈志华先生纪念文集》编委会编 . -- 北京：商务印书馆，2024.

ISBN 978-7-100-24270-7

I. TU-53

中国国家版本馆 CIP 数据核字第 202401VA73 号

北窗：陈志华先生纪念文集

《北窗：陈志华先生纪念文集》 编委会 编

商 务 印 书 馆 出 版
（北京王府井大街36号 邮政编码100710）
商 务 印 书 馆 发 行
北京中科印刷有限公司印刷
ISBN 978 - 7 - 100 - 24270 - 7

2024 年 10 月第 1 版　　　开本 710×1000　1/16
2024 年 10 月北京第 1 次印刷　　印张 29¼

定价：148.00 元

本书由北京清华同衡规划设计研究院有限公司资助出版

目录

编者的话　　001

追忆陈先生 / 林贤光　　001

沉痛悼念陈志华老师 / 奚树祥　　011

铭记陈志华先生的殷切期盼 / 布正伟　　017

千里驱车观沧桑
　　——陪同陈志华先生考察四川古村镇的回忆 / 陆强　　024

小议北窗记陈师 / 马国馨　　032

难得梵音亲耳听 / 赵雄　　049

陈志华先生走了，但他仍然活在我们心中 / 季元振　　050

怀念 / 王敦衍　　056

深切悼念恩师陈志华先生 / 黄汉民　　061

不可忘却的怀念 / 韩珍如　　071

师恩难忘 / 吴庆洲　　073

我有过这样的老师 / 刘德圣　　077

关注新事物　倡导好学风

　——忆陈志华先生二三事 / 张复合　083

哀思与纪念 / 陈同滨　088

难忘陈志华先生的"百分论" / 郭旃　090

乡土根深寄情怀 / 李秋香　094

建筑遗产保护的智者：学习《建筑遗产保护文献与

　研究》/ 金磊　108

北窗问学记：回忆陈志华先生的教诲 / 赖德霖　120

冰冷的热情：纪念陈志华先生 / 陈伯冲　136

几张照片忆陈师 / 吴耀东　140

启蒙者是孤独的 / 贺承军　150

北窗本意傲羲皇，老返园庐味更长 / 贾珺　153

忆恩师陈志华先生 / 卢永刚　164

陈先生的世界 / 吕健生　180

一种孤独：追忆陈志华先生 / 王辉　185

旅途归计晚，乡树别年深 / 韩林飞　191

陈志华先生不只教我们外国建筑史 / 王静　221

一生的良师 / 何可人　230

跟随陈先生的那些日子 / 刘杰　243

感染与启迪 / 汪晓茜　　263

和陈志华先生一起度过的田野时光 / 焦燕　　265

安贞堡调研那些事儿 / 贺从容　　268

行而不辍　未来可期 / 杨威　　282

追忆侨乡村测绘 / 罗德胤　　287

先生 / 房木生　　296

学者风范，师道楷模 / 陈仲恺　　302

一起走过的日子 / 刘晨　　305

追忆陈先生二三事 / 赵巍　　319

纪念恩师陈志华先生 / 鲁澂　　326

在福宝场 / 朵宁　　330

清华建筑系的教育追思 / 闻鹤　　339

陈先生 / 陈柏旭　　343

心中的"灯塔" / 王喆　　347

清者自清，水木芳华 / 张帆　　357

我记忆中的陈志华先生 / 梁多林　　363

我对陈志华老师乡土建筑研究思想的理解 / 张力智　　366

念念不忘，必有回响 / 郑静　　372

记陈志华先生二三事 / 尚晋　　383

乡间的守望 / 李姗　　387

谁念西风独自凉 / 高婷　　390

深切追念陈志华老师 / 黄永松　　396

回忆与先生的日子 / 李玉祥　　399

"王陈之学，清华学脉" / 王瑞智　　402

为我们的时代思考 / 杜非　　409

在消失前，给乡土建筑留下一份文化档案 / 曾焱　　418

总有一种人生让我们高山仰止 / 丛绿　　422

陈志华老先生与新叶的故事 / 叶同宽　邓永良　朱红霞　　433

没有陈老师，就没有今天的诸葛古村 / 诸葛坤亨　　438

楠溪江的父老乡亲永远怀念陈老师 / 王澄荣　　440

陈志华先生与张壁古堡 / 任兆琮　　443

陈志华教授与江山历史文物保护 / 何蔚萍　　446

"我跟你说" / 何晓道　　449

思维、文字、情感：悼陈先生 / 阿福　　452

编者的话

清华大学教授陈志华先生是新中国杰出的建筑史家。他长期耕耘于外国建筑史、园林史、建筑学理论、文物建筑保护、中国乡土建筑等学术领域，并撰写和翻译了多种重要的建筑史和建筑理论书籍，学兼中西，识达古今，影响广泛而深远。

陈志华先生还是一位杰出的建筑教育家。他以教书育人为本业，恪守师道，辛勤工作近七十载，并以端正的品行、高远的追求、深厚的学养、严谨的风范、丰厚的著述，滋育了数代建筑学人，桃李不言，下自成蹊。

陈志华先生更是一位杰出的公共知识分子。他热爱祖国和人民，具有强烈的社会责任感。他坚守学术尊严和人格精神之独立，不趋名利，不入流俗，以赤子之心和君子之勇，写下字逾百万的学术思想随笔，启迪并激励了无数同道、学生和读者。

2022 年 1 月 20 日先生因病离世。闻悉噩耗，众多先生的亲友、同事、学生、同行乃至受先生影响的各界人士纷纷撰文或留言表达哀思和纪念。这些文字内容朴实，言语生动，情感真切，从点滴往事和诸多方面回忆并评价了先生的为人、为事和为学。作为先生事业的追随者和有幸接受他教诲的后学，我们在分享这些同道回忆的同时，萌生了为先生编选一本纪念文集的想法。约稿信中写道："我们希望能够广泛征集纪念追思文章，借此抒发、寄托我们的敬仰与思念，亦借此梳理陈先生的学术轨迹和思想遗产。众人拾柴火焰高，希望集众人之回顾、忆往与思考，让我们再次沐于先生的陶冶煦育烛照之下，亦促使我们以先生的求真求实精神读书治学，行事为人。"内容则"举凡生平追忆、学术交往、著作评价、学习经历感悟，乃至私人交往、生活琐事趣事等，均可成文。重在史事与真情实感"。——我们在想，先生的一生都在为祖国的和世界的文化存史；而今，我们也有责任让历史记住他。

稿约信在清华大学建筑学院校友会公众号发出后得到多方响应，仅仅数月我们就收到五十余篇来稿。事实上，截稿日期后，仍有来自各方请求加入文集的意愿，其中除了建筑界人士，尚有媒体、地方文保人士等。整理和编辑的过程使我们得以重温先生的学术人生并回念先生的言传身教，令人无比难忘和感念。

现在这本文集就要出版，我们为它取名"北窗"。从 20 世纪 80 年代初起，先生开始写作"自有建筑媒体以来，篇幅最长、内容最为丰富的专栏文章"，其后以清华大学西南 13 号楼 1 单元 302 室朝北一间小书房的"北窗"为名刊发和结集出版。不同于陶渊明"北窗高卧"的超然物外，"北窗"于先生是数十年观照现实、探究历史的思想场所；于我们则是遥望北斗、辨识方向的导引。

谢谢各方人士赐稿分享他们的回忆与感悟，谢谢清华同衡的大力支持。我们希望这本文集的出版不是一次旅途的终点，让 czhwj2022@126.com（投稿邮箱）现在和将来都能成为我们自先生处汲取精神力量的源泉。

《北窗：陈志华先生纪念文集》编委会

2023 年 9 月

追忆陈先生

林贤光

1953 年，我从天津大学建筑系毕业。那一年为了第一个五年计划的人才急需，全国的理工科大学生一律提前一年毕业（当时大学都是修业四年，提前一年就是三年毕业了）。应届的 52 届和 53 届毕业生，全部由国家分配工作。之后仍是四年学制。所以这两届的学生是空前绝后的两个年级，被叫作"52-3"和"53-3"。我是"53-3"。

我和其他几位同班同学分配到清华大学建筑系当助教。报到后，我到了建筑史教研组，成为金承藻先生主讲的"画法几何与阴影透视"课程的助教。我们的教研组主任是胡允敬先生。

那时，助教都是坐班的。每天上午 7：30 到 11：30 和下午 1：30 到 4：30 上班。地点是在建筑馆（即清华最老的建筑"清华学堂"）一层朝南的一个大房间里。每人有一张办公桌，上班时间内助教必须在教研组备课。年长的教师宽松一些，不必坐班，只在有课的时候按时去教室上课就行了。晚上一般都有政治学习，大体上是 7：00 到 9：00，之后回宿舍睡觉。一个星期上六天班。助教们都很年轻，绝大多数没有结婚，都住在"单身教工宿舍"里面，两三个人一个房间，比较挤，所以大家备课都只能在教研组的办公室里。一天三个单位时间，几乎都在一起。尤其是在画渲染图和作图的备课期间，一块大图板，根本不可能在宿舍里操作。

我们几个新来的年轻助教和几位高年级的学长同处一个办公室中，受到熏陶、启示，于我们是受益无穷的。

陈志华先生长我三岁，其思维之敏捷周密，治学之勤奋踏实，人所共睹，我自愧弗如，待之如兄、如师。另外还有和陈先生同班的高亦兰先生和从北大合并过来的李承祚先生，也是两位学识深厚、治学严谨的学长，从他们身上我学到了许多。

有一段时间，为了加强学生的基本功锻炼，一度将建八班（1958年毕业）的"建筑初步"课延伸至二年级，与设计课衔接起来。这门课要画一张很大的水墨渲染。陈志华、高亦兰和李承祚三位先生承担这一班的课。于是，他们几位就十分认真地做了备课的试作，画示范图。一张示范图从裱纸开始，然后一遍遍淡墨渲上去，往往一幅渲染图要做上两三个星期，绝对的慢功细活。到暑假期间，我们年轻的助教都要带着学生去做测绘实习，地点都是在颐和园，任务是测绘这里的古建筑。陈志华、高亦兰和我们几个更年轻的助教是带同学出去测绘的主力，和同学们一起跑颐和园，我们对此也是乐此不疲。实际上在我们报到前，清华的老建五班（1955年毕业）在1953年就已经对颐和园进行了一次相当广泛、规模很大的测绘，颐和园的很多建筑物都被测绘过并做了很大的水墨渲染图。我们到校之后不久，就得到了一本在当时属于印刷很不错的水墨渲染图集。老建五班的同学每人对颐和园的一栋建筑做出一幅精心构图的渲染图，那可真是一项非凡的工程。我在天津上大学时是没有学过水墨渲染的，看到了之后叹为观止，钦佩不已。

后来，我们几乎每年暑假都带领学生在颐和园进行测绘实习，但是限于时间，就只做墨线图，而没有画渲染图了。

陈志华和高亦兰应是比我们早一两批参加的清华大学短期俄语学习班。在我们速成俄语学习时，他们已经在备课中使用和参考俄文的原版资料了。使我敬佩的是到历史教研组一年多以后，他们就将备课中参考的俄文资料在建筑工程出版社出版发行了。一本是陈志华译的《建筑艺术》（译自苏联大百科全书），另一本是陈先生和高先生合译的《古典建筑形式》。由于当时的建筑初步课程要学习西方古典柱式的规律，而且学生有一项作业是绘制"塔司干柱式"，

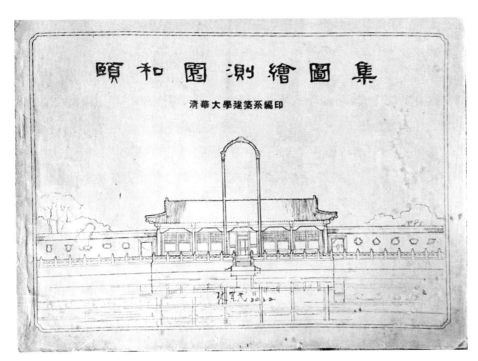

老建五（1955 年毕业）同学测绘的颐和园渲染图集

他们在备课时就阅读了大量有关西方柱式的资料，苏联学者米哈洛夫斯基的这本书就成为主要的参考书之一。他们二位将它全文译出后，交给出版社印刷发行，此书对西方古典柱式叙述详尽，而且尺度、比例关系极为规整，可以视为西方古典柱式的一部规范之作。但是印数甚少，只印了 4000 册，导致后来市场上很难购到。我手上的这本书是后来在 1980 年代初才从北京图书馆的善本库中借出复印的。

我对陈志华先生印象最深刻的是他辅导学生水墨渲染前的备课。几位老师都试做一幅水墨渲染。我记得高亦兰先生做的是一个临水的西方古典亭子，背景很黑很黑的渲染图。陈志华先生却选了颐和园测绘的仁寿门作为对象，找了一块当时最大的图板裱上一张很大的绘图纸，近一米宽的大纸，然后把测稿仔细地描上去。之后用淡墨渲起来。由于图幅太大，水墨一遍一遍地渲上去，干得很慢，于是就耐心地一遍遍地渲。在等干的时候，他就读书、翻译、备文字的课。恐怕是上百遍的渲，一点点地看出效果来。确实，这件大作品费工费时，但是，陈先生硬是坚持下来了。我记得，莫宗江先生跑来看了，赞赏不已。这位当年营造学社绘图的第一高手称赞说"难得，难得"，又嘱咐说"画好之后，不要急于下板，放在那里，随时看了，有哪一点不够，随时再补上去"。莫先生说，当年他画应县木塔渲染图的时候，就是画完不下板，放了很久，补了无数次，直到最后才不得不下了板装入镜框。这幅应县木塔的渲染图，就挂在清华学堂的二楼中间厅里面。我们又都跑去看，确实精彩不凡，绝对的精心之作。陈先生的这件巨作，对他来说也是空前绝后的，以后他再没有画过如此精雕细刻的作品。记不清那时他花了多少时间，印象中至少有几个月之久。

陈先生的外语能力十分了得。英语、俄语自不必说，后来他又自学了法语。也正是他有如此雄厚的外语功底，促成了他能以一己之力，完成了后来享誉学界的巨著，再版了四次的《外国建筑史（十九世纪末叶以前）》，这本书在学界已被奉为圭臬。

说一点陈先生的逸事吧。

我才到建筑史教研组，就见到陈先生身穿一件大红色的衬衫，红得出奇。后来一打听，原来是在 1949 年参加开国大典的时候，清华参加游行的学生每人交了一件白衬衫，统一染红了穿出去。后来我看到校内其他系也有个别人穿了这样的红衬衫。那真是有一点怪，因为，在市场上绝对买不到这种一色红的男衬衫，而且有人的衬衫没有染匀，红里带花，于是不少人就不愿意再把这件红得不均匀的花衬衫穿出去了。可是，陈先生不管这些，他那件不均匀有些花的红衬衫照穿不误，完全不在乎别人怎么看。

陈先生的不拘小节不仅如此。他有一件毛衣，袖口开了线，毛线脱落了出来。他那时还没有结婚，也没有人帮他修理毛衣，他就把脱落出来的毛线用剪刀剪掉，毛线继续脱落，他就继续剪。结果是袖子越来越短，他也不在乎，就这么穿着。

陈先生花了几个月的时间渲染绘成的颐和园仁寿门的水墨渲染，我从建筑学院的资料室中寻找了出来，图上没有署名。历经风风雨雨，纸张两角已被撕去，所幸中心未损，还能看出功力之精、用心之细。后面的几棵大树是汪国瑜先生画的，两棵斜戗柱的阴影是我帮他求的。

　　或许有人以为，他一定是个道貌岸然、不苟言笑的道学先生。其实不然，陈先生虽然话不多，但是往往出语不凡。记得在 1950 年代的一次校庆前，大家在做了大扫除之后，为了准备次日的校友参观，想在教研组的墙上写上一句话。大家就想，写什么好。陈先生想了一下，就冒出来了一个使我难忘的句子："没有历史就没有理论，没有理论就没有实践。"大家一听都说好，可是谁都不敢贸然写上去，担心这是不是把"历史"吹得太高了，别人看到后会说我们"历史教研组"太狂了。最后还是没敢写上去。

　　陈先生爱打乒乓球。正好系里有一张乒乓球台，就放在我们教研组的门前。每天下午四点半，是清华全校停止一切活动，关闭教室、办公室、图书馆，号召所有人都出来锻炼身体的时候。这时，我们教研组的陈志华和李承祚两位先生就拿了乒乓拍子冲出来抢占乒乓球台，然后对打起来。我不会打乒乓球，开始时会看他们打，后来就到外面去找自己喜欢的项目了。在建筑系的教师中，陈志华的乒乓球技艺算是高手水平，别人往往败在他的手下。

一两年后，陈志华先生结婚了。我见到他和夫人陈蛰蛰女士在校园里面散步，此时的衣着就整齐多了，有人管他了。我又想到，陈先生的语言文字能力超群，但是他从不在任何场合炫耀自己的知识，讲话从来没有带出一个半个洋文词句，总是很谦虚。即使是面对与他意见不合的争辩，他也是用婉转的或带有点幽默感的反驳去慢慢地回敬，绝不趾高气扬或仗势压人。这种学者风范是很高尚的。

陈先生在系里的好朋友是英若聪。英先生是著名学者英千里的三公子，和陈先生是同班同学，1952 年毕业后留系当研究生。他也是一位博学多才的学者型人物，又是个典型的老北京。英若聪是城市规划的研究生，但是他的文化修养很高，对建筑理论和建筑史都有相当的造诣，在很多问题上往往有自己的独特见解。陈志华先生常常找他聊天，讨论一些问题。不幸的是在 1957 年前后英先生陷入了一起所谓的"研究生事件"而被打成"右派"，受到很严重的处理，开除出团，开除公职，还被送去劳动改造。一晃二十多年，直到"文革"后他才被平反，到北京建筑工程学院做了教授。我没有参与过他们的聊天和讨论，但是我知道他们两位是好朋友。我想去找英先生了解一些事情，还是从陈先生那里得到住址和电话。陈先生还告诉我：英先生平反后很想回清华，但当时似有一条不成文的规定，右派平反后不回原单位，因此英先生去了北京建筑工程学院（按：该校 2013 年后更名为"北京建筑大学"）。

建筑系在清华这个工程师的摇篮中，一直是文化味比较浓重的一个部门。于是，在每次涉及文化批判的政治运动中间，建筑系总是首当其冲。"文革"时建筑系被称为"清华园里的文化部"而受到更大的冲击。"文革"前就有好几次"建筑思想批判"，实质上就是在建筑系搞的小范围的政治运动。由于陈先生对西方建筑史的研究，他每每成为运动中的活靶子。说他"借古讽今""崇洋媚外""颂古不化"，乃至上纲上线，可惜当时的批判记录已经湮没无存，否则，当可奇文共赏。

陈先生以一人之力，将几千年的西方建筑史汇成一部中国人编写的圭臬之

陈志华和他的同班同学们

（左起前排：汤纪敏、王朝凤、高亦兰，后排：楼庆西、陈志华、董旭华、英若聪）

作，这是极为难得的。在那样的环境气氛之下顶风完成的作品，可以说是边挨批、边写作，难上加难。还要他讲授西方建筑史这门课，既要挨批，又要上去讲，难矣哉。可是同学们大都非常喜欢听他的讲课。他从不照本宣科，甚至于公开说："有教科书你们自己去看，我讲的是书上没有的。"娓娓道来，不急不慢，像谈心似的和同学们聊天，这是他的教学特色。

及至"文化大革命"袭来，陈志华是从一开始就被打入"牛鬼蛇神"之列的。他在"文革"前就总是挨批判，属于"死老虎"之列，被工宣队员称作"老运动员"。那时，我也在挨批，而且几度被关，没有也不敢去和他联系。我们先后被下放至江西鲤鱼洲农场劳动。我待的时间比较短，又被转去德安。后来梁鸿文告诉我，在鲤鱼洲，趁着"东方红"卫星上天之际，陈志华说了一句

"卫星上天，知识分子下田"，结果被工宣队揪了出来，狠狠地挨了批判，而且是新账旧账一起算。我那时已不在鲤鱼洲，但能够想象得出批判火力之猛。

"文革"之后，大家各有所忙，接触更少了。我和他只是偶尔在系馆遇到，互相寒暄几句。但是，提到那十年浩劫时，彼此都愤慨万分。陈先生每次讲到那风雨如磐的十年，都会十分激动，痛斥时代之无良，大好时光都耗在七斗八斗上去了，还谈什么做学问？

后来，知道他开创了乡土建筑调查的工作。这又是一起开天辟地的事业。

彼时我也退休了，在推广建筑 CAD、建筑智能化，又在陶森先生领导下搞老年人才开发，忙个不停。但是我也知道，陈先生在乡土建筑的调查、记录和整理方面已经是硕果累累，还带出了一个团队。

1997 年我第一次访问台湾。一位台湾的老建筑师林柏年送给我一本台湾出版的《浙江省新叶村乡土建筑》，竟然是陈先生和李秋香率领一帮建七班（1987 年入学）的学生和几位研究生一起去调查的。尽管印刷和装帧甚为精美，但是这些具体的调查执笔者却没有出现在书的封面上，而是湮没在"感谢"的一页尾端，我深感不平。后来从陈先生的追忆中才知道，为了出版这本书，竟有为"五斗米折腰"之事。这也让人进一步感叹，在大陆进行这样的纯学术研究，特别是在起步阶段，立项、经费、出版、活动之难，不仅是筚路蓝缕，简直是举步维艰，要什么没什么。二十来年之后，他和同志们打开了局面，调查过的村落列入了人类文化遗产的抢救之列，得到了社会的承认。陈先生功莫大焉。

陈先生从清华社会系转入营建系（建筑系）。他有社会系的功底，对许多社会上的建筑现象自有其独到的观点和视角，于是，有感而生的一系列杂文便应运而来。从"文革"后的 80 年代初开始，历 30 余年，130 多篇"北窗杂记"源源不停地映于纸面。此外，陈先生更有若干标题文章发表见诸各种杂志。这一时期应该说是陈先生文思最活跃、留存文章最丰富的一段多产的黄金时期。他一方面忙于乡土调查，另一方面又忙于对当时的建筑问题进行思考，指出时弊和阐述自己的看法。《建筑师》杂志几乎每一期都能看到陈先生的文章，少者数百字，多的几千字，甚至上万字的大文章亦为数不少。这一阵我和他联系不多，但可以想象到他才华施展、笔耕不辍的情景。在十多年的压抑之后，他的才智终于有了发挥的机会，多方面的思考喷涌而出，留下了等身的文字遗产，今日读来仍是字字珠玑，蕴意无穷。

2013年，我带了两本《北窗杂记》的合订本（1999年河南科技出版社的《北窗杂记——建筑学术随笔》和2009年江西教育出版社的《北窗杂记二集》）到他家里去，在聊天之余请他在书上签了名。他告诉我，第三本刚由清华大学出版社出版，并立刻拿出了一本，签了名送给我。这三本巨著成了他赠给我的永存纪念。晚些时候我再去看他，已经感到有些不对头——他反复地问我住在哪里。

有人问，为什么如此睿智、聪明的人会得了阿尔茨海默病？我不是医生，也回答不出所以然。但是，我确实见过几位绝顶聪明的人都得了阿尔茨海默病。例如梁思成先生的公子梁从诫，是我中学的同班同学和好友，又是"自然之友"的创始人，也是得了同样的病。我不知如何解释，怎么这样聪明的人会得了这样不应当得的疾病。

陈先生在几年的病痛之后，终于在今年年初离我们远去。我是很难过的。也就在这个时候，我得到了一本小册子，是北京出版社出的"大家小书"丛书中的一本，即陈志华先生的《乡土漫谈》。这套丛书是精选了若干位学术大家的典型作品，以袖珍本的形式精装出版的，包括朱自清、周有光、朱光潜、俞平伯、郑天挺、雷海宗等大家，在建筑艺术方面则有梁思成、童寯、陈从周以及周维权、吴焕加这几位。陈志华先生的《乡土漫谈》得以选入这套丛书，应当是承认了陈先生在学术上的地位。这本书是2018年出版的。2021年的10月，著名的学术出版社商务印书馆为陈先生出版了《陈志华文集》，12卷巨著精装，收纳了陈先生的几乎全部著作。我不知道陈先生在临终前是否看到了这一套巨著的出版。如果看到，应当是可以自慰于身后了。

陈志华先生走了，他是一位才华横溢的学者，不仅立言、立德，而且在建筑史和乡土建筑调查方面卓有贡献、立有功勋。他本应有更多、更深刻的学术成就和见解存世的，但是被那些年的折腾扼杀了。尽管如此，他仍有数百万字文稿付梓传世，为后人留下了一份很可贵的遗产。陈先生的学术建树是在一个不断折腾的环境下，纯粹靠个人奋斗而取得的。

陈志华先生长我三岁，我将永远怀念着这位真诚、坦率，我敬之如师、如兄的老朋友。他的真知灼见使我十分敬重他的为人和治学。2008 年陈先生有一篇回顾清华园景色的文章，其中愤愤不平地提到被冷落在一教北侧的王国维纪念碑，认为那是一处弘扬清华学术传统的重要纪念文物，而一些年轻的大学生们对此竟然不屑一顾，甚至根本不知道清华园里有这么一件重要的纪念碑。陈先生很不满意，他引用了碑上陈寅恪大师的一段话："先生之著述或有时而不章，先生之学说或有时而可商，唯此独立之精神、自由之思想，历千万祀，与天壤而同久，共三光而永光。"我想，这几句话不是也可以用到陈先生身上去吗？他正是用自己的一生来践行学术探索的道路，从而做出辉煌的业绩。经历之艰辛，路途之曲折，陈先生用自己的努力一一克服了。几十年始终如一地坚持不懈，完成一系列开山之作，为中国人研究西方建筑史和调查中国乡土建筑立下了不朽功勋。

愿陈先生的事业后继有人，陈先生的学术精神和道路后继有人。是盼。

陈先生的九十岁学弟林贤光作于清华东北之双清苑

2022 年 7 月 10 日

沉痛悼念陈志华老师

奚树祥[*]

　　1952 年我入学清华建筑系，次年陈志华老师毕业留校任教。其实他在毕业之前已提前介入了教学，和高亦兰老师教我们"建筑初步"。记得他画的一张颐和园牌楼水墨渲染示范图，不仅整体感强，色度掌握得好，还把琉璃瓦、汉白玉和铜饰的不同质感表现得极其逼真，让我们这些刚入门的学生钦佩不已。教学中他手把手地教，让我们了解橡皮纸的特点和裱法，墨汁的过滤，毛笔含墨量的掌控，如何避免墨迹，和玺彩画中龙的张力表现……他应该算是我们建筑教育的启蒙老师。

　　"西洋建筑史"是胡允敬先生授课，辅导老师是刘先觉。陈先生后来讲"俄罗斯建筑史"，经常脱稿临场发挥，侃侃而谈，随时迸发出睿智的思想火花。例如他对俄罗斯十月革命后出现的先锋文化评价甚高，他说尽管这批年轻建筑师的创作未能实现，但影响很大，创新的勇气值得敬佩，他又以美国年轻人喇叭裤和小裤脚管裤上下来回倒腾成当年流行款为例，说明新大陆没有历史包袱，创新求变成了他们这一代人的特点。

　　入学时，《建筑学报》创刊不久，我们看到了他和英若聪联名发表的评翟立林论建筑艺术的长篇辩论文章，学生们都很关注。同学之间展开了讨论，思想活跃起来，开始对北京新建筑的建筑理论进行探索和评论。同班同学蒋纬泓

---

[*]　清华大学建筑学院 1952 级本科生，陈志华先生的杭州高级中学校友。

和金志强作为低年级学生，第一次在《建筑学报》上发表《我们要现代建筑》的论文，呼吁建筑革新，引起建筑界的关注。

我和陈志华老师的熟悉和交往是从1959年底进修时开始的。我们在同一个教研组，接触机会比较多，常向他请教，最受益的是他对西方古今建筑的新解读，有着独到的见解，令人耳目一新。此后几十年他不仅是我的良师，也成了益友。我每次去北京都要抽空去荷清苑，听他侃侃而谈，指点江山，火花四射，很有收获。

1995、1996两年我在台湾工作，陈先生抵台探母时我们常聚会。那时他从意大利回来之后，开始了中国古村落的研究和保护，带学生做调查，并已完成两部文稿。为了筹措研究经费，他到处奔走，最后台方以预支稿费的方式，他们才能继续带学生进行调查研究。

他谈了很多调查过程中的艰辛和困难，以及偏远地区农民的淳朴和善良。除了保护古村落，陈先生不大愿意和官员打交道，喜欢和当地老百姓和基层干部做朋友，有时吃住在他们家。他给我看过许多此类照片。

陈先生痛恨一些地方干部和开发商沆瀣一气，成片地破坏当地有文物价值的民居，建商品房，为此，他痛心疾首，甚至破口大骂他们断根忘祖。

在聊天中陈先生对教育界"一切向钱看"的时弊感到悲哀和无奈，称长此以往学校真成了"毁人不倦"的地方，我常被他义愤填膺、忧国忧民的赤子胸怀感动。他是一位始终保持独立个性，坚守道德底线，不趋炎附势，不怕得罪人，不为名利所动的学者。

他的儿子陈宗平刚到美国留学时，我正好在波士顿工作。此事我仅从谈话中偶尔得知，他并没有提出任何要求，我也就尽了地主之谊，给了一些关心。论设计，陈先生的逻辑思维、空间观念都很强，又有艺术修养和良好的基本功，若要趋利，他早就兼干设计了。但他选择自己吃苦，带学生走山路、爬屋顶、睡大车店、做调查、写报告。他说支持的人很多，但愿意参加的年轻人很少，为此颇感忧伤。他是一位坚守中国传统"士"的精神，一身正气，令人敬佩的现代大儒。

他也乐于帮助年轻人，曾经向我推荐萧默和季元振等年轻校友，介绍他们的观点和学术贡献，我至今还保留一本有他仔细批注过的《建筑是什么》（季元振著）。

2002年他为了支援我，曾介绍一位优秀毕业生林霖来我的事务所工作，在2008年奥运总体设计竞赛中发挥了很好的作用。

他后来身体越来越差，右眼基本失明，只能用左眼读书写作。

最后一次去看他时，他的阿尔茨海默病已发展到连自己家的地址都说不清，陈夫人后来电话告诉我，病情已发展到完全不认识人、只能送去医院护理的地步了。

陈先生给我最深的印象有以下几点：

一、爱母校，重知识，尊长者。在我们交往的这么多年中，他对梁思成、林徽因、莫宗江、赵正之等老师是非常敬重的，对清华前辈充满敬仰，经常为他们的道德理想和治学精神没能传承而焦虑，为如何能在前人的肩膀上继续前行忧心。他主张恢复16字校训，并将陈寅恪之"独立人格，自由思想"列入其中。他对汪坦先生很推崇，平时不喜欢串门的他常去汪家，向汪先生讨教，汪先生逝世对他打击很大。汪先生逝世后，夫人马思琚先生（中央音乐学院教授、马思聪妹妹）生病时躺在医院走廊的病床上得不到应有的照顾，他愤愤不平。

他对在清华工作六十多年的系图书馆管理员毕树棠先生（懂英、法、德、意、拉丁、俄语，译著甚丰）也极为尊敬，我去系图书馆看书时，常见他们在一起讨论问题，陈先生的学术成就和毕老的帮助是分不开的。陈先生对教研组的年轻助工小黑也非常关心，亲自花时间教他外语和建筑知识。

我和陈先生以及楼庆西先生都是杭州高级中学的先后校友。杭高解放前的老校长是崔东伯先生，是我们共同的数学老师，因教学好而闻名，教育厅曾组织他在全省巡回示范教学，他捐出全部积蓄建造了杭高图书馆，为杭高的发展付出了毕生的精力，并数次任全国政协委员。崔东伯先生每次去北京开会时，陈先生都会挤出时间去看望他。我曾经和陈先生谈起一段"文革"往事：我回杭高

毕树棠先生

怀旧时，见到崔先生衣着褴褛，破鞋用绳子绑住，佝偻着身子，困难地拖地慢慢行走，我趋前问候，他却步回避，称自己因参加过"三青团"，是"历史反革命"，要到学校打扫厕所，自我批判。陈先生闻之双眼泛起泪光，久久不作声。

二、始终关心国家建设。1950年代批判大屋顶时，他同情梁先生，为他鸣冤叫屈。当时批梁最起劲的是吴晗，他说"吴是以副市长的身份批梁的，不是以明史专家的身份，这是政治挂帅的恶果"。

陈先生喜欢中国传统建筑，但又是一位立志革新者，他反对复古搞假古董，教学中猛批混凝土倒挂斗拱现象，他欣赏俄罗斯先锋派的创新精神，对第二次世界大战后西方的建筑革命也给以很高的评价。

他对近年来外国建筑师在中国的时髦设计，做过许多评论和批判，认为是利用决策者崇洋媚外的心理，"投其所好"的产物。他支持刘小石反对国家大剧院方案的意见，痛斥库哈斯设计的"大裤衩"央视大楼为"败家子"。他对中国建筑实践中的种种弊端批评得十分尖刻，认为中国的建筑应该有自己的逻辑体系和精神内涵，盲目抄袭西方没有出息，党的"适用、经济、美观"的方针应该继续提倡。他的这些批判性言论在建筑界起到了振聋发聩、促使人们反思的作用，但也因此得罪了一些人。

三、保持批判性思维，为学术献身。陈先生非常用功，在家大部分时间都在阅读和写作，年轻时还喜欢打打乒乓球，年事高了以后偶尔散散步，极少有休闲活动，节省下来的时间都用在阅读和写作上。他的英文很好，解放后学习了俄文，为了研究他还跟毕老学会了其他语种。可以说他勤奋的一生贡献给了学术。

解放前他目睹国民党的腐败，当时他父亲陈宝麟在浙江任县长，后去台湾。他没有应父亲要求跟去，而是留在清华迎接解放。那时他学的是社会学，在一次建筑系展览中深受"居者有其屋"的启发，跑到梁先生家向梁林两位提出转系要求，经梁先生同意后转入建筑系学习。

在校期间他是一位要求进步的积极分子，留校后受梁先生提倡都市规划的启发，又受国内大规模建设的感召，要求从事城市规划的教学工作。当时城市规划是较神秘的新兴专业，要政审后才可从事专业学习。可能出于政治考量，他的请求未能获准，因此情绪低落。但也正是这次申请失败，使他能够几十年心无旁骛、专心致志地潜心研究建筑理论与历史，成为我国杰出的西方建筑史专家和乡土建筑研究的开拓者。

1981年他去意大利参加联合国教科文组织举办的文物建筑保护课程，了解从个体建筑保护扩展到城镇保护的发展趋势。这次学习大大开阔了他的专业视角，回国后转身从事中国古村落研究和保护，经历许多磨难，终于取得开创性的成就，使他成为我国的外建史、中外园林研究、中国乡土建筑、建筑理论与评论等许多领域的一流专家。他打破了学院派的研究方法，摆脱了译本的乏味，文笔辛辣犀利，文采飞扬，至今还没有看到有超越它们的专著出现。

他一生为人正直，治学严谨，每次和他谈话，他都有入木三分的独到见

在梁思成先生铜像前，2002 年（李秋香 摄）

解，让人思路顿开，因此不少学者愿意和他交流。他忧国忧民、针砭时弊的谈吐，启发了人们的良知和共鸣，他的道德、学问一直是我学习的榜样。对他的逝世，我感到非常悲痛！辛苦一辈子的陈老师，在天堂好好休息吧！

2022 年 1 月 25 日完稿

铭记陈志华先生的殷切期盼

布正伟

在我的心目中，陈志华先生不仅是一位立足于建筑史学的教育家，还是眼观创作实践、心系理论求索和力行建筑评论的大学者。我从读研到毕业后辗转于各设计单位从业的漫长时间里，由于难有实际接触的机会，对陈先生的了解只能靠"耳闻"（他做的事情）和"目睹"（他发表的文章）综合起来获得的印象了：他不仅治学严谨，思想敏锐，而且笔锋凌厉，富于挑战。我曾经想过，陈志华先生有胆有识，又求真务实，要是有一天在学术思想上能跟陈先生对得上话，那就一定是求得进取的宝贵机会。

1999年我60岁时，曾将刚出版的《自在生成论——走出建筑风格与流派的困惑》送给陈志华先生请求指教。我原以为他无暇顾及，没抱什么希望。但让我喜出望外的是，他竟花了不少精力和时间，写了六千余字、标题十分低调的文章"《自在生成论》读后有感"，发表在杨永生编的《建筑百家评论集》上（中国建筑工业出版社，2000年，230—234页）。在拜读这篇文章之前，我的心情有点紧张。因为从1980年代中期开始，我立足于创作实践和理论研究的"自在生成"双向探索，尽管利用设计之余耗时十年之久，但毕竟还只是"理论框架"加"纲领式解析"的阶段性总结，少不了"谬误"和"浅陋"。另外还有堵心的事儿：出版社急赶进度，没等我完成对该书各页文、图版式的必要修改和调整，就凑合事儿地赶付印刷了。由于这两个原因，我不得不做好思想准备，等着挨陈志华先生的"剋"呢！

然而，完全没有想到，这一篇"读后有感"，不仅深入浅出地评说议论了"如何做建筑师"和"如何看《自在生成论》"的事儿，还融入了亲和、激励、诙谐、幽默的情感交流。陈先生在文章里回忆说，他是 1980 年代中期通过北京独一居酒家这个"海带草棚"的作品认识我的。他写道："那时候我常常骑车到王府井新华书店买书或者到北京图书馆看书，喜欢从德胜门进城。有一天忽然看见了独一居，它立即吸引了我，于是下车停留了一会儿，还进去转了一圈，以后每次路过都要多看几眼。这座小饭店朴素之极，简简单单，但看得出来，它的设计者对建筑艺术有深刻的理解……不久，小报上报道，说设计者便是这家饭店的小老板，自学成才……但是，我从独一居建筑所表现出来的深厚的文化功底看，不相信小老板自己设计得出来。果然，真正的设计者出来为创作权说话了，他叫布正伟。姓布，嘿，真逗！"全文读下来，像这样轻松逗笑的话还有好几处，比如："这部著作里有不少精彩的论断，但有些论断我并不赞成。如果争辩起来，一样会面红耳赤，不过我的嗓门没有他的洪亮，肯定会吃亏，还是躲着点儿为妙。""青岛第二啤酒厂（厂前区设计）的'鸡尾酒会'钢管造型，一群酒鬼，开怀畅饮，痛快之至。不知布正伟自己是不是一位酒中豪客，他怎么能这样生动地刻画醉态。他说：幽默和惬意'正是我在创作中一种特有的情感模式的自然表露'。"每当我回想起这些人情味儿十足的表述，总会被陈先生这种大智若愚的人格魅力所打动。

继去年在悲痛中送别曾昭奋先生之后，今年又突然听到陈志华先生去世的消息，真让我们这些曾受惠于他们的人难以接受！当我再一次重温陈先生写的这篇文章时，许多感念之情全都涌上了心头。我最先想到的就是，面对当今建筑设计市场混沌和建筑学人才出路茫然的境况，必须说陈先生在 2000 年发表的这一篇文章，具有"恰逢其时"的现实意义。直白地讲，就是通过对后学的"个案评析"，陈先生表达了对当今建筑创作道路和建筑师培养方略的基本看法。因而这篇文章不仅是对布正伟个人说的，也是对广大建筑师的由衷倾述。从文章的起始部分和文章结束前的一大段表述，可以看出在他的认知中，建筑师应该走的路是既要正视现实生活中关注"平方米"的商业性建筑师工作的这个基本面——应该说，这是任何建筑设计团队不可或缺的基础力量——同时还要懂得建筑创作的进步和繁荣，因此必须有一批敢于担当、不畏艰难的建筑师，去实现创作实践与理论探索双肩挑的职业理想。陈先生讲得很实在也很形象："改革开放以后，门缝里挤进来西方形形色色的建筑思想，在我们的建筑界也引起了几种不同的反应。一种人忙着跟着学舌，这也跟，那也跟，跟了几趟乱了套，自己也弄不清学什么舌好了。这里面有我们的一些文章家。又一种人觉得这主义那学派，乱得教人心烦，声言都不必去理它，只要抄抄它们的样式手法，引几句零言碎语，'为我所用'就行了。这里面有我们的一些商业建筑师。第三种人，受到激发，面对着纷乱复杂的现实和外部世界，沉下心来，进行自己的理论思考。这是我们可贵的学者型建筑师。"陈先生语重心长地诠释道："当一个学者型的建筑师是很艰难的，他要负担双倍的辛苦，因此在任何时候，任何国家，都为数不多。教人钦佩的是，我们当今有一些建筑师，建筑创作和学术研究都有不少成就，二者互相促进，以至于成了真正意义上的大师、学者型的建筑师。"

在文章结束前，陈先生特别告诫我们："我们常常感叹中国建筑落后于先进国家多少多少年，原因之一便是这种'双料'人才太少。中国文化中有一个很坏的传统，便是轻视或者不善于进行深度的理论思考……希望我们的建筑界打破这个传统，大家努力，提高'双肩挑'的自觉性，提高培养'双料'人才的自觉性，珍惜'双料'人才，给他们热情的支持和鼓励……我是一名迟到的啦啦队员，但是我们还需要后来者，我还得呐喊几声。"二十多年过去了，重温陈先生的这些真切教诲，我们所应得到的启迪该是深刻的：只有明白"拨乱反正在远虑，风物长宜放眼量"，才能清醒应对"时代变迁、社会转型、万象俱变"的发展态势，永不转向地行进在建筑复兴的大路上。

陈志华先生之所以特别强调建筑师"双肩挑"的重要性，强调对"双料"人才要支持和鼓励，就是因为他看到了在建筑实践中，"建筑创作"与"学术研究"深层互动能产生思维的独特性和设计的创造性。需要强调的是，陈先生并不是从概念到概念来讲理论思维如何如何重要，而是真正深入到建筑认知机制这个重要层面上，去做贴切分析和坚实评判的。他在展开全文论述时，引用了后学在《自在生成论》"前言"中的一段话："我的建筑师生涯就是在体验与思辨中走过来的。没有创作体验，我便无法感知建筑理论跳动的脉搏何在，更不会产生要从中获取什么的渴望。同样，没有哲理思辨，我也不能跳出'画图匠'视界的小圈子，透过错综复杂的现象去看清楚外面热闹的建筑世界，更不可能从切身的创作体验中去做出抉择：要坚持什么？该抛弃什么？"看得出来，陈先生是很在意从我的"创作体验"与"哲理思辨"的相互关系上，来洞察和评判后学的种种建筑言行的。

让我一直感恩在心的是，陈志华先生在评述《自在生成论》具有"勇敢的探索性和独创性""实践性和历史性"以及"开放性"三个方面的特点时，还重点地对拙著中提出的一些重要论断，做出了相应的肯定评价。这些重要论断作为自在生成理论框架的支撑点，恰恰是我在双向探索中非常投入的"哲理思辨"的结果。就拿第一章"本体论"的切入点——"建筑是什么？"来说，陈先生评述到："布正伟说，他不用'三要素''双重性'或者'形式与内容'等习惯模式去注释建筑的本原或本性问题，我补充一下，他也拒绝从古希腊文的'建筑'下手那种可笑的俗套。他给建筑下了一个崭新的定义：'建筑是人类用物质去构成并以精神去铸造的不断变换着的生活容器。'这个定义至少有两点很聪明，第一，把'构成'和'铸造'引进定义，就把创作引进了定义。尤其是那个'铸造'，布正伟用'精神'涵括了理性和情感两个方面（心理学认为精神主要是由理性和非理性中的情感构成的——笔者注），这样，他就能很顺利地展开建筑创作中的理和情的讨论了。第二，把'不断变换'引进定义，就为以后讨论中逻辑与历史的结合做好了准备。这两点决定了它第一章的逻辑架构，同时决定了它的独特性。""布正伟的建筑定义的价值就在它的实践性和历史性……"

我在探索"自在生成的艺术论"时，由哲理思辨的切入，转向了"环境艺术"观念对"现代建筑艺术"产生的五大强烈冲击。陈志华先生对此饶有兴趣地表述道："在这五条中有很精彩的论述。例如'冲击之五'一开头说：'对于建筑艺术的客观评价，已从过去的就建筑论建筑而趋向于就环境论建筑或就建筑论环境。这是因为：建筑艺术已作为大环境艺术中的一个重要组成部分而存在，它与解决人类文化面临的各种危机直接关联。只有将建筑艺术投入到大环境系统中去进行创造，才能在社会生活的各个方面获得最大的效益，而同时，建筑艺术的创造价值，也只有在'大环境'这个更加复杂，更加宏大的系统中才能充分地显示出来。'在'冲击之二'的开头，他从环境艺术的角度把有些人坚持的'建筑物'与'构筑物'的区分很有说服力地消弭掉了。看起来轻而易举，实际上却要经过观念的转变。这转变来自他对现实中建筑的运动变化的敏感。"

在《自在生成论》理论体系的五章框架建构过程中，我深感最难开局和展开的当属第三章——"自在生成的文化论"了。为了突破"建筑是文化的载体"这种"老调重弹"的思维惰性，我花了比其他几章更多的时间和精力，从生活洞察到创作体验，搜寻到了对"建筑文化"认知的关键点——其一，建筑的内涵系统是什么：究竟有哪些文化因素，可以掺合到建筑创作的"物化"过程中来？其二，反映建筑内涵的建筑外显系统又是怎样构成的，也就是说：确立建筑外显系统需要具备什么必要而充分的条件？在抓住建筑文化范畴中的这两大问题之后，我依然是通过"哲理思辨"去确立建筑内涵的"文化意味"与建筑外显的"文化表情"这两个大概念的。从这样的逻辑结构引伸，建筑文化言说中那些"云山雾罩"的问题便迎刃而解了，其中，陈先生特别提到了我的两个论断："建筑外显系统是由'与功能性质相适应的艺术气氛''与地方自然环境和人文环境相和谐的文化气质'以及'与生活前进步伐相一致的时代气息'三大外显特征构成的。"和"建筑作品文化艺术魅力产生的源泉，在建筑审美所渴求的'开放性''参与性'和'超越性'。"陈先生认为，1992年建成的烟台莱山机场航站楼，是"自在生成文化论的内涵与外显"理论思维的生动展现。

如果说，我对自在生成的"本体论"与"艺术论"原理的探索，还有一点理论基础可以"吃点老本"的话，那么对自在生成的"文化论"原理的认知，则几乎是一片空白，极需鼓足勇气，拓展视野，运用来自"生活"与"创作"双重体验中的智慧，潜心投入到这一理论建构的艰难进程中去。因而，"自在生成的文化论"按照这样一条生疏的路径撰写出来之后，我的直观感觉确实是处于矛盾的心态之中：暗喜的是，就像看到渔夫"捕捞上来的鱼群"那样——整章论述确实觉得是满新鲜的；但心里也在打鼓：作为理论书写的样态，如"捕捞的鱼群这般活跃"岂不有失"严整文风"的体统？让我惊讶又惊喜的是，陈志华先生很赞赏，他说这一章"是最富有理论意味的一章，也是逻辑架构最独出心裁的一章"。在我沉下心来，反复咀嚼这两句不可思议的评价之后，才明白过来："轻车熟路"往往会让人陷入故步自封的境地，不会有太大的出息；而"崎岖跋涉"反倒充满希望，可以"无中生有"地踏出一条新路来。陈志华先生这两句意味深长的评语给了我极大的启示：理论探索中的"哲理思辨"要赢得最好的效果，一是要求哲理思辨"最富有理论意味"，二是要使哲理思辨的"逻辑架构最独出心裁"。

二十余年来，我一直把陈志华先生对《自在生成论》提出的改进意见铭记在心："五大章的体例还应当更严谨一点""有薄弱环节，还需要磨砺""写得不够简练明确"等等。陈先生这篇评论文章的金字玉言，一直在鞭策着我，时至今日我没有停歇，一直在"自在生成建筑"创作实践与理论研究的双向探索中，有目标有标尺有计划地持续前行。2017年母校天津大学建筑学院创建80周年时，举办了"《自在生成》践行六题展"，同时出版了《建筑美学思维与创作智谋》一书，这是对1999年以后"自在生成"双向探索又一阶段的总结。这一年是我退休后的第十八年，自己不再动手做设计了，但我的脑子和眼睛并没有离开创作实践，只是把注意力集中到国内外相关的建筑创作案例上了：平凡的、高端的、实验性的，乃至丑的，我都要把自己摆进去思考：要是自己设计会是怎样的结果？人家的设计有哪些是我想不到的好？又有哪些是我想不到的糟？总之，我用这种方式尽量弥补自己不再活跃于创作舞台所带来的许多缺失感。

可以说，自20世纪80年代中期开始双向探索以来，随着自在生成建筑哲理思辨的逐步推进，我自己一直在检验、修正、充实、完善自在生成的基本概念、基本思路、基本理论及其体系的建构。尽管这些进取都已记录、储存在自己出手的百万计字符及其相关插图中了，但毕竟多处于分散状态，因而，对"自在生成"建筑理论及其创作实践的理解与认知，很容易就会让人产生一些"望文生义""断章取义"或无意中"偷换概念"的偏差。此外，在长期以来的惯性思维中，"自在"这两个字还往往被当作"想入非非""招惹是非"的表意来看待。所以，这两年我一直在提醒自己，必须利用余生有限之年做好一件事情：以谨慎态度，对1980年代中期以来"自在生成论"各个阶段的研究结果，按照"逻辑核定，有序整合"的大思路，把过去直到今天积淀起来的洞察、体验、思辨、认知，乃至期盼等，都融入到《自在生成哲理思辨》的完整归纳与总结中来，以期能在"天人合一，绿色共生"的新时代，为大家"看建筑"和"做建筑"，提供一种力求"朴实可信，好懂管用"的自在生成建筑审美检视参照系统——我想，这应该是自己对陈志华先生最美好的纪念和回报吧。

2022年6月27日定稿于北京山水文园阳光 LAOK 之角

千里驱车观沧桑

——陪同陈志华先生考察四川古村镇的回忆

陆 强*

2003 年仲春，我收到一份邮件。打开一看，是陈志华先生的新作《福宝场》。我匆匆翻开封面，看见扉页上有陈先生的题字："谢谢你把我带到福宝。如果四川还有这样的好地方，请推荐给我们。陈志华 2003 年 3 月。"是的，

陈志华先生考察桃坪羌寨，认真听取羌族姑娘的介绍。

* 陆强，毕业于清华大学建筑系。曾任自贡建筑设计院院长。

2001 年 5 月我曾陪同陈先生考察了四川的几个古村镇，福宝镇是他最感兴趣的古镇。如今回想陈先生的音容笑貌历历在目，说古论今犹在耳旁，就像发生在不久前一样。

陈志华先生考察罗泉古镇，在盐神庙的厅堂里小歇。

2001 年，四川省建设委员会（现四川省住房和城乡建设厅）与阿坝藏族羌族自治州人民政府联合邀请并委托清华大学建筑学院编制"历史文化名村——桃坪羌寨保护规划"，课题正好是我的同窗沈三陵教授及其团队承担。她初次考察桃坪寨时，特邀陈志华先生来川考察。沈三陵教授打电话给我说，陈先生第一次到四川，想多看几个古村镇，问我有没有好一点的地方推荐给他，还问我有没有时间陪同他一起考察。当时，我已卸任四川省建设委员会的职务，任四川华西集团有限公司董事长。董事长不管日常具体事务，完全可以挤出时间来，我就一口答应了。

其实，我非常愿意陪陈先生考察，还另有隐秘的心思。我曾有一个梦想，希望能成为一位研究建筑史的学者。我在清华大学建筑系就读时，就对建筑理论与建筑史的课程很感兴趣。梁思成先生的"建筑概论"、陈志华先生的"外国建筑史"、吴焕加先生的"外国近现代建筑史"和莫宗江先生的"中国古代建筑史"都给我留下了深刻印象。1965 年本科毕业，我决心报考研究生，第一志愿就是梁思成先生的"建筑理论与建筑史"专业，终于有幸被录取。但万万没有想到，这是命运给我开的一个不大不小的玩笑而已。三年研究生的"课题"，主要是到农村搞"四清"和在学校经历"文化大革命"。1968 年服从分配到四川之后，从事施工、设计、管理等工作，十分繁忙，自然不可能做什么研究课题了。虽然梦想不能成真，但我对文化遗产保护工作确实一直非常重视。之前，我读了陈先生《楠溪江中游古村落》等著作，知道他及其团队正在做古村镇考察保护的课题，既钦佩又羡慕。这次陪同陈先生考察，还想就近请教陈先生有关文化遗产保护的一些学术问题。

陈志华先生考察铁佛古镇，高兴地买到一份棉花糖。

陈志华先生那次到四川考察，时间不到一周，内容却十分丰富。在成都市前往西南交通大学建筑学院进行了学术交流，见了四川著名乡土建筑学者季富政教授；参观了广汉市三星堆博物馆、自贡市恐龙博物馆、自贡市盐业历史博物馆；考察了阿坝州理县桃坪寨，汶川县先锋村，茂县黑虎寨，内江市资中县罗泉镇、铁佛镇，自贡市沿滩区仙市镇，泸州市合江县福宝镇，共七个古村镇。

这次旅程，驱车往返上千公里，从高原穿平原过丘陵到山区，参观了上亿年前的恐龙化石和几千年前的青铜文明，考察了上千年的古盐都和数百年的古村镇，一路上我们观察巨变沧桑聊着有趣话题，特别畅快。其中，有三个话题给我的印象特别深刻，但我以为聊完就过去了，谁知陈先生在《福宝场》中，竟一一做了回应。看来这些话题陈先生不是随便聊聊，而是他思考的问题。我觉得应该分享给大家，说不定还值得有关学者深入探讨呢！

三星堆文化是从哪里来的？到哪里去了？

我们一起参观广汉三星堆博物馆时，陈先生特别关注青铜面具，对其特殊且夸张的容貌饶有兴趣，不时与我聊"三星堆文化从哪里来，到哪里去"的话题。在纪念品售卖部，他走来走去寻找可心之物，最后选了一件青铜鸬鹚仿品。后来，他在《福宝场》中描写道："鸬鹚又叫鱼鹰，设计很精致，随形挖空，玲珑剔透，那一双能看透水底的眼睛和能敏捷地叼住游鱼的喙，做得特别夸张。"还进一步谈到，有学者认为"鱼凫氏是从长江中游的江汉平原溯江而来到成都平原的。三星堆文化可能就是鱼凫氏文化"。鱼凫就是鸬鹚，看来青铜鸬鹚不是随意买的，他还为此特别做了考证呢！

在阿坝州考察的三个羌寨中，黑虎寨地处高山之顶，登山路径十分陡峭，当地干部见他年老体弱，劝他不必爬山了，改在在山脚下用图文展板给他做详细介绍。他坚决不同意，执意要爬上山去。老乡们为他准备了简易滑竿请他乘坐，他也拒绝了。爬到半山，实在走不动了，再三劝他，他才勉强坐上滑竿。两位羌族汉子抬着滑竿健步攀行，终于到达山顶。当他看到在巍峨壮丽的山峰上矗立着质朴厚实的石砌农舍碉楼时，对那些与群山融为一体的古老羌寨建筑赞叹不已。

在山上休息时，他小声对我说，你看那位羌族汉子的脸庞，像不像三星堆青铜面具？我一看，突眼尖鼻阔嘴，还真有点像，当然没有青铜面具那么夸张。他猜测说，或许羌族就是"三星堆人"的后裔吧？这番悄悄话，说完就完了，我并未当真。殊不知陈先生在《福宝场》里又做了进一步考证，说"最早的蜀王蚕丛氏是氏羌族的一支，居住在岷山山脉之中，时间大约在商代和周代。后来逐渐向川西平原迁移，还沿横断山脉向南发展到现在的大小凉山西部和云南一带"。我正在写这段文字的时候，看到一则新闻，说在凉山州盐源县老龙头墓葬考古发掘出土了大量战国到西汉时期的青铜器。相关专家表示，这与三星堆冶金技术可能有关，其支形器与三星堆的神树信仰也可能有关（《四川发布》2022-06-14）。这不会是巧合吧？

《福宝场》出版近二十年了，三星堆考古发掘研究又有了许多新成果。陈先生不是考古学家，他的推测与考证可能并不一定准确，但他探寻求索的那股认真劲儿，真是值得敬佩。

四川盆地农村的"林盘"居住形态，是如何形成的？

在西南交通大学建筑学院进行学术交流，陈先生谈到乡土建筑保护问题时，说了一句"乡土建筑的存在方式是形成聚落"的论断。我听了以后，觉得

陈志华先生考察仙市古镇，向镇长嘱咐："还是本色为好。"

陈先生可能是初到四川考察，不了解四川盆地农村普遍存在的林盘居住形态。于是，我在旅途中向他介绍了"林盘"这种相对分散，而不是典型村庄聚落的居住形态。我发现，陈先生马上转头注意观察车窗外掠过的农舍。经过一段路程后，他点头说，这种独特的居住形态值得研究。

在《福宝场》中，陈先生对此也做了回应："四川盆地的乡里，农舍并不形成聚落，而是散点式分布的，只在几十里的间隔里有些作为经济文化中心的场镇。我从成都乘车南下，一路上所见，这种零散的农舍加场镇的结构布局，大概和'湖广填四川'有关系。清代初年，移民入蜀，占地几乎没有限制，一家人几十亩、上百亩，都可以。山区就更加随意了。占地大了，集中居住不方便了，于是住得分散，就近守着自己的土地，耕作便利。而且，闽粤来的客家移民带来了甘薯和玉米，干旱贫瘠的山地也能种出足够的食物，人们就不必向灌溉条件好的沃土地区集中了。"他描绘山区林盘景观："极目远眺，大山沟对面，山坡上散散落落有几座房子，被浓浓的竹林包围着。断断续续可以看到一些羊肠小径挂在陡坡上通向这些农舍"，很有诗情画意。

为了说明四川盆地农村的林盘居住形态"大概和'湖广填四川'有关系"，陈先生不惜笔墨从战国时代谈起，简述了四川盆地两千多年来几度兴衰，以及与此相关的几次大规模移民史。从秦汉唐宋经济文化繁荣昌盛，写到元明清几经残酷血腥杀戮，以至"顺治十八年（1661）锐减到仅八九万人口，'四野炊烟息矣……狼嗥虎啸，白昼搏人，诚旷古未有之奇劫也'"。文中充满悲愤之情。"清初几朝，采取了配套的政策措施，鼓励湖北、湖南、江西、福建、广东、陕西、贵州等省人民大量移往四川。因为仍然是湖广人为多，所以这个历史事件就被称为'湖广填四川'。"这就阐述了林盘居住形态起因的历史背景。

当然，陈先生对林盘居住形态兴起的缘由，也只是一种推测。这个课题或许还需要四川本土学者再深入研究吧！

对作为文物的聚落是应该采用"博物馆式"保护，还是风貌保护？这是一个问题。

我和陈先生来到自贡市仙市镇考察时，正好赶上镇上召开古镇保护规划论证会，陈先生看了挂满墙壁的彩色图纸，夸奖工作做得很认真。接着，自贡规划院刘亮晖总规划师和仙市镇领导等一行人陪同我们一起考察。仙市镇距自贡城区二十余里，是早年间自贡盐场用木船通过沱江向长江一带运盐的第一驿站及水码头。陈先生看到仙市镇古色古香，保护尚好，很是赞赏。考察过程中，镇长向陈先生提了一个问题，说镇里老建筑的穿逗木构架以及木墙板木门窗等，都是原木

陈志华先生参观自贡恐龙博物馆，仔细观察恐龙化石发掘现场。

本色，显得很陈旧，为长久保护，打算刷油漆，请教陈先生刷什么颜色为好？陈先生不假思索就回答说，还是本色为好。

旅途中我们也聊到了这个话题。陈先生认为，对待历史遗存较为完好的古村镇及乡土建筑，应像对待文物一样，要保护好其原真性。我体会，这就是他所说的"还是本色为好"吧？后来，他在《福宝场》的前言中写道："我们不必过于强调恢复作为文物的聚落的生气活力。那种生气活力和古老的聚落环境不可能长期共存，它们的存在和发展必定会要求改变古老的聚落环境，最终导致文物价值的丧失。"他希望这些古老的聚落"最后走向'博物馆式'的保存"，这样"老街会长远地保有它的生命力，这就是作为文物，作为历史文化遗存的特殊的生命力"。同时他也谈到"及时而合理地维修整理，增加各种设施，装修内部，以适当提高居住质量和安全性，还是完全必要的"。

陈先生对"风貌保护"的提法，颇有不同见解。他谈到，许多假古董就是以"风貌保护"名义推出的，甚至还有过"夺回风貌"的口号，成为笑柄。

对历史遗存的古村镇，我们不仅要看到其旅游价值和经济价值，更要看到它们的文物价值和科学价值。如今，为了发展旅游业，有些地方的历史街区和古村镇，被任意添加"创意"，甚至不惜拆了老街重建仿古街，打造成"网红打卡地"，表面看起来好似"风貌保护"得不错，但过度商业化使真实的历史记忆和文化信息几乎消失殆尽。陈先生关于"作为文物的聚落最后走向'博物馆式'保存"的学术思想，应引起我们足够重视。

陈志华先生考察福宝古镇，向贾大戎先生询问有关情况。

前几年，我曾回到自贡再次考察仙市镇。仙市古镇没有辜负陈先生的嘱咐，按"还是本色为好"的理念，保护甚好。可惜，二十多年来我一直没有机会重返福宝镇，不知它现状如何？祝愿福宝镇有如陈先生的期待，能"长远地保有它的生命力，这就是作为文物，作为历史文化遗存的特殊的生命力"！

为了写这篇纪念陈志华先生的文章，这几天我又仔细重读了《福宝场》。陈先生在与我初次考察时，就有了把福宝场作为研究课题的念头。回校后与团队又两度长时间驻留福宝镇，采用实地勘察、茶座叙谈、登门造访、测绘摄影等田野调查方法，查阅了古籍、方志、族谱、碑文等诸多史料，在书中复活了这座曾经生气蓬勃的川南古镇。全书叙述久往史实简明清晰，考证遗址古迹周详严谨，描写坊间民俗韵味淳朴，拍摄人物场景鲜活生动，那种对中华文明的尊崇守护，对瑰丽山川的敬畏赞颂，对芸芸众生的怜悯关切，对乡民未来的美好期望，浓情浸润篇篇页面，令我十分感动。

如今，陈志华先生过世了。回忆这段往事，我有一种无法形容的悲凉之感。斯人已去，著作长存。陈志华先生，安息吧！

2022 年 6 月 22 日
于成都倪家桥寓所

小议北窗记陈师

马国馨[*]

马国馨[*]

2022 年 1 月 20 日，陈志华先生驾鹤西去，享年 92 岁。消息传来，学界为之悼念。陈先生是著名的建筑学家、建筑教育家，他的学术成就涉及建筑史学、建筑美学、建筑评论、建筑理论、遗产保护、乡土建筑等诸多领域，著作等身。他也是我十分尊敬的老师。我和先生最后一次见面是在 2014 年 9 月的一次会议上，那时他 85 岁。后来就听说老先生罹患阿尔茨海默病，且病情日见严重，以致识认困难。虽知先生年高病弱，但突然传来辞世的消息，还是让人伤感悲痛。

陈先生去世的次日，我曾在微信上录了自己 2002 年的一首旧作作为纪念：

> 治史纵横赖广角，聚落考察用长焦。
> 身怀伏枥千里志，老骥何须叹无槽。

诗中的"广角""长焦"二句还要从福建考察土楼说起。2000 年 12 月 12 日至 16 日，应福建省建筑设计院黄汉民院长的邀请，陈先生（那年 71 岁）、张锦秋、何镜堂、李秋香和我在黄院长和夫人陪同下，考察了福建南靖、永定等地几十座土楼建筑。

---

[*] 中国工程院院士，北京市建筑设计院总建筑师。

在"反思与品评——新中国65周年建筑的人和事"座谈会上，2014年9月17日

《中国建筑文化遗产》《建筑评论》"两刊"编辑部、中技集团联合主办"反思与品评——新中国65周年建筑的人和事"座谈会嘉宾合影

（前排：左五 作者马国馨院士 左六 陈志华教授，2014年9月17日）

福建考察

（左起：黄汉民、何镜堂、陈立慕、陈志华、张锦秋、作者、黄浩、李秋香，2000 年）

陈志华先生（左 6）在承启楼前

黄院长是研究土楼建筑的专家，测绘和出版过多部专著，对各处土楼遗存如数家珍，和地方官员也很熟识。而地方更想从陈先生的考察，听取他对土楼保护利用，以及申报世界文化遗产方面的意见（经过各方努力，福建土楼于2008年被联合国教科文组织列入《世界文化遗产名录》）。虽然那几天有大雨，但考察仍十分顺利，有名的田螺坑土楼群鸟瞰是拍照的经典角度，但因雨和大雾，我们第三次去时才拍成。因雨后山路泥泞，为了陈先生考察方便，有的山路上专门铺洒了稻壳，还有一处山路刚修成了三天就投入使用。我是第一次看到这些文化遗存，大开眼界，拍了不少幻灯片，同时也拍了一些人像照片。当时给陈先生拍过一张他正在拍照的照片，"广角""长焦"句即受此启发。另外还拍了陈先生满面笑容在土楼和一群孩子在一起的照片。

陈志华先生在考察中（2000 年）

陈志华先生和孩子们（2000 年）

陈志华先生在土楼中

陈先生在雨中考察

作者与陈志华先生（2000 年）

至于诗中有关"槽头"的两句，则与我在考察土楼两年之后读到的先生所著《外国古建筑二十讲》有关，那是三联书店出版的，先后已印了几万册。先生在该书《后记》中写道："待我们喘息初定，市场化的大潮触天而来，淹没一切。做学问依然困难重重，挣扎几年，便到了退休年龄，'老骥'连槽头都没有了，哪里还做得起'千里'之梦。满打满算，我这一代人有多少时间学习，多少时间研究？学问从何而来？"当时我读了后很受震动，觉得先生的话很有悲愤和无奈的味道。想来先生肯定觉得还有许多工作要做，有更多的研究计划没有完成，但自1994年退休以后，工作和研究条件就不那么便利了。先生在乡土建筑研究时遇到的各种困难也可以说明这一点。这可能也是我们国家退休"一刀切"制度的弊病。许多学有专长的专家退休以后就无法继续发挥他们的学识和智力。当然陈先生并没有因为"槽头"的失去而放弃其研究和探索。他说："我这一代人，从事建筑学术工作的，大多到了六十岁以后，才相继出版了重要的专业著作。"他的许多重要著作都是退休以后陆续问世的，所以我才在感动之余写出了"老骥何须叹无槽"！

　　我那首诗的题目是"为陈志华先生拍照打油"，把先生那样严肃的困扰用调侃和开玩笑的打油诗形式写出来，也是有点胆大妄为和大不敬了。这就要从我在大学中和此后几十年里和先生的交往及对先生的了解说起。

　　我到清华读书以后，并不是在大学三年级（即1962年）上外国古代建筑史课程时才知道教这门课程的陈先生的名字，而是在1959年入学之后的一个月。大一的课程有建筑概论和建筑设计初步，我通过启蒙的学习第一次接触到西洋希腊罗马柱式。开学后不久一天去东安市场里的丹桂商场，那里是有名的旧书店，宽大的台面上放满了各种旧书，我在那儿忽然发现了一本专门介绍西洋古典柱式的专著，原价1.66元，旧书只售1元，于是马上买了下来。这本书就是陈志华先生和高亦兰先生从1949年版米哈洛弗斯基的俄文原著翻译，由建筑工程出版社于1959年4月出版的《古典建筑形式》一书，第一版印了4000册。当时陈先生26岁，也正是他说过的"我们工作的黄金时期，也是在三四十岁"。这本书我珍藏至今已经63年了，也不是我吹牛，我敢断定清华建筑系的毕业生中当年持有此书的人不会超过十人。这本书是国内最早涉及西洋柱式和实例的，许多专有名词一时还找不到合适的中文名词而只好音译。

后来先生在《杂记》第84中谈到，出版这本书是源于他多年在系里教的"建筑初步"课程，当时苏联专家带来了莫斯科建筑学院的教程，要求从欧洲的古典柱式入手，所以他赶紧翻译了这本书。而他后来去见林徽因先生时，林先生却表示不赞成从柱式入手引导学生进入建筑学天地，而应该从建筑和人的关系入手。这给陈先生留下了深刻印象，陈先生由此归纳出"建筑学是人学，'人学'就是'仁学''仁者爱人'"，这一思想主导了先生此后几十年思考问题的出发点。

在1966年以前的清华大学，虽然是以理工科为主的培养工程师的摇篮，但建筑系却显得十分另类。因为我们的课程中，有许多涉及人文社科和艺术美学的内容，如"外国古代建筑史""中国古代建筑史""外国近现代建筑史"这"三史"，还有美术课程。系图书馆中有大量涉及这些历史和艺术内容的藏书。三史课程我们都十分喜爱，但除上课以外和陈先生交集并不多。我那时是中国古代建筑史的课代表，那门课由莫宗江先生主讲，而他常因夜里加班太晚而到上课时要跑到他家里叫他，给我印象深刻的是堆在茶几上像几座小山一样的烟头。陈先生在回忆中也说道："有一次，早晨上课，他没有来，……我们怕他熏了煤气，几个人去找他，推门进屋，他竟还在蒙头打呼噜。"但陈先生体会："莫先生是一桶油，我们是灯芯草，只要跟莫先生蹭一次，总能蹭上点儿油点三天火。"可惜我那时少不更事，要不然在莫先生那里蹭上哪怕是一点儿也好。我只记住莫先生规定在考试时卷子上有一个错别字就要扣一分，这让我至今写文章都是小心翼翼的。

历史是一种思维方法。梁启超先生说过："历史者，叙述人群进化的现象，而求其公理公例者也。"陈先生也强调"建筑史的教学目的主要是提高建筑师的素质，他们的文化素质和精神素质"。"一个人素养之中，最深沉的莫过于历史意识和历史感了。"我至今仍深深感到历史的学习对一个人从事任何工作的重要性。虽然当时外古史和外近史都是不那么好教的课程，但我们仍从老师们的传授之中，除了开阔眼界、增长知识以外，还从"以史为鉴，可以知兴替""究天人之际，通古今之变，成一家之言"的历史研习中学到正确的历史观和方法论，学到理性精神和批判精神。那时的教科书我珍藏至今，虽已六十年过去，仍时时翻阅。陈先生在 2003 年 8 月为我们建五班出版文集赐稿时，曾录了他在 1960 年《外国建筑史》教材初版时的一首诗作：

> 未敢纵笔论古今，一枝一节费沉吟。
> 为怜新苗和血灌，斗室孤灯夜夜情。

据先生讲，他当时是作了两首，但另一首我始终没有看到过。

当时先生刚刚三十一岁，他已经用心血和汗水浇灌出了我们使用多年的这本教材，但是先生的"黄金时代"相当坎坷，并不顺利。"我们最富有创造力，最精力饱满的时候，却一次又一次地在政治运动的浪潮中被迫'学游泳'。"前文提到的三联书店那本书的"后记"中，先生介绍了他是如何躲过 1957 年反右的"那一劫"，又是如何在以后的政治风浪中"运动一来，被抛出去吸引炮火，以掩护别人过关"，"成为收获大字报最多的'老运动员'"，"虽然放低姿态、苟且地活着，做些革命者不屑于做的又脏又苦的杂役，但学术思想上'屡教不改'"。以至后来还被"戴上牛鬼蛇神的帽子，被横扫进牛棚，受尽折磨，受尽侮辱，整整八年"。各种细节此处就不多引述了，感兴趣者自己可寻了这本书来读。尽管如此，先生仍是初心不改，继续着他的思考、他的呐喊和他的开拓。"我深深知道，我的努力是微不足道的。我之所以不怕冒犯一些人写这些随笔，是因为觉得对我们国家的现代化有责任，一个普通人应该有的责任。"这是先生在他的《北窗杂记》自序中所说的话。

在改革开放以后，还没有互联网和新媒体的时代，许多人和我一样，都是通过"北窗"这个小小的窗口来了解陈先生的所思所想、所爱所憎和所褒所贬的。《建筑师》杂志从 1980 年第二期起，开设了先生以窦武为笔名的"北窗杂记"专栏。据说当时专栏开设前，第一任主编杨永生先生曾被陈先生将了一军:"我是敢写的,你们敢登吗?"杨回答也很痛快:"你老兄只要敢写,我就敢登。"有了双方的胆识和默契,我们才得以看到 1980—2012 年间发表的131 篇文字,跨度为先生 51 到 83 岁之间共 32 年间的思考(当然这些文章也不是平均分布的,比如从 1982—1991 年间没有写过一篇,另外也有 3 年,每年只写出了一篇)。杂志创刊前曾邀我出任编委,我因觉得年资尚浅婉拒了,但那时杂志每期都赠我。像很多人一样,我得到杂志以后就首先翻到先生的专栏,先睹为快。1992 年,先生的《北窗集》出版,但全书 30 篇文字中只收入了 4 篇杂记。1999 年河南科技出版社的《北窗杂记》出版,我购入之后发现只收入了 1998 年前的 65 篇杂记,幸好又从后面的各期杂志中陆续看到了此后发表的文字。这次利用纪念先生机会把全部杂记又大致浏览一遍,深感这些文字应是研究陈先生学术人生和成就的重要文献,是集先生学术大成之作,从中也可以看出先生是如何秉承独立精神写出这些批判性文章的,现在看来有许多内容还有待于研究者深入细致发掘。

《杂记》的文章没有标题而只有顺序号,是不是受了五四时期的《新青年》的影响不得而知。当年《新青年》杂志从 1918 年 4 月起,设立了关于社会和文化的短评栏目"随感录",这个专栏以数字为顺序,不设醒目的篇名,陆续发表不同作者的评论文字。陈独秀、刘半农、钱玄同、周作人等都先后发表过作品。鲁迅先生从 1918 年 9 月起发表作品,编号从 25 号起共写了 27 篇,最后都收录在《热风》一书中(最后 10 篇附有小标题)。这些短小精悍的议论文字,在读者中引起了强烈的反响。看得出一百年前先哲们和《新青年》提倡的"德""赛"二先生,和陈先生在文章中反复强调"建筑的现代化,主要就是建筑的民主化和科学化"是一脉相承的。

赖德霖博士对陈先生《杂记》的全部文字做了详细的分类和研究,并且拟就了标题,根据文章的内容总结为十大分类。先生论及的范围十分广泛,远远超出了先生平时所从事专业的局限。我想这应和先生在 1947 年进入清华时所报的社会学系有密切关系。我们常常讲在专业的大学毕业以后,马上就进入了一个终身学习的"社会大学"。这个学习许多时候是被动的。而社会学就是一门以认识社会、剖析社会以至改造社会为目的的专业，尤其是在社会转型时期所出现的各种社会矛盾和问题更为社会学家们所注意。先生在清华时社会学系的老师潘光旦、费孝通也是如此。潘光旦先生前后发表过250多篇研究社会问题的文字，费孝通先生在《观察》杂志仅署名文章就近三十篇。陈先生在文章中也经常流露出社会学方面的理论和方法，如他在撰写外国建筑史时坚持用历史唯物主义的方法，实际上社会学界一直认为马克思是科学的理论社会学的奠基人，历史唯物主义第一次把对社会的认识置于科学基础之上。又如先生提到"许多人只从工具理论层面认识现代建筑，没有从价值层面认识现代建筑"，这也是20世纪德国的理论社会学家韦伯所提出的研究方法。

所以，用社会学的思考来观察社会，就会比单纯从建筑、历史或城市角度出发的研究更为主动和深刻。我们进入社会以后所遇到的权利、利益、关系、法律、行为、城市、农村、家庭等诸多问题，都属于社会学以至其中的应用社会学的范畴。应用社会学的分支学科很多，建筑学和城市规划是为广大人民服务的专业，即以应用社会学中的分支城市社会学为例，它就是研究城市的社会关系，包括城市的经济生活、政治生活、文化生活、社区生活以及各种群体和家庭中人和人之间的关系，这将为规划、建筑、政策、管理提供社会学的理论依据，从而影响城市社会的发展。我国是更看重研究城市发展历史和改造理论、城市社会结构、城市社会功能、城市社会问题以及城市的社会管理就业等等。另外环境社会学、比较社会学、文化社会学等都是很有针对性的，所以尽早了解一些社会学的理论观点和方法，对我们肯定是大有益处的，可以更好地理解城市、社会和人。

在《杂记》中最引人注意的还是先生针砭时弊的"杂文"。杂文当年是以"杂而不专，无所不有"而得名，所以先生无论是批评"长官意志"，"政绩"工程，奢华浪费，罔顾民生，形式主义以至商业主义，崇洋媚外，墨守成规，封建迷信……种种社会中的突出问题，基本都是以鲁迅式的犀利笔法，揭露痼疾，鞭辟入里。先生的多次大声疾呼，有些是起了些作用，如对"夺回古都风貌"的反对，保护乡土建筑，注重文化遗产的保护等都还有些效果，引起了人们的重视。但是有些问题依然故我，即如鲁迅先生批判了那么多年的民族的"劣根性"一样，仍然不见多大改进！

先生的文字中除了"横眉冷对"的一面，同时也有许多抒发感情，怀念故人的散文，里面同样充满了激情、关怀、深沉的情绪和温暖的回忆。其中涉及的人物有梁思成、林徽因、费尔顿、朱畅中、高庄、汪坦、莫宗江、侯幼彬、阮仪三、张松等人。还有他在乡土建筑研究过程中结识的如收集建筑木雕的何晓道，新叶村的叶同宽、叶同猛，还有名字也叫不出的诸葛村的村支书，六位老人家、木匠老人，大漈村的梅老先生，等等，这些文字都给我留下了深刻的印象。仅就我认识的几位清华老师而言，如陈先生形容汪坦先生："向来不生什么上档次的病，胖而且壮。说起话来黄钟大吕似的洪亮嗓门，走廊上便能听到，滔滔不绝，几小时不见倦容。"形容朱畅中先生："朱先生的认真到了天真的地步，以为不论什么时候和境况都可以讲道理。""钉是钉，铆是铆，既不肯

陈志华先生和杨鸿勋先生在汪坦先生家（1996 年）

圆通依附，也不肯沉默不语。数落起不通的人和不通的事来，往往直来直去，不大会看眼色、顾情面。偏偏不通的人和不通的事不少，因此朱先生后来不大受人待见。"对于莫宗江先生，我印象深刻的是这一段："执着地追求完美，也会给莫先生带来失落。比方说，网球场上，对方击球过来，等他摆好了优雅的姿势，球已经蹦到后面去了。所以他没有赢得过奥运会的金牌。"想起我看过在网球场打球的莫先生，深感在陈先生温暖而传神的描写中，还带着轻轻的幽默和调侃。

还有很大一部分文字则是学术性、论战性、说理性、叙述性的文章。一方面可以看出陈先生在一些重要问题上的观点，如涉及形式和内容、创新和保守、传统和现代、保护和利用、科学和迷信、理论和现实等，都鲜明地提出了自己的看法。另一方面也可以从中看出先生的学养和睿智，即如关于风水术的讨论中，看得出先生是对风水堪舆之学做了一番研究的，对于形势宗、理论宗的主张，对《礼记》《白虎通》《阳宅十书》《地理五诀》等著作都研读之后，才陆续写了多篇相关文字。当然从我自己持有的折中式或"中庸"的观点来看，先生有些观点可能近于"偏激"或用词过于尖刻。学术上的争论本来就是百家争鸣，不同的看法，一时未必能得出结论，而是通过争论使人们更便于分析吸收，更需要通过实践和检验才能得出接近正确的结论。先生自己也承认："很多人认为我过于偏激，连一些老朋友都不大肯支持。"当然在学界也有一种观点，认为"过激批评是医治学术无能的良方"，主张只有怀疑批判精神才能使科学永葆青春。

而论战性的文字常常需要过招接招才能看得更清楚。如先生指名黄鹤楼的建造属于"假古董"一类，遇上也爱认死理的向欣然，于是各自摆出了自己的道理，以至向欣然在黄鹤楼建成三十年后仍认为"事实胜于雄辩"。还有一次参加广州的学术研讨，在总结发言时一位有专业背景的大领导在讲话中忽然脱稿，情绪十分激动地批判了一阵"时髦建筑"之论。当时大家一头雾水，不知剑指何方？后来看到《北窗杂记》一书中有一篇陈先生的"也说'赶时髦'"，文中说起："赶时髦无疑包含着对新鲜事物的敏感、美好和向往，所以，这是一种对美的追求。""时髦的建筑物多了，会形成一个通脱的生活环境。"这篇文章是登在《建筑报》上的，我想也可能是先生对广州讲话的回应吧！但是大多数文字因语焉不详，所以看了以后也不知道是针对谁的。"某些文章家""一位清华大学教授""一位富起来的老同事"都让人看后不知所指。也许先生更重视阐述观点和说明问题，而不愿指名道姓得太清楚。弄不好也会变成需要进一步"考证"的公案了，这些都不去管它了。

看了陈先生那些批判、抨击类的文章，常让人感觉陈先生可能就是那种严肃、冷峻、不苟言笑、难以接近的老师。但后来随着我经常一起和先生参加学术讨论会，或是研究生的答辩会，与先生多次交谈后逐渐熟稔起来。尤其是1987年我报考了汪坦先生的博士研究生，入学的口试就是汪先生和陈志华、关肇邺二位先生一起担任的考官。汪先生为了让我别太紧张，一再说明我们就是在一起聊聊，谈谈对一些问题的看法，在交谈中我充分感受到三位先生对于学生的关心和爱护。

作者论文答辩会
（左起：费麟、陈志华、周维权、高履泰、刘开济、汪坦、作者、吴焕加、赖德霖）

陈志华先生看梁先生塑像泥稿（1995 年）

　　1991 年 6 月，我的毕业论文答辩也有陈先生参加，当时先生并没有提出问题，事后我也没有敢再问先生对我的论文的看法，但直觉是我的有些提法先生也并不一定认同。博士毕业以后，每次到学校去遇到陈先生时，先生都以玩笑的口吻叫我"博士来了"，让我很不好意思。但时间长了，我也"原形毕露"，和先生随随便便没大没小开起玩笑来，这也就是前文写的，我也敢用打油诗来和先生开个玩笑。此间 1995 年 2 月，曾邀先生一起去雕塑家的工作室看我们班准备捐赠的梁思成先生的塑像泥稿，请先生提出意见。1996 年 5 月是汪坦先生 80 大寿，陈先生对汪先生一直十分敬重，许多看法比较一致，他也去汪家祝寿，气氛十分融洽。这几次我都为陈先生拍了照片。

　　此时我也陆续把自己的一些文集，包括闲书陆续奉上求教于先生。后来为了迎接清华大学的百年校庆，我编印了《清华学人剪影》和《学步续稿》两本新书，在《剪影》一书中收入了陈先生 2002 年底参观南靖河坑土楼时和一群孩子们的合影。在《续稿》一书中收入了前面的那首打油诗，并配发了先生在福建考察时的另一幅个人照。后来先生对我也有回赠，2004 年底，先生赠我

《外国古建筑二十讲》第七次印刷的一册，其实这本书早在 2003 年第一版时我已自己购置了一本，这次收到先生馈赠的签名本自然更高兴和珍惜了，可是在内页上先生却写着："国馨老兄指教。"我们相差十三岁，他又是老师辈的，这不是要折煞我吗！但向先生提出以后并未奏效，2010 年 3 月先生又赐赠清华大学出版社出版的《楠溪江中游》一书，近 400 页的巨著，装帧也很精美，先生在内页仍亲署："国馨老兄存阅。"也许是先生的习惯，但我只能理解这是在调侃中暗含老前辈对后学的关心和爱护了。

陈志华先生在会议上（2014 年 9 月）

先生对于建筑教育的关心除了在体制机制上的建议以外，对于建筑师的成长，尤其是在市场化的大潮下，如何承担应有的社会责任和历史使命是寄寓厚望的。在先生的启发下我也从中得益。记得有一年开工程院院士会时，有一位院士拿了一份在山东曲阜孔子故里要建一个"××城"的建议书让大家签名，虽然上面已签名的院士很多，但我想起先生在《杂记》一篇文章中谈到对山东临淄建设仿古一条街的态度，给我印象很深，所以我就坚持没有签名。先生观察问题的尖锐、透彻同样也给我留下深刻印象，2000 年有一次参加一位研究生的论文答辩，先生私下对我说，这个人以后可能会如何如何，后来的发展果然应验了先生的预见。

大概是 2014 年 9 月，我和先生最后一次在一起开会，那时先生的状态已大不如前。当时我们二人紧挨坐着，以至我给先生拍照时只能拍到他的侧面。那次会议发言的人很多很热烈，但先生一直在下面和我讲，现在建筑界有的人就是一切向钱看，为了钱什么都干得出来，愤愤不平之意溢于言表，我想先生也定是有所指的，但我并没有细问。时至今日，想起先生在《北窗杂记》中多次反复强调："建筑师需要道德，需要理想，需要远见，需要勇气""建筑师要真诚热爱普普通通、平平常常的人"。陈先生的这些教导，应是给我们留下最宝贵的嘱托了。

2022 年 2 月 14 日初稿

3 月 1 日二稿

难得梵音亲耳听

赵　雄*

难得梵音亲耳听，高山仰止大先生。

绕城三匝雅典娜，鉴水一池泰姬陵。

危楼北窗观世界，乡土楠溪采民风。

王孙旧苑树桃李，鸟鸣蝶舞草青青。

近日读书讯，《陈志华文集》将于 2021 年 11 月由商务印书馆出版。于是，想起大学时最爱听陈先生讲西方建筑史。工作后，最爱读的建筑杂文是先生的"北窗"。后又读到先生的意大利散记，厚积薄发，是游记体建筑学术经典。仿佛又看到先生，年复一年，春夏秋冬，踏着旧苑的小路走来。

梵音，指佛的声音，正直、和雅、清澈、深满、周通远闻……

2021 年 9 月 12 日赵雄记

---

* 赵雄，国家一级注册建筑师，曾任北方工程设计研究院有限公司顾问总建筑师。

陈志华先生走了，但他仍然活在我们心中

季元振[*]

陈先生离我们而去了，消息传来，在我们班的微信群里，无一人不悲痛不已。对陈先生的爱不仅仅是因为我们敬重陈先生的学识和他对中国建筑教育事业的贡献，而且是因为他作为教师，给了我们这些学生太多太多。

一、绕开"禁忌"巧妙教授西方建筑史

打开 1962 年的陈先生的《外国建筑史》教材，大家不难发现其中充满着"马恩语录"。那个年代，你如果要歌颂希腊罗马，那是一定要被批判的。批判倒是小事，问题是课就开不成了。当时全国人民都在学习毛泽东《在延安文艺座谈会上的讲话》。梁思成先生都在检讨自己的"资产阶级建筑学术思想"，"言必称希腊"像个紧箍咒使得研究西方史的人无以生存。怎么办？陈先生巧妙地引用了马克思语录来解释十九世纪以前的西方史，绕过了文字的审查。马克思说："希腊是人类健康的童年。"陈先生就用这一句话，带领我们这些年轻的学生轻松地跳出了严苛的束缚，让我们看见了真实的西方。有人说陈先生的西方史谈阶级斗争太多了，其实这些年轻人不懂历史，他们不知道当时如果不这样来写历史，那么最大的可能是把这部书的丰富多彩变成一部历史虚无主义

---

* 季元振，清华大学建筑学院教授，原清华大学建筑设计院总建筑师。

的教条。事实上，即使陈先生如此小心，也未能逃脱有关部门对他的一次次的审查。据说，"文革"中很多人想从他的教材中找到"黑材料"，结果全都无功而返。陈先生做学问太聪明而又太严谨了。

二、引领我们走进西方建筑的艺术殿堂

陈先生尽一人之力完成了华人自己写作《外国建筑史》的任务。他对各种版本、多种文字的建筑史书进行了比较，在比较中读懂了西方的古代建筑史。他所描述的那些著名建筑的历史文化背景以及建筑型制、结构、空间甚至装饰等都是那样的准确，好像他曾经身临其境一样。其实他根本没有去过，以至于他第一次到希腊朝圣雅典卫城时，老泪纵横。陈先生是引领我们走进西方建筑的艺术殿堂的第一人。他布置的课后作业就是要我们默画西方的经典建筑。改革开放后，当我们能有机会到国外去学习西方名作时，我们才发现陈先生的描述是那么的精准。这更加赢得了我们这些学生的敬佩。所以每次回校时，我们见到陈先生总是抱着一颗感恩的心。

三、开创"乡土建筑的发掘和保护工作"先河

陈先生是 1987 年退休的。那年他刚 58 岁，正是年富力强的年龄。这么能干这么优秀的学者，学院怎么舍得把他放走？这始终是我心中的谜。退休，对于一般人来说似乎意味着退场，但是，对于陈先生却成了"解放"。他把视野从国外转向国内，开创了我国"乡土建筑的研究和保护工作"的先河。陈先生的工作做得有声有色，他的影响力从建筑界扩展到了文化界、传媒界以至于全社会。最近商务印书馆为他出了《陈志华文集》，是对他一生最好的总结和致敬。陈先生一生笔耕不辍，著作等身。他的学术观点独立而自由，从不跟风，一以贯之，是难得的能出文集的中国建筑界学者。

四、学生们爱戴的老师

陈先生与我们班（1961—1967）有一种不解之缘。他除去是我们"外国建筑史"课程的老师外，1963 年还带领我们班参加了颐和园的测绘工作。陈先生称这次测绘是"颐和园测绘史上规模最大、任务最重的一次""完成了从水边到山顶的整个中轴线建筑群，还有画中游和转轮藏两大组"。陈先生在回忆文章中写道："三十年来，不知有多少次，我对一批又一批的同学说起这次测绘，每次都很激动。现在我写着，泪珠还滴落在稿纸上。"上面的陈先生的话是 1997 年，我们班毕业三十周年时，在他给我们班的《题词》中写的，题

2017 年 4 月 30 日，陈志华先生与我班部分同学合影
（前排左起：高亦兰先生、陈志华先生、高冀生先生）

作者及黄汉民与陈志华先生夫妇合影

目是《还赠你们一份记忆》。在这篇文章里，陈先生还写了一个小故事。他写道，那时候困难时期刚过，大家仍然吃不饱。他说那天，他与陈保荣老师吃过午饭回到转轮藏，"一看，一位女同学，全校的有名的短跑健将（王敦衍同学），躺在栏杆凳上歇着。我心里发急，怎么可以这样松松垮垮，过去就吆喝。抓紧干呐！她一翻身起来，脸盘惭愧得通红，我分明听见她轻轻地说：老师，我饿。我愣住了，但她立即认真地干了起来。"陈先生接着写道："由于题目太重，几乎每个同学都要加班，晚上画，礼拜天也画。有好几个人到了暑假还在画……但我没有听到一声抱怨，只听到同学们对我的问候和安慰，倒是你们生怕我累坏了身体……终于你们把任务完成得非常的出色，我一直为你们的成绩感到骄傲。"陈先生就是这样的熟悉和了解我们班的老师，他"甚至能记得我上课时坐的座位"。

陈先生对我们班同学毕业后的工作从来都是鼎力相助，他为黄汉民、陈立慕同学写的书《福建土楼建筑》作了热情洋溢的序言"卷头闲话"。他也为我的书《建筑是什么》作序向读者极力推荐。

不知道是一种什么样的缘分，我自己的学生时候的毕业教室在哪儿，我已经忘记精光了，但是，我偶然记起季元振老师做学生时候的教室和他的座位的图以，他把他近几年写的文稿交给出版社之后，叫我写几句什么，我就只好从命了。

没想到，真的没想到，今年年初，季老师 <u>（稿子）</u> 亲自给我送来一卷他自己打印装订的文稿，全是他近年的思考和记录。建筑师嘛，这七八二十年，正是最走鸿运的黄金时期，要不是有了那么些个什么学经（谁还肯费功夫去整整理理的问题，什么联络），又不用您写不成文了。四 <u>说是，季老师无论学经，无论职称，都不缺，</u> 个年前那个聪明小伙子，季君也起傻。至于我 <u>好哇！</u>，反正已经傻得不成个东西了，我打开就给看了起来，这一看，真个是心潮澎湃，志气沸腾，~~×××××××~~无缘无故我着喜欢，我更喜欢为书里的每一句话里面里面喜欢！一照，我也有是要流出泪眼儿！

好了，我写的这一篇文字，相形之下，已经是又臭又长了，赶快结束罢！
多谢季老师给我这个机会，说出我最想说的几句话。——废话！

陈志华 2010年炎暑中 <u>（40.1度）</u> <u>撰氏</u>

陈志华先生为作者所著《建筑是什么》撰写的序言手稿节选

作者及黄汉民与陈志华先生合影

　　对于学生来说，这样的老师我们怎能不爱戴呢？陈先生走了，现在我正面对着他留给我的一些手稿。在他为我的书所写序言的手稿里有这样的几句话，陈先生说："只要允许或者需要，我愿意为书里的每一句话签字负责！"

　　我今天重读这句话时的心情，真是难以言表。陈先生是在用自己的名望和信誉在为他的学生的书做出担保呀！写到这里我都想哭！

　　陈先生走了。但他永远活在我们的心中。

2022 年 1 月 26 日凌晨 1 点于北京

怀　念

王敦衍*

　　这是 1997 年 3 月陈志华先生给当年毕业三十周年的清华建七班同学的赠言（见后图），如今，这"一件小事"已是半个多世纪以前的事了！先生竟然记忆那么深刻，把我也带回到那个年代。我正是先生文中所提到的"全校有名的短跑健将"，其实离短跑健将还是有很大的距离的，只不过是在 1964 年北京市高校运动会上曾拿到女子 200 米、女子 4×100 米接力、女子 4×200 米接力的冠军和女子 100 米的亚军，先生过奖了！但是我的外国建筑史的先生竟然还知道我是运动员，这足以让我高兴了！真是惭愧，被先生抓了个正着！"躺在栏杆凳上歇着"，其实我一直不是偷奸耍滑的人，干起事情来是很努力认真的，所以先生一吆喝，弄了个满脸通红！可能是困难时期的本能流露。我们是 1961 年入校，当时正值三年困难时期，大家都饥肠辘辘的，这种感觉是没有亲身经历的人很难领会的！虽然国家给学生有每个月三十斤的粮食定量，但是食物还是十分匮乏，正是青春期，真是总觉得饿呀！清华是最重视体育的，没体育不清华！我还是清华短跨队的体育代表队队员。当时还设有专门的运动员食堂，既使这样，进了食堂就挑汤、面、粥等体积大、粮票少、能撑饱肚子的东西吃，吃完就离开，省得老想吃！不过在另一方面，虽然经济困难，人的精神并没有输！大家都十分努力上进！

---

* 王敦衍，1967 年毕业于清华大学土建系，原冶金部建筑设计总院设计所副总建筑师。

还赠你们一份记忆

陈志华

建七同学毕业整整三十年了，这三十年里，发生过许多世界史上必须记载的大事，但我心里，却始终鲜明地牢记着一件小事。

建七同学测绘颐和园古建筑，最严酷的"困难时期"刚刚度过，我的双脚和小腿，因为缺乏营养，还浮肿着，没有平复。可见青春盛年的小伙子和大姑娘们，"定量"虽已提高，日子仍然难熬。但是建七的这次测绘，却是我们颐和园测绘史中规模最大，任务最重的一次，也是成果最辉煌的一次。我陪着同学们测绘从水边直到山顶的整个中轴线建筑群，还有画中游和转轮藏两大组。在大家饥肠辘辘的时候，我们敢于出这样的大题目，是由于我们彻底信任同学们的勤奋、严谨和热情。那时候，我们还没有被松松垮垮、敷衍潦草的学生困扰的经历。有一天中午，我和陈保荣老师在排云门旁长廊里吃完带去的两个干馒头，不饱。我们从来不喝酒，听人说啤酒是液体粮食，便买了一瓶来喝，不料，越喝越觉得肚子宽得发慌。没有办法，只好忍着，爬上山去。到了转轮藏，一看，一位女同学，全校有名的短跑健将，躺在栏杆凳上歇着。我心里着急，怎么可以这样松松垮垮，过去就吆喝。抓紧干呀！她一翻身起来，脸盘惭愧得通红，我分明听见她轻轻的说："老师，我饿！"我愣住了，但她立刻认真地干了起来。

由于题目太重，几乎每个同学都要加班，晚上画，礼拜天也画。有好几个人到了暑假还在画，两位女同学一直画到半个暑假过去了才回家。但是我没有听到一声抱怨，只听见同学们对我的问候和安慰，倒是你们生怕我累坏了身体。而我也常常要劝你们休息，肚子还不很饱呀！终于你们把任务完成得非常出色，我一直为你们的成绩骄傲。

三十年来，不知有多少次，我对一批又一批的同学说起这次测绘，每次都很激动。现在，我写着，泪珠还滴落在稿纸上。

这记忆是幸福的，它使我在任何困境中都不觉得孤独和寂寞，不失去信心。

我谢谢你们。现在我把这记忆还赠给你们，也许你们早已忘记了罢："哦，这算什么事，也值得！"

但你们头上都有几茎白发，我相信，你们乐于接受我的礼物，对吗？

1997年3月1日

与陈志华老师合影（1997 年 4 月）

　　记得这次颐和园测绘的对象是从水边直到山顶的整个中轴线的建筑群，另外还包括画中游和转轮藏。我和马良分到转轮藏组。我其实是非常喜欢建筑学这个专业的，可以为社会主义建设添砖加瓦，成绩是看得见摸得着的。而学习过程又非常有意思，不用死啃书本，甚至在游山玩水中就可以学到很多东西！无论是水彩实习还是颐和园的测绘，都是基本功。有兴趣也就有动力！那时候还不用电脑，只是靠鸭嘴笔、圆规、打规、丁字尺、三角板一笔一笔上墨画出来的，难度也是相当可以了！不能画错！因为是白的图画纸或者透明的硫酸纸，上黑色的墨线，橡皮是擦不掉的！所以我们班的同学都知道"李老刮"（李德元）本事大了！画错的线可以用刀片把墨迹刮掉，甚至薄薄的纸可以片下来一层，压压实在上面再画。大家都胆大心细，出自于对专业的热爱，练就了过硬的基本功！专业教室里往往也是哼着歌儿，愉快地完成作业，气氛很潇洒！加班加点乃常事，不觉得累和苦！完不成任务就自觉搭上假日、休息日，好像都是理所当然！

　　先生竟然会"对一批又一批的同学说起这次测绘，每次都很激动，现在我写着，泪珠还滴落在稿纸上"。这一段特别令人感动！先生对学生的关爱竟然是如此之深！先生牢牢记住我们这一班学生，我们班当然也是深爱着先生！我在想，为什么会结下如此深厚的师生情意呢？因为大家都经历了那个困难的时候，都有深深的体会。这批"四零后"的学子，单纯，努力，乐观向上，不畏困难！我眼前忽然闪现了梁先生当年测绘古建筑的身影，我们在传承梁先生和陈先生的精神，建七班这个集体留下了一份颐和园中轴线及转轮藏、画中游的完整优秀的测绘图，现在看来也是极其珍贵的！先生懂得我们，我们敬佩先生！我们从不自觉到自觉地感恩先生送还给我们的记忆！

我们学的外国建筑史的教科书就是先生编写的，我最喜欢的课就是这门课，先生讲课就让你身临其境一样！特别是希腊神庙！我后来才知道当时先生并没有去过！但是他研究是那么深、那么透！我没有忘记我和马良完成的转轮藏的测绘图，应该是我作业中最优秀的！记得先生对我们的要求是全方位的，留的作业是画出各种古建筑、神庙等，要求外形准确，比例精准，交作业和批作业，就像小学生一样。我很努力地学习这门课，也以为我学得不错，但是考试分数下来，还不到八十分！先生的要求好高呀！除了掌握基本知识外，还要求有发挥，有见解。努力吧！学无止境！

我们建七班是 1961 年入学，正值困难时期，在校时 1966 年又经历了"文化大革命"，推迟了一年到 1968 年毕业！我们是在工宣队主持下毕业分配的。建七班同学撒遍了祖国的各个角落，有插队河北农村的，有广西中越边境的，有农场的，有工厂的，有油田的，还有大西北边疆的……总之是社会最基层了，带着清华自强不息、厚德载物的精神，带着老师谆谆的教导和培养，带着年轻健康的体魄，在祖国各地拼博奋斗！如今已结出了累累硕果：有两个国家级设计大师，有在美国大学的终身教授，有清华大学的教授，有大大小小设计院的总建筑师，还有着庞大的一级注册建筑师的队伍，还有很多发表的著作……敬爱的老师，当您看到桃李满天下、这么多优秀的学生时，一定特别高兴对吗？

敬爱的陈志华先生，每次校庆回校时都想见见您，惊悉您于 2022 年 1 月

20 日永远地离开了我们！我们怀念您生动精彩的课堂，怀念您平易近人的身影，怀念您对同学的无限关爱。我们记住您独特的人格魅力，记住您独立思考，记住您敢于担当，记住您言传身教，记住您勤奋工作，记住您丰硕的成果（无论是在外国建筑史、园林史、建筑学理论、文物建筑保护还是在中国乡土建筑领域都有您卓越的贡献！），记住您崇高的人生价值观，记住您在清华从教七十年！我们深深地敬佩您！深深地热爱您！您永远在我们心中！

深切悼念恩师陈志华先生

黄汉民[*]

一

陈志华先生是我敬佩的老师。我 1960 年考上清华，在三年困难时期因肝炎休学了一年，这一年正巧错过了陈先生"外国建筑史"课。每当同学们津津乐道陈先生课上精彩的讲授和迷人的神韵，我只能是心酸眼馋，这成为我大学六年最大的遗憾。

大学毕业赶上"文革"，推迟一年毕业。1968 年分配到上海崇明岛解放军农场"接受工农兵再教育"。下乡，下厂，改行，转眼过了十一个年头。"文革"后恢复高考及研究生制度，1979 年我又考回清华，三年研究生毕业后，分配到福建省建筑设计院。算起来前前后后在清华待了十一年。读研期间选择研究福建民居课题，师从王玮钰先生。在校期间与陈先生少有交往。

1982 年到福建省建筑设计院才开始了建筑设计生涯。当时，虽然赶上了改革开放的大好时代，但跌跌撞撞的折腾和种种违心的"画图匠"经历，在彷徨之中最爱读的是陈志华先生的"北窗杂记"。陈先生以犀利的笔触对"崇洋媚外"，对"政绩工程"，对"长官意志"，鞭辟入里，酣畅淋漓，切中时弊。因此，当年发表在《建筑师》杂志上的"北窗杂记"成为我的最爱，是每期必读的文章。它始终激励我，不畏艰难，踏踏实实为人民做好设计。

---

* 黄汉民，1967 年本科毕业于清华大学建筑系，现任福建省建筑设计研究院首席总建筑师。

陈志华先生（右一）在福建省永定县湖坑镇新南村"衍香楼"前（摄于 2000 年 12 月 15 日）

陈志华先生（左五）在福建省南靖县书洋镇塔下村（摄于 2000 年 12 月 14 日）

二

　　1990 年两岸"小三通"之前，台湾《汉声》杂志发行人黄永松来福建找我，为了要看土楼。随后我与《汉声》几位编辑一起，考察闽南、闽西的土楼。台湾学者对乡土建筑浓浓的情怀感染了我，使我又燃起对福建乡土建筑研究的热情。在台湾《汉声》杂志社的鼓励下，1995 年我在台湾出版了《福建土楼》一书。两岸"三通"后，陈志华先生赴台湾探亲，也与注重保护传统遗产的《汉声》杂志一拍即合。得《汉声》杂志社的支持，陈先生开了中国乡土建筑研究的先河，相继在《汉声》杂志上推出了《楠溪江中游乡土建筑》《诸葛村乡土建筑》《关麓村乡土建筑》《梅县三村》与《婺源乡土建筑》等专著。因此，我也和陈志华先生多了一层与《汉声》杂志的关系，有了更多的联系与接触。

　　应《汉声》的要求，陈先生要来福建做乡土建筑研究。不巧的是当时我正在院长任上，只能帮忙联系福建地方相关部门协助陈先生调研，仅仅是在陈先生带领研究团队路过福州时尽地主之谊请个便饭。由于抽不出时间陪同考察，错过了直接向陈先生请教和学习的机会，这是我学术生涯中又一大遗憾。

　　夫人陈立慕是我大学同班同学，她还记得陈先生团队路过福州时有两回到我们家做客，陈先生还在一篇序文中有在我们家"吃着鲜龙眼"的记述。记得一次陈先生从北京打来电话，陈立慕告诉先生我们正在吃早餐，先生风趣地回答："我已经闻到香味了。"陈先生平易近人，乐观风趣，执着热情，我们至今难忘。

　　2010 年前后在陈志华先生的主持下，清华大学出版社又推出了《俞源村》《十里铺》及《中国民居五书》。《中国民居五书》中的《福建民居》一书，涵盖了福建不同地域的五个村落的住宅建筑，包括连城培田村住宅、南靖石桥村方圆楼、浦城观前村住宅、永安安贞堡和福安楼下村大宅，为我们福建民居研究做出了经典的示范。

陈志华先生（左三）与张锦秋院士、陈立慕参观福建省华安县"二宜楼"内小展厅（摄于 2000 年 12 月 16 日）

陈志华先生（左二）与陈立慕、李秋香在福建省南靖县土楼村落（摄于 2000 年 12 月 15 日）

三

《福建土楼》一书在台湾出版八年之后，2003 年生活·读书·新知三联书店要出版我的专著《福建土楼——中国传统民居的瑰宝》。我斗胆敬请先生作序，先生欣然应允。在蛇年（2002 年）除夕之夜，先生"放下手边催得十万火急的稿子，要为这本书写几句话"。陈先生连夜赶出的居然是一篇长达两千多字的序言。陈先生说，面对厚厚的一叠书稿，他"立即坐下来，一天不动弹把它读完。这是目前关于福建土楼的最详尽、最深入的著作，它不但是中国民居研究的重大收获，也是中国建筑史研究的重大收获"。在序言的结尾，陈先生写道："我更企望着不久黄汉民能完成他关于福建全省民居的著作。"陈先生热情洋溢地称道："创造了闻名世界的土楼的中国有了研究土楼的高水平专著。"陈先生的鼓励给了我无尽的动力，使我下定决心在福建传统建筑研究的路上勇往直前。

陈志华先生（后排左二）在永定县实佳村观景台（摄于 2000 年 12 月 15 日）

四

近年来我记忆力衰退太快，很多当年与陈先生交往的经历和细节都回忆不起来了。只记得 2000 年 12 月，为推动南靖县土楼的保护，受南靖县委县政府的委托，由我邀请国内权威专家前来考察。当时除了陈志华先生外，还请来了何镜堂、张锦秋、马国馨三位院士，以及江西的黄浩先生和陈先生的助手李秋香。给我印象最深的是考察完南靖县书洋镇田中村的潭角自然村后，陈先生站在溪边的桥上久久不愿离去；眺望溪边高低错落的土楼聚落，陈先生反复问我："这些土楼村落为何怎么看怎么漂亮？相比之下现在某些城市所谓的'美丽乡村'，是怎么看怎么别扭，到底原因何在？"的确，这些土楼聚落依山就势，临溪而建，高低错落，统一的夯土外墙，黛瓦屋顶；虽然土楼有大有小、有高有低，但总能因地制宜，与自然环境完美融合啊！

陈先生的这一问，多年来一直激发我对乡土建筑"美"的思考，激励我在现代建筑创作中，汲取传统建筑的智慧，传承地域建筑特色，融合环境努力创造新建筑的造型美、环境美和意境美。

2000年12月15日晚上，在南靖县委召开的"南靖土楼保护利用工作座谈会"上，陈先生做了简短的发言：

土楼的价值、领导的重视大家都讲了，我讲几点：

1. 保护土楼比新建要难。夯土建筑如何保护，全世界都没有好办法。有技术问题，有经济问题（要许多钱），有政策问题（私房公修问题），有对古建筑保护的看法问题。

2. 老百姓生活如何提高？村的经济、文化如何发展？工作要做得扎实、绝不退缩，政府一届五年接力棒交下去，坚持做下去！

3. 对土楼要下个定义，要有个界定。实践中要明确，要从"一万座、两万座"数字中解脱出来。

4. 保护什么？土楼面广、数多，要分等级，舍去一些。不光保护一个"天上飞碟、地下蘑菇"（指"四菜一汤"田螺坑土楼群）。

5. 建议以聚落为单位保护。中国建筑多内向，但石桥（村）是个外向的。是对自然美的吸收，对水开放。我们爱山水，石桥也爱山水。村落体现结构性、系统性。个体建筑在系统中才有其价值。因此有个选择聚落类型的问题。

6. 与永定（县）的关系问题。合则两利、分则两伤。关于起源问题，谁先谁后，要求同存异。

7. 危房要抢救，及时小维修。找一个村或一座楼作试点，作样板。

8. 安全问题，现在没有一幢楼有防火设施，电线要检查。

9. 旅游是个大问题。要开辟，要积极推动，不能反对，但搞不好要出问题。不要只盯着分钱，收入可用作公益事业。

10. 有的村植被破坏，要种起来！

陈先生简短的发言掷地有声。20多年前的发言，对当今土楼的保护与土楼乡村振兴仍然有现实的指导意义。

考察福建省南靖县书洋镇田螺坑村合影

（左起：马国馨、何镜堂、黄浩、陈志华、张锦秋、李秋香、黄汉民、陈立慕，摄于 2000 年
12 月 15 日）

陈志华先生考察福建省永定县湖坑镇南中村"环极楼"（摄于 2000 年 12 月 15 日）

深切悼念恩师陈志华先生 / 黄汉民

连续几天的土楼考察，长途跋涉，爬坡登楼。遇到陡峭的山路，我们让陈立慕陪同陈先生在山下歇息。陈立慕记忆最深刻的就是，当时陈先生面对眼前的土楼聚落，不断地念叨：对于这些土楼古村落的研究与保护"要咬住不放！"

这些年来我们一直牢记陈先生的教导，认准乡土建筑研究的这个方向"咬住不放"！不畏艰难，把福建土楼的研究推向深入。

五

2011 年，我和陈立慕合著的《福建土楼建筑》一书在福建科技出版社出版前，我们恳请陈先生作序。陈先生执意不写"序"，而以"卷头闲话"为题写下了一段感人至深的鼓励文字。

一开篇陈先生就写道："我老了，老的第一个标志就是没了记性，人名、地名、时间、'历史事件'，不是压根儿什么都记不得，就是记得一塌糊涂，张嘴就出笑话。但是，说来奇怪，黄汉民和他的工作我偏偏没有忘记，是因为我有偏心眼吗？这可说不清。其实，想想也能明白，并不真的奇怪，那是因为我们兴致相同，而且这兴致可不是随手可以拿起来，又随手可以放下去的。这就是我们都爱乡土建筑，那乡土文明的担当者，爱得很！黄汉民早年的硕士论文就是写乡土建筑的，这在我们系是第一个。"

先生在文中回顾了"逆水行舟"搞起乡土建筑研究的历程，教导我们："保护作为历史文化遗产的土楼，不应该把他们一个个孤立出来，而应该选择一些建筑类型比较多，布局、建造等方面都有代表性或强烈特色的村落做整体的保护，这样才能达到全面传递历史文化的目的。只光秃秃地保护一座或几座土楼，不保护其他，那是画'半身像'，不能承担完整的历史记忆。"

先生高瞻远瞩地指出："保护文物建筑（群）的意义是传递文明史，不是为了借历史玩意儿赚钱过好日子。所以，虽然保护古建筑或者古村落未必都能赚钱，甚至还会赔钱，但赔钱也要保护，这便是保护文物的历史文化价值，这价值是不能替代的，它的意义才是永恒的。"

六

　　陈先生对福建乡土建筑情有独钟，他不止一次说过："福建是乡土建筑的'富矿'，可挖掘的宝贝太多了！"

　　近十年来，每当有机会到北京出差，我都会到陈先生家问候，登门讨教，每每得到热情的鼓励与深情的嘱托。

　　近年《福建土楼》修订版和前几年在福建出版的《鼓浪屿近代建筑》等著作，我都会呈上求教。陈先生的鼓励我永不忘怀，它是我砥砺前行最大的动力。两年前，得知陈先生患阿尔茨海默病住院，看到李玉祥先生微信转来先生在病床上插管的照片，我实是悲痛难忍，只怨疫情无法前往探视。年初又惊闻陈先生离世的噩耗，更是悲痛至极。只遗憾未能及时呈上这两年新出版的《福清传统建筑》《尤溪传统建筑》和《南靖传统建筑》三本书，以求得先生的指教。现在可以告慰先生的是，在我们不懈努力的推动下，福建省住房和城乡建

拜访陈志华先生时的合影

（左起：贾东东、陈志华先生、陈先生夫人、陈立慕、黄汉民，摄于 2017 年 4 月 25 日）

深切悼念恩师陈志华先生 / 黄汉民

设厅已下文，推进《福建传统建筑》系列丛书的编撰工作。发动全省的建筑学者和建筑师，用几年时间协力完成福建全省六七十个县域传统建筑的调查与研究，以图文并茂的形式，编撰出版系列丛书。深入调研记录福建各地风格迥异的乡土建筑，进而梳理各自的地域特色，为福建地域建筑的研究和发展做出应有的贡献。

目前我们团队正全力以赴，加快步伐，争取在今明两年，能完成屏南县、平和县、永定县、光泽县和平潭岛等县区的调研，并编撰出版相应的传统建筑系列丛书，以此告慰恩师的在天之灵。

先生一世忧国忧民，不畏强势，光明磊落，始终敢于直言；

先生深怀乡土情愫，认真执着，坚持不懈，学术硕果累累；

先生高尚人格魅力，真诚坦率，善解人意，赢得赞美膜拜。

愿恩师在天之灵安乐无忧！

2022 年 6 月 21 日

不可忘却的怀念

韩珍如[*]

我在清华时，梁先生和陈志华先生分讲授中国建筑史和外国建筑史。梁先生讲起中国古建筑来神采奕奕，如数家珍，不时会转身在黑板上画出一些建筑节点详图，线条遒劲，精彩之极，比印刷品更生动，真可惜没有留下影像资料。陈先生讲起世界古建筑时，诙谐有趣，夹叙夹议，娓娓道来。

陈先生教导我们，建筑是所属时代的政治、经济、文化的产物，它与当时的建筑材料和建筑技术等等都密切相关。陈先生讲课，对那些在建筑发展中有着重要意义的经典建筑，不仅对其时代背景、形制、建筑细节都有精准细致的描述，让我们有身临其境的感觉；而且还要让我们课后摹画该建筑的平、立、剖面图，且一一批阅。

他告诉我们，中世纪政教合一，宗教建筑就自然占据了城市和乡镇的中心，教堂成了主导当时建筑发展的重要标志。

陈先生告诉我们，建筑是受制于建筑材料及技术的发展的。在砖石结构时代，只能产生砖石结构的建筑，其特点是跨度小，风格厚重；而当建筑材料和技术出现新的发展时，建筑形式必然会有一个飞跃。例如，钢结构的出现产生了埃菲尔铁塔，尽管当时也受到一些食古不化的文人的嘲讽，但人们落后的观念终究挡不住时代滚滚向前的发展的洪流。

---

*　韩珍如，清华大学建筑系 1961 级本科生，一级注册建筑师。

陈先生还告诉我们，建筑还与当地的气候条件、风俗习惯、人文环境等密切相关。例如在讲古希腊建筑时，先生讲由于气候条件好，人们户外活动较多，着衣较少，对人体之美的欣赏就变得更加充分。这对于逐渐形成的以欣赏人、欣赏人的生活为特征的人本主义起到了促进作用。

先生在谈到建筑形式在不同民族中的发展会与民族特性相联系时，举了哥特教堂建筑的例子。他说哥特教堂最早形成于法国，后来传遍欧洲。德国人将拱券技术发展到了极致。先生讲到这里时，停了一下，然后两眼望着教室后方的天花板，似乎进入无人之境，一字一顿地说：日耳曼人总是这样，把任何传到他们手里的东西都会发展到无以复加的地步。目光中闪现着理解与尊重。

陈先生讲到印度的泰吉·玛哈尔陵，在说完建造背景后，尤其强调陵台四周的四个 40 米高的小体量圆塔与中央的 60 米高的大体量陵墓组合在一起，形成一个完整的空间，这个组合非常完美。老师就这样用具体的实例为我们讲解了什么是完美建筑的丰富内涵。

陈先生在指导我们班做颐和园测绘时，我们得以和先生有了近距离的接触。先生的要求是严格的，他自己也时常和我们一起坐在教室里专心绘图。颐和园测绘的成果是先生和我们班一起精心完成的，是先生严谨治学、以身示教的结果。先生的付出是无可替代的，但先生却著文表扬我班同学的努力。这种对后辈的爱护及鼓励，我们终生难忘。

改革开放后，各地农村都有不同程度的发展。有一次，我看到从绍兴到上海的沿途农村，是清一色的欧式小尖顶教堂样的农舍，我觉得不伦不类。后来从学友口中得知，陈先生不但没有生硬批判，反而讲这是中国农民对于生活改善后的喜悦的表达。作为一名著名建筑评论家，竟能如此宽容农民在建筑上的自我表达，如此贴近普通平常人的感受，如此尊重农民，这是何等的胸怀啊。

现在，陈先生不在了，他的离世无疑是教育界、建筑界的巨大损失。陈先生一生的著作将是建筑界的宝贵遗产，永彪史册。我们将永远深切地怀念陈先生。陈先生千古！

师恩难忘

吴庆洲[*]

　　2022年1月21日，马国馨学长在微信上发给我信息：陈志华先生于2022年1月20日19时仙逝，享年92岁。噩耗传来，我很震惊，很悲痛。陈志华先生是我最敬爱的清华老先生之一。我1963年9月考取清华大学土木建筑系，进入建筑学专业学习。梁思成先生是系主任，吴良镛先生是系副主任，建筑设计课的老师是关肇邺先生、冯钟平先生、高冀生先生、魏大中先生，这些老师都是建筑学界的精英。画法几何的老师是林贤光先生，讲得生动形象，使难学的画法几何变得较容易掌握。陈志华先生的"外国建筑史"课程是我最喜欢的，陈先生语言生动，讲述着世界各地的建筑特色，引人入胜。1989年5月，我从英国牛津留学回来，当时我所在的华南工学院（现华南理工大学）建筑学系外国建筑史老师马秀之先生因病不能教学，毕业班的同学如果没有外国建筑史的成绩就不能毕业，系主任张锡麟教授要求我立即为毕业班补外建史课程，我立即答应。我为什么能爽快答应？应该感恩陈志华先生，他当年给我们讲"外国建筑史"课讲得好，给我一个好的基础。我到英国、土耳其等国考察外国建筑，在英国牛津的各图书馆看了不少英文书刊，因此教"外国建筑史"课程就有了基础。

　　陈志华先生不仅教了我外国建筑史知识，对我的学术研究也十分支持。

* 华南理工大学建筑学院教授，亚热带建筑国家重点实验室学术委员。

1983 年 3 月，我作为博士生陪同导师龙庆忠教授到昆明参加中国技术史学术会。会上，见到母校徐伯安教授。徐教授问我，跟龙老学古建筑多年（我1979 年考上龙庆忠先生的硕士，拿到硕士学位后，1983 年考上龙老的博士生，1987 年获得博士学位），有没有写过论文？我正好带了几篇论文，就给他看。他说，你的《肇庆梅庵》写得不错，可以投给清华的《建筑史论文集》，并叫我与陈志华先生联系。我从昆明回广州后，又征求了山西柴泽俊先生的意见，对论文做进一步的修改。另外一篇研究古城防洪的论文，也一同寄给了陈志华先生。1983 年下半年，我参加了中国建筑学会在扬州召开的"中国历史文化名城规划、建设学术讨论会"，我的论文《试论我国古城抗洪防涝的经验和成就》被《城市规划》杂志录用，我忙写信告诉陈志华先生，说明情况，告诉他该文被录用，但减至 8000 多字。为免一稿二投之嫌，是否清华《建筑史论文集》不发此文？没有料到陈志华先生对此论文很肯定，在该期的内容提要中说"《试论我国古城抗洪防涝的经验和成就》一文，在题材方面开拓了古城研究的新领域"，居然用 20 页的篇幅（约 2 万 1 千字）发表了此文。这对于正在进行古城防洪研究的我，无疑是一个有力的支持和鼓励。我内心是非常感谢陈先生的（另一篇文章《肇庆梅庵》也在《建筑史论文集（第八辑）》上同时发表）。

为了感谢陈先生，1995 年我的博士论文由中国建筑工业出版社出版后，我在一次返母校时带了一本敬奉给陈先生。他拿到我的书后，很高兴，说："谁说现在已没有人做学问了，还是有的。"陈先生的鼓励，是我前进的重要推力。他以身作则，对学术研究精益求精，是我学习的榜样。1992 年下半年，我参加了在景德镇召开的中国民居会议。记得我是晚上到会的，景德镇已有点冷，来开会的各地学者坐在有火炉的房子里。陈志华先生也在其中，他在静听同行的交谈。我向陈先生问好后，说："陈先生，如果你愿意到我的家乡梅州研究客家民居，我认识梅州的建委叶主任，我写一个条子给他，他会热情接待你们的。"陈志华先生听后很高兴，说："好，我需要你写条子时，你得写啊。"我说："梅州有重教传统，他们听说我的老师要来梅州，一定会热情款待，大力支持的。"后来，陈先生的团队果然来了梅州，我请叶主任接待好陈先生团队，陈先生团队收获颇丰，陈志华、李秋香二先生合著《梅县三村》，在书的最后感谢了帮助他的许多人，包括我。能为陈志华先生这样热爱中国传统建筑文化的学者做点小事，作为学生的我，是极为愉悦之事。

中国建筑学会1999年承办世界建筑师大会。为了办好这次大会，吴良镛先生要求八院校①中的一些负责人在1998年参加北京的筹办工作。我于1998年4月20日至22日与何镜堂、孙一民两君到清华大学参加建筑学会筹办1999年6月国际建协大会八校准备事宜。20日上午10时会间小歇，我们还坐在教室内，只见陈志华先生抱着多本书进来，我小声与他招呼，他走到我桌边，放下《楠溪江中游乡土建筑》《诸葛村乡土建筑》《福建土楼》三套书，示意是给我的。然后问我："哪个是同济大学的？"我指着莫天伟说："他是同济的。"他于是又在莫老师桌上放了几本书。他又问其他人，很快把书分完，就出教室去了。当时一些不认识陈志华先生的人问我：刚才那个人是谁？我说是陈志华先生。问的人才大吃一惊：是大名鼎鼎的陈志华先生？我说是的。

陈先生为人正直，诚恳，不讲客套。他的性格可以称为特立独行，别具一格。他为中国传统建筑的保护事业奉献了一切，老骥伏枥，壮心不已。得到他赠送的三套书，我自然无比欢欣。他的童心、壮心、热心，更是鼓舞我的力量。2002年8月13日下午，我到东莞茶山镇南社村，评审清华大学李秋香老师等编制的《东莞茶山镇南社村古民居保护规划》。陈志华先生和楼庆西先生也来到此地。陈先生当时72岁。晚上8：30我去见陈志华先生，他很疲乏地半卧在沙发上与我交谈。我问：陈先生，您现在身体好吗？他说："已是强弩之末。"他很痛心的是，所做的保护规划往往未能完全实施，致使古村落仍遭破坏。

次日早上7：30，楼庆西先生找我，问了我一些南社古建筑照片中的装

---

① 建筑界有"老八校"之说，指八所大学的建筑院系，包括清华大学、东南大学、天津大学、同济大学、原哈尔滨建筑大学（已并入哈尔滨工业大学）、华南理工大学、原重庆建筑大学（已并入重庆大学）和西安建筑科技大学。

饰问题。上午9:00—12:00评审，清华保护方案通过，只需略做调整。下午2：10，与陈、楼二老先生告辞。这一次与陈志华先生相见，觉得他的身体已大不如前，保护民居的工作耗费了他的心血，一本本质量非凡的著作的出版是他汗水和心血浇灌的鲜花和硕果。

此后，我就没有见过陈志华先生，只是从同行那里得到一些陈先生的信息。比如，2017年9月1日晚上，赖德霖先生发信息：陈志华先生八十八岁华诞，并有一张陈先生与夫人的合照。又如，刘杰教授于2018年4月27日发给我他与陈志华先生的合照。我至今十分后悔，多次见到陈志华先生，却没有与他合影留念，甚至没有留下他的一张照片。

马国馨兄在怀念陈志华先生时，发来一张陈先生考察福建土楼的照片。国馨兄说，这张照片是2002年陈先生应黄汉民兄之邀，到福建考察土楼时他拍的。这张照片照得很好，陈先生心情愉悦，面带笑容，在保护传统建筑的工作中感受到内心的欢乐！

陈志华先生保护传统建筑的功绩永世长存！

陈志华先生永远活在我们心中！

我有过这样的老师

刘德圣

十年前，2008 年春，陈志华先生为建八班毕业四十周年赐言："老建八的朋友们：四十年啦！我现在看四十岁的小青年很羡慕他们，又聪明又能干！你们记忆中四十岁时候的我是什么样子的呢？"

先生一言，拨开了久藏在我心中记忆的闸门，半个世纪前的两件往事浮现眼前。

场景

1964 年夏，我读大二，先生亲授的"外国建筑史"期末考试时，因母亲突发重病住院，我不得不请假申请缓考。记得那年暑假期间，系里通知我准备考试，考试和辅导地点出乎意料安排在陈先生家。考试本身就够紧张，还需去先生家造访求教，心情更加忐忑了。

当年踏入清华园师从梁门学"建筑学"，我们最渴望的是收获诸多名师的解惑、亲授和真传。陈先生亲授的"外国建筑史"和那部 1960 年先生撰写的 50 万字大部头、中国建筑工业出版社发行的教材《外国建筑史》，是每个建筑学专业学子的必修课和敲门砖。

建筑系开设史论课专修建筑史，在当时的工科大学显得另类和唯一。先生倾心传授这部人类万古千年、用石头砌筑的编年史，纵论社会历史变迁和建筑演变，抒发创世人文情怀，引领我们品鉴建筑、艺术之大美，解析传世工匠技艺和建造术。"外国建筑史"开启和滋润着我们的职业生涯，孕育和培养了我们的建筑人文情怀。这真是一门伟大的课程！它甚至影响了我们一生的"审美方式、思维方式和行为方式"。

多好的老师，人生难求难遇！

五十四年前，夏秋时节的一天下午，我如约来到校园南侧的教师公寓（具体位置记不清了），敲开了陈先生家门。穿过不大的玄关，眼前一幕让我震惊。先生身着夏季简装，正在书斋伏案埋头做学问，从书山图海的夹缝中起身招呼我插空落座。我定睛一看，这是间不大不小的书房兼卧室，四周墙面是满满的书架和书柜，窗边的写字台，台上台下叠放着厚厚的典籍。一张大号双人床，床上床下铺满了图文书册，那些西文、俄文和日文以及中文的大部头翻开书页，便笺、卡片穿插其中，一眼望去像一张"书床"，整个居所被书山图海"围剿攻占"。记得随后师母进屋，都是下意识小心绕着走，生怕打扰先生这片领地。书斋的座椅就在写字台和"书床"之间，伏案转身工作倒也方便。我想，先生穷思毕精，可能正在潜心考证某个课题，或正在精心备课撰写教案，恨不得把系图书馆、校大图书馆、文津街北图馆藏凡能涉猎的大部头全都搜尽借出抱回家！揽阅万卷，旁征博引……上小学时我就听说"要给学生一杯水，老师就得有一桶水"，如今读大学了，大师之于学子，似江河湖海滋润着涓涓细流，孕育生命成长。这一天登门求教，我看到了课堂上见不到的先生为教书治学殚精竭虑、呕心沥血的另一面。

"天将降大任于斯人也，必先苦其心志，劳其筋骨。"先生一生践行着。

五十四年前这天，先生辅导了我什么内容，考了什么试题，我已忘得一干二净，但先生家书斋四壁生辉的这一幕场景令我终生难忘，永远定格在我心中！

1960 年《外国建筑史》出版发行之日，先生诗咏抒怀言志：

未敢纵笔论古今，一枝一节费沉吟；
为怜新苗和血灌，斗室孤灯夜夜情。

我有过这样的老师!

先生时年三十一岁。

寄语

1972 年初春，建八班六学子（董子庆、温福臻、宝志方、莫天伟、方磊和我）正随建工部第六工程局（现在的中国建筑一局），参加国家三线工程会战——江汉油田石油化工总厂建设。在湖北荆门的山沟里，我收到陈志华老师寄自清华园的信（见后图）。

1968 年底在"文化大革命"中，我们毕业分配走向社会，历经部队农场劳动锻炼"思想改造"，再到施工第一线拜工人为师"接受工农兵再教育"，从基层做起开启职业生涯已经四年多了。

和"文革"前毕业分配专业对口，派往设计研究院、大专院校和国家部委机关大院"三门三院"的方向不同，我们全部被"发配"到基层。那时国家处在"文革"浩劫中，时局动荡，前程一片迷茫。如何面对现实把握命运，在这特殊的历史时期和人生创业的关键时刻，收到先生来信，如春风细雨滋润心田。

对先生的敬仰之心源于学习"外国建筑史"。先生施教充满着人文情怀，更把爱传递给学生，引导我们打开这部"石头的史书"，牵手我们畅游灿烂辉煌的世界建筑画廊，探索人类文明宝库。当年中国尚未开放，先生用二维平面的图文解读世界建筑遗产，让我们沉浸在无比丰厚的历史文化积淀中。毫不夸张地说，每个入梁门的建筑学子，无不受益终生。

1972 年毕业离校已经四年多，先生仍挂念着学生。何况在 1970 年代初，清华正经历着"文革"浩劫，建筑系更是在风口浪尖上，铺天盖地批判"反动路线""反动权威"和"修正主义流毒"，教师被迫检查交代问题，先生自己也处在危难之中。此时来信，先生寄语我什么呢？我急切拆开信封，看到先生亲迹，来回不知读了多少遍！

先生开篇即颂："石油工业大发展，对国家的建设必定有很大的推动，你们亲身参加这项工作，挺有意义，我们羡慕你们。"并鼓励教导："踏踏实实搞施工倒也挺不错。我在工地上断断续续干过一些时候，对那种热腾腾的生活有相当浓的兴趣，觉得比学校里的书斋工作有劲。"接着指明方向，叮嘱前程："喜欢什么，打算什么，干什么，都是从实际出发的好""有朝一日要你们去做设计，你们还是要去的""现在熟悉施工，也是进一步深入学习工业建筑，不要放松过去了"。

先生的来信充满着阳光和温馨的正能量，给走出校门踏入社会的学生深情关怀和鼓励。在当年"备战备荒"的国情中，基本建设向国防和工业建筑倾斜。先生的谆谆教诲为我们指点迷津，叮嘱要脚踏实地，珍惜在国家基本建设第一线的工作经历，参与工业建筑实践，熟悉掌握施工技术。

陈先生是我国著名的世界建筑史专家和学者，中国建筑界少有的具有人文情怀的历史学家。先生学养深厚，师责高远，他高瞻远瞩、语重心长的教诲，让我们联想起世界建筑史的"现代建筑"时代。19世纪后半叶和20世纪初，现代建筑的先驱们，以强烈的历史使命感和社会责任感发起"新建筑运动"，倡导"建筑设计与工艺的统一，艺术与技术的结合，讲究功能、技术和经济效益"。建筑更人性化，成为"为人"的建筑学。"现代建筑"涵盖的基本概念、设计原则、施工方法等大体系，孕育催发"新材料、新结构和新的施工方式，引来建筑生产技术革命"。它的理论和实践至今都未过时，"现代建筑"的风骨仍富有生命力。在我们的职业生涯中能有这样的实践机遇，"熟悉施工……进一步深入学习工业建筑"，践行"现代建筑"内涵，为今后从业当代建筑夯实根基，打下宽泛基础而受益终身。

先生的点拨和指教，激励我们珍惜机遇无怨无悔奔赴深山旷野，投身到火热的施工现场；向工人学习、向能者请教，在艰巨而充实的工程实践中锻炼成长。当年这段特殊的人生历练，从心理储备和能量积蓄上，为我们今后迎接更严峻的创业和挑战做好准备。

回顾近半个世纪前的这段经历，我深感在建筑师的职业生涯中，能有建筑施工的实务和阅历，对建筑设计大有裨益，更有底气！"行胜于言"，它使我们

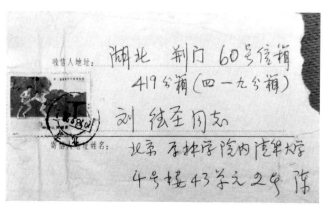

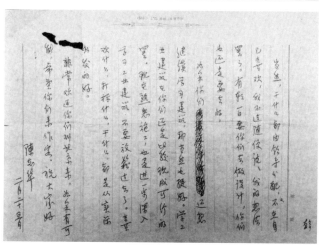

在设计实务中熟悉和考虑建造过程、施工工艺，什么能做、什么不可以做，什么是好活儿、什么是次活儿，建造的关键点在哪里，攻关路径在何方，路数有几多……先生当年的叮嘱终生受用！

陈先生自青少年起得恩师惠泽。2003年先生为建五《班门弄斧集》赐稿，满怀深情地回忆起抗战时期读小学、中学时的老师们，在战乱危急的艰苦岁月中"不但照料我们、保护我们，还在极其困难的情况下给我们以高水平的教育。待我成年之后，回顾那段历史，越来越懂得教育工作是多么崇高的职业……他们关爱学生，师德高尚"。先生终生不忘"老师是怎样做人的"，钦佩"老师的人格魅力"，乃至在清华大学建筑系师从梁门，毕业后立志从师，传承师德师责，毫不犹豫走上教书育人终生从教之路，提携后生开灿烂之花，结甘美之果。先生教书呕心沥血，孜孜不倦，先生育人爱在心怀，师责如山。

当年欣读先生书札，寄语我们人生创业路径和方向。转瞬已半个多世纪，承恩师惠泽，学生永世不忘！

我有过这样的老师！

先生时年四十三岁……

关注新事物　倡导好学风

——忆陈志华先生二三事

张复合

陈志华先生参加第一次中国近代建筑史学术年会（1986 年 10 月 14 日）

1985 年，我跟随汪坦先生开始中国近代建筑史的研究。1986 年 10 月召开第一次中国近代建筑史学术年会，陈志华先生就参加了。虽然他没有在会议上发言，但从这个时候开始，他始终对中国近代建筑史的研究予以关注。

1999 年 7 月，我申请"清华大学学术专著出版基金"，计划在我的东京大学工学博士学位论文《北京近代建筑历史源流》（1991 年 12 月）基础上，出版《北京近代建筑史》学术专著。

陈志华先生在"评审意见"中，对计划出版的《北京近代建筑史》给予了高度评价，认为其"有重大价值""具有开拓性"：

> 张著《北京近代建筑史》可作为"有重大价值的科学技术发展史"的专著出版。
>
> 张复合先生长期从事这方面的研究，不仅掌握了大量文献资料，而且亲身调查了大

量建筑实物，具有深厚的基础，在此基础上研究和撰写专著，可以期望有相当高的水平。这是第一部此类著作，具有开拓性。

同时，陈志华先生在"评审意见"中，对研究中国近代建筑史的意义、编著《北京近代建筑史》的必要性做了精辟的阐述：

> 近代建筑史是中国建筑弃旧图新的历史，研究中国近代建筑史，对认识建筑，认识中国建筑，认识建筑的演变发展规律，有重要的意义。中国建筑在近代的转型，是在欧洲建筑强烈影响下发生，研究这一段历史，包含着中西建筑文化的比较，这是又一层意义。北京在中国近代史中有很重要的地位，西方文化在北京的进入、吸收和影响，不同于沿海商业城市，更具有中西文化碰撞的深层内涵，在建筑方面也如此。所以，编著一本北京近代建筑史是十分必要的。

2000年5月27日，张永和在北京大学的建筑学研究中心开幕。中心采用教授研究室／工作室双轨制办学方针，给学生提供多元的视角以及自由选择的权利，是建筑学教学的一次创新。

陈志华先生对北大建筑学研究中心很感兴趣，前往参加开幕活动。其间，陈先生谈笑风生，众人欢声不绝，至今历历在目！

北大镜春园（2000年5月27日）

清华大学出版社图书评审意见单

书　名	北京近代建筑史		书　类	
著译者	姓　名	张复合	职　务	
	工作单位	清华大学 建筑学院		
送审材料：书稿共		页，另附图稿	页，其它材料	页。
审阅者	姓　名	陈志华	职　务	教授
	工作单位	清华大学 建筑学院		

评审意见（请对该书的内容及水平、与国内外同类书比较有何特色？体系结构及文字叙述和进一步修改等发表意见）

张著《北京近代建筑史》可作为"有重大价值的科学技术发展史"的专著出版。近代建筑史是中国建筑弃旧图新的历史，研究中国近代建筑史，对认识建筑、认识中国建筑、认识建筑的演变发展规律，有重要的意义。中国建筑走向近代的转型，是在欧洲建筑强烈影响下发生，研究这段历史，包含着中西建筑文化的比较，这是又一层意义。北京在中国近代史中有很重要的地位，西方文化在北京的进入、吸收和影响，不同于沿海商业城市，更具有中西文化碰撞的深层内涵，在建筑方面也如此。所以，编著一部北京近代建筑史是十分必要的。张复合先生长期从事这方面的研究，不仅掌握了大量文献资料，而且亲身调查了大量建筑实物，是有深厚的基础，在这基础上研究和

评审人签字　陈志华

2000 年 4 月 16 日

备　注	撰写专著，可以期望有相当高的水平。出版一部如此专著，是有开拓性的。

陈志华先生关于出版《北京近代建筑史》学术专著的"评审意见"（2000 年 4 月 16 日）

1964 年 5 月，陈志华先生创办《建筑史论文集》。在 20 世纪六七十年代全国政治运动不断的大形势下，《建筑史论文集》的编辑出版历尽坎坷，几经波折，仅第 1 辑和第 2 辑的出版之间，就时隔 15 年之久。经不懈努力，《建筑史论文集》从第 4 辑开始即由清华大学出版社正式出版发行，并一直坚持到 1988 年 11 月出版了第 10 辑。其后，由于多种原因，《建筑史论文集》又不得已再度停办。

十辑《建筑史论文集》的出版，在国内外建筑史学界产生了深远的影响。特别是，它所倡导的"认真地建立实事求是的学风"的主张，经受住了历史的检验。陈志华先生为中国建筑史学的发展做出了重要贡献。

1999 年 9 月，《建筑史论文集》在中断 10 年之后，再度继续出版，我有幸继陈志华先生之后担任主编。1999 年 9 月至 2004 年 4 月，在我担任主编期间，编辑出版《建筑史论文集》第 11 至 20 辑，也是十辑。

《建筑史论文集》第 11 至 20 辑延续了陈志华先生主编的《建筑史论文集》第 1 至 10 辑的特点，倡导踏实认真的治学态度，鼓励坚持自己的学术见解，扩大交流层面，关注新人成长，为促进国内外建筑史学界的学术交流，为建筑史研究的发展，做出了应有的努力！

《建筑史论文集》创办 35 周年暨《建筑史论文集》第 11 辑首发式（1999 年 9 月 28 日）

1965 年 9 月，初识陈志华先生。那时，我是刚入学的一名学子，我们建○○班的建筑设计课由魏大中、朱纯华、陈志华三位先生教授、辅导。全班 31 名同学分成三个组，负责我所在的这个组的，正是陈先生。

记得有一次设计的题目是"小卖部"，陈先生在看我的设计时，流露出不满意的神情："你为了追求空间的变化，把进出路线搞复杂了。你有没有想过，进店送货的人为此要多付出多少辛劳！我们设计的建筑是给人用的，因此在设计时首先要考虑到使用它的人。"

在刚刚踏入建筑设计之门之时，陈志华先生的教导如醍醐灌顶，使我受益终生。

哀思与纪念

陈同滨

　　知晓并欣赏陈志华先生，最初是通过《北窗杂记》。每当陈先生有新作发表，我和傅先生、钟晓青都会有相互转告：陈先生又有新作了！因为陈先生的笔锋太犀利了，陈先生的立场也太清晰了，所有被他点评到的中国建筑界的是是非非，都在他的笔锋下被三下五除二辨析得清清楚楚。读陈先生的文章，就是一场愉悦的精神大餐！因此每当陈先生有新作发表时，我们几个都会互相告知，并在强烈的共鸣中，酣畅淋漓地回味陈先生文章中的犀利观点和极妙措辞，同时还能感受到一位智者的冷眼旁观的幽默与风趣。而这一天，必是我们十分愉悦的一天！因此，早在 30 年前，我就有一个评价：陈先生是中国建筑评论界的第一支文笔！

　　从遗产保护专业角度了解陈先生，是通过他 2003 年的《意大利古建筑散记》，其中有关文化遗产保护的理念十分正宗，当时就很有感触！后来才知道他是中国第一位参加古遗产保护培训的中国人，也是西方或国际遗产保护领域见识的第一位中国专家。据陈先生后来向我们回忆，他在班里出色地展现了中国人的智慧与学识，成为班里的颇为特殊的"学生"。因此，从某种意义讲，陈先生是将当代国际文化遗产保护的观点与理念介绍给中国建筑界的第一人。

　　参与陈先生的项目，是始于他的"山西郭峪村保护规划"。当时陈先生直接找了我们几位专门做文物保护的年轻人，极为诚恳地希望我们能从文物保护的专业技术角度，为郭峪村的保护规划提供专业技术支撑。由此我也第一次从工作中深切感受到了陈先生的治学严谨和社会关怀，他是真心关爱村里的农民，绝对是身体力行地为他们的生活和乡土建筑保护着想。回顾陈先生在乡土建筑研究方面的成就，也是当今中国第一人！

此后，我在这一感受中再回头阅读他的《外国建筑史》和乡土建筑系列研究成果，更是感受到了一颗充满家国情怀、一心为民的赤子之心。此后，我们便直接成了好朋友，加之他和傅先生之间也是友情深厚，因此在其后的岁月里我会定期组织聚餐，请陈先生、傅先生和一两位年轻人，一起坐聊"话天下"，而这一天的精神享受必是无与伦比的！因此，在我心中，陈先生是极有品格的学者，是极有才华的前辈，更是相知相交的忘年交。

而今，陈先生斯人已去，但他留给我们的人格与精神遗产，依然继续影响着我的人生与工作。仅以此伴随着生命的贯彻，作为我心中的纪念！

难忘陈志华先生的"百分论"

郭　旃[*]

本世纪初，一个清晨，骑车上班的路上接到陈志华先生一通急切的电话。大意是，你们在国家文物局工作，现在的文物维修你们得管一管呀！《威尼斯宪章》的原则得遵守呀！《威尼斯宪章》是一个理想，完全做到不容易，甚至不可能；如果说《威尼斯宪章》有个 100 分的标准，能做到 70 分就不错，80 分以上就很好了。可是，再怎么说，60 分，及格总是要达到的吧！总不能不及格吧！

陈志华先生生前著文说话主题鲜明，架构清晰，从不拖泥带水，不失坚守和文雅。情真意切，刚柔并济，表述精妙，言简意赅，此为使笔者印象深刻的诸多记忆之一。

《威尼斯宪章》是业界一份在广泛汇总归纳和深刻思考论辩的基础上与背景中凝练而成的纲领性文件。尽管不断有不同的声音，甚至批判，但《威尼斯宪章》的基本理念和准则经得住全世界实践的检验和时光的历练，是为各国同行和热心公众所普遍拥戴的；所不同的，在于不同时空、物质与非物质条件下结合实情可能会产生不同的具体借鉴方式、技术手段与可期效果。而《威尼斯宪章》概括的哲理，始终没有被颠覆或被根本性地替代。即便是最初意欲创立一部与《威尼斯宪章》完全不同的同行业东方文件的《奈良真实性文件》，最

---

* 中国文物学会世界遗产研究会主任委员，国际古迹遗址理事会（ICOMOS）前副主席。

终形成的文稿也还是开宗明义写道："《奈良真实性文件》是在 1964 年《威尼斯宪章》的精神下构想出来的，并建立在其基础上。"

作为一份行业的历史性国际共识，而不是因时而异的法律条文，《威尼斯宪章》可以不断被其他相关文件相补充和陪伴，但没必要被修改。它就在那里，是行业的一座里程碑和永远的借鉴。大道至简，《威尼斯宪章》没有长篇大论，全文只有 16 个条款。其所蕴含的对物质文化遗产通俗易懂的认知与保护基本原理和应守规则，重要的、主要的就是几点：

尽可能长久地保存原物；真实性和与之生死与共的"最少干预"；保护遗产还要保护相应的"设境"（setting）；以及可逆、维修添加物与原来的本体既要协调又要可识别、具体事物具体分析对待，还有统筹保护不同类别文化遗产，等等。

这些要点基于遗产这一事物的自然属性、根本特质和演化规律。1988 年，联合国教科文组织世界遗产委员会委托的第一次中国世界遗产保护状况国际专家咨询考察，在报告中曾建议要进一步厘清"保护的对象是什么"。特别提请关注的问题正是——什么是遗产？违背了本质属性和内在规律，特别是真实性（authenticity），好心也会办成坏事，真文物可能被修成假古董。记得 1992 年第一次全国文物工作会议期间，宣布当年国家财政年度预算拨款激增一倍半，即由 5000 万元一下子提升到 1 亿 2500 万元，大家欢欣鼓舞。但当时就曾有专家忧心忡忡地告诫："这个数额的钱，用得不好，将足以摧毁中华大地上尚存的真实文物古建筑！"讲的似乎就是这个道理。

有人认为《威尼斯宪章》是一部完全基于欧洲石构建筑的技术文献，这其实是一种不全面的理解。它不是一部具体的操作规范，建筑材料的异同不足以影响其意义和价值。另一方面，其精神和原理即便在东方语境中也并非完全不可对应。日本的老一辈学者曾提及日本曾有传统的"随破修理"古建筑保护理念。在中国，梁思成先生在构建文化遗产保护理论体系中也曾有不断的思考和发展过程。1963 年梁先生发表在《文物》学刊上的"闲话文物建筑的重修与维护"一文，虽仍有可再推敲商榷之处，但已和国际潮流相当契合，应该是大师在遗产保护领域的一份巅峰之作。梁先生关于"整旧如旧"与"焕然一新"——维修目标是要治病延年、老当益壮而不是返老还童、使之"年轻"的论述，关于遗产与环境"红花还要绿叶托"的主张，实际上都以中国的语言通俗而又生动地表达了真实性和设境的观念。尽管对"整旧如旧"演化而来的"修旧如旧"多有批评和否定，但对于这样一句上下左右普遍耳熟能详的箴言名句，加以最新科学语境的阐释继续使用，或许比废止它为好。梁先生的"闲话"发表时间曾被某大出版社误录为 1964 年而不是 1963 年。关注到 1963 年是意大利切萨雷·布兰迪（Cesare Brandi, 1906—1988）的名作《修复理论》（*Teoria del Restauro*）发表的年份，而《修复理论》被认为深刻地影响了次年生成的《威尼斯宪章》，梁先生《闲话》一文问世的确切年份也就别有意味了。

陈志华先生是将《威尼斯宪章》完整介绍到中国的第一人，从 1982 年开始在清华的学堂和其他场所的系统宣讲，到 1986 年他的《威尼斯宪章》中文版译作正式出版，再到其后他终生对宪章的推广，体现着他对中国文化遗产的啼血关切。《威尼斯宪章》不是一部唯我独尊之作，陈志华先生认为它是一面必须高举的大旗。先生由此展现出的对文化遗产事业的科学追求和睿智思辨，对祖国和家乡的炽热情怀和矢志不渝，令人永难忘怀。笔者有愧于先生的敦促和嘱托，也曾在"再现辉煌"之类的争端中铩羽，但对先生所提的"百分论"，始终不愿放弃，定会继续传布、提倡和弘扬。

有发生在同一项文化遗产不同区段之上的 3 个维修案例，或许可以为陈志华先生文化遗产保护工程"百分论"做鲜明的注脚。三组长城的维修过程和后果，或可依次判给：1）明确重在保存原物和信守"最少干预"原则的维修，施工难度大，85 分；2）较早时期基于保护原状（但何为"原状"始终存在歧义）与"修旧如旧"理念并结合开放管理需要的维修，施工质量较好，80 分上下；3）几无真实性意识和文物情感的维修，很难给够 60 分及格。曾有业内人士看到后一组维修工地照片后惊异，这是在拆，还是在修？！

文化遗产的维修，既涉及认识的正误和深浅，也关联利益的计量与壁垒；

不仅是影响到物质性文化遗产可存续与否的专业水准和质量问题，还会拷问从业良心、道德操守和历史的责任。

谨以此文怀念陈志华先生。

乡土根深寄情怀

李秋香[*]

　　1982年夏初的一天^①，陈志华先生来到了他梦寐以求的雅典卫城，这是古希腊最伟大的不朽作品之一。而他大半辈子从事着西方建筑史研究和教学，几十年在讲堂上讲述，却始终没有机会走出国门，实地考察这些伟大的建筑，而西方建筑史的研究论著及相关教科书的编撰，也多是依靠图书馆中的西方出版物和期刊来完成的。

　　这天，当他站在这座伟大建筑面前，内心犹如汹涌的波涛，被强烈地震撼。此时的落日余晖，洒在卫城的遗址上，高耸挺拔的汉白玉石柱，精致细微的雕饰，都被染上了一抹柔暖的金色，这比他看到的任何一帧卫城的照片都更具历史沧桑和恢宏气势。他屏住气息，尽力平复着激烈跃动的内心，用手掩住了眼睛，身体却不由得跌跪在地上，泪水从他的指缝间滴落下来，洒在了无数次课堂上讲述的，却第一次亲临感受的那片熟悉的文明圣土上。

　　很多年后，陈志华先生回忆起那个刻骨铭心的时刻说：一瞬间，我看到了长期图书馆研究尽心力下功夫，却因为是二手资料，无法摆脱客观见证的差距和局限，因此，写自己所知所感才是理想的研究。陈先生也曾私下说：我非常热爱我的工作，大半辈子的研究是单位分配给我的任务，我都全力做好。我被

---

* 李秋香，清华大学建筑学院高级工程师。

① 1981年冬，陈先生到联合国教科文组织（UNESCO）的国际文物保护研究所参加为期半年的研修。

下放到江西鲤鱼洲"五七"干校，不论分配我干什么，下田插秧，割稻打场，甚至砌猪圈，只要目标明确，就要干出个样子来。在鲤鱼洲，几个老师私下里插秧竞赛我也要争个第一，砌猪圈这活儿我也是那个能把大角儿的[①]，不输专司泥瓦的大工。话里话外是强烈的自尊和自信。然而，在经历了雅典卫城的一幕，他对自己半辈子的研究有了新的思考，也许就是从那刻起，他有了"暮年变法"的念头。

一

在意大利研修的半年时间里，研修课之外的时间和公共假期，陈先生都给自己制订了详细的计划。零碎时间在意大利国内穿街走巷，收集资料，相对完整的时间段，则到邻近的国家参观考察，一天都不肯休息，因此收获了大量的一手资料，尤其关注建筑与文化生活的各种信息。回国后陈先生抓紧时间埋头整理各种著述图书、国际文献、日常随记，以及明信片、幻灯片，将这些第一手资料替换或补充进之前的研究中。同时按计划编修、增补了作为大学建筑学专业的《外国建筑史》教材，及相关的教学讲义和幻灯片编配。虽然工作量已很大了，但陈先生还是挤出时间，用在意大利的这段亲历，完成了一部文笔优美，可读性很强，既专业又通俗的《意

1981年冬，陈先生到联合国教科文组织（UNESCO）的国际文物保护研究所参加为期半年的研修。费尔顿先生曾任联合国教科文组织的秘书长。陈老师在意大利期间得到了费尔顿先生多方面的帮助，成了好朋友。尤其是从事乡土建筑研究这件事，多次得到费尔顿先生来信鼓励和赞赏，给了陈老师极大的信心，因此陈老师将费尔顿先生的照片摆在家中，纪念这段友谊。（照片2014年，李秋香 摄）

① 墙的转角称墙角，砌墙角的技术要求很高，直接影响两个方向的墙体，由一定级别和经验的大工师傅来掌控，又称"把墙角"。

大利古建筑散记》。意大利古建筑留存数量多，且精彩绝伦，但由于东、西方在文化、信仰、风俗等方面的差异，如果不是在本土生活过，很难真正体会那种深度的建筑文化和人们的多彩生活。这种强烈的感受，促使陈先生要用一位中国学者的眼睛，自己的感知去诠释意大利的建筑与文化、信仰与世俗、风格与浪漫的诗意。《意大利古建筑散记》1996 年由中国建筑工业出版社出版，书一面世就受到大众的喜爱，尤其是建筑学专业大学生们的高度热捧，成为去意大利学习、考察、旅游必备的专业书籍。

陈先生在意大利研修的是文物保护，配合理论学习，其间考察了欧洲多地的古建筑保护修缮的成果案例，这在当时是一个全新的、科学的理念，国内也十分重视，其中体现文物保护精髓的一些关于国际文物保护的宪章和实践案例，如能及时翻译成中文，可以直接指导和运用到中国文物建筑保护中来。国际宪章是法规文件，陈先生为严谨准确地翻译，下了番苦功夫。一篇篇国际宪章翻译后发表，又集书出版，极大地宣传和支持了中国文化遗产保护事业，也为后来的乡土建筑研究和保护奠定了理论基础。

欧洲回来后的五六年是陈先生工作强度最大、最忙碌的日子。那时节假日去陈先生家看望，他都是匆匆从书房走出来。他老伴总是心疼地嗔怪：一个人闷在小屋里苦干，一闷就是一天，来了客人才肯放下书，客人一走他又回到小房里，直到夜里两三点。每逢此时，陈先生总是歉意地、轻轻拍拍老伴的肩膀，陪着笑说：抱歉，抱歉！有一次陈先生梅尼埃病发作，天旋地转，大家劝他多休息，不必干得这么辛苦，他却说，时间不够用呀！后面还有新的工作要干呢！大家以为他说的是外建史研究。其实"新的工作"就是他一直惦记的，能够做自己所知所感的研究。

工作虽忙碌，陈先生却没忘寻找贴近实际、能支撑整个社会生活的建筑研究。他留心注意国内研究的动态，有选择地参加一些学术研讨会，各地走走看看。1984 年，他在参加民居研讨会期间，考察了浙江省的东阳、义乌等地的村落和民居。回来后十分感慨：我小时候在这一带生活过很长时间，乡村建筑丰富多彩，富有生活气息，多么亲切！第二年（1985 年），陈先生又参加了在浙江建德灵溪洞召开的中国园林研讨会，也参观了民居建筑。这次会上他结识了负责会议接待的叶同宽老师。在和叶老师的接触中，陈先生了解了不少地方的历史文化信息，并成了好朋友。

到了 1989 年 6 月，浙江省龙游、衢州两县，准备将一些在原有村落内无法原地保护的、又有价值的老建筑集中迁移一处保护，便邀请我们协助进行建筑测绘。陈先生作为测绘教学带队的教师之一，在乡村的那段时间，得以零距离地了解乡村的演进，它的建筑、历史、文化、经济、风俗……同时也看到了这些有着几百年历史的老村落、精美的老建筑，濒临消失的危机处境。中国农业文明的主要呈现形式是什么？就是一座座古村落。如果村落老建筑消失，它所承载的历史文化信息也将消失殆尽，这残酷的现实不啻于雅典卫城那一刻的强烈震撼。陈先生的一生都在追求着"独立之精神，自由之思想"的学术精神与价值取向，在学术上他追求开拓创新。这难道不是一项很有价值意义的研究吗？这不正是一直在寻找的新的研究课题吗？要"抢在它们消失之前，给我们的民族留下一份文化档案"。此时，陈先生对"乡土建筑研究"已是成竹在胸。

他说："几十年来，千难万难，读了中外那么多建筑书，我越来越疑惑，为什么我们一点儿不知道那支撑着整个社会的普普通通的人们，是怎样用建筑营造了他们的生活环境的。他们是怎样生活的？他们的生活对建筑提出过什么要求？他们又是怎么自己动手满足了这些要求？建筑环境是他们生活的条件，又是他们生活的舞台。这是他们的创造物，他们在建筑环境中倾注了多少爱好和愿望，这里面有他们的性情、襟怀和价值追求……于是我们决心开创一项工作，去研究一个个底层生活圈或文化圈的建筑环境，系统地、全面地、历史地。我们选择村落作为我们研究的对象，这在中国还是一个空白。"[1]

1989 年，陈先生手上的研究工作多已完成，论文在杂志上连篇发表，专著陆续面世。在外建史领域深耕了四十多年的陈先生，此时的学术声望以及社会影响力已是赫赫扬扬，如日中天，用他自己的话说，是"摘桃子"的时候

---

[1] 陈志华，《楠溪江中游古村落》，生活·读书·新知三联书店，1999 年 10 月。

了。但在此时，陈先生却做出了一个惊人之举，他决定停下外建史的研究，转身开创"中国乡土建筑研究"，并宣布成立"中国乡土建筑研究"课题组，成员共三人：陈志华、楼庆西和李秋香。这年陈先生整六十岁，一个甲子，距他至1994年办理正式退休还有四个年头，于是便戏称自己为"暮年变法"。

从研究外国建筑，一步跨界到研究中国乡土建筑，一百八十度的大转弯，很多业内人不解，只等着收获的田园了，暮年变法可是大忌！但陈先生决心已下。为什么决心这么大？除了前面提及的一些因素，还有一个，就是他一直来对乡村故里怀有的深厚的乡土情结。和陈先生一起工作，时间越长这种感受就越强烈，每逢下乡，不论南、北，他都有一种回归故里的期盼，乡民的淳朴相待让他有了久违的温暖，人变得精神抖擞，脸上充满了朝气，六十归来依然是少年。

二

乡土建筑研究组成立的当年，叶同宽老师推荐了他的老家——浙江省建德县的新叶村。经过初步勘察，新叶村成为我们"乡土建筑研究"的第一个课题。

1980年代末，大陆和台湾开启互通，经过半年多的申请等待，陈先生赴台申请获批，时间在1989年11月前后，届时将赴台湾探望阔别了四十年之久的老母亲①。然而，新叶村的研究已确定在来年春天（1990年3月）开题，显然陈先生回不来。于是陈先生找到我，宣布新叶村的研究工作由我来主持并完成。由于乡土建筑研究没有先例可借鉴，时间又紧，趁着陈先生走之前的一段时间，针对课题的调研、测绘及研究报告撰写等问题，陈先生和我一起讨论，讨论中陈先生谈及乡土建筑与乡土文化，以及社会学的一些概念。1947年陈先生考入清华大学，初在社会学系学习，两年后转入建筑系，因此，他多元的知识结构，在乡土建筑研究的方法论上，展现出他独到的思维方式。陈先生让我到图书馆借来了几本民居研究的书，以及费孝通先生《乡土中国》的社会学

---

① 1949年陈志华先生父母赴台，1960年代其父在台去世。赴台探亲的时间三个月至半年。

书籍，说是先打个底子，有个概念，以后边学边干。俗话说：临阵磨枪不快也光。在准备去新叶村的那段时间，我算是恶补了一把。就这样，1990年初春，我和三个年轻的学生，一路青春朝气地下乡了。

当时研究组没有经费，叶同宽老师主动帮我们解决了火车票，又帮我们在村里安排好了食宿，铺的盖的准备得十分齐全。为感谢叶老师的支持，也不辜负陈先生第一个研究项目的重托，在乡下二十几天，我努力干，拼命干，因此整个研究一路进展得较为顺利，得到了陈先生的认可。几年后，我出版了一本

1992年，陈志华老师与叶同宽老师在翠谷山居前合影。（李秋香 摄）

文集《中国村居》[①]，陈先生在书序中写道："我一直认为，没有叶同宽老师无私的支持，我们的乡土建筑研究不可能开始，没有李秋香出色的第一次，我们不可能满怀信心地把乡土建筑开展下去。"看到陈先生如此的肯定，我感动而振奋，虽然后面的研究之路坎坎坷坷，如在风雨中赶路，其间我们也互问过多次：这面乡土建筑研究的旗帜到底还能打多久？但我们的内心从没放弃过。

乡土建筑是一个综合性研究，田野调查、建筑测绘、乡间采访、采集客观的影像资料，尤其是建筑测绘工作量大，专业性强，因此每年跟随课题组下乡的，还有少则几个，多则十来个的毕业班同学，配合研究并完成他们的毕业设计。下乡前陈先生会像唠家常似的，聊聊乡村及村里丰富的建筑和特点。大多数学生在城市中长大，了解乡村才能了解中国的农业文明。农村居民占人口

---

① 李秋香，《中国村居》，百花文艺出版社，2002年10月。

的绝大多数，他们的居住方式就是聚集在大大小小的村落里，进行生产生活，形成社会文化生活的共同体，即使在最困难、乡村发展十分缓慢时，农业文明依旧在乡民的不屈中步步向前，了解了这些才能懂得研究的价值意义！陈先生在讲到小时乡村经历时说①："抗日战争时期我们还小，为了躲避日本人，老师带着我们避乱在乡下，吃住无定所，是广大的农村，是农民把我们养大的。乡土建筑，是我几十年来牵魂的心爱……"讲述中，他脸上浮现着的是被老师、乡亲们护佑和怜惜时的那种温暖和感激。"……我不能忍受千百年来我们祖先

2008 年 10 月，陈老师重返故乡，回到他幼时曾读书的浙江景宁。陈老师说，抗日战争时我们为躲避日本人，随着学校四处迁移。我脚下这块地，原来是座敬山宫建筑，我们就在它的大殿里上课。（李秋香 摄）

创造的乡土建筑，蕴藏着那么丰富的历史文化信息的乡土建筑被当作废物，无情地消失。"讲到此陈先生会哽咽动容，但却坚定而自信地说："……我身上流动着的还是从庄稼地里走出来的父母的血。这一身血早晚要流回土地里去！"说起乡土家园，陈先生总是滔滔不绝，极大地激励了年轻学子，而陈老师早在幼时种下的乡土种子，此时已长成大树。

2012 年乡土建筑研究已取得丰硕成果。这年 12 月陈志华先生获得了"走向公民建筑——第三届中国建筑传媒奖"终身成就奖，表彰他在外国建筑史方面做出的贡献。那阵子正赶上他腰腿疼发作，整日躺在床上无法动弹，就请我代他去深圳领奖。临走前我来到先生家，看看还有什么要吩咐的。进了门，我见先生躺在躺椅上，眼圈有些潮红。2011 年后陈先生开始出现了幻视幻听，

---

① 陈志华，《北窗杂记三集》，清华大学出版社，2013 年 8 月。

好一阵坏一阵，记忆力也下降得很厉害，喜欢沉浸小时候的回忆中，有时不断地重复自语，也时常黯然落泪。我猜想陈先生又是想起了儿时，想起了母亲，想起了烽火连天岁月中的老师和老乡们。我告诉陈先生是明天的飞机，到达深圳后第二天晚上召开颁奖大会。我将写好的发言稿拿给先生过目，看是否得当。先生拿着稿子，身体些微欠了欠说："乡土建筑是什么？就是公民建筑吗？我读了两年社会学，为天下寒士'居者有其屋'的理想转到了建筑系。"停了片刻，似乎想说什么，嘴翕动了一下却念起母亲："她是一位大字不识，连名字都没有的乡下妇女，但她是织布能手。我享受了她一生的慈爱，晚上闭起眼睛等她过来给我轻轻整一整棉被。"他的声音很轻，仿佛母亲真的到了他的床头。在陈先生晚年，很多人和事都记不得了，唯独提起乡土建筑时会激动起来，它成了母亲与故乡的代名词，永远不会抹去。

20世纪八九十年代，农村生活条件不佳。一次，我和陈老师在江西婺源遴选新课题时，因村落很分散，又缺少便利的公交。为了多看几个村子，我和陈先生早出晚归，午餐即面包。一天临近午饭时，见我们收拾卷尺准备离开，房东老两口执意留我们一起用餐，推辞不过就坐下了。桌上一盘青菜，一盘炖小鱼，还有一大盆煮红苕（红薯）。陈先生拿起一块红苕仔细端详着，不知为什么迟疑了一下。老乡忙说，这红苕乡下人当干粮，也喂猪，很甜嘞！陈先生咬了一口，点着头说：甜，真甜！还是小时候的味道！饭后，老乡又拿来几个红苕，叮嘱带着路上吃，一切都那么自然而亲切。

回县城的路上，陈先生默不作声。我想可能太累了，就对陈先生说，今天回去别再工作了，早点休息吧！陈先生却说，不累，我是想起了一段往事：抗战时随着寄宿学校在山里转，一天到晚总是饥肠辘辘，"我们把从田里偷来的几块小小的红薯请她们（老乡）煮，她们会端出一大盆煮红薯来，看着我们吃下肚去。我们发烫的脸都不好意思抬起来对她们说声谢谢。这岂是此生能忘记的！"我恍然明白，中午饭桌上他手拿红苕时的踌躇，咬一口说"还是小时候的味道"，原来是那块红苕触及了他内心几十年前的乡土情结。后来他把这个故事讲给每届学生们听，还写进了《北窗杂记》。

三

说到乡土建筑研究，首先要说的就是楠溪江。这是条美丽的江，位于浙江省永嘉县，下游即是经济发达的温州。楠溪江中游的沿岸山水之美、田园之情和谐地结合在一起，有着得天独厚的自然生态和人文环境，水秀、岩奇、瀑多、村古、滩林美，一千多年来是中国读书人朝暮渴望的田园故里。1990 年十月，新叶村的工作暂告一段落，陈先生就率领我们教师、学生十几个人的团队前往楠溪江，对中游沿岸十几个古村落进行踏勘、调研和建筑测绘。

楠溪江黄南乡上坳村（李秋香 摄）

楠溪江的清丽秀美是生长在城市的人难以领略到的。一路上，陈先生为一开局就找到这么理想的研究题目而兴奋。他在《楠溪江中游古村落》中写道①："一到楠溪江，我们对它们的历史、社会、文化和生活还一无所知，便被它们吸引……吸引我们的是一种"情结"，一种深深扎根在我们民族精神里的文化情结，那就是'桃花源情结'。"随着楠溪江研究的越来越深入，他也爱得越深，为了楠溪江乡土建筑研究，他不仅付出了辛勤和智慧，还近乎失去了一只眼睛。

楠溪江村落的始迁祖，不少是因为爱楠溪江的风景来此定居的文人、隐士们，他们生活在如诗如画的山水间，对山川草木有很精致的审美意识。这种生活态度和人文气质自然影响到对生活品质、建筑形态的追求，而这些信息也多

---

① 陈志华，《楠溪江中游古村落》，生活·读书·新知三联书店，1999 年 10 月。

记载于族谱之中的名人传记、诗词艺文、风水营建等，族谱中还会刊刻历代祖宗画像、堪舆图、里居图，及重要建筑图样。面对大量且重要的文献资料，由于没有复制条件，除了用笔记本抄录这些重要内容，大量的资料收集就靠用文件片一页一页地拍照下来，作为日后的研究备份资料。所谓的文件片，色度单一，基本上就是黑与白，反差很大，适合拍文件而得名，现在已没人使用了。

文件片冲洗后，每一张胶片只有 3.6cm×2.4cm 大小，面对这么小的胶片，只能用修表店里小喇叭状的放大镜，直接卡在一只眼睛上，对着底片一点点逐行逐字地看内容，记笔记，可以想见有多费眼睛。当时也想过将照片放大，但研究经费捉襟见肘根本不可能。由于长时间用眼看文件片，陈先生一只眼睛视网膜严重脱落，只好住院手术。几个月后眼睛刚见好，赶上《楠溪江中游乡土建筑》的文稿合稿①、修改，又是长时间用眼，视网膜再次脱落住院，显然治疗难度大了很多，因此这次手术后用了小一年时间，眼睛才算彻底保住了。但左眼视力下降很厉害，仅仅有光感，近乎失明了。即使如此，他也没有耽误楠溪江乡土建筑的研究，没有耽误上山下乡的脚步，没有耽误开启新的研究课题，没有任何的抱怨，而是淡然幽默地谈及此事："……自从 1993 年我坏了一只眼睛，我就成了李秋香的'优抚对象'……过南方那种板凳式的木桥，她总在前面当拐棍，叫我扶着她的肩膀，慢慢一步一步地走。我开玩笑说，这好像旧时代卖唱的，姑娘牵着绳子，瞎子拉着胡琴，姑娘唱着小曲。不过我们的情绪很快乐，没有一丝哀怨。"②

1992 年 10 月台湾《汉声》杂志以杂志书的形式出版了《楠溪江中游乡土建筑》，书籍一经出版就得到大众好评，仅几个月的时间竟然销售一空，被评为台湾当年最受欢迎的图书之一。为满足读者的需要，1993 年 8 月此书再版。因第一版的书未来得及到大陆就已售罄，当《楠溪江中游乡土建

---

① 文稿前四部分为陈志华先生完成，第五部分由李秋香完成。各自完成后，要将文字内容合并，修改两部分中一些重复之处，或根据需要调整文字的前后内容。

② 李秋香，《中国村居》，百花文艺出版社，2002 年 10 月。

筑》在国内书店一面世，不仅是购书踊跃，好评如潮，更是在国内掀起了一股不小的楠溪江热，很多读者竟然捧着书来到了楠溪江，寻找悠远久违的世外桃源，寻找祖脉之根。他们没想到中国还能保留下那么美的乡村，古风纯厚文化渊深，如淬炼的农耕文明的标本，人们蜂拥而至，楠溪江旅游也就此拉开序幕。

20世纪90年代，迅猛发展的温州经济，早于其他地区冲击了楠溪江中游的古村落，加之无序的旅游，一些村落被迅速改造，很多老建筑被破坏或拆除消失。陈先生心急如焚，一次次颠簸在楠溪江高低不平的山路上，每到一处都宣传、呼吁珍惜保护。他把自己比作啼血的子规鸟，日日啼叫，也许东风未必唤得回，只是希望能喊醒更多的人。他几次泪洒楠溪江，那是一份尽力后的无奈！

四

为汲取楠溪江古村落的经验教训，陈先生开始呼吁建立乡土建筑保护制度和保护规范。1993年在完成了浙江省兰溪市诸葛村的研究后，村里希望我们为其制定一个村落整治方案，以改善村里脏、乱、差的现状。这正与陈先生的想法一致，便当即决定为诸葛村量身定制一个保护利用规划，而不是简单的整治方案。因为国内之前没有乡村保护规划的先例，更没有乡村规划编制规范，但凭借在意大利"文物保护"理论的研修和考察修缮保护的实践案例，以及回国后翻译的大量文物保护的国际宪章，陈老师清楚，这是一个重要的开端，是对中国乡土建筑保护的一次意义非凡的尝试。如果诸葛村的保护利用能够成功，不仅能推动乡土建筑保护机制的建立，还能保护更多留有农耕文明的古村落。

当然保护不是将村落管死，而是在保护后能合理利用发展，让老百姓在保护中真正受益得实惠。1995年，经过一年规划方案的制定，最终在国家文物局等专家们的支持下，在诸葛村召开了现场会，几天的激烈辩论后，《诸葛村保护利用规划》通过了初审。根据专家们提出的一些问题和建议，再次进行了修改完善，国内第一个乡土建筑保护利用规划面世了。为了规划能够真正落实，少走弯路，陈先生又决定：我们研究团队对诸葛村的保护，将进行长期的追踪护航，以及时发现问题积累经验，解决问题。最初几年，诸葛村的整治工作头绪很多，不论多忙，每年我们都坚持去诸葛村几次，与村两委及村民共同讨论，解决保护发展中的棘手问题，并多次邀请国家文物局的专家们现场指导，或一同探讨。十几年之后诸葛村保护利用一切走上了正轨，陈老师和我依旧每年前往，见证着它走过的每一步。

　　经过多年的整治，诸葛村变美了，干净了，老建筑保住了，也有旅游收入。村里没有分光花光，而是征求全体村民的意见，将收入合理地分配为几部分使用，并公布于民：一是村落整治，老建筑的长期修复，村落管理维护基金。一是因村落保护村民有所付出，通过一定的福利、补助与奖励等方式补偿

2007年我们邀请文物保护专家谢辰生先生，与我们及村民代表一起讨论诸葛村保护中的各种问题，对修缮的案例进行指导。从右起为谢辰生、诸葛达、陈志华和李秋香。（诸葛坤亨　摄）

2013 年，诸葛坤亨书记陪陈老师和我在浙江开化"中国根艺美术博览园"参观，休息时陈老师和我做了一个约定，"把乡土建筑研究与保护坚持做下去"。（诸葛坤亨 摄）

给村民，老百姓真正因保护得到了实惠。一是用于……一条条清晰透明。诸葛村的保护措施逐渐完善，生活越过越好，得到了百姓们的大力支持，诸葛村保护利用逐步走向良性循环。1996 年 11 月 20 日，诸葛村被列为"全国重点文物保护单位"。

亲身经历了这二十几年来的巨大变化，村民们由衷地感激陈志华老师，称他是诸葛村的"大恩人"，说没有陈先生就没有诸葛村的今天。村民代表大会上几次要求给陈先生立碑垂名，但都被一次次地拒绝了。陈先生说：诸葛村就是我的家，我坚守着一个梦想，就是要回报我的乡土家园。

这些年，经我们研究和保护的村落，有不少像诸葛村一样，陆续升格为省、市或国家级的保护单位，成为中国乡土文化遗产的重要部分。而陈先生在乡土建筑研究和保护中的巨大贡献令人瞩目，成为这个领域的一面夺目的旗帜。虽然研究和保护筚路蓝缕，陈先生却自称是一生中最快乐的时光。

我和陈先生在一起工作了三十年。八十岁以后，陈先生不再参与研究的具体工作，但每年还会随着我们研究团队下乡一到两次，或春或秋，或南或北，每次在村里住上三两天。他说想念乡下的老朋友，要看看他们，聊上几句贴心话。晚年，有乡下的老朋友来家看他，大家高兴时不免开开玩笑喊："陈先生，祝您万寿无疆！"他一边开怀地笑着，一边纠正着说：不要万寿无疆！我要身体健康！有机会我还要下乡呢，乡土建筑研究是我一生中最热爱的工作，我希望像白求恩那样，在自己热爱的事业上以身殉职！这种人生境界和乡土情怀，说出了一个知识分子的责任与担当。

2016年春，是陈先生最后一次随我们下乡，走在江南熟悉的乡间小路上，望着田野盛开的油菜花，听着由远及近的鸡鸣犬吠，他呼吸着大地散发出的芬芳，像以往那样融入了那片乡土中。他兴奋地高高挥舞起手臂来，不住指点着：又回家了！田园多美呀！拍下来！快快拍下来……那瞬间，他眼里泛起了泪花，用深情的、微微颤抖的声音吟诵起："为什么我的眼里常含泪水？因为我对这片土地爱得深沉。"

建筑遗产保护的智者：
学习《建筑遗产保护文献与研究》

金 磊*

　　家人之外，铭记一个人，要看他的贡献和精神是否有益于行业与社会。为什么有的人离去，会连接记忆，甚至让我们觉得"曾经的时代"远去了。如果人生是一部书，时间就是页码，不论长短，只要能超越一己去探究人和世事本源就是卓越的。2022 年 1 月 20 日辞世的清华大学建筑学院教授、著名建筑学家、建筑教育家陈志华先生就是这样卓著的人。他的离去是我国建筑遗产保护界的重大损失，他在建筑批评上的视野与率真的风骨所树立的丰碑，不仅现在无二人，恐怕将来也难有超越者。

　　作为北京市建筑设计研究院有限公司工程技术人员，我现在从事建筑遗产保护传播研究与建筑评论，虽与陈先生交往不多，但自 20 世纪 90 年代从《建筑师》杂志便知晓了陈先生北窗"窦武"的事，经杨永生主编、马国馨院士等前辈介绍，更敬佩陈志华先生是个不世故的真正学人。2000 年前后，时任北京建院《建筑创作》杂志社主编的我，先后在江苏、浙江、山西、四川等地开展了田野考察活动，推出了《文化厚吴——厚吴的宗祠与老宅》（2003）《经典卢宅——北有故宫，南有肃雍》（2004）《稀罕河阳——千年古树，堪舆辨误》

---

* 《中国建筑文化遗产》《建筑评论》总编辑。

（2005）《沉浮樟溪——第三圣地婺州南宗》（2006），这四册均是在陈先生田野研究的启示引导下完成的。他研究的俞源村、诸葛村我们都多次考察过。也可以说 2006 年我们为国家文物局及四川省人民政府策划的第一个文化遗产日"重走梁思成古建之路四川行"活动，也源自陈老师中国乡土建筑"行动"的启迪。而后，在国家图书馆、中国图书馆学会、中国建筑师分会等支持下，我们成功策划举办 2008 年第一届中国建筑图书奖，《梅县三村》（陈志华 李秋香 著 清华大学出版社）获奖；在 2009 年第二届中国建筑图书奖评选中，《外国造园艺术》（陈志华 著 河南科学技术出版社）获奖。

　　回想近十年来向陈老师讨教至少有三次。其一，为筹备中国文物学会 20 世纪建筑遗产委员会受中国文物学会单霁翔会长之托，秘书处同仁到陈志华家请教，记忆中陈老师说了两点：研究中国 20 世纪建筑遗产很重要，但它一定不可离开世界建筑史去研究，尤其要关注《世界遗产名录》的发展动态，尤其要使 20 世纪遗产保护与发展与中国乡村现代化发展相结合；同时，陈老师提

作者在陈志华教授家中拜访（2013 年 11 月）

作者主持的记者答疑活动

（落座者左起：单霁翔、谢辰生、陈志华、马国馨，2014 年 4 月 29 日摄于故宫博物院敬胜斋）

醒，研究 20 世纪建筑遗产不能只关注建筑本体，一定要将建筑包含的设计师乃至创作思想及历史背景融入。此外，当我们将所编《田野新考察报告》系列图书及《建筑评论》丛刊向他汇报时，他鼓励我们要将《建筑评论》坚持办下去。其二，2014 年 4 月 29 日中国文物学会 20 世纪建筑遗产委员会在故宫博物院敬胜斋成立，成立时举办的系列活动中，单霁翔、谢辰生、陈志华、马国馨分别回答了记者提问。陈志华老师表示，他很同意单霁翔所说，委员会的成立使中国 20 世纪建筑遗产保护与"活化"利用有了专家队伍。其三，2014 年 9 月 17 日"反思与品评——新中国 65 周年建筑的人和事"座谈会在中国建筑技术集团召开，陈志华、曾昭奋、费麟、马国馨、顾孟潮、布正伟等建筑大家到场。陈老师发言虽不长，他回忆起 1950 年代梁思成先生"意在笔先"的建筑设计美学逻辑，讲述了设计最适用、最经济且符合任务要求的坚固度，尽可能美观的建筑方针的"发展史"。

　　由对陈志华老师的缅述与纪念，我想到"唤醒"，唤醒我们将建筑文化自信转化为行动的自觉。这里既有遗产、记忆与城乡的共情，也有场景、空间与

"反思与品评——新中国 65 周年建筑的人和事"座谈会嘉宾合影

（后排右三为作者，前排左三至左八：顾孟潮、费麟、马国馨、陈志华、曾昭奋、布正伟，2014 年 9 月 17 日）

生活的表达与对话。陈老师游走中西且思且行的传承与创新评论，让他真挚地做不得不做的事，讲着不得不说的话，这些正是他令建筑界几十年来持续获得精神滋养的缘由。陈先生的贡献，可以商务印书馆《陈志华文集》卷七《建筑遗产保护文献与研究》为例，此卷之所以重要，不仅是其中有丰富的中外遗产保护的奥秘，还有建筑遗产研究守护者的倔强心灵呈现，以及对用商业文明的速度、效率乃至技术创新对峙遗产保护的种种批判，陈老师与时代苦斗的针锋相对，使他成为建筑遗产评论界最可爱的人。所以，我们有理由说，他的遗产保护著述与评论，不是一般的"文化产品"与"文化精品"，是堪称"文化经典"的教科书。

一、陈志华先生开创了中国城乡建筑遗产保护的理论框架

陈先生译 / 著的《建筑遗产保护文献与研究》中有 1/5 篇幅是他对保护文物建筑和历史地段的国际文献的译作，共 18 篇。这里不仅有作家、评论家、

建筑理论家、建筑修复师及政治家的言说，还有大量宪章、建议及公约，核心内容是遗产与发展理念下的世界名城文化建设问题。陈老师用理性与挚真的情感，靠思辨密集的文字织就解读出传统与现代、中国与西方、当下与未来的遗产保护思想图谱，给研究者与社会公众留下持续思考的问题，让建筑学人有余地延续拓展中国建筑文化，使其赓续不绝，这里充满无法被剥夺的智慧与学术尊严。它必定带给业界较高的思想、学术与文化含量。

《建筑遗产保护文献与研究》封面

《建筑遗产保护文献与研究》一书的前护封引用了陈老师的遗产保护"金句"："我们的文物建筑保护工作需要专业化，我们需要有完整的、独立的文物建筑保护专业，需要有经过系统培养的专门人才，他们要全面熟悉文物建筑保护的基本理论，它的价值观、原则和方法。"无疑它是陈志华在教学研究实践中构建探索的中国建筑遗产保护体系框架。"野蛮迁建使我们失去了科学精神"，这是 2004 年 12 月 7 日《新京报》发表陈志华的短文，文章记叙了他 2004 年 12 月 3 日到西城区孟端胡同 45 号院看野蛮迁建的一幕（孟端胡同 45 号院系清代果郡王府）。对此，2004 年 12 月 31 日《南方周末》发表记者南香红"老北京活在胡同里，胡同只残存在梦中"一文，感慨陈志华教授如梁思成当年保护古都城墙般的壮举："2004 年 12 月 3 日上午 11 时，天气寒冷，75 岁的清华大学建筑学院教授陈志华大老远从清华赶来看孟端 45 号的迁建。一个工人站在 3 米高的墙头，手拿十字镐，用力刨下去，往外一别，一大片灰色的方砖夹着尘土从 3 米高的墙上轰然坠下。正在围板外的陈老先生大怒，大吼起来'快停下来！有这么迁建的吗？老砖的边角要碎的！'没有人理会这位白发老人的呼喊，包工头和工人们连认都不认识他。孟端胡同就这样在一个寒冷的冬日寂灭了。"① 陈老师对此野蛮迁建继续解读道："中国古建筑的骨干体系和装饰都是木材，当年建造时，科技水平很低，没有经过防腐、防虫、防火、防变形等处理，因此，趁迁建的机会，应该利用现有的科学技术，补上这番处理。在国外，给旧木材剔除朽烂和虫蛀部分后，还要在装了防虫、防腐、防火、防变形药剂的大池里浸泡些日子才拿出来晾干，用于复建……给木材做防腐、防虫、防火、防变形等处理，目前我不敢奢望，但我认为，制作详尽的测绘图和给构件编号并有序包装，是完全可以做得到的，一点难处都没有，只要认真，有科学作风。"②

对著名建筑学家梁思成的建筑遗产保护实践与捍卫古城的努力，书中有几篇重要文献。他在 1986 年 9 月《建筑学报》著文 "我国文物建筑和历史地段保护的先驱"，细品文字，不仅有他对梁公敬仰与贡献的归纳，也有他对不同时期梁思成心境的体味。今年是联合国教科文组织《世界遗产公约》颁布五十周年，也是梁思成先生逝世五十周年，阅读陈老师倾注心血的著述，从他所投注的理念中，可再次感悟到陈老师笔下梁公的精神，恰是照亮一个国度与城市的 "万年灯"。2003 年第 2 期《建筑史》中他写有 "五十年后论是非" 一文，针对 1950 年代初梁思成为保护古都北京的一系列努力，他表示在梁思成辞世三十年后仍存在的最大问题是 "……竟会有那么多有关的人放弃原则，搞出偷换概念的伪饰之词，迎合了开发商对老北京的大规模破坏……旧城改造是合适的，而对作为 '历史文化名城' 之首的北京来说，是犯了概念混淆的大错误"。③ 他批驳道，"这样的大规模的 '更新'，无论 '有机' 还是 '无机'，都不能说是保护了皇城"。④ 文章结尾处可品出陈志华先生的感慨与 "悲情"，他表露说："失去的已经无法挽回，暂时还没有失去的也可能不久就会被

---

① 南香红，"老北京活在胡同里，胡同只残存在梦中"，《南方周末》，2004 年 12 月 31 日，转引自中国新闻网。
② 陈志华，《建筑遗产保护文献与研究》，商务印书馆，2021 年。
③ 陈志华，"五十年后论是非"，《建筑史》，2003 年第 2 期。
④ 同上。

'旧城改造'或者'仿古保护'的奇异举措毁掉……梁思成当年说过'五十年后，历史将证明我是对的'，现在到了五十年。我们要拨开实践和'理论'的阴霾，说一句，历史已经证明了您的预言，安慰他，也安慰尊敬他的人，如此而已。"①

　　陈老师是将有国际视野的国际文物保护理念和方法介绍到国内的前辈之一，尤其在建筑界，他介绍了一系列国际建筑遗产保护的方法论，无疑它们也影响着国内文博界，令建筑遗产与历史文化名城保护大开眼界。于 2008 年发表的《国际文物建筑保护理念和方法论的形成》（收录于《文物建筑保护文集》，江西教育出版社，2008 年 11 月），分析介绍 18、19、20 世纪西方主要国家的遗产保护进程与经验，并深刻解读了 1964 年的《威尼斯宪章》及 1972 年联合国教科文组织通过的《世界遗产公约》（1975 年生效）的要义，他还由浅入深总结归纳了七大建筑保护原则：（1）保护原生态和原真性的预防为主的原则；（2）停止或延缓文物建筑破坏的最低程度干预原则；（3）凡加固或局部修复的可识别原则，反对"可以乱真"的做法；（4）从历史的信息携带痕迹出发的历史可读性原则；（5）利用、加固、修缮的可逆性原则；（6）保护一定范围历史环境的与环境统一的原则；（7）文物建筑修缮前后的研究与总结原则等。②

　　"新旧关系"是篇很精彩的短文，它发表于 1987 年第 1 期《世界建筑》。针对《威尼斯宪章》规定的如文物建筑必须扩建，则扩建部分应采用与文物建筑不同的现代风格，陈老师提出，风格对比的建筑物能构成协调的景观，但要求创作者要有高水平。他列举了成功的例子，如梵蒂冈的扩建、卢浮宫的扩建、埃及大金字塔的古船陈列馆、华盛顿美术馆"东馆"等。在分析《威尼斯宪章》风格可识别性时，他强调尤应注意新旧建筑间要在构图、材料、色彩上相协调，他特别指出 19 世纪，在欧洲诸国折中主义建筑泛滥时，不少城市造

①　陈志华，"五十年后论是非"，《建筑史》，2003 年第 2 期。
②　陈志华，《文物建筑保护文集》，江西教育出版社，2008 年。

出了大量仿古建筑，它们淹没了真正的文物建筑。由陈先生"新旧关系"的文章，映射到中国近三四十年来在旧城改造中无节制的"创新"作为。比如，建筑遗产保护要高度警惕诸多创造性的做法，因为对遗产保护乃至传承"创造性"往往是破坏的。要肯定创新是与旧事物"搏斗"的过程，它的成长受到制度漠视与扼杀，"新与旧"不协调将是一种"厮杀"与"挣扎"的关系。陈老师引用伊·沙里宁的话："……丰富多样化的风格，是不会违反相互协调原则的……多样化的风格会给城镇带来绚丽多姿的面貌。"[①] 所以，在传统建筑旁建立有"精气神"的新区，不会导致保护"走向死亡"，反而会造成相互依存及相互促进的效果，重在要真正用好创新的设计手段。

二、陈志华先生践行中国乡土建筑的世界遗产价值

一代学者自有其崇高风范，陈老师的先贤之德确可润物无声。事实上，人文社科领域的中国乡村研究很早，它以费孝通先生 20 世纪 30 年代《江村经济》为标志，事实上同时期在中国营造学社朱启钤领导下，梁思成等 1932 年 4 月以蓟县独乐寺测绘为开端，到 1940 年 2 月，其足迹已踏遍全国 15 个省 220 多个县，调查了两千多座历代保留下来的古建筑。面对中国城乡保护的文化推动与拯救老屋的一系列"工程"，如何能真正用一种乡村本身的发展机制去理解乡村本身，有一种自发性的或原生性的创造转化，会使当下"乡建"规划师与建筑师设计传承与活力再现。

在杨永生主编的 2002 年版《中国四代建筑师》中，陈志华是第三代建筑师，其贡献体现在建筑教育、建筑历史等方面，他育人数代，造福学林，越来越多的人认同，他的贡献不亚于建筑师的项目落成。他集学问与学术于一身，学识渊博，不谙俗事，真正做出有价值的学术来。特别需要说明的是，陈老师立足中国国情下的乡土建筑研究与调查，始终在国际化背景下展开，从他的一

---

① 沙里宁，《城市，它的发展衰败与未来》，中国建筑工业出版社，1986 年。

系列著述中可发现他的诸多"创意"观。他反复强调，任何创新不会自动呈现，传统的传承绝不是传递，更不可简单复制，而必须葆有系统思维，在吸收外来经验中有机融合。早在 1999 年 10 月，联合国 ICOMOS 大会在墨西哥通过《关于乡土建筑遗产的宪章》之前的 1997 年，陈志华就在《建筑师》杂志（1997 年 10 月）发表"乡土建筑的价值和保护"一文，他认为，中华民族的乡土文化是最大多数人的文化，由整个民族在上千年的时间里塑造、锻炼、丰富、积累而成，有的已经消失，有的正处于濒危状态。乡土文化的最大一宗，并且作为乡土文化存在和发展的物质环境的乡土建筑，正在迅速走向灭绝。他呼吁"如果不赶紧下大决心抢救，我们将永远失去它们，那损失难道会比死光大熊猫或金丝猴小吗？"文章指出，乡土建筑中还有它的审美价值、使用价值、情感价值，还有为当今的建筑创作提供智慧的价值。他指出，除了要尽可能保护乡土建筑聚落中所有类型的建筑形制，对某些不是很精致漂亮的建筑，出于乡土建筑完整性的考虑，如水锥、作坊、义冢、长明灯杆、轿行等，也要加以保护，他指出："……没有它们，乡土生活就不能全面地反映出来，乡土建筑的认识价值和情感价值就会大打折扣……切不可以只把眼光落在雕梁画栋的住宅和祠庙身上。"①

　　陈先生的乡土建筑理念影响深远，乡土建筑不仅是一种遗产类型，更是地理概念和文化概念的反映，所以，乡土建筑中传统村落保护不可标本化、碎片化。核心是留住完整的乡土记忆，传承农耕文明，不仅让人们发现故乡如此美，感受乡村老屋、山川河流、土地万物与人类的肌肤之亲，也是身居钢筋水泥城市中人们对乡土的向往。乡土建筑是世代相传的家园，是世间浸泡的历史，人们无论到何处也忘不掉那庭中衰草、阶上苔痕及空廊枯叶。陈老师在"由《关于乡土建筑遗产的宪章》引起的话"文中，主要表述了两个观点：一是《宪章》中说，乡土建筑师是"社会史的记录"，只有聚落的整体才能完整拥有这种功能。实际上《宪章》告诉各国要在整体性保护的同时，要"保护一

---

① 陈志华，"乡土建筑的价值和保护"，《建筑师》，1997 年第 10 期。

些'有典型特征'的、携带着丰富的历史信息的、建筑质量比较高的、还侥幸保存着建筑的多样性和建筑系统的完整性的聚落"①；二是，该《宪章》是1964年《威尼斯宪章》的补充而非替代，它强调有机更新的指导性。陈老师分析道，中国在乡土建筑上的失落是，已经没有原汁原味的传统生活了。他认为启用"合格的"建筑师帮助村民做设计是正确的，但他也提醒说，建筑师要先接受并搞懂《关于乡土建筑遗产的宪章》的"培训"才行，否则将会把乡土建筑的事搞糟。

"乡土建筑保护十议"是陈志华于2003年刊于《建筑史论文集》第17辑的理论长文。② 它回答了乡土建筑保护"十大"认知问题。一、讲述了保护古建筑遗产的第一要义是保护历史信息。城市、乡镇和村落的建筑综合体聚落都有一种多方面的生活信息的库藏，这是建设由文物建筑形成历史信息大体系的根源。二、研究了乡土聚落的分类。村落的社会、经济、历史、地理、民族、文化等分类都能见证中国复杂的文化与历史，他告诉业界"在确定乡土聚落文物价值时，千万要防止唯美、唯精、唯贵、唯高、唯古的传统士大夫的观念"。三、乡土聚落的保护有关联性。他大胆坦言，若古村镇的整体性已遭根本破坏，也要将残存的古建筑群加以保护，他特别提及妥善保存建筑构件的途径。他认为"文物贩卖商的收购是功大于过的。近20年来我们城乡的改建拆迁规模很大……文物贩卖商动手抢救了它们，他们早于政府文物主管部门认识到这些建筑构件的价值"③。四、提出古村落保护的最低程度干预、可识别性、可读性和可逆性原则。五、乡土聚落研究为先的保护规划。他提醒，有价值的村落若无钱做规划即放弃申报文保单位是民族的损失，希望"有资质"的单位以抢救共有的遗产之使命做好保护规划。六、乡土建筑的保护前提下，合理利用至关重要。重要的是改善乡土聚落的功能质量，要尽量利用村中原有古建筑，但不可扰乱文化生态，真假不分。七、乡土建筑的合理利用，需做

---

① 陈志华、赵巍，"由《关于乡土建筑遗产的宪章》引起的话"，《时代建筑》，2000年第3期。
② 原文载于《建筑史论文集》第17辑，2003年。
③ 陈志华，《文物建筑保护文集》，江西教育出版社，2008年。

好遗产旅游。他说"文物建筑无疑是一种极有价值的教育资源，这便是它们一种重要的'用'处。于是，我们就应该理解，保护文物建筑正是利用文物建筑的前提"①。八、完整的保护乡村聚落，不可避免地需要另辟新区容纳新的建设。九、如何对待乡土建筑的"重建品"问题。按照《世界遗产公约》的"实施守则"（1987 年 6 月 UNESCO）："在火灾、地震或战争的灾害性破坏后，有可能需要用新材料重建的历史建筑和历史性市中心。"对此，陈老师不仅给出重建的四个前提，还重申"重建应经过十分慎重的考证，有充分根据，绝不能臆测，不能无中生有，要紧的是，千万不可以不负责任的造假古董"。十、他指出，缺乏世界的、历史的眼光，以致现在一些人不能意识到我们乡土建筑遗产的世界历史意义，也不能意识到保护文化遗产是对世界的责任。他批评道，常常以"有创造性"的"发展"规划和设计，做出破坏效果的古村落，甚至还生造出"开发性保护"这样的"思路"来，成为急功近利的地方长官们的帮手。

　　陈志华对乡土中国的研究不仅在理论建树上，更付出大量的考察实践。从 20 世纪 90 年代，他和他的团队足迹已遍及浙江省的诸葛村、俞源村，江西省的流坑村，四川省的福宝场，山西省的郭峪村和西文兴村等。他身体力行指导后来的研究者、跟随者，因为对中国乡土建筑的挚爱，他才自觉地以"求知"与"深情"将乡土建筑研究传承下去，并开辟新的方法与途径的好学风。他在 2008 年发表的"中国乡土建筑的世界意义"一文中，进一步阐释了"关于乡土建筑遗产的宪章"，并充满激情地说："中国乡土建筑以类型的丰富和特色的鲜明，丰富了世界文化遗产的宝库，我们可以通过自己谨慎而深入的工作，对世界做出很有意义的重大贡献。"

　　对陈先生的纪念之所以有意义，于学界它有益于现当代建筑学人丰富自己的理念，于个人它让一位有贡献的大学问家重返视野，展现陈先生建筑遗产思想，从而使陈先生的学术遗产有温度，并走向公共领域。如果说每个有现代价

---

① 陈志华，《文物建筑保护文集》，江西教育出版社，2008 年。

值观的国民，都有自由捍卫建筑遗产的权利和义务，那么作为建筑遗产思想引领者的智者陈先生，他的认知与无畏的批评观，不仅体现真善美，也构成了中国建筑学人的学术与实践探索的难忘历程。

北窗问学记：回忆陈志华先生的教诲

赖德霖

　　我 1980 年考入清华大学建筑系，从此获得了当时并不多见的"三清"教育，即清华本、硕、博士共十二年的训练，之后又有超过两年时间在建筑历史教研组乡土建筑研究室的工作经历。前前后后，我作为清华的一分子超过十五年，至今和一些师友也还有联系。清华人才荟萃，用"群星灿烂"一词来形容并不为过。我也很幸运，在校期间和离校之后都接触过很多优秀的老师，他们各有所长，敬业尽责，令我非常感念。如若说起能够全面做到韩愈所说的"传道、授业、解惑"，特别是愿意在专业之外，引导学生独立思考，认识历史，直面社会，承担起对于国家、人民和文化的责任这一大道，并不断以自己的道德文章、嘉言懿行为后学树立人生楷模的老师，陈志华教授无疑是最令我感怀的先生之一。

　　2022 年 1 月 20 日陈先生辞世的消息传遍了我的校友和朋友圈。他的朋友、学生，以及读者纷纷留言和撰文纪念。我曾发表过有关先生著作的读后感①，也曾蒙商务印书馆信任，与李秋香和舒楠一起为该馆出版的先生十二卷文集撰写作者小传。②但一周多来，我在清华读书和工作期间以及之后向先生问

---

① 赖德霖，"外国建筑史（十九世纪末叶以前）》书评——致敬陈志华"，《建筑遗产》，2019 年第 3 期；赖德霖，"为改革开放时期的中国建筑而思考：《北窗杂记》导读及其所反映的陈志华思想初探"，《建筑师》，2019 年第 4 期。

② 赖德霖，李秋香，舒楠，"陈志华小传"，《外国建筑史（19 世纪末叶以前）》，商务印书馆，2021 年。

学的经历依然不断从记忆深处浮现，令我欲罢不能。这些经历曾让我在他的文字之外，近距离感受到他的理想、思想、智识、修养和情怀。在这里，我想把它们也写下来与道友们分享。

我第一次见到陈先生是在大学三年级上"外国建筑史"课，但读他的文章早在刚上大学就已开始。当时清华大学建筑系出版的《建筑史论文集》第三辑刚刚面世，我和很多同学一样都买来看，其中就有陈先生用笔名"窦武"所写的长篇论文《中国造园艺术在欧洲的影响》。这篇文章共有六十三页，是我读书以来阅读的最长的一篇学术性论文，能读下来才感到自己是一名大学生了。我更敬佩的是，这位老师知识如此渊博，对中西历史、思想史、艺术史能如此了解，还能熟练运用英语和法语文献进行研究，令我心生"高山仰止"之感。从此"窦武"之名就烙印在我的脑海里。之后，我又读到更多他在《建筑师》杂志的"北窗杂记"专栏发表的杂文。这些杂文批判建筑行业中的长官意志和形式主义，反对保守复古，提倡设计创新，观点鲜明，文笔犀利，都令我这个刚从中国的"文革"时代进入改革开放时代的建筑后生倍感振奋。问过几位高年级学长，才知道"窦武"就是教科书《外国建筑史（十九世纪末叶以前）》的作者陈志华先生，他也被很多专业人士视为"建筑界的鲁迅"。陈先生的"北窗杂记"于是成为我每期《建筑师》杂志中必看且必先看的文章，我也因此更加期待上他的课。

1981年冬，陈先生到联合国教科文组织（UNESCO）的国际文物保护研究所参加了为期半年的研修，所以他在第二年秋回国后才给我们开课。他讲西方建筑史的第一堂课就给我留下了难忘的印象。当时"文革"意识形态还令人心有余悸，社会上和学校里很多人都反感谈马克思主义，好像一说就是"极左"，可是陈先生一开场就直言自己是马克思主义者，毫不隐讳。他强调生产力决定生产关系，经济基础决定上层建筑这些马克思主义观念。我还保留着当年上建筑史课的笔记本。其中记录着先生第一堂课所讲内容的要点。如关于学历史的目的，他说是为了"了解建筑发展的历史规律"，他说："近来报刊讨论民族形式，多只从主观的喜好上去评论，如'人民喜闻乐见''感情上易接受''外国人都……'这些离开了历史规律讨论问题，是出不来什么结果的。"他还说："有人强调要学习历史经验。这很对。办大学就是学习历史经验。但借鉴历史经验与（继承）传统不同。一定要与传统决裂。在历史变革的时候，传统往往是拖后腿的。要从历史的角度看历史经验的形成发展。学历史不是为了复古，是为了解放思想。"他还说："要从封建专制、封建意识形态中解放出来，也要从资产阶级的意识形态中解放出来。解放的目的就是要解决为谁服务的问题。用历史的标准、美学的标准、使用者的标准去考虑建筑问题。"针对当时一些从"人情味"角度对现代建筑的质疑，他说："要乐观地对待。用向前看的方法解决，而不应该去找窑洞。"他借用陈独秀为《新青年》所写发刊词"敬告青年"中"吾宁忍过去国粹之消亡，而不忍现在及将来之不适世界之生存而归削灭也"一句话说："宁亡国粹，不亡民族。"他还谈到学习方法问题。他说："不从历史的角度看问题就得不（出）结论。""研究历史要从解决问题的角度去研究，而不能先下主观定论，再从历史中找证据。"最后他概括西方三次大的思想解放：文艺复兴是从神权束缚之下解放，启蒙运动是从君权束缚下解放，而 19 世纪末至 20 世纪初的变革则是从传统束缚下解放。

此外，他在课上还讨论过建筑形式变化的原因，包括材料、技术、功能方面的变化，以及外来文化影响。他说："外来文化影响有些被抵抗，有的被吸收。西班牙、荷兰吸收发展了洛可可，英国、德国就抵挡了洛可可。有些变化还有阶级斗争的关系，（如）拿破仑称帝，用罗马文化，英国反拿破仑，就用浪漫主义文化。法国资产阶级革命，要反洛可可。"正是因为先生更重视社会政治对建筑发展的影响，所以他在讲课中谈建筑历史发展的动因时，就批评了布鲁诺·赛维（Bruno Zevi，1918—2000）从空间的发展看建筑发展的观点。赛维的著作《建筑空间论》由西安冶金学院（西安建筑科技大学前身）的建筑史教授张似赞先生翻译成中文，从 1980 年 1 月开始在《建筑师》杂志连载两年，是当时中国不多见的西方建筑理论译著。陈先生认为这种从空间的角度写建筑史的方法忽视了社会历史因素对建筑的影响，所以他不认可。陈先生不是党员，但因为他受到过社会学训练，极为重视从社会的角度，历史地和动态地看问题，所以谈论马克思主义时比我认识的很多党员教师讲得更生动、更容易理解，他在研究和写作中运用得也更自觉。将近四十年过去了，我现在虽然知道历史书写可以有多种可能，但我依然认为陈先生坚持的马克思主义理论是认识历史的一个重要方法，而他所撰写的教科书也堪称是社会主义中国贡献于世界建筑史叙述的一部经典。

陈先生讲课从不照本宣科。他对学生说，你们都是大学生了，教科书可以在课下看，不需要我课上重复，有问题可以带到课堂上来讨论。他给我们班讲课的内容有很多是他去意大利进修和在欧洲考察的新见和新思，其中也包括文化遗产保护。他有几次放幻灯片都说到意大利的锡耶纳，赞赏这座古城的保护之好。还有一次他谈到，曾经有一个时期，很多希腊古代建筑的石料、雕像被拆去烧石灰。他说这是一个伟大的文明衰落后发生的悲剧，令人非常痛心。我记得当时陈先生说课前有同学问了这个问题，所以他才要在这堂课上回答。但我猜想他实际上是有感而发，因为他看到当时中国很多遗产建筑没有得到应有的保护，甚至遭到破坏，于是想用希腊的教训唤起国人对于文化遗产的重视。

那时建筑系在主楼八、九两层。虽然大楼东西两侧都有电梯供全楼师生使用，但不知何故，管理者通常只开一侧，所以每天上下班和上下课时间电梯都格外拥挤。碰到这种情况，我多选择走楼梯，权充是一种锻炼。我注意到已经年过半百的陈先生也经常这样做，而且他是一步两台阶，走得很快。

我较为直接地接受陈先生指导是在大学四年级测绘实习之时。当时我班负责测绘颐和园万寿山西侧的云松巢和邵窝殿两处建筑，由他和楼庆西先生担任指导。我发现任教西方建筑史的陈先生对于清式建筑的做法竟也非常熟悉——他曾在草图纸上随手勾画，示我古建筑额枋在角柱处出头部分的装饰处理"霸王拳"的画法，造型极为准确。日后我得知他自1950年代留校任教起就多次指导本科生的测绘实习，所以在表现中国古代建筑方面，他不仅能动口，也能动手。在他过来看我画的测图时，我说起自己对云松巢门外的假山和台阶的叠石印象深刻，感到非常自然。他马上告诉我，莫宗江先生对这处叠石也十分欣赏。听到这话，我当即表示要去测绘。我很快骑车从清华到颐和园，对这里的石头做了更详细的速写记录，当天回来后就加画在测绘图上。或许是从这件事开始，陈先生注意到了我。

大学毕业后读研，我考入著名园林史家周维权教授门下。当时周先生的编制在设计组，而我考取的专业是建筑历史与理论，归历史组，所以经常和师从徐伯安先生的两名研究生同学宣建华和徐健在八楼历史教研组的办公室上课和画图，也因此有更多机会见到陈先生并聆听我视为课外教诲的"聊天"。先生的时间安排好像是上午上课或备课，下午锻炼，晚上看书或写作（后据陈师母告知，先生经常工作到凌晨两点）。他非常喜欢打乒乓球，据说也打得也非常好，他通常的搭档是主楼七楼土木工程系的资深教授龙驭球先生。每次锻炼之后，他要么去九楼系资料室整理幻灯片，要么到教研室小坐休息。两个地方都有喜欢听他聊、他也愿意对聊的年轻人。承他不弃，我也忝列其中。他不是我们任何人的导师，但却比教研室里任何其他老师都容易见到。

陈先生聊天的话题非常广，有时事的、社会的、学术的，乃至个人经历的，每次都令我深受启发或深有感触。其中一次是在我刚成为研究生不久，话题是关于当时正在热播的电视剧《新星》。那次聊天虽然已经过去有三十六年，但我至今记忆犹新。《新星》讲述了李向南——一位颇有改革理想的年轻县委书记，为造福一方民众，勇敢挑战旧有的官僚体制和既得利益者的故事。这个故事呼应了中国社会改革开放的意愿，所以播出后很快家喻户晓、广受好评，我们年轻人看了更是兴奋。那天下午先生像往常一样在打完球后到教研室休息，我们的话题无意中聊到了这部热剧。记得当时在场的除宣、徐两位同学外，还有高我们两级的研究生师姐吕江。我们都异口同声地对之赞扬，不料先生却大不以为然。他说李向南的改革仍然是依靠个人、针对个人，而不是反思制度并触及制度，剧中百姓称李向南为"李青天"而完全没有民主的意识，所以这部剧不过是传统清官故事的翻版，骨子里依然颇为封建，并不值得赞扬，更不能成为中国现代改革的方向。先生的观点完全颠覆了我们先前的看法，几个准硕士一时竟无言以对。我还记得他说，现代化应该表现为新时代的自由民主、科学理性对于旧时代的专制特权与宗教迷信的取代。这些话对于当时的我来说真如醍醐灌顶，不，应该说是启蒙，ENLIGHTENMENT！

类似的聊天经常有，不仅在我读研和读博期间，而且一直延续到我回校工作，以及我从域外回国探亲和看望老师。地点也不仅是在教研室，而且还有先生的家中，以及陪先生行走的路上。有一次说起当时国家提出的发展工业、农业、国防和科技的"四个现代化"目标，先生说现代化不能只有四个，必须是全面的现代化。他打比喻说，这就像是在一条高速公路上，每辆车都不能慢，如果允许马车同行，所有的汽车就都开不起来。又有一次是关于1990年代初的"散文热"，我们说起当时一些文学批评家盛赞周作人散文的恬淡含蓄和与世无争，进而认为鲁迅的文风太过犀利直率而不够平和。先生愤慨地批评这些评论家说，他们一点历史感都没有——周作人在中国已经面临亡国灭种的危险之时还能无动于衷，这样的人不是无情就是冷血，怎么能与鲁迅相提并论！

还有一次聊起"文革"中清华遭受的破坏。他说清华学堂，即曾经的建筑系馆，保存有很多石膏像以及中国营造学社收集的秦砖汉瓦等文物。"文革"中工宣队要把这些宝贵的资料清除掉，名曰"搬家"，但实际上就是扔和砸。他们从二楼收藏室直接将这些艺术品和文物扔出窗户，十分享受地听着它们破碎的声音。陈先生自己和美术教研组的女教师梁鸿文（1934—2022）先生拼命加快搬的速度，希望能赶在工宣队摔砸之前救下一些，为此梁先生的脚指甲都被碰掀。

1995年一位北京市领导下台。此人曾经以提倡保护"古都风貌"，并热衷于为新建筑加盖中式亭阁作为屋顶装饰，干预建筑创作，作风霸道而在建筑界知名。对其做法先生曾多次在媒体上直言批评。听到他下台的消息，我曾问先生是否乘胜追击，先生答："我不打落水狗。"

陈先生也有很多感怀。他在历史教研组，甚至在建筑学院大概都可称是著作最丰的教师；他不仅是国内外国古代建筑史和外国园林史研究的权威学者，而且在西方现代建筑思想与美学和文物建筑保护理论的译介、中国乡土建筑的研究，以及建筑评论等诸多领域都做出了足令同侪称羡的成绩，并以极富基础性、开创性和思想性的工作，在中国建筑界内外影响广泛。然而直到 1990 年他已年过花甲之后才获得了指导一名研究生的资格。1983 年至 1988 年，四川一些大熊猫栖居地因竹子开花并死亡而导致大熊猫失去主食。这事经媒体报道，曾引起全国上下的关注和捐款热潮。陈先生看到后极为感慨，他说自己也是"大熊猫"——仅说他会英、俄、法加一些日文这三门半外语，国内建筑界就没有第二人，更不用说他还有几十年历史研究的积累，所教过的每门课都有自己编写的教材、讲义和编配的幻灯片。他感叹自己已近退休年龄，可是谁来接班学校却从没有人关心。他看到学院正在设计新馆，就羡慕地说起在国外参观过的一所学校，它的走廊里有很多沙发和座椅，可供师生休息和交流，退休教师也可在那里给学生答疑、发挥余热。他说从学校建筑的这种空间设计就可以看出主事者的办学理念和对学者的重视。他听说有设计教师认为建筑历史研究对于当下现代建筑创作没用，就反驳说，历史研究好比酿酒，李白喝了能"诗百篇"，而鲁智深喝了却是"醉打山门"——酿出的酒有用没用、喝了之后的结果是好是坏，问题不在酒，而在于喝酒的人。

这样大大小小的话题很多，有不少先生在之前或之后都写成了文章，收入《北窗杂记》和《北窗集》等书，包括那篇他以另一个笔名"李渔舟"为一本杂志赶写的纪念埃菲尔铁塔建成 100 周年的文章。他当时曾示我手稿，还说希望后人面对这座纪念碑时，能够知道他这代人此时的想法。

除了听先生自己说之外，我也常常带着自己在学习、研究以及论文写作中遇到的问题向他请教。如他一直提倡建筑创新，但一次我在看书时发现，赖特（Frank Lloyd Wright）的建筑设计中有一些母题可以说是沙里文（Louis Sullivan）作品的变体，所以就向先生说起自己体会到的继承关系。他马上回答，同一个现象你可以从不同角度进行解释，就好比面对一个已经被喝掉一半的水瓶，你可以说里面还剩半瓶水，也可以说已经少了半瓶。建筑问题也是如此，从继承的角度你可以说赖特设计保留有多少沙里文影响，但从创新的角度我们就要说他有多少突破，而评价他对现代建筑的贡献，我们的重点不是看他还保留有多少"旧"，而要看他做出了多少"新"。

我硕士论文初定的研究方向是皇家园林。1987年寒假，我因一个机缘并征得导师周先生的同意，将方向转为云南大理白族地区的村落形态。[①] 启程调研之前，我去向陈先生告别。这时他还没有开始研究乡土建筑，得知我新的研究方向，他凭着早年社会学训练的基础，指示我注意文化人类学方法的可能。周先生对此极为赞同。我按照他们指点的方向，阅读参考书，进行实地调研，并在论文中借助人类学和社会学的方法，对血缘、地缘和志缘三种社群关系影响下的大理村落建筑和空间的关系进行了解析。拙作在答辩中得到了评委们的一致认可，其中徐伯安教授曾提议推荐参加院级优秀论文的评选，陈先生也在1993年将它推荐到台湾的《空间》杂志发表。不能忘记的是，论文写作过程中，我不仅得到了导师周先生的悉心教导，也多次得到陈先生的提点。他曾以毛泽东的《中国社会各阶级的分析》一文为例，告诉我写论文要有问题意识，设问要开门见山，文章要多用短句，文字要尽量清晰直白而具有可读性。多年后我在美国受到更为系统的学术论文写作训练，发现陈先生给我的这些经验之谈也是这边老师所强调的写作要点。

硕士论文的顺利完成和通过答辩增强了我继续从事学术工作的信心。我继续报考同一教研室的建筑理论教授汪坦先生的博士生，参加了由他主持的中国近代建筑史研究，从此进入这一当时尚属年轻的研究领域。陈先生与汪先生的年龄相差超过一轮，但他们亦师亦友，相互尊重。我日后跟随汪先生多年，很少听他夸奖哪位同行读书多，但陈先生却是一个例外。而陈先生则在赠汪先生的著作中题"汪公师尊赐正"，并自署"学生陈志华敬呈"。虽然我在进入汪门之前曾有多次机会听他讲座和与他见面，但他对我并无深入了解。我相信教研组的老师们都曾向他做过介绍，而他也一定会非常重视他们的意见，特别是陈先生的意见。

进入博士生学习阶段，我仍然经常向陈先生请教，他也多次给我重要指

---

① 赖德霖，"纪念恩师周维权先生"，《中国园林》，2008年第2期。

点。当时国内兴起"哲学热"，结构主义、语言学、符号学、现象学等风行一时。建筑界有很多学者希望通过借鉴各种哲学的理论或概念来提高建筑研究的理论层次。一些近代建筑史研究的同行也认为，我身为汪坦先生的学生，也应能像外校一位先已毕业于名师之门的建筑理论博士那样，建构出足够宏观大气的历史理论框架。针对这个问题，我曾询问陈先生的看法。他说，历史研究从微观的考证到宏观的叙述可以有多个层面，做微观研究要避免"见木不见林"和"有意思但无意义"，而做宏观研究则要避免先入为主、以论代史。他说哲学理念可能会对建筑产生影响，但从思辨性的概念到操作性的营造，中间有许多复杂的因果环节，历史研究必须揭示这些因果而不能跳过它们，否则就会导致简单化和概念化。他还说，"框架"固然可以提供某种整体性认识，但它具有封闭性，在史料还不够充分的情况下构筑起来的框架要么会难以兼容新史料带来的新认知，要么会导致削足适履。他还告诉我，在台湾交流期间有当地学者问他的历史方法论是什么。他回答说就是马克思主义的辩证唯物主义和历史唯物主义，所以他坚持社会地、联系地和动态地去看问题，具体问题具体分析，而反对用某种哲学概念去套历史现象。他因此建议我从史事出发，做中观研究，并使自己的论文架构具有开放性。我听从了他的建议，通过大量阅读文献和实地调研，选择了制度、教育、思想三个专题作为自己博士论文的内容。我在研读上海公共租界工部局的报告、档案和其他文献的基础上完成第一个专题研究《从上海公共租界看中国近代建筑制度的形成》之后，曾请陈先生审阅。他仔细读过，帮我改正了几个错别字，然后鼓励说："就这么做！"之后他又把拙文推荐到《空间》杂志发表。

在建筑学院，甚至在建筑圈的很多人眼里，陈先生都是一个不苟言笑、特立独行的人。但事实上他非常重感情，富有同情心，平易近人，也非常风趣，对待自己的老师、学生，以及年轻人和一般工作人员尤其如此。他曾跟我讲起他在社会学系读书时的老师。讲到潘光旦先生对学生们说"我女儿的学业、工作、恋爱都由太太管，我只管你们的学习"时，他竟禁不住动容哽咽。最近季元振先生在纪念陈先生的文章中提到的那个学生忍饥测绘颐和园建筑的故事先生同样是没齿不忘①，也曾对我说起。我还记得，有一年先生生日，台湾《汉声》杂志编辑部的年轻朋友们寄来带有大家签名的贺卡，贺词是"欢喜做，甘愿受"，他引以为知音，非常开心。学院资料室的赵湘君、郑竹茵、李春梅等小年轻也喜欢跟陈先生开玩笑。一年学院要改选领导班子，她们就跟长期不获升等的先生逗趣："教授，我们选你当头儿。"先生大笑，说"那真成了床底下拉出一个大总统"——他用的是武昌起义之后旧军阀黎元洪被革命党人黄袍加身、推上新的军政府都督高位的典故。还有一年，研究生科的科员李兵老师的儿子出生，她请陈先生帮助取名字。孩子父亲姓马，先生就给他取名"之野"。事后先生不无得意地对我说："'马之野'，多自由！小孩子就是要能到处跑！"

　　先生的家居陈设也颇能反映他的生活爱好，这就是朴素但不失雅洁、简单却富有书香和人情。我在清华读书和工作期间，他的家在校内西南区 13 号楼 1 单元一套三室一小厅的公寓里。"三室"除朝南的起居室和卧室外，还有一间朝北的小屋，它被用作书房，书桌就摆在窗前，这就是先生的系列杂文《北窗杂记》和《北窗集》之名的由来。先生平时看书、会客、见学生和休息看电视（他最爱看球赛）都在起居室，那里也有一张写字台，风格是 20 世纪 70 年代的，很简朴，上面的贴面已经破损。起居室靠西壁摆放沙发，其他三面都有书柜和书架，上面不仅有书刊，还摆放着一些照片和工艺品。照片有先生与文保专家谢辰生前辈参观北京胡同时的合影，他在意大利进修时结识的忘年交费尔顿爵士（Sir Bernard Feilden, 1919—2008）的肖像，还有多张他考察乡土建筑时与村民的合影，是先生师友之情和乡土之情的记录。工艺品多是朋友送先生的小礼物或他参观、旅行时购买的小纪念品，都不贵重，但都颇符合他的审美。其中最大的一件是先生去浙江楠溪江考察带回的当地妇女洗衣所用的木盆。木盆带有提钩，可以跨在肘上，方便提携。提钩外形做成回曲的鹅颈，令人感受到普通百姓在生活中对于美的追求，对此先生曾在书文中大加赞

---

① 季元振，"陈志华先生走了，但他仍然活在我们心中"，建筑学院校友会，2022-01-29。

赏。另有一个尺余高的梅瓶，据他告知是《汉声》杂志的朋友们所赠，造型简洁，外施红白色釉泼彩，颇有现代感。我还记得一个长宽高都不到 10cm 的日制小牙签架。说是"架"，其实就是一个由几个小木块和横竖交叉摆放的牙签等体、面、线元素拼搭的几何构成，不着油漆，却显出材料、构造和工艺之美。先生告诉我，说这是他出国参观在一个机场用剩余的外汇买的。他又说："我怎么舍得用！"

　　先生去世后的这些天，我在微信朋友圈里一篇来自徽州的纪念文章中看到一张合影照片 ①，它又让我想起追随先生做乡土建筑研究的一件往事。照片是 1994 年春天先生在安徽黟县考察时李秋香老师所拍，除先生和我之外，其中还有清华乡土组 1989 级本科生江斌，以及陪同前去的屯溪（现黄山市）城乡建设委员会的年轻工程师陈继腾。我记得那次在南屏村我们看到因拍摄电影《菊豆》而被改成为摄影棚的叶氏宗祠。虽然电影拍摄已经过去了好几年，但

---

① "刚逝世的这位清华名教授，与黟县关麓有不解之缘"，《新安眼》，2022-01-22。

这座祠堂大门之上依然高挂着电影中"老杨家染坊"的牌匾，内部也依然保持着染坊的场景，成为当地旅游参观的一个"打卡地"。陈先生看到当地政府和村民为了经济收入而任由祭祀自己祖先的祠堂被改名换姓，不禁大为感慨，认为这是中国文化遗产悲剧命运的一个缩影。

那次黟县之行是我跟随先生所做的唯一一次乡土建筑考察。"绿满山原白满川，子规声里雨如烟"的江南春色令人陶醉，粉墙黛瓦、雕梁刻栋的徽州建筑也令人称羡。不过那次考察更令我难忘的还是其间的一个小插曲，它让我些许体会到先生所经受的艰辛。在去皖南之前，先生一行先是在江西婺源调研。我当时已毕业离校，但受先生的感召，自愿前去效力。团队师生住在县城里的招待所，每天雇车去不同的村落调研。记忆最深的一次是在结束了村里的考察之后因雇不到回城的车，只好求一位下乡办案的公安局警察用他开的囚车带我们回去。陈先生和李老师必须照顾，所以请他们与司机坐并不宽敞的驾驶室，我和江斌等六名学生则沙丁鱼般挤在后面押送犯人的"囚笼"车厢里。乡间道路泥泞坑洼，车颠得很厉害，我也晕得非常厉害，但车窗伸不出头，车门更打不开，只能强撑着熬到目的地，待被"释放"之后跳下车，冲到路边，呕吐了好一会儿才缓过劲来。陈先生是梅尼埃病患者，李老师也一直很怕坐长途车。我后来才知道晕车对他们来说是家常便饭，只有靠吃乘晕宁药才能减轻一些痛苦，而很多次，吃药也并不有效。

我在1997年离开清华到芝加哥大学接受"再教育"。第一次回国是在2002年，此时业师周先生和汪先生都已离世，清华校门口多出了很多商业办公大楼和旅馆，校园内部被草坪、喷泉、雕塑装点一新，甚至建筑馆的公厕也被重新装修。我去乡土建筑研究室拜见陈先生，只见原本不大的办公室还是按原样摆放着四张办公桌（桌上可以升降的画图板还是我1994年秋回校工作之初请家具供应商加制的），只是显得更加拥挤——每张桌子侧旁的书柜都满满当当地塞着书、文稿、图纸和邮包，柜门上还贴着各地友人和学生寄来的年节贺卡。先生和李秋香老师，以及新留校加入乡土建筑研究团队的罗德胤博士正在忙碌。我为先生拍了几张工作照，但他要我和他一起到院馆门厅的梁思成先生铜像旁，请李老师为我们拍了一张合影。我懂得他的意思。

工作之后我回国的次数稍多，每次也都要去清华到先生家请安。只见他一年年衰老，腰背渐渐佝偻，走路开始拖沓，说话也开始不太连贯。我还注意到他会重复问我"你现在在哪儿呢"，直至一次说到"文革"，他突然惊悸地说："他们来抓我了！"……但只要他思维还算清晰，他的话就永远是对社会、对学术、对遗产保护，以及对他牵挂的乡土建筑发出的感慨。他也总会叹息说："嗨，干到哪儿算哪儿吧。"我忘不了一次他用文天祥的绝命诗自我安慰："读圣贤书，所学何事？而今而后，庶几无愧！"这首诗的前几句是："孔曰成仁，孟曰取义，惟其义尽，所以仁至。"其实陈先生早已仁至义尽，他就是曾子所说的那种以仁为己任，死而后已的"士"，一位现代中国的"士"，一位无需任何形容词的"士"，他也早就可以无愧于国家、无愧于历史、无愧于后人了。

春节就要到了，这是一个万家欢聚、普天同庆的时刻。我想用三十二年前我为先生的书架补加的一张照片与读者分享与他在一起时的喜悦。那是1990年寒假的一天，我与几名先生的博硕"粉丝"和历史组的李秋香和廖慧农两位年轻教师带着家人去先生家拜年，临别时我提出给老两口拍照。先生说他与老

2002年夏，作者与陈志华先生在清华大学建筑学院门厅梁思成先生铜像前（李秋香 摄）

1990 年寒假，陈先生与师母合影（赖德霖 摄）

伴的合影的确很少，于是拉过一把椅子和自己写字台后的旧藤椅招呼师母一起坐好，又任我指挥摆好姿势。我端着自己的佳能 AE1，弯身取景，对好焦距，嘴里数着"一二三，笑——"，然后自信地按下快门。却没想到，相机发出的不是咔嚓的拍照声，而是嘀嘀的倒计时声。原来我之前拍照时给相机设定了自拍模式，用后却忘了调回。我除了不好意思地说了声"抱歉"就只好继续保持身姿，手端相机在嘀嘀声中尬等。老两口开始愣了一下，恍然明白之后，不禁大乐。就在这时，相机"咔嚓"响了……

　　春天也到了，这正该是柳青草绿、燕飞莺啼的时节，也曾是先生启程开始新的乡土建筑考察的时节。此时此刻，他的在天之灵一定正在密切关注着这片他热爱的故土，并想对他的朋友、学生、读者和追随者们再说上几句。就让我用先生自己的话来结束这篇文章吧。这是 1992 年我博士毕业之前，正在台湾探亲的他托师母转给我的信中的文字，它们体现了先生对民族、对事业的爱，也寄托了他对后学的期待。他说：

　　　　……西方人传说，天鹅将死的时候，会在清晨，白羽上披一身露水，面向初阳唱一曲哀悼自己的挽歌。乡土建筑的研究是我最后的挽歌。可以在我飞出血丝的歌声中，听到我对未来者的呼唤。

　　　　我过了退休年龄，放下只等收获的田园，跑来垦荒。"暮年变法"，学者之大忌。我冒这场险，为的就是见到肥沃的土地上荆棘丛生，我企图辟出一条路，好让未来者开发这块沃土。这项新工作，是对我的学术生涯的最大挑战，我只能成功，不能失败。这不是我个人的成败，这将关系到一番学术事业的兴衰……

但并不是每个人都能成为这项事业的未来者。一个学术工作者，要有个人的禀赋：聪明、认真、坚持，有献身精神。不怕坐一辈子冷板凳。永远不知道自己是吃亏了还是赚了便宜。因为不去计较，还要有一个适当的家庭，老婆孩子尊重你，理解你，支持你，给你一个平静的生活，生活里充满了文化学术的气氛……

但是，要在乡土建筑研究里做出成绩，具备这些条件还不够，还要有一个感情充沛的性格。你要能为贫苦的农民把扁担做出那么优美流畅的曲线而感动得热泪盈眶，你要能在轻柔飘逸的屋顶前不禁手舞足蹈，"如鸟斯飞（革）"。你要为那些面对美好的乡土文化无动于衷的人感到愤慨。对一切美和善，你要爱得深沉，一切丑和恶，你要恨得激烈。有了这种性格，你才可以在乡土建筑研究中奋不顾身地进取、拼搏。

我对李（秋香）老师说过：乡土建筑要写出乡民们脚丫子的气味来。

这不够，我想，还应该写出乡民们的善良、淳朴、热情。写出他们对生活的爱、愿望和追求，写出他们的辛苦和愉悦，写出他们把老婆抱回家，和和美美地劳动、过日子，写出他们在无论多么艰难困苦的情况中，都不忘记美。我一想起新叶村那位半盲的老太太，搓麻绳的瓦垫上刻着那么丰盈的花朵，就觉得我们对文化、对生活的理解太肤浅了。

经历过40年的各种风浪，新叶村乡民们居然还保持着那么醇厚的性格和风习，让我感到意外，于是心里充满了喜悦，觉得我自己也非像他们那样真诚淳厚不可。

乡土建筑，是乡民们的生活的舞台，是乡民们性格的表征。对王镇华先生（按：台湾著名建筑和文化学者）说乡土建筑的美，是人性的美！他很感动。

我们写乡土建筑，就要把它写成那种舞台和那种表征。这样，乡土建筑就融合进了文化史，就融合进了民族史。

所以我说，搞乡土建筑研究要有一种感情细腻、敏锐和丰满的性格。

……三年来，我时时刻刻都在思考乡土建筑研究的事。我没有花许多功夫在"空间"或"构图"上，也没有花许多功夫在"哲理"上，我只把我的心向乡民和他们的先人贴近。每每有点儿感悟，就对身边的未来者说说，也许他们听明白了，也许没有，但他们都很认真。我希望，未来者能更多一点，多了才能成气候。……

我不是民粹主义者，不想说乡民们一切都是那么美好，不想说民族文化一切都那么健康。鲁迅先生说他对阿 Q 是"哀其不幸，怒其不争"，我想，我们也应该如此。所以会"哀"，所以会"怒"，还是因为有爱。不要从这封信推出我会对封建传统妥协。我爱人民，所以我会像火山爆发一样，时时向封建传统冲击，永远，到死！

2022 年 1 月 30 日初稿于路易维尔，3 月再改
2023 年 6 月补充

冰冷的热情：纪念陈志华先生

陈伯冲

陈志华先生的女弟子舒楠在为纪念先生的文集组稿，因为我不仅上过陈先生的课，更是建筑历史与理论教研组的研究生，与先生关系相对较近，所以要我也写几句。的确，陈志华先生是我的求学经历中有着特殊影响的一位老师。我本科时上过他的建筑史课，研究生时参加过他的家庭沙龙，在业师汪坦先生的家庭沙龙中有时也见到陈先生。不过总的来说，与他的直接接触还是非常有限。尽管如此，我和很多先生的追随者一样，依然觉得与他很近——不在人际意义，而在精神意义——依然能感受到他的冷和热。

冰冷

陈先生是我本科（1981）外国建筑史古代部分的授课老师。建筑史是一届三个班的大课。是的，我们那时候的课是由陈先生这样的大先生亲自讲课。实际课堂课本就是他自编的《外国建筑史（19世纪末叶以前）》，内容都在书上，人手一本、无有不同（大概一直用到现在？）。印象深刻的不是讲了哪几个建筑，哪几段历史，而是陈先生课堂现场的气场。陈先生在课堂上，对意大利古罗马、文艺复兴大理石建筑和雕像深表感叹："那个大理石……"咏叹调般的句式，被我们新同学课后在宿舍善意模仿。而他课堂上的表情，就像他强调的意大利大理石一般冷峻，甚至有点压抑，这成为我对陈先生印象的第一道颜色。他给我们布置了什么作业，考了些什么题目，我都已忘记，但我有确切的印象，这就是简要而宽松！只要好好看课本，都会有不错的成绩。回想起来感觉他是要学生知道有这些历史知识，上课只是做普及工作，并不预备这些本科学生马上都去钻研建筑史。事实上那个时候学生都有自发而强烈的求知欲，晚自习是要抢位置占座位的。当然，最后自有研究建筑史的同学，虽然人数不多。

陈先生在课上通常有相当长时间是讲课本外的事情的，而这些，恰恰是我们最爱听的。比如，我记得他有一次说到，人们只知道我们的故宫及其文物的了不起，却不知道和西方的文明成果比较起来是有距离的，没有盲目自傲的理由（大意如此）。那是1980年代初，出过国的人很少，大家都未必理解这个意思。等到十几年后我自己有机会去了罗马，到了圣彼得大教堂，直面伯尼尼、米开朗基罗的雕刻作品，才知道此言不虚。同样关于故宫，在另一场合，记得陈先生认为不限人流地开放故宫旅游，使得故宫铺地都磨得凹下去了，要有保护文物的意识和措施，应限流以保护故宫。还有关于文物保护要"整旧如旧"的呼吁等等，都是现实世界的真实事务。这些空谷足音一般的声音敲打着业界和管理者，也是我们最早的启蒙。

再比如他讲到体育项目得了许多冠军，并不能以此就可以成为强国，强国要靠文化。这话的语境是那时候的社会校园背景，那就是，排球打赢了，就会有同学点着扫帚当火把游行。与这样的"激情"背景对照，这可算是冷言冷语。当然，作为启蒙思想的言论，四十年过去了，这些话仍然能立得住。

陈先生这类冷峻理性，尤其体现在他连载的《北窗杂记》。我辈学生期待《北窗杂记》的新篇，就好像现在的追剧，永远等着下一集。我从校外设计院朋友那里知道，一线画图的设计师们也是一样追等的，还跟我打听陈先生是怎样一个人。《北窗杂记》的内容包罗万象，而他对每个论题剖析，尽管言辞犀利、直指问题核心是一大特色，而更关键的是逻辑严密而清晰。说到逻辑严密，对建筑界来说，思想写作以及设计实践其实即使到了今天又做到了多少呢？而逻辑清晰就更难了！作为启蒙者和开路先锋，陈先生的眼里有那么多的话题要讨论。《北窗杂记》里的许多针对当时正在发生的事件的章节，它们就像一面面小镜子，读者自可照见是非美丑。从《北窗杂记》之"北窗"二字，我们可以想象他是在北京冰冷的冬夜，在北窗下写下的这些冰冷的文字，而这需要怎样的决心和毅力，以及怎样的热情才能坚持？我只有感叹陈先生是敢于面对现实的真勇士，他比我们大多数人勇敢。

热情

2007 年，陈先生参加第二届世界建筑史教学与研究国际研讨会，会上有一个给老先生们颁奖的环节。我因为生活在上海，所以也就去旁听。活动规模不大却很是隆重。重点部分是颁奖仪式，获奖者立在台上授奖然后作简短的发言。轮到陈先生时，他不禁动容哽咽。他说，搞了一辈子的建筑史研究，现在终于能以这种形式认可他们的工作，因此悲欣交集（大意如此）。讲实话，作为听众我在台下也没忍住抹眼泪。因为我们知道，在国家或社会层面，是需要有高水平的、与国际同行并驾齐驱的学者的；而对于个人来说，投身建筑史的研究，往往是终身的投入，其中的牺牲和付出，岂是几句轻描淡写的话可以讲得清的？陈先生无疑是勇敢而坚强的，但他逆境前行、毕生坚守而成果卓然，乃是大不易！只有胸中有着绵延不绝的大爱和热情，才能坐得了这冷板凳。

陈先生的热情来自内心的柔软，不是激越高亢而是温润和煦。陈先生很晚才成为硕士生导师。陈先生组织了周末家庭沙龙，作为研究生教育的延伸。我们四五个在校博士生（都不是他名下的）也有幸应邀加入。通常上午十点左右开始，师母以西式简餐招待我们午饭，下午三四点结束。因为不是正式课堂，因此没有固定议题，是自由闲谈。具体说了啥我都记不得了，天南海北，没有边界。大家都知道陈先生的学术涵盖广，如建筑史、园林史、建筑文物保护、乡土建筑研究以及北窗杂记等，都是务实的"实务"。而相比于实务，陈先生的沙龙就极为"务虚"了。务实的学术，都在白纸黑字上见到；而务虚才是思想游走、精神交汇的状态。陈先生在乎我们这些青年学子，因此愿意花时间精力在我们身上。这是爱。所以陈先生在沙龙里总是轻松淡定、温润如玉的慈祥模样。

陈先生学术后期，"衰年变法"开拓了乡土建筑研究的新领域，出版了大量的研究成果。我听说了期间的一些曲折和艰辛。为了抢救乡土建筑资料，我料想他要做出许多忍耐和让步。"能做一点就是一点。"这是他经常说的。也许现在大家都明白了，传统的中国建筑史主要以皇家建造、寺庙等公共建造为主要内容的叙述。但是，民间百姓的住所及其村落则不必一定成为边缘的叙述，因为这类乡土建筑，面广量大，扎根地域本土，正如古语"生土不二"所传达的那样，自有其深刻的意义，大可挖掘。

参与陈先生田野调查的师生，一定有许多陈先生的趣闻逸事，可惜我不曾参与，因此无缘亲历。但是从照片上看到他搂着村民的小顽童，坐在小矮凳上和村民话桑麻的情景，我们能体会到陈先生和村民融为一体的温情。因为他抛弃了知识分子的壳子，所以才有这种本真的温情，才使得乡土建筑研究避免"他者"的视角，进入乡土建筑内部。另一幅深深打动我的照片，拍的是陈先生晚年在荷清苑住区院子里。我从照片里看到了宁静安详的陈先生——那时他已不再过问世事的是非曲直，人们也难以看到曾经的沧桑。那是陈先生最终的慈祥。

再后来，我得知陈先生失忆的消息。在这些零碎的信息节点上，我自言自语：这样一位著作等身的学者，一位对中国建筑有启蒙之功的前辈，他一定非常清楚自己一生的努力的。但人们是如何看待他的工作的呢？建筑界活跃过陈志华是这样，倘若没有陈志华又该是怎样？

在漫长的人生和学术道路上，我料想陈先生付出了太多，牺牲了太多或许也忍受了太多。陈先生失忆后，我不禁要替他觉得解脱了：他用冰凉的理性温暖世界，融化了自己，滋润了别人。

得到陈先生去世的消息后，我默默地拟了一副对联，在心里表达对陈先生的敬意。特抄录附后作为这篇短文的结束：

居边缘沉思一生清冷启蒙群学
处乡野拓荒百般温润恩泽后生

2022 年 7 月 19 日，上海

几张照片忆陈师

吴耀东

怀念陈志华先生时，可以去读先生留下的文字。在"'八零后'的零碎记忆"一文中，陈先生说："我早就打算写一写那些我一辈子都感激的老师，可惜总不得动笔，时间毕竟远了一些，记忆太零碎了，写不好不如不写，真是师恩难报啊！"[①]"说起梁先生和林先生，我所敬仰的，首先并不是二位老师设计了什么，规划了什么，或者写作了什么等等'立功'和'立言'的事。我们最敬仰的该是他们的'立德'。"[②]"梁先生的风范是永远值得尊敬的。他一生奉献于学术，从来没有为名为利刻意地去'打造'自己，去'占领'某个高地，去构筑'哥们儿'阵营。他只是脚踏实地地襟怀坦荡地工作，为了祖国，为了历史。"[③]这也是陈先生自己的真实写照。

2022 年 6 月中旬舒楠师妹约稿当晚，就梦到《文心雕龙》。陈先生"雕龙"也"雕虫"，篇篇真心，篇篇用心，篇篇苦心。"故天将降大任于是人也，必先苦其心志，劳其筋骨，饿其体肤，空乏其身，行拂乱其所为，所以动心忍性，曾益其所不能。"先生研究外国，心系祖国，晚年回归乡土。"我所写的，是我几十年来的所知所思，至今仍为我所信。"[④]

---

① 陈志华，《北窗集》，商务印书馆，2021 年。
② 陈志华，《北窗集》，商务印书馆，2021 年。
③ 陈志华，《北窗集》，商务印书馆，2021 年。
④ 陈志华，《外国古建筑二十讲》，商务印书馆，2021 年。

下文与陈先生有关的几张照片，让我回忆起受教于先生的点点滴滴。

1990 年陈志华先生家学术沙龙后

最早受教于陈先生是大学时的外国建筑史课，找到大学时先生所著教科书，1979 年版，1984 年 8 月 23 日购得，1.90 元。那时的书，从正面能读到背面的文字，模糊的图版留下太多想象空间，至今这本教科书依然还是我的教科书。《外国建筑史》初稿完成于 1958 年，当时陈先生年仅 29 岁，1962 年该书由中国建筑工业出版社正式出版。1979 年《外国建筑史》再版时，陈先生还并未目睹过书中描述的"外国"建筑，直到 1981 年，先生终于有机会到欧洲实地考察了自己从青年时代就开始研究的外国建筑。"当我第一次踏上雅典卫城的时候，泪流满面，咬紧嘴唇才没有哭出声来。连续在卫城上待了整整四天，恍恍惚惚，好像什么都看到了，又好像什么都没有看到。我在卫城所体

后排左起：吴耀东、李秋香、廖慧农、于亚峰、朱文一、贺承军、赖德霖，前排左起：舒楠、陈志华、陈蛰蛰。

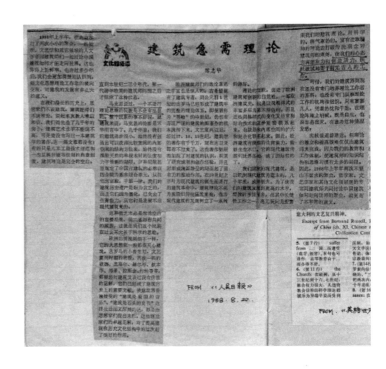

验的，哪里只是一座天上宫阙般的建筑群，更是雅典公民为独立、自由、民主而进行的艰苦卓绝的放射着英雄主义灿烂光芒的斗争。正是他们舍生忘死的斗争，开启了西方辉煌的文明。"①

陈先生 1984 年为我们讲授《外国建筑史》时，是带着亲历欧洲后的真情实感。仍记得先生在课堂上讲述"春讯：佛罗伦萨主教堂的穹顶"，教科书中对穹顶建造过程和建造技术严谨准确的描述，为学术研究做出了最好的示范。先生在 2009 年 2 月第四版前言中谈到："学术工作没有止境，只要还有可能，我会一遍又一遍地继续修正这本教材。"②"编写教材，我的心理负担是很重的，它不像一般的学术著作，它直接面对年轻人，面对我们的未来。草率不可以，

---

① 陈志华，《外国古建筑二十讲》，商务印书馆，2021 年。
② 陈志华，《外国建筑史（19 世纪末叶以前）》，商务印书馆，2021 年。

满足也不可以。"①

1987 年大学毕业后，我有幸师从汪坦先生，归属到建筑历史与理论教研组，与陈先生开始有了更多的接触。在硕士研究生课程笔记本中，还留有一页剪报，是陈志华先生 1988 年 8 月 20 日发表在《人民日报》上的《建筑急需理论》一文。

1995 年 5 月博士论文答辩会

我的博士论文题目是"现代建筑发展的历史研究：日本现代建筑成长史"，研究历时五年半，承蒙清华大学和东京大学的联合培养，承蒙汪坦先生和藤森照信先生的联合指导，陈志华先生是我博士论文的答辩委员之一。

陈先生始终保持着清晰的历史观和建筑价值观，并认为建筑史"应该有助

左起：马国馨、王炳麟、陈志华、高亦兰、刘先觉、汪坦、吴耀东、吴焕家、张钦楠、刘开济、李道增、赖德霖。

---

① 陈志华，《外国建筑史（19 世纪末叶以前）》，商务印书馆，2021 年。

于培养年轻人独立、自由的精神和思想，并以这种精神和思想去理解自己创作的时代任务，而不是技术性地提供一些资料，以便做设计的时候借鉴参考甚至搬用"。① 关于日本建筑研究，陈先生早在《外国建筑史》著述中就指出："日本建筑没有中国建筑那样的雄伟壮丽，气象阔大；也没有朝鲜建筑那样的豪壮粗犷。它以洗练简约，优雅洒脱见长。"② "日本匠师是使用各种天然材料的能手，竹、木、草、树皮、泥土和毛石，不仅合理地使用于结构和构造，发挥物理上的特性，而且充分展现它们质料和色泽的美。竹节、木纹、石理，经过匠师们精心的安排，都以纯素的形式交汇成日本建筑特有的魅力。日本匠师对自然材料潜在的美的认识能力，在世界上是出类拔萃的。世界各国的民间建筑都重视利用自然材料的美，但比之日本建筑都有所不及。而日本匠师们在重要的宗教建筑和宫殿建筑中也不忘他们的特色，这在世界建筑史中是更其少见的。"③

谈到日本的枯山水，陈先生认为："日本的写意庭园，在很大程度上就是盆景式园林，它的集中代表是枯山水。""要在'尺寸之地幻出千岩万壑'，办法就是写意，就是象征。"④ "枯山水选石，不同于中国的好尚湖石，不求瘦、漏、透，而求其雄浑深厚，气象壮大。精选形状纹理，或如巉岩削壁，或如连峰接岭，或如平冈远阜。也不同于中国的偏爱用石头堆叠成假山，而只利用每块石头本身的特点，单独地，或适当组合，使峰峦、沟壑、余脉等合乎自然。两块陡峭的石相傍，缝隙象征飞瀑。一块纹理盘曲的石，横置在沟壑之前，或者铺一层卵石，象征奔湍出峡。又不同于中国叠石的务求奇巧，而是山形隐重，底广顶削；不作飞梁悬石，上阔下狭的奇构。不用不同种类的石，不用大小相近，形状相似的石，不作直线排列。"⑤

---

① 陈志华，《外国建筑史（19世纪末叶以前）》，商务印书馆，2021年。
② 陈志华，《外国建筑史（十九世纪末叶以前）》，中国建筑工业出版社，1979年。
③ 陈志华，《外国建筑史（十九世纪末叶以前）》，中国建筑工业出版社，1979年。
④ 陈志华，《外国建筑史（十九世纪末叶以前）》，中国建筑工业出版社，1979年。
⑤ 陈志华，《外国建筑史（十九世纪末叶以前）》，中国建筑工业出版社，1979年。

陈先生的历史观和建筑价值观，以及早年对日本建筑研究的洞见和开拓性工作，对我博士论文乃至以后的研究产生了潜移默化的重要影响，陈先生是榜样，是一面镜子，教我惭愧，催我自新。

陈志华先生不爱凑热闹，在清华大学建筑系历年的毕业合影中，很少能看到陈先生的身影。汪坦先生八十大寿时陈先生来了，不声不响，合影时站在最边上。陈先生比汪坦先生小十三岁，与汪先生之间有一种君子之交淡如水的深厚情谊，是同命运、共患难的知心朋友。陈先生在 2009 年 4 月号的《万象》杂志上发表过一篇名为《老头儿》的文章，对这种情谊做出了生动的"交待"，让我有机会能了解那段众人心照不宣保持沉默的历史。

照片中的汪坦先生（1916—2001）和莫宗江先生（1916—1999）同岁，汪先生略长，1916 年 5 月 14 日生，莫先生生于 1916 年 6 月 30 日。二位先生八十华诞同框，难得。陈先生为此撰文说："今年大喜。5 月份庆祝了汪坦老师的八十大寿，6 月份又庆祝莫宗江老师的八十大寿。两位老师，一位是向来不生什么上档次的病，胖而且壮，说起话来黄钟大吕似的洪亮嗓门，走廊上便能听到，滔滔不绝，几小时不见倦容。一位是黑而且瘦，危重病不断，但每次都履险如夷，走起路来依然轻快有弹性，还不时拿起网球拍子到场边比划比划。不需要渲染什么乐观主义的色彩，谁都会高高兴兴地打算，2006 年，二位老师九十大庆，怎样再热闹一番。'人寿'，这是吉祥，是学生们的心愿。""二位老师多半辈子在建筑教育的园地上辛勤耕耘，桃李满天下。没有显赫的头衔，没有如云的奖状，终生清贫。但是两位老师所受到的学生的尊敬、爱戴和钦仰，不是多少头衔、奖状和财富所能抵得上的。"[1]陈志华先生像二位老师一样，多半辈子在建筑教育的园地上辛勤耕耘，桃李满天下。没有显赫的头衔，没有如云的奖状，终生清贫。但陈先生所受到的学生的尊敬、爱戴和钦仰，不是多少头衔、奖状和财富所能抵得上的。

---

[1]　陈志华，《北窗杂记》，商务印书馆，2021 年。

荷清苑与陈志华先生为邻

从我家北窗，能望见陈志华先生的家。有幸与先生为邻，常常会在荷清苑中与先生偶遇，或驻足问安，或陪先生小憩，"先生说得动情，我听得动心。"据杜非在《北窗杂记》编后记中所言，陈先生是从 2015 年八十六岁初夏开始有失忆迹象的，怪我愚钝，竟浑然不觉，每次相遇，总有师母一起，感觉先生笑容比之前多了许多。

陈先生于荷清苑
（2011 年 8 月 3 日，
吴耀东 摄）

与书斋相比，陈先生应该更喜爱窗外自然的风，从退休后开始，陈先生带着对劳动人民的真情实感，全身心投入到乡土建筑的研究考察中，说乡土建筑是他几十年来牵魂的心爱。陈先生在"中国造园艺术在欧洲的影响"后记中写道："我从小在江南农村里长大，这儿的山呀，水呀，才真叫美。三月里，只要听见放牛娃吹起了柳笛，就可以进山去挖兰花了。"[1] "可惜，太不幸了，后来我生活在图书堆里，一天天，一年年，真是斗室一间，孤灯一盏，案头，床头，无非是书。每当心思枯竭，工作得十分苦了的时候，我就要望一望窗外的远山，我多么想念那儿的森林，那儿的荒草坡啊！少年时代的回忆，缠住我不放，蛊惑我立刻到山上去追逐松鼠和野雉。"[2]

陈先生在研讨会中
（2011 年 8 月 24 日，
吴耀东 摄/后期）

2001 年 12 月 20 日汪坦先生仙逝后，陈先生常会去看望同住在荷清苑的马思琚先生，这样，便也常常能在马先生家遇到陈先生。马先生 2014 年 10 月

---

[1] 陈志华，《外国造园艺术》第 2 版，河南科学技术出版社，2013 年。
[2] 陈志华，《外国造园艺术》第 2 版，河南科学技术出版社，2013 年。

①在荷清苑与陈先生和师母偶遇（2016年5月8日，吴耀东 摄）
②陈先生和师母于荷清苑（2015年10月17日，吴耀东 摄）
③在荷清苑陪陈先生小憩（2016年7月2日，郑茹 摄）
④在荷清苑与陈先生和师母合影（2017年5月7日，郑茹 摄）
⑤陈先生和师母于荷清苑（2017年2月25日，吴耀东 摄）
⑥陈先生与陈伯冲和林耕于荷清苑（2014年10月19日，吴耀东 摄）
⑦陈先生与汪镇美老师于荷清苑（2014年10月19日，吴耀东 摄）

几张照片忆陈师 / 吴耀东

13 日离世，19 日料理完马先生后事又在汪坦先生家与陈先生相聚，那时陈先生已是 85 岁高龄，对老师的真挚情谊感染着我们这些后学，为我们树立了立德为先的师者风范。

2019 年 9 月 7 日于北京老年医院安养病房

2019 年 9 月 7 日陈志华先生九十寿诞时，经王瑞智先生指引，携太太郑茹一起，去北京老年医院安养病房探望了先生。带去了太阳花，觉得应该是先生喜欢的。只有看护在，先生已处在昏迷状态，我托着先生的左手说话时，先生间或会睁开眼睛，我能感受到先生的回应。陈先生 1929 年 9 月 2 日生于浙江鄞县，巧得很，与我父亲同岁，比我父亲小三天，属蛇，我父亲也是在昏迷状态下仙逝的，从陪伴我父亲弥留之际的经历中，让我对昏迷中的生命状态有了些许真切的认知。此次探望是我与先生的最后一面。

2020 年 11 月 10 日，星期天，在荷清苑遇到陈师母独自一人，上前问安，听见师母间断轻语："陈先生回不了家了""疫情医院也不让探望""这么聪明的人怎么会得这么一个怪病""我耳朵也聋了"……说着便拄着拐杖喃喃走开。

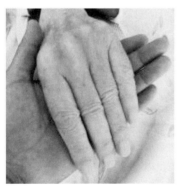
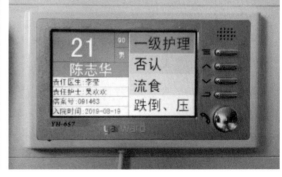

与陈先生的最后合影（吴耀东 摄）　陈先生的病床呼叫分机（吴耀东 摄）

"以奇骨毕终生兮，彰气概与温情。"

2022 年 1 月 20 日陈志华先生大寒戌时仙逝，享年 92 岁。先生去世后，我曾绘制先生肖像寄托哀思，当将先生条状上衣的图案、褶皱和先生周遭乡土建筑研究所书架上堆叠的文件袋一笔笔画出时，竟忽感慰藉。先生出殡那天，因疫情管控未能前去送别。先生是在北京老年医院安养病房仙逝的，北京老年医院靠近西山，环境优美，有很多大树，也有草坡，希望先生能够去往他心仪的山水。

北京鲁迅博物馆馆藏文物中有一幅日本漫画家堀尾纯一 1936 年在上海内山书店为鲁迅所画的漫画肖像，漫画背面题词："以奇骨毕终生兮，彰气概与温情。"（好友宋军译文），这也是我心目中陈志华先生的写照。的确，所有的真知灼见都源自苦难。

陈先生是一座学术宝库，2022 年 6 月 20 日收到了由商务印书馆出版的全套十二卷《陈志华文集》，随即便恭敬请进朝北的书斋中，用几天时间翻阅了全部文集。从书斋北窗能望见陈先生的家，从文集中能看得到先生。先生千古！

2022 年 6 月 25 日于荷清苑

陈志华先生（吴耀东据赖德霖摄影照片绘）

鲁迅先生头像（1936 年），堀尾纯一（吴耀东翻拍自北京鲁迅博物馆）

启蒙者是孤独的

贺承军

　　早几天陈志华先生的女弟子舒楠发微信给我，要出一本纪念陈志华先生的书，嘱我写一写。

　　我动笔踌躇，文字，还有意义吗？这个问题，我30年前就斗胆当面向陈先生提出过，且显然不是从当时甚为时髦的语言学角度提出的，而是从经历过"十年浩劫"对语言文字的结实糟蹋之后，并没有经历对语言文字的认真思考、重建意义的过程，中国社会采取故意忽略、悬搁的方式，陈先生当时没有回答，如今，他作古了，永远也不会回答这个问题了。

　　陈先生阅读面广，思考深刻，表达尖锐，他不但教人文主义意义绵长的西方建筑史，更以其不懈的著述、犀利的文风，博得"建筑界之鲁迅"的赞誉。作为参照的语境，20世纪80年代、90年代，当时建筑界的各类论文，还是习惯于把马列著作作为摆在前列的参考引文的，如今说起来的读书无禁区、思想开放的黄金年代，其实，远远没那么美好。陈先生讲的建筑史上的希腊罗马、文艺复兴人文主义、新生资产阶级勃勃生机的力量在城市建筑上的表现，以及他对中国建筑上官本位、所谓民族形式的肆意蔓延发起的讥讽和批判，使他站在了启蒙者的位置。

　　意识形态毁坏了语言，批判、启蒙是异常艰难的，几乎是不可能的。而以后现代主义肇始的一股西方文论浪潮，把本来需要意义重建的汉语最重要的问题冲得七零八落。随着中国借助国际制造业转移、地缘政治格局的博弈，使经济得到长达 40 年的增长，毁坏的汉语居然得到一个金灿灿的包装，跨海出洋，借助国家力量广为散播。但它是一个金灿灿的礼品，不能打开包装来解析，更不能使用。

回到有意义的话题。陈先生回忆过在江西鲤鱼洲的劳改农场生活，很简短的叙述，听得出，鲤鱼洲的劳改，与古拉格群岛还是有差别，古拉格离俄罗斯精英们生活的欧洲很远，而江西离江浙很近，陈先生祖籍浙江。至于鲤鱼洲劳改犯们的互相举报以及产生的后果，没有古拉格那么残酷。知识分子们被一声令下"发配"到荒凉的农场，使用着宋代就有、迄今未变的简陋农具，实行连坐互保的准军事化管理，陈先生说起这些，没有怨但语气是讥讽的。清华建筑系的老师很少聊及"文革"往事，据说全校都是如此，或许清华参与文斗武斗的教师不少，旧伤疤大家不愿触碰，可见一场浩劫过去，鲜有完璧。

在教授家里，参加教授与学生沙龙式聊天，我去过不少，一般状况是教授主聊，学生静听，即使其中有些学生已经成了教授，就是听那最老的教授的讲演。建筑史教研室汪坦先生和陈志华先生经常主办对学生开放的座谈，是我们在轻松自在的情况下听老先生讲古的好机会。要说座谈中最会聊的是赖德霖博士，他是认真做功课准备好好聊的，有他在，聊场不会冷。包括我自己在内，关乎学术的聊天功夫是很差的，没聊几句，就会疲乏，还不如写文章利索呢。学术聊天，很难深入，也就没有太大效果，这是我的刻板印象。但在教授家里获得的，主要在学术之外。陈先生伉俪盛情招待我们的茶点，他们温润待人的场景，让人对相濡以沫的家庭生活生出钦羡之情。

陈先生在《建筑师》杂志持续三十多年发表的杂记专栏，是针砭时弊的力作，这类文章影响力最大的时候是 1980 年代，那也是建筑学基本概念都还没被圈内人士广泛认知的时代，一个行业从幼稚到逐步成熟，费了陈先生等人许多口舌和笔墨。到后来，所谓建筑评论、建筑批评，还没成长就夭折了。在闷声发大财、基建大发展、房地产火爆的年代，陈先生的建筑杂记，一定感觉到有些寂寞。不过，陈先生开启并亲身参与的乡土建筑研究小团队，取得了巨大的成就，一本接一本的乡土建筑研究资料、论文集的发表，可谓陈先生的学术春天的真正降临。关于下乡，在山里、小镇与乡民村夫的交往，有许多趣事，成为先生家里聚会的丰富谈资，这时期的趣事，比"文革"十年加反右时期故事加总还要多得多。看得出，陈先生是真正喜欢这样的学术生涯。

这种一手的研究，才是一个学者真正在乎的事业。在西方文论各类概念纷至沓来的时候，陈先生很少对那些纷乱的概念发言，大陆年轻学人在接受和引入这些时髦理论方面，比台湾学人要晚些、浅些，陈先生与台湾建筑与社会学领域学者交往甚深，但他也很少聊及台湾的社会学研究。新鲜时髦玩意儿，陈先生根本不怎么拿正眼瞧。那时候，我私下以为先生是自视清高，不蹚浑水，现在我自己到了耳顺之年，深深认同先生早早就表达出的观点：人类社会生活的诸多概念演变，万变不离其宗：人性几千年没怎么变；个人权利与社会组织的公权力关系存在固有矛盾；个人自由与社会分工中的效率问题，在百多年前的学术纷争中已经有真理存在，在关于自由的讨论中，所有其他学派在维也纳学派面前就是侏儒，当然社会的吊诡在于，很多侏儒借助某些组织力量，成为一时显赫。

当今发达国家也屡遭左祸之害。陈先生自家身世也是因年轻反叛而接纳左派意识形态，又因略为坚持独立思考而被打成右派。中国之左，与发达社会之左，有很大差别。关于左右之辩，清华另一位教授秦晖先生有精辟著述，不知同在清华的陈先生和秦晖先生是否有过交流。比陈先生年纪还大些的另一位清华哲学教授何兆武，在生前和陈先生是有过交集的，关于中国的启蒙话语，两位应该多有共识。

我与陈志华先生交往不算少，但我记不得多少交往的具体情节、细节，就像一个和尚撞了钟，和尚知道钟，钟知道和尚，但和尚不知钟的花纹，钟不知和尚穿什么袈裟。因为一座沉寂无声的寺庙，没有传出钟声。

纪念启蒙者陈志华。

2022 年 6 月 20 日于深圳

北窗本意傲羲皇，老返园庐味更长

贾 珺[*]

我这半生以来，所做的有价值的事情实在有限，值得珍视的工作主要有两项，一是教外国建筑史，一是主编由《建筑史论文集》更名而来的《建筑史》丛刊。这两件事恰好都是陈志华先生做过的，而且做得极好。在我看来，陈先生是一座无法企及的高峰，是我毕生学习的榜样。

说起来，陈先生教外国建筑史有些偶然。

陈志华先生祖籍河北省东光县，1929 年出生于浙江鄞县（今宁波市），1947 年考入清华大学社会学系，1949 年转入建筑系，1952 年毕业留校。留校后在系里当助教，工作很零碎，经常被派往工地参加各种体力劳动。1952 年 10 月，第一批援华的苏联专家来到清华大学，其中有一位建筑科学院通讯院士，名叫阿谢甫可夫，是位建筑史专家，在建筑系开设工业建筑及苏维埃建筑课程。过了一段时间，系领导考虑到陈先生自学过一些俄语，又有社会学的底子，便将他从工地上紧急召回，与杨秋华先生一起给阿谢甫可夫当助手，并合作翻译《苏维埃建筑史》等书。陈先生由此正式调入建筑史教研室，先教了三年"苏维埃建筑史"。随后停开，改教外国古代建筑史。

1958—1959 年，为了教学需要，陈先生以一部俄文版的《世界建筑史》为主要参考，在极短的时间内编写完成了一部《外国建筑史（19 世纪末叶

---

* 清华大学建筑学院 1988 级博士生，现为清华大学建筑学院教授。

《外国建筑史》1962 年版封面 　　　　　　　　《外国建筑史》1962 年版内页

以前)》，1962 年 1 月由中国工业出版社出版，封面注明"高等学校教学用书""只限学校内部使用"。陈先生回忆："教材得以出版，是因为三年困难时期，大家吃不饱饭，主事者不得不大大放松了政治空气的缘故。"但教材还是遭到严厉的批判，甚至被认为有"恶毒攻击三面红旗"的嫌疑。

　　1964 年，清华大学建筑系决定编印一种内部学术刊物，定名为"建筑史论文集"，由 35 岁的陈志华先生担任主编。这部论文集水准很高，首篇是梁思成先生的《宋〈营造法式〉注释序》，还有陈先生写的《外国古代纪念性建筑中的雕刻》。囿于当时的政治气候，只办了一期就停了。"文化大革命"爆发后，陈志华先生受到迫害，停止授课，还一度下放江西鲤鱼洲干校劳动，直至"文革"结束才重新回到讲坛。

　　1970 年代末恢复高考，新中国的建筑教育获得新生，外国建筑史也受到一定程度的重视，在此背景下，陈先生对 1962 年版的《外国建筑史》做了大

《建筑史论文集》第一辑封面

《建筑史论文集》第十辑封面

《外国建筑史》1979 年版封面与内页

建筑的变化，它力求庄严，要有气派，打算把皇帝打扮成神。

宫殿仍然是木构的，墙用砖造。墙面抹一层胶泥砂浆，再抹一层石膏，然后画壁画，题材主要是植物和飞禽。天花、地面、柱子上也都有画，非常华丽。宫殿里处处陈列着皇帝和他的妻子的雕塑。

宫殿用的木材，大量从叙利亚运来。

第三节 金字塔的演化

古埃及人迷信人死之后，灵魂不灭，只要保护住尸体，三千年后就会在极乐世界里复活永生。因此他们特别重视建造陵墓。

有财有势人家的陵墓很考究。早在公元前四千纪，除了宽大的地下墓室之外，还在地上用砖造了祭祀的厅堂，仿照上埃及住宅，象略有收分的长方形台子，在一端入口（图1-4）。

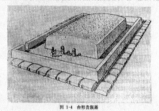

图 1-4 台形金字塔

初期的皇帝在萨卡拉（Sakkara）的陵墓，它把厅堂显然全用砖造，却在外墙面和出垂直接缝，模拟木柱和芦苇束，也模拟由芦苇束造成的檐口，显然有意复制当时的宫殿（图1-5）。

陵墓模仿住宅和宫殿，是因为一方面人们只能根据日常生活去设想死后的生活，另一方面，人们只因以最熟悉的住宅为蓝本，探索其他各种建筑物的型制和形式。

后来，皇帝的陵墓渐渐改变了型制。因为原始的宗教不能满足皇帝专制制度的需要，必须制造出对皇帝本人的崇拜崇。这就必须把他们的陵墓发展为纪念性的建筑物，而不仅仅是死后的住所。于是，第一王朝皇帝乃伯特卡（Nebetka）在萨卡拉的陵墓，就在祭祀厅堂之下造了九层砖砌的台基，向高处发展成中式纪念性的建筑物了。

到了古王国时期，随着中央集权国家的巩固和强盛，越来越倾向制造对皇帝的崇拜，用永久性的材料，石头，建造了一个又一个的陵墓。它们的型制在乃伯特卡陵墓的基础上，不断探索前进，最后形成了金字塔。

5

北窗本意傲羲皇，老返园庐味更长 / 贾　珺

幅删改，于 1979 年由中国建筑工业出版社推出了新的版本。

据学长回忆，陈先生讲课时喜欢坐在讲台前，双手撑住额头，眼睛盯着备课笔记，不看学生，语调平缓，娓娓道来，别有一番引人入胜的魅力。陈先生自己总结说："介绍外国建筑，可以有许多种不同的方法，各有所适，很难说哪一种一定好，哪一种一定不行。我在讲课的时候，就经常变换切入点和视角，变换兴趣中心。有时多讲演变，有时多讲艺术，有时着重建筑师，有时着重作为建筑业主的帝王将相，并不固守体例的一贯。这种变化，主要是根据对象的特点，根据对象所能提供的教益，也根据我尽量展现外国建筑史丰富的多样性的愿望。"

《建筑史论文集》也得以恢复，陈先生继续担任主编，投入巨大精力。他在第二辑写了一段启事，提出办刊方针："希望题材和体裁的变化多一些，也并不要求观点一律。""我们愿意认真地建立实事求是的学风。""我们希望我们的工作对建筑当前创作和将来发展有点好处，所以，我们一方面努力整理史料、分析历史经验、探索建筑发展的规律，一方面对建筑的当前和将来坦率地发表我们的看法。"1989 年，《建筑史论文集》出到第十辑，因经费问题不得不再次停刊。陈先生主编的这十本被许多学者视为建筑史研究的必读文献。

陈先生教了大半辈子外国建筑史，八十年代初才有机会走出国门，去亲眼看看那些耳熟能详的经典建筑。有一个段子流传很广，说陈先生来到雅典卫城，坐在残缺的石台基上痛哭。还有一个段子是陈先生自己讲的：他在罗马特莱维喷泉的许愿池前面遇见一位意大利老太太，告诉他如果把一枚硬币丢进水池，那么有生之年就一定有机会重返罗马。陈先生听了这话，毫不犹豫地将身上所有硬币都扔入水中。

1990 年代初，市场经济大潮涌起，对原本单纯的教学秩序有所冲击，学生日渐轻视建筑史这类看似无甚大用的基础理论课。陈先生发现课上的缺席率不断提高，便主动办了退休手续。他后来解嘲说是被学生赶出课堂的。这当然不是事实，不过遗憾、无奈总是难免的。当年那些旷课的同学可能至今也没有意识到，年轻的自己曾经错过了多么珍贵的东西。

陈先生离开讲台，继续对《外国建筑史》进行反复修订，于1997年、2004年、2010年分别出版了第二、三、四版，总印量不计其数。国内绝大多数建筑院系在讲授这门课程的时候，都以之为教材。近十几年来虽然陆续有一些其他新编教材出版，仍无法改变其权威的地位。

古人治史，往往从"史料、史论、史笔"三个方面来评价优劣。就陈志华先生的《外国建筑史》而言，史料方面虽然下了极大的功夫，尽力搜罗，但限于客观条件，所依据的大多为二手文献，无法与西方学者的同类著作相提并论，不过作为一部教材，已经达到要求，不必求全责备。史论方面是陈先生的长项，观点鲜明，论述有力。对于各种历史风格的发展过程和表现特征，都有非常精练的概括。此书通篇贯穿历史唯物主义思想，每个章节都紧密联系相应时期的社会现实，反对专制，讴歌自由，赞美劳动人民的伟大创造力。有人

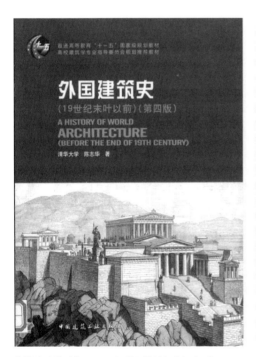

《外国建筑史》2010年第四版封面与内页

认为当前的中国已经发生了重大变革，这样的历史观是不是不合时宜了，陈先生回答说："当前世界上有许多种历史哲学和历史学的学派，各有主张和方法，但好像未必有哪种主张和方法比真正的客观的而不是片面的、扭曲的历史唯物主义有更多的真理性。"五十年来，陈先生一直在"认真而严肃地写我所知和所信"，并非违心而作，自然也不必趋时而改。史笔是这部书的重要特色，其文字严谨、流畅、优美，同时也不乏激情——我以为这部书的写作风格有些类似于《史记》，个人色彩强烈，也许在某些方面不完全符合史著和教材的写作惯例，却当得起"精彩绝伦"四个字的评价。

除了外国建筑史之外，陈先生致力于研究欧洲和伊斯兰园林，著成《外国造园艺术》一书，其中"中国造园艺术对欧洲的影响"一章尤为出色。他关注的另一个重点领域是国际文化遗产保护理论和现代建筑理论，翻译、推介了很多重要的国外经典著作，还一度在清华建筑系开设文物建筑保护课。

陈先生在乡村中长大，对传统乡土建筑情有独钟，从1989年开始将主要精力转向乡土建筑研究。这个跨越相当大，颇有"衰年变法"的意思。此后二十余年间，陈先生与楼庆西先生、李秋香先生一起，率领一批一批的后辈学子跋山涉水，上山下乡，完成了大量的乡土建筑测绘，出版了几十部著作。缺少经费，交通不便，考察调研过程中的艰辛自不待言。最令陈先生难过的是眼睁睁看着无数珍贵的祠堂、老宅被破坏得面目全非，甚至荡为平地，却无力挽救。但陈先生与同仁们并未就此放弃，依然在与时间赛跑，用手中的笔忠实地记录历史信息，四处奔走呼吁加强保护——正如梁思成先生所言，建筑史学者的工作是"以客观的学术调查与研究唤醒社会，助长保存趋势，即使破坏不能完全制止，亦可逐渐减杀。这工作即使为逆时代的力量，它却与在大火之中抢救宝器名画同样有刻不容缓的性质。这是珍护我国可贵文物的一种神圣义务。"陈先生自己也说过："'精卫衔微木，将以填沧海'，能干一点就干一点吧。"

在陈先生大量著述中，社会影响最大的是《北窗杂记》系列杂文。1980年陈先生以"窦武"为笔名，在《建筑师》杂志上开设"北窗杂记"专栏，至

2012 年一共写了一百三十一篇文章，内容涉及城市建设、建筑评论、学术研究、文物保护、专业教育等领域，表达了作者对现实问题的深入思考。据赖德霖先生分析，其中包含十大主题：一、提倡民主，抨击长官意志和官僚特权；二、提倡创新，抨击愚昧保守和以"民族形式"为旗号的复古主义；三、提倡社会关怀和人性化，抨击形式主义（政绩工程）和铺张浪费；四、赞扬劳动者、宣传优秀学人品格；五、关心建筑学术健康，抨击"理论"脱离实际；六、呼吁文化建设和历史文化遗产保护，抨击商业主义、崇洋媚外；七、提倡乡土建筑和农村研究，关心乡土文化保护与发展；八、提倡科学，抨击"国学"和风水；九、呼吁文保制度改革，抨击践踏法规；十、提倡建筑师社会责任心和人格培养，抨击权力崇拜。这些文章言辞犀利，锋芒毕露，处处表现出对各种时弊的悲愤之情和对国家、民族的赤子之心，让人联想起鲁迅先生。2012 年初，位于北京北总布胡同的梁思成、林徽因故居被野蛮拆除，陈先生说自己"哀莫大于心死"，写完了最后三篇，就此封笔。

陈先生还写过不少关于建筑的散文、随笔，文字之佳，有口皆碑——不

《楠溪江中游古村落》书影

陈志华先生在湘西凤凰古村与老乡交谈（向阳 摄）

北窗本意傲羲皇，老返园庐味更长 / 贾 珺

《北窗杂记》封面　　　　　　　　　　　　《外国古建筑二十讲》封面

知道有多少行外读者因为看了《外国古建筑二十讲》和《意大利古建筑散记》，对建筑产生了浓厚的兴趣。另外，陈先生所有学术著作的前言和后记也都可以当散文来读，轻松的笔调中蕴含着炽烈的情感和深刻的哲理，发人深省。

1998 年我进入清华建筑学院读博士的时候，陈先生早已处于"退而不休"的状态，不再讲课，只是每年带学生去乡下测绘。后来我也留校了，办公室与陈先生在同一楼层，碰面的机会多，经常被陈先生拉到旁边聊天，听他嬉笑怒骂，痛斥某事，相当于《北窗杂记》提前预演的现场版——隔一些时日，就能在《建筑师》上看到印出来的文字。

我偶尔也向陈先生讨教外国建筑史如何教，《建筑史论文集》如何编。陈先生没有正面回答过，只是鼓励我好好干就行。他偶尔送我书，会在扉页上写几句话，都是真心的嘱咐。

有一件事记忆深刻——十几年前，有关部门将一处保存完好、已经列入区级文保单位的私家园林悍然拆毁，却美其名曰"异地重建"，激起民间舆论关注。北京电视台打算做一个特别节目揭露此事，预备采访一些建筑、文物界专家，陈先生和我都列名其中。我那会儿血气方刚，很想慷慨陈词一番。不料陈先生得知后，特意跑来嘱咐我要有自我保护意识，不要接受采访——一个地位低的年轻人，说什么意义都不大，却会引来很大的麻烦，以后难以容身，不如隐身幕后，多做些实际工作。至于他自己，已经老了，倒不必有什么顾忌，想说就说。后来电视台迫于压力，取消了节目制作，事情不了了之。对陈先生的拳拳呵护之意，我至今心存感激。

无论在文章中，还是现实中，陈先生都是一个感情充沛的人。有一次他给我看一幅民居木雕照片，眼中满是喜悦，一边连声赞叹"太美了，太美了"，一边用手轻轻摩挲图面，仿佛在抚摸婴儿的肌肤。

他晚年在公开场合发言，说到动情处，往往会流泪，甚至哭出声来。2007年在同济大学召开世界建筑史研讨会，陈先生在坐了几百人的大厅里致辞，哭得说不出话来，全场热烈鼓掌，向他表示致敬。

陈先生很有幽默感。有一位外校女生性格有点"二"，读了陈先生的书，佩服得五体投地，特意跑到清华来瞻仰本尊，见面后很是失望，说陈先生啊，我看你写的书，觉得你一定是瘦高个，很飘逸、很潇洒的样子，可真人怎么是

陈志华先生在译著扉页上题字

陈志华先生与曾昭奋先生交谈（李沉 摄）

陈志华先生

一个不修边幅的老头子？陈先生大笑，说我年轻时候确实是瘦高个，很飘逸、很潇洒的，你没机会见到而已。

还有一次，陈先生和我在走廊里正聊得热闹，突然看见一位研究生也在边上听得入神，便开玩笑说："你是学生干部吗？会不会去举报我们啊？"弄得那位同学大窘。

陈先生有好几个笔名，各有来历，我曾经当面求证过。"窦武"是宁波话的发音，用来形容小孩子调皮捣蛋，"梅尘"是英文 Mr. Chen 的谐音，"李渔舟"暗指"文革"时期下放的江西鲤鱼洲干校，大抵可以代表陈先生一生不同的阶段。

从七八年前开始，陈先生表现出阿尔茨海默病的前兆，经常忘事，有时不认路、不认人。后来病情加重，终于住进了北京老年医院。2019 年 9 月 2 日正逢他九十大寿，我和刘畅去医院看望，他已经变得骨瘦如柴，完全不认识我们了，看上去很令人心酸。

2022 年 1 月 20 日，陈志华先生平静地与世长辞。北窗清音，从此成为绝响。两个月之前，十二卷本《陈志华文集》由商务印书馆正式出版，以七百万字的篇幅全面收录了陈先生的学术成果，可算是先生留给这个世界的珍贵遗产。所有学建筑的后辈，有机会还是认真读读这套书吧。

《陈志华文集》书影

北窗本意傲羲皇，老返园庐味更长 / 贾　珺

忆恩师陈志华先生

卢永刚 *

大四学年"专业英语阅读"课，热度显然不及大三时的"外国建筑史"，因此我总能占到第一排座位，最近距离听陈志华先生讲课。对于 *The Principles of Composition* 这本选用的教材以及许多西方古典建筑的专用术语，说实话我并没有多大的兴趣，相信很多同学后来对这门课的内容已淡忘。之所以没睡懒觉没翘课，就是因为喜欢听陈先生讲话。

那时期建筑系一届又一届的学生，初进校时英语成绩都丝毫不逊于其他院系，但到了本科后期，除了那些想出国留学的，英语水平却大都明显落后于其他院系。某次课上，陈先生提及此事非常痛心，狠狠批评建筑系学生太不重视英语学习。接着他又语重心长地跟我们反复强调英语学习的重要性，但似乎大家也没有多大反应。

课间时陈先生怒气未消，突然间直盯着我问：

"你说说，你大学英语课都学了些什么？"

"《现代美国口语》。"我随即答道。

"现代美国口语？好！那我问你，美国口语荷包蛋怎么说？单面煎的怎么说？双面煎的怎么说？煎得嫩的怎么说？煎得老的怎么说？"

我顿时懵圈，哑口无言，两眼望着先生直发呆。接着陈先生和蔼地轻声跟

---

* 清华大学建筑系 1985 级本科生。

我说:"你看看,你学的尽是些没用的,连这个都不会说,还谈什么现代美国口语。"

我记得自己傻了很久,后来觉得有点委屈,想想应该跟先生解释一下这是学校的安排。更加后悔的是,我傻愣得都没站起来跟先生说话,居然一直都坐着。

大五学年我很荣幸被分组安排到"建筑历史教研组",进组之后才知道主要任务是参加乡土建筑调研。继楼先生、郭先生后,终于陈先生也认识了我,我很欣喜。

我们组八位同学五男三女,不但亲密友好,而且都性格活跃。初始时陈先生授课不太多,但每次课上我们都努力找机会"脱轨""跑题",希望听先生"海聊"。每次陈先生都是非常严肃认真地跟我们谈起哲学、历史、政治、文化的内容。古今中外,综合全面,广征博引,洋洋洒洒,听得我如痴如醉。

印象很深的是陈先生说起的"垃圾文化"。"文革"期间先生遭"造反"遭批斗,被贬在校园每天收运垃圾达三年之久。我们一起聚精会神地洗耳恭听先生的娓娓道来:

成天推个垃圾车挨家挨户收垃圾,很单调,但不算太辛苦。那时候耽误了宝贵的专业学习和工作,但干些体力劳动对身体倒是没啥不好。渐渐地,我觉得收垃圾也挺有意思,因为你通过每天收到的垃圾,会获得不少平时生活中难以知道的某些信息,这会引发你去思考。

那时候每家每户的垃圾,大都就是煤灰,除了太烂的,连菜皮都几乎没有。有些人家,垃圾里经常有中药渣或者西药小纸袋,你就能知道这家肯定有人身体状况不太好。有意思的是,那时大家工资收入都差不多都很低,但有的人家的垃圾里,天天有鸡蛋壳或牛奶瓶上的小圆纸盖子,你就会纳闷就会去思考了。更奇怪的是,还有的人家的垃圾里,居然经常会有胶卷的暗盒。那时候能经常拍照,绝对是很奢侈的事了。

文化的范围是很广很大的,垃圾也能成为一种文化,如果细细研究,肯定也能得出很有意思的结果。跟你们说这些，是希望你们对于文化不要太高谈阔论，而是要理解文化的很广泛的涵义，努力学会去细心观察、细心思考和认真严谨地研究。

大学中后期同学中比较流行的口头禅是"没文化"和"特愚昧"，无时不刻都挂在嘴边。陈先生听到后有次说："我特别喜欢听你们说'特愚昧'这个词，我觉得特好，我们国家很多人很多事，就是特愚昧"。

先生极其痛恨社会中"文化搭台，经济唱戏"的现象，认为这是对文化的亵渎，在课上多次说起："应该反过来，应该是'经济搭台，文化唱戏'。"

教研组紧接着安排的浙南民居调研和测绘工作，既辛苦也欢乐。在龙游县的古建筑测绘工作告一段落后，老师们又带着我们赴开化、屯溪、建德等地考察了一圈。在富春江七里泷飞驰快艇的后甲板上，望见江中波涛滚滚，两岸青山秀丽，我们沐浴江风，欢声笑语。陈先生突来兴致，"命令"我们跳 DISCO 给他看。我们一阵"群魔乱舞"之后，他乐得笑开了花。缓一小阵之后，先生点评道："我觉得你们跳的最有意思的就是那个'晃腿'的动作，像腿断了又像没断的样子，很好玩儿，你们一定要教会我。"刚说完他就走到中间半蹲着身子来试，拉着我们来教，把我们逗得更乐了。然而我们都担心快艇逐浪疾行颠簸不稳，先生又年事已高，千万不要伤了筋骨。

如今想来，陈先生当时的年龄，比今天的我们其实也大不了几岁。那是我第一次看到先生无拘无束开怀得像个孩子的样子。这个影像与他平时严肃认真忧国忧民的表情，一并深深地印在了我脑海里。

那次跳舞以后，我们跟陈先生之间显然亲近了很多。于是我就抽空向他请教荷包蛋的美式英语。先生对一年前那次对我的"质问"已毫无印象，起先很诧异我怎么会问起他这个，后来他很耐心地跟我一一道来。可惜我当时没有记下笔记，后来很快就忘记了，除了一个"sunny side up"，好像是单面煎的意思，像个太阳，很形象，也容易理解容易记住。

从知晓陈先生的名字，听说他的各种"江湖传说"，细读他那本《外国建筑史》教科书，到大三学年课堂上听他详细讲解无数张古希腊古罗马建筑的幻灯片，再到终于和几位同学能在他身边时时聆听教诲，先生在我心里永远留下了崇高又鲜活的印记。

1989 年 12 月上旬，我们结束了两周的杭州六和塔残损情况现场调研。因第二天一早要携带不少行李去赶回北京的火车，我们退离了六和塔附近的暂住所，入住了临近杭州火车站的一个不算太简陋的招待所。为尽量节省费用，我被安排与陈先生合住一间。晚饭后夜深人静，我抓紧难得的机会向先生一个劲地各种讨教。

我最想知道陈先生在"文革"期间挨批挨斗的具体情况，他告诉我说："当年批斗我的人，动作极粗暴，很野蛮地推搡，死揪脖子狠压脑袋，反正是一定要让你受一番皮肉之苦。不过，故意殴打的情况倒是不多的。"

"那您现在再遇到那些当年批斗您的人，会是怎样的心理感受呢？"我好奇地追问。

"当时他们那些人，大部分是从心里真觉得自己革命，而真心认为我是反革命。他们当时肯定是觉得自己在做革命的事、正确的事。我现在也记不太清他们那些人了。就算现在遇到了，我也没啥感受，但是我心里倒是很好奇，很想知道他们现在遇到我的时候，心里有啥感受。"先生继续道，"但是有个别人，虽然没揪你也没揍你，在你被斗的时候，却冷冷地在一旁说几句煽阴风点鬼火、很切中要害切中'命根'的话。对这些人，我是烧成灰也不会忘记的。"

建筑学专业只招收理科考生，学生的人文知识明显偏弱。尤其对于我自己来说，由于不作为高考科目，我中学的历史课实在是学得太差，当时学校也很不重视。当我向陈先生求教如何才能学好历史时，先生教育我说：

你们中学的教科书，包括很多其他教科书，都是比较单一的。学历史最重要的是需要全面和综合。

比如你要了解新中国史，仅仅去仔细读完每一份《人民日报》，肯定是不够的。《人民日报》的内容，属于典型的"典籍历史"，属于"官方历

忆恩师陈志华先生 / 卢永刚

166 > 167

史"，显然不能反映全面的真正的历史。你必须通过各种渠道各种方式去了解其他各方面的内容，才能更全面地了解历史史实，才能在此基础上进一步做各种分析和研究。

这不是个别几个人能做好的。就算是基本的史实，也需要无数的人一丝不苟地做海量的基础工作，最后再汇集起来，才能实现与真实的历史尽可能接近的还原。建立在充分史实基础上进行各种不同方面、不同维度、不同类型的严谨研究，才能得到有价值的研究效果。

说起历史建筑研究，你们最近在几个村里测绘了几座"典型建筑"。你们最好把村里每一栋建筑都测绘下来，再仔细查看家谱、走访居民、了解村的历史。还要充分了解村民的组织关系、亲缘关系、生产方式和生活方式等。几个村调查下来，你自然而然会发现各村之间的各种差异，从而得出建筑对比的结果和差异的原因。接着，一个镇一个乡地去调查比较，然后再到一个县一个县地去做，这样就很有价值了。

罗马大学有个大概十几二十几个人的团队，每年都会去完成罗马城里某条小街小巷的所有建筑的测绘，作为历史档案保存。他们几代人测绘不完，几十代也测绘不完，但他们一直很辛苦地在做着最基础的工作，为所有想做研究的人，提供最基础的事实资料。我们国家，也应该这么做。

宝岛台湾在我心中，一直是谜一样的存在，但却知之甚少。得知陈先生在那个年代能赴台探望母亲并赴几所大学做学术交流，我急盼着向他讨教对岸的情况。先生很乐意地说：

台湾跟大陆同根同源，出于一脉，虽然经济比我们发达不少，但绝大部分普通老百姓跟咱们大陆差不多，也就是喜欢吃喝和打麻将。台湾的餐厅比我们多得多，很密集，生意都很好，除了装修档次比我们高不少之外，跟我们的明显差别就是很多餐厅在刚进门之后，会专门设一个厅一个空间，供客人坐着排队等候。我估计将来等我们经济发展了，生活水平提高了，我们的餐厅也会这样。（后来我们的情况也确实如此。）

  对岸的同行们陪着我转了不少地方，我很高兴也很感激。后来在他们大学做学术讲座时，我赞扬了台北的"国父纪念馆"，批评了"中正纪念堂"。对岸的同行们就说我明显带着政治倾向。我说我是完全抛开政治，很单纯地从建筑学专业来评价的，他们还是不太同意。将来两岸关系好了以后，你要是有机会去台北，一定要到那里去好好看一看，回来告诉我，我的评价对不对。

2017年2月我带着儿子赴台湾"自由行"。"国父纪念馆"整体环境温馨优雅，主体建筑外圈檐廊内，众多中小学男女生在练习街舞，奔放活跃，极具和融舒畅的氛围。而"中正纪念堂"偌大的广场空空荡荡，主入口牌坊和主馆立面的构图比例关系，较中国传统建筑差之甚远。尤其主馆主入口尺度过大的圆形拱门，为阻防飞鸟入内，门洞上部约四分之三高度，挂设了密格绳网，观感极不舒适。稍作对比，便印证了陈先生当年的善意点评。

  对岸同胞有一个现象很让我觉得奇特。台湾遍地都是教堂、寺庙、道观、孔庙、关帝庙、土地庙、财神庙，还有妈祖庙、文昌庙。老百姓经常去拜，而且很多人各种寺庙都去拜。为啥他们什么都拜？世界上很少有国家有民族会这样，不知是什么道理，你们以后有机会应该好好研究一下。

我关心我们学校在国际上的影响，就此向陈先生询问时，他跟我说：

  我遇到的欧美大学教授，基本上都不知道我们学校，个别知道清华大学的，也都以为是台湾的清华大学。这可能是因为我们国家一直不开放，跟欧美国家交流太少。还有因为我们的总体水平，跟欧美的大学差距太大。

意识到这点后，于是我开始逢人就问"您对于整个亚洲，印象最深的是哪所大学"。我遇到的教授几乎都是脱口而出说是"台湾大学"，而印象较差的是香港地区的大学。理由是台大的学生"最像学者"，而香港的学生"最功利"，永远都是选择毕业后最容易找到工作的专业或课程。少部分知道台湾清华大学的教授，对台湾清华的普遍印象都是"比较重视研究"。

2017 年我先到了台湾清华大学校园，墙上挂着最熟稔于心的校训，校园书店里摆放出售的"复校"纪念册里，记载着与我们相同的根脉渊源以及 1949 年后我们学校的大事年表。这让我不禁思考：我们北京的校园内，对于对岸的情况，是否必须要一直地讳莫如深、只字不提？后来我到了台湾大学，校园书店里摆放的校庆纪念册，却已经完全"去中国化"了，所有内容与"中国"都几乎毫无关系，更不要说"大陆"了。我心里一直很不是滋味，感慨万分。

那晚，陈先生不停地回答我连续的各种追问，跟我说起了在意大利参加国际交流活动的各种经历与感受，包括与国际同行们交流交往中很无奈的拮据窘迫。他说起了在意大利小镇小住时每天送来鲜花的绝色美女，在罗马尼亚偷了他心爱钢笔的出租车司机和惨淡的农贸市场里呆若木鸡的卖菜农妇。他还跟我说起抗战时期为躲避日寇跟着老师深藏在浙南山区的经历。我结婚后，比陈先生小一岁的我的岳父，多次跟我说起过几乎一模一样的艰难经历。

各种叙述之间，陈先生时不时地发出对国家、对历史、对社会现实的深深的感慨。后来他慢慢地跟我讲述了对我们国家未来发展的期望、预测和担忧。午夜早已过去，我实在担心影响他老人家的身体和心情，劝先生上床休息。听到他上床后即刻发出鼾声，我才弛然而卧，却几乎未眠至天明。

这是我一生中最有意义的一个夜晚。

测量了一堆老祠堂老民居，图画得自认为尚可，感觉足以交差之后，我顿时心情大好。陈先生看了图后说："明明测绘的都是快要倒的老房子，你们画出来的图却都是新房子，或者说，都是老房子在当年新建时候的模样，跟实际状况很不符，你想过这个问题吗？"我从来没想过，但马上回答说："我们就是应该画出它们新建时候的模样，这样才利于我们去搞明白它们的型制和具体尺寸模数的关系啊。"

"好吧。"陈先生说，"我也没想好，但布置你两个任务。一是想想办法能否把测绘图画出老房子的感觉。二是最好能想出一套老建筑各种构件的编号体系，要简明实用，便于今后把这些老房子拆零维修后，能很容易地按照原样重新再组装起来。"

第一个任务我觉得一筹莫展。第二个任务我想了许久，后来向先生汇报了初步的想法。陈先生听了后说："你们这一年的时间太短了，以后要是有机会，你最好按照你的思路再继续走下去，再深入再完善。目前台湾有一位年轻建筑师正在专门研究这个构件编号体系，还用到了计算机来辅助。我真希望我们大陆也有研究，最好能超过台湾的朋友。"

很快就临近毕业了，有天陈先生突然问我："你跟我说说，你平时都在干些什么？"

那时跟先生已很熟，我便调皮而又小吹牛般回答说："我这几天在我们大班上，出几何题公开悬赏，谁能做出来我就买一盒万宝路作为奖励。"（题目是：已知平面中两点 A 和 B，不用直尺仅用圆规作图，找到 AB 的中点 C。）

"呵呵！"先生冷冷地笑道，"你觉得你数学学得很好吗？我不抽烟，你那道题我就不去做了。现在我也出个几何题目给你，你要是能做出来，我请你吃红烧肉。"

拿到题目后我立即回宿舍冥思苦想。一下午加半个晚上后，我居然解了出来。第二天我早早就到教室，忍不住喜形于色地向陈先生汇报，正式课一结束就急着向他细细讲述演算和证明过程。

听完，先生终于露出了欢喜的笑容，说起了题目的来历："那年我儿子高考我为他辅导，数学系有位德高望重的陈德问教授知道后不相信我还能辅导高考数学。我当时就跟陈教授吹牛说'您别小瞧我，我数学学得很好的'。

于是陈教授就给了我这道题，说你要是能解出来，我就请你吃一顿红烧肉。陈教授又补充说，这道题他给教研室的年轻老师们，规定只能运用初等数学知识来解，一直还没有人能解出来。"

"没想到今天你解出来了，看来你几何学得比我好。"他忽然又忧伤地说，"可惜陈教授已去世了，不然我一定会带着你去跟他说说你是怎么解的，让他看看建筑系的同学，数学也是不错的。"

后来陈先生因此事赠送我一本他与汪坦先生合编的《现代西方艺术美学文选：建筑美学卷》。他对我说："我想了想，送你本书，比吃红烧肉好。本想请汪先生也在书上给你签个名，不凑巧他最近不在北京遇不到。你拿回去好好读读吧。"

十几年后，在辅导儿子数学之余，浏览了一些数学科普书，才知道这道题目是"冯·奥勒尔定理"的一半部分。

乡土建筑调研后所剩时间已不多了，我急急忙忙花了不少时间认认真真地写了毕业论文的初稿，还专门配画了十几张图，交了上去。几天后遇见陈先生，我正想问问论文的事，他叫我一起坐下，一脸严肃地问我："你数学学得挺好的，你跟我说说你语文学得怎么样？"

我老老实实答道："我的数学自我感觉学得不错，但高考发挥得不理想。语文我从小开始学得就一直不咋地，但高考分数挺高的。"

"那你跟我说说你觉得为啥你的语文高考分数挺高？"

"我觉得我的作文应该还挺不错，后来高中时古文学得也还可以。这两项在高考试卷中占的分值比较高。所以高考时我能碰巧拿高分。"

听完我的话，先生睁大双眼朝我狠狠一瞪后对我说："你居然还敢说你的作文'挺不错'？在我看来你的水平完全是不及格！"

说完他从包里取出了我的论文初稿放到我面前，气呼呼地说："你看看你写的，一大段文字，全是逗号，一逗到底。你知道什么叫'一句话'吗？一句话结束就应该是句号。我本来都不想看了，先退还给你改好了再送上来。后来念着你数学学得比较好，把那道题目解出来了，我才耐下性子花了快两个小时给你一个一个地改标点符号。"

我突然一阵脸热，感觉羞愧无比，头也不敢抬，翻看着先生给我用红笔修改的标点符号和错别字，还有一些批注、修改要点和要求。

看到论文稿上还有画些红色圈状线的，我弱弱地问陈先生："您画的这些内容我怎么修改啊？"

他又气呼呼地说："这些是夸你写得好，连这都不懂。"

听完后我心里稍稍得些安慰。

大五学年是我一生中最快乐的一年。毕业后刚参加工作时生活环境各方面的落差都很大，我很不适应，心情也郁闷，就会更想念大学时的老师和同学们。忧烦之时我鼓起勇气给陈先生写了封信，内容我实在是记不清了。先生虽然不会讨厌我的调皮无羁，但他很担心我在社会的大染缸里免不了更容易遭受流俗恶染。回信中先生语重心长地又一番谆谆教诲：

> 您的聪明、要强、坦率，我很喜欢。但您对生活的认识受流俗的影响太深，我很担心。所以我可没少数落您。如果我不喜欢您，就压根儿不会数落您，这一点您会理解。事实上，我对某些人是一语不发的。
>
> 从古到今，不论中外，有些根本问题上，是非好坏的价值观是不变的。正因为如此，我们跟古人，跟洋人，能够谈得上话。这几年大气候不正常，年轻人由于愤慨而有意去扭曲价值观，说些怪话，这心情我能理解，我有时候也有这种冲动。但是，咱们心里可不能糊涂。

先生以"遥控"方式尽最大努力地来校正我的"三观"，不至于过歪，我一生都感激不尽。

毕业后我一直在建筑设计单位从事具体的设计工作。多年来陈先生的告诫一直在我耳边，督促着我，也鼓励着我。我从不敢沾沾自喜，也不会妄自菲薄。在我们国家宏大的建设浪潮中，我虽一直兢兢业业工作，但总感碌碌无为，无颜面对先生。

1999年11月的某个上午，我毕业后第一次回到学校，第一次踏进陌生的学院新大楼。找到乡土建筑教研组，一进门，入我眼帘的正好是陈先生、楼先生、郭先生和李先生坐在一起认真研讨的情景。我的突然出现也显然给他们带来了惊喜。四位先生跟九年前丝毫没有变化，不到一分钟便批评我为何时隔那么多年才回去看望他们。我心里更感觉汗颜，赶紧说我是来想请先生们吃饭的。陈先生马上问道："你跟我老实说，你发财了没有？""没有发财，我努力将将混了个温饱。"我回答。

陈先生又马上说:"那好,中午我们几个老师请你吃饭。哪天等你发财了,一定要回来请我们吃!"

午餐席间陈先生一直关心我能不能赚大钱,楼先生大力鼓励我考回来读硕士,郭先生很关心我有没有遇到跟古建有关的设计项目,李先生最想看看我媳妇儿和孩子的照片,责怪我不该不带来。

我恭恭敬敬地向先生们汇报了我的工作、学习、生活和思想等等,再也不敢像在大学时候那样油腔滑调了。快结束时才发现陈先生早已经安排李先生买了单,最后我低着头跟着他们走出了餐厅。

我独自在餐厅门口,一直凝望着先生们在有说有笑中渐渐远去的身影。

2000年毕业10周年同学聚会,在学院大楼门口书摊上刚买了一本《北窗杂记》,便刚好遇到陈先生从楼里出来,于是我请先生在书的扉页签了名。

　　2010 年毕业 20 周年聚会，同学们请来了陈先生等十几位当年的授课老师。大家议旧论新，欢声笑语，欣喜万分。我望见陈先生已步履蹒跚，想起当年他在快艇上使劲"晃腿"的情景，泪水止不住往心里流。

　　两次同学聚会因各项活动安排太紧凑，也没有机会向陈先生汇报工作思想，没机会听他教诲，颇觉遗憾。

　　浑浑噩噩的岁月如流水般逝去。在庸碌生活中的某些片刻某些夜晚，我会拿出《现代西方艺术美学文选》《北窗杂记》《外国古建筑二十讲》《新叶村》等书籍，安静地读一读，以图重温陈先生的恩情，反省庸碌生活，自责无所作为，也希望能滤掉些自身染上的俗世尘埃。

　　几年前袁牧同学来宁出差之余相聚时，说起他们同衡公司连续好多年赞助历史教研组陈先生等多位老师出版了很多学术成果，让我得到了巨大的安慰，也从心里对他们充满敬佩和感激。

　　2016 年 12 月出差回北京，早早便与舒楠同学相约，请其陪同看望陈先生。舒楠带我先到照澜院，帮我精心挑选了鲜花和水果。

见到陈先生那一刻起我就极力强忍泪水强作欢颜。我和舒楠陪先生说东道西，聊聊过去又拉拉家常。先生很欣喜也很兴奋，但说话速度明显很慢，声音不再那么有力，神情也比以前苍老许多。

说起我们国家近年来的建设，拆掉了那么多历史建筑，陈先生既愤怒又悲伤，坐在沙发上不停地控诉和叹息。我赶紧岔开话题提起"文革"对我们国家传统文化的破坏，先生缓缓摇了摇头，望着我慢慢凑到我耳边，轻声地说："那时候是'叫唤'得厉害，真还没拆多少。现在我们经济发达了，也有钱了，但却把它们都拆了。"说完他仰头望着天花板，眼里噙着泪水。我从他眼中，看到了他割心般的痛。

后来先生又回忆起孩童时期在浙南山区躲避日寇的生活，声声念着他们当年的老师们："他们不但自己要辛苦地种粮种菜养牲畜，还要给我们一群学生做饭做菜、补衣缝被，悉心照料我们的生活，还要每天教我们读书。他们简直比我们爹妈都要好。真想不明白，那时候世界上怎么会有那么好的人。"说着

忆恩师陈志华先生 / 卢永刚

说着，先生已是泪流满面，啜泣不止。我在他身旁心里很难受。

师生相聚原本希望给他带来满满的欢喜，不知怎么会引得先生想起这些旧事，结果却让他徒增伤感。生怕这样会对先生健康不利，我更是担心不已。幸好舒楠能说会哄，很快就把先生从悲伤中带了回来，安排我们一起乐呵呵地合影，还请先生在送给我们的书上签了名。

从陈先生家离开后我心情复杂、思绪万千。好在舒楠很了解我的心思，跟我一路说起其他话题，我也就一时放下了。这之后，我就再也没见过陈先生。

我在设计院刚工作时的导师季元振先生几年前对我说过："陈先生是完整的。他的人格是完整的，他的学术是完整的，他的人生是完整的。"我不敢向季先生请教他说的"完整"这个词的涵义。我想我自己可能永远理解不了，永远无法参透。我只想着自己要努力，努力让自己尽量"完整"一些。

陈先生已驾鹤仙去，他给我留下了无尽的思念和感慨。他的音容笑貌，他的高深才学，他的拳拳之心和谆谆教导，将一直映照着我去学习、去思考、去热爱这个世界。

三十多年前，正值青春年少的我们八位同学（吕健生、王辉、钟兵、胡昕、王戈、薄薇、陆皓和我），一起跟着陈志华先生、楼庆西先生、郭黛姮先生、李秋香先生、廖慧农先生、吕舟先生，度过了最快乐幸福的一年。

我们遇上了最好的时代，我们遇上了最好的老师。

2022 年 6 月 10 日

陈先生的世界

吕健生

陈先生，您好！

　　一两周前，您的研究生、我的亲同学舒楠说起在为您的纪念文集征稿，不禁想起听您讲课还有跟着您去浙江龙游测绘明清民居的时光，于是将书柜中您的数本著作请出来再一一拜读，感慨万千……

　　您编写的教材《外国建筑史》，我们上学时就超喜欢，寒窗啃读中所获得的不止是那些希腊罗马哥特巴洛克各色建筑带来的新奇感，更从您的论述里领悟到一种超越建筑学专业、超越建筑师职业、超越建筑技术、超越建筑形式的世界观与价值观，或者说，隐约觉得您是在以对外国建筑史的论述向建筑系的学生们传达您的世界观与价值观。

　　您将一幅长长的异域时空历史画卷徐徐展开，古代世界华丽宏伟的宫殿、庙宇、教堂、陵墓一一呈现。

　　在您的引领下，同学们不止于砌筑雕壁上看到了历代工匠艺人们的各种巧夺天工，更于王朝更替间看清了历代帝王教皇们的各种不可一世。

　　您不止是在讲建筑史，更是在讲世界史。

　　您对建筑系学生的期许也远不止于设计建造一座座新建筑，更是期望学生们毕业后能够致力于构思建设一个更新更好的世界。

　　至于，如何创新，如何是好，要在您的字里行间细细体会。

　　《意大利古建筑散记》，一本薄薄的小册子，内容极为丰盛，笔调亦庄亦谐——同宿舍同学曾把您这本书当作"攻略"揣在怀中背起背包去探访遍布意大利的古建筑……而您这番历时半年多的国际文物保护考察研修之行又绝非一般游学堪与比拟。

那还是改革开放之初，国人许久未踏足异域，西方百姓也多对中国甚为陌生，您在罗马的住处于您外出游历时被小偷撬开翻箱倒柜却一物未失，房东告诉您这走了空的小偷定是来偷鸦片的，因为有些意大利人以为中国人的住处一定囤有鸦片，您这才想起来在公共汽车上曾有两次遇到有人向您买鸦片。真是滑天下之大稽！意大利小偷太不与时俱进，知识老化得厉害……

更令这小偷无法想象的是——对于罗马以及意大利的座座古城中的座座古建筑，您这个中国人在他大概还没来到这世上之前早就神游已久了若指掌闭着眼都可以画出建筑布局图来——咱这技术含量能镇住全意大利的大偷小偷哈……当然意大利人也不都是像这小偷一样这么不开眼，甚至您还曾在餐馆里遭遇过对彼时中国古建保护状况不满的意大利年轻人的诘问……

还有一位您特别了解的意大利古人在佛罗伦萨主教堂穹顶采光口侧壁上给您以及全世界的后来者写了几个字——"拉斐尔到此一游"，您见到拉斐尔这般"破坏古建"的行为却只快活地笑他"淘气"。

除了拉斐尔，您对意大利史上那些建筑师艺术家之熟悉令意大利的学者都感到惊讶——他们说有些古代艺匠如您提到的帕拉第奥连意大利人也没几个知晓了，且还有不同地方的教授争相向您力陈帕拉第奥是其家乡人。而您在听到他们把文艺复兴时的巨人比作天上灿烂的群星时，您想起了万里外祖国的一个地名：星宿海！如今，您毕生穿越千年遍历世界所做之学问业已化作星宿海之水源滋润今人与后人之文化……

从《外国造园艺术》的作者自序中读到了您在那样的岁月里如何坚持做学问——如何不辞艰辛，如何矢志不渝，甚至，如何挥去诀别彼时之荒谬世界的念头——唯一的理由就是："对历史的信心，对卑鄙小人的轻蔑！"

从书中篇章可知，在您心中有着更广大的世界——万水千山沧海桑田……这本书名为《外国造园艺术》，其中却常常可见与中国造园艺术的对比以及关联（尽管您在后记中说并没有想探讨中外造园艺术的横向比较），且与您著述《外国建筑史》一样，书中着力分析之所以形成各种艺术风格其背后的社会人文根源——尤其是对造园主的心路探究，中国文人士大夫与意大利王公贵族各自造园之出发点如何大异其趣，中国的帝王如何在巨大文化压力下屈尊纡贵仿效文人士大夫拟写天然的造园手法却仍不免各种轴线大中至正以显示皇权威严，法国太阳王的宫廷园林又是如何与中国皇家园林在中轴对称上异曲同工，而英国自然风致园的主人——新兴资产阶级在回归自然这一点上又如何与寄情山水的中国文人士大夫心意相通……

书中最后一篇"《中国造园艺术在欧洲的影响》史料补遗"结尾一段您写道："中国造园艺术和它的建筑'走向世界'的时候，西方人并没有真正看清楚它的民族特色和它所蕴含的民族文化……"

在这段之前您还写道："但是，中国园林和建筑是在中国文化被欧洲人更加了解之后才贬值的，是在中华帝国被武力征服，在欧洲人面前暴露出它的孱弱和腐败之后才贬值的，这就很值得思考了……"

反复读这两段话，觉得您所思所想却并未说的话还有很多……

那年春天您这本《外国造园艺术》交付出版，秋天您就带着我们去浙江龙游测绘明清民居了，山水田园野老村夫白墙青瓦雕梁画栋间——是您新的书房与课堂，特别特别怀念那些背着画夹跟随您"咏而归"的日子……

大约此后，中国乡土建筑就成了您的主要研究课题——正当全中国基建开发火热欧陆风盛行——西方各时期建筑风格样式若手艺高低各不同的工匠们大干快上急火火赶场绘制而成的舞台布景般迅速布满大中小城市之际，您这位从事外国建筑史研究与教学数十载的学者，径自上山下乡去也——彼时您已是花甲之年……

十年后，见到您上山下乡的研究成果之一二——《新叶村》与《诸葛村》，这两本书，展示了您所开创的中国乡土建筑学术研究范式，更展现了您对中国乡土建筑文化的深厚感情，两本书中分别记述了新叶村叶氏一家如何于宋代由中原南渡至此耕读传世八百多年发展至八百多户的大型聚落，以及诸葛村诸葛亮的一支后裔如何在此"不为良相便为良医"世代经营中医药材，使其聚落兼具农业与商业两重特色……

在您的建筑学术随笔《北窗杂记》里，最后五篇全部是您对中国乡土建筑学术研究所寄予的热忱和希望，面对"你们的乡土建筑研究对建筑设计有什么用处？"这等急功近利的质疑，您答："研究者酿出了香飘万里的美酒，创作者喝下去是像李白那样写出千古不朽的诗篇来，还是像鲁智深那样烂醉如泥提着狗腿去打山门，那就看各人自己了。"唉，陈先生呀，可这世上偏就是不只有李白，更多的是鲁智深，且那市上又鲜见美酒，却有无数假酒劣酒勾兑酒大行其道……

比之这等直白浅薄的质疑，您的学术工作的价值与功绩乃至您作为学者的人格与尊严遭遇过更大的蔑视与践踏——在那样的岁月里被"发配"至因血吸虫肆虐将劳改犯都迁走了的劳改农场鲤鱼洲去"脱胎换骨"，您依然不怕脏不怕累，以您吃苦耐劳做学问的严谨精神把墙垒得灰浆饱满、灰缝平直，把秧插得竖成线、横成行、深浅一致……这一切，如您所言——"是出于人的自尊与自信。"

尽管您对学术工作无比执着全情投入但绝不会自以为是故步自封甚成学阀。您在《外国造园艺术》的后记里曾"老实交代"说——"这些文章是单独分篇写成的，事先并没有完整的构思。内容有几处重复，体例不大一致，这倒没有什么不好，不过，有一些观点也有点儿变化，这就很不好。我并不打算把它们修改一下，使观点前后统一，因为直到现在，对一些问题，我的观点仍然没有确定，那就让读者看出我的游疑和摇摆来罢。"

由此足见您作为一个学者的坦诚。

而那些为您赢得"建筑界的鲁迅"之"美誉"的激烈言辞，一一读来无不是出于您当年恳请梁思成先生接受您从社会学专业转学建筑时所表达的对建筑学的认识——这是一个充满了生活气息的人道主义的专业……建筑学的核心是宽泛的人本主义……这就是您的初心！

您的那些激烈言辞集中汇编在《北窗杂记》的随笔中，书名总使我想起您书房朝北那扇窗前那方素朴的书桌以及窗外楼下大片茂密的树丛……全书最具冲击力的不是那些激烈的言辞，而是您这段叙述在我脑海中浮现的意象——"作为我进入老年的'里程碑'式的事件，是我坐在北京闹市区的人行道牙子上啜冰棍儿。我实在太累了，走不动了，非休息一下不可了，然而我无处可去。我们的城市对普通老百姓不是有点儿无情么？"

"彼黍离离，彼稷之苗。行迈靡靡，中心摇摇。知我者，谓我心忧；不知我者，谓我何求……"

先生何忧，先生何求……

好在，文章千古事——您用文字将您看到的古今中外大千世界还有您心中怀恋以及向往的美好世界细细写就留给了这个世界，您的星光会穿越时空照亮读到您的世界的代代世人，令其亦不禁抬头仰望星空道一声：陈先生，您好！

一种孤独：追忆陈志华先生

王　辉[*]

2021年12月8日，著名建筑学者曹汛先生仙逝。闻此噩耗，我想起陈志华先生请曹先生在我们本科毕业设计的乡土组做过一次小讲座，于是赶紧去翻那时的笔记本，希望找到那堂课的记录。没想到笔记本空空如也，只留了五部古书的作者和题目，它们是文震亨的《长物志》、李斗的《扬州画舫录》、李渔的《一家言》、钱泳的《履园丛话》和赵元璧的《平山堂图志》。在1989年出版业还不发达、大学通识教育还不普及、大学生生活费还只够买饭票的时代，要想读到这些书，只能依靠大图书馆。那时外地学者出差来北京，专门跑到国家图书馆找书苦读的故事绝不是段子，所以这些现在家里书架上当摆设的书，那时非常不容易获得，也就没有读成，以至彻底忘了在我的笔记本上还有这个书目。我把这页笔记拍下传给曹先生的公子鉴别，曹公子说不像他父亲的字。我很失落，但还是把那这张照片发了个朋友圈以纪念曹先生，结果我的同学、陈志华先生的开门弟子舒楠告诉我："这像是陈先生的字。"

2022年1月第一场风雪夜，不幸又闻陈先生仙逝，网上开始传纪念先生的文章，其中有些陈先生手迹照片，对比一看，显然留在我笔记本上是恩师的字迹。用这一则故事为开头来纪念陈先生，我感到一种莫名的悲哀，这种悲哀是我忽然体悟到陈先生是个孤独的行者，没有可以和他同行的人，偶尔的行旅

*　清华大学建筑系1985级本科生。

同伴也不一定能搭上腔，大家只能默默地同行。比如他勤勤恳恳想把知识授予学生，可学生的水平和他的学识之间的差距实在太大，根本没有交流的碰撞。推而广之，他在学术界奔走呼号的那些事情，又有多少人当一回事呢？陈先生的孤独也是他们那代从政治的血雨腥风中走过来人的通感，清华是"文化大革命"的重灾区，20 世纪 80 年代时老师们都对"文革"中的事莫讳如深，在学生眼里，老师彼此之间莫逆之交的甚少。在生活中，陈先生是个有趣的人，本可以有一个更大的朋友圈，在学术界，他是位博学的学者，本可以有一个更合宜的学术环境，但在那个年代，剩下的只有孤独。我们对陈先生朋友圈里出现曹先生这样的人还是很惊奇，因为印象中的陈先生是个严肃、严谨、严厉的学者，而陈先生介绍曹汛先生这样的怪才时，是带着一种由衷欣赏的微笑："《全唐诗》被他证明了有百十首是伪诗！"陈先生的这句推荐语在我的耳畔依然回响，按现在的词，我想他说这话时是带着羡慕嫉妒恨的，因为以他的学识修养本可以成为这样闲云野鹤的名士，但还是被大学术压在五指山下了。之前陈先生在我们眼里，是写正史、翻译《威尼斯宪章》的正统学者，而把曹先生这样剑走偏锋的怪才介绍到我们班做如何治学的讲座，才让我们明白陈先生的学术价值观并不是那么一本正经地端着，也不是总像他向建筑中不良现象口诛笔伐时那么板着脸，还有他风趣和野性的一面。可是在先生的朋友圈里，还有多少像曹先生这样的挚友呢？

看到那个书目之所以不会先想到陈先生，还是因为他作为西建史教师的身份留给人的印象太深了，而会忽略他其实有深厚的国学功底。乡土组的老师们带领我们下乡测绘时，吕舟、李秋香、廖慧农老师教测绘，楼庆西先生教拍照，大家都知道的陈先生故事是他自己去做乡土文化调研，读族谱，读县志，读楹联。那时我们同学们的文化水平真不高，至少我是如此，对陈先生的这些研究没有什么兴趣，所以和他在这方面的交流几乎没有。他说的许多有文化的事我们也是第一次听到，比如在富春江上坐船，陈先生会念"桃花流水鳜鱼肥"的诗句，念"从桐庐到富阳道中"的美言，下船再张罗吃鳜鱼。可惜那时没有百度，我们这些没文化的毛头学生听了也无感。同龄人中在日常生活情趣上气味相投的朋友可能也不是很多，老先生往往愿意和年轻的弟子们多交流，可惜"文革"后第一代学生们的知识水平太浅薄，老先生一定感到很无趣，也很孤独。

我们85级这一届的八位同学，有幸成为清华非常传奇的乡土组的第一届学生，开启了浙江乡土建筑的调研。这个组的成立是由陈先生一手推动的，开启了陈先生晚年学术道路的新方向。那时他频繁地去台湾探亲，并应台湾建筑师公会之邀做了几场讲座，内容是大陆乡土民居。陈先生讲完课后，有听众跟他说不要再讲了，讲多了台商就会跑去把好东西买走。这激发了他要与时间赛跑的想法，抢先获得一手乡土建筑档案，也算是对乡土建筑的一种抢救。那时清华的古建组力量很强大，我们的毕业设计还是以正统的古建设计为主，周维权先生带我们做了个在日本的中国园林，郭黛姮先生带我们做了个在鹤岗的寺院和杭州六和塔的落架重建，余下的时间就随陈先生、楼先生等老师去浙江乡下了。这是我第一次去杭州，就有一个金牌导游当地陪。陈先生讲了很多关于杭州的事，有一天说："我可以做个杭州学。"这句话今天听起来不算啥，但在那个知识很贫乏的时代，把一个城市作为一门独立学问，从来都没听说过。直到后来我去了纽约，看了斯特恩（Robert Stern）怎么编纽约城市史，才意识到先生的洞见。在杭州，陈先生通过丰富的城市体验教我们如何爱一个城市的生活。他带我们穿过九溪十八涧去龙井喝茶，那时不但我们穷学生不懂喝茶，社会上也没有喝茶的风气，这让我们看到这位大学者对中国文化有如此考究的一面。有一次他讲起杭州从前有座山、山里有个庙、庙里有个罗汉的故事，问我们："罗汉的鼻子没有了，你们知道为什么吗？"我们这些没文化的面面相觑，陈先生哈哈大笑："我小时候把它敲掉的。"他在生活中的这种风趣的确是我们在课堂上看不到的。在课堂上，我们看到的是他作为"窦武"严肃的一面。我们上学时，正是中国学后现代无师自通的年代，但学到的都是些粗陋的皮毛。有一次上了半截西建史课，陈先生开始大批天津在朴素的住宅上加装饰山花和窗套。有趣的是先生不是从美学上的问题批起，而是讲天津是地震区，那些没用的装饰会砸死人。每当有这样的建筑评论时，陈先生总是用一种鲁迅式的态度口诛笔伐，可惜那时在建筑界没有形成一个批判的群体，尤其是"文化大革命"刚结束，大家可能对上纲上线心有余悸，所以学界没有什么批判的声音，至今中国的建筑评论领域也一直是流于你好我好，陈先生难免落在"两间余一卒，荷戟独彷徨"的境地，挺孤独的。

陈先生因为是教西方古代建筑史的，所以不做设计，但这并不等于学生们认为他不懂设计。相反，很多人还把先生请出来评判设计。我印象最深的是比我们高一届的84级的几位设计非常好的学长做完二年级最后一个别墅设计后，心高志满，去陈先生家讨教设计还有什么可学，结果被陈先生教训了一顿。这个故事是从学长嘴里听到的，可见他们对先生的批评心服口服。陈先生对设计的判断敏锐度是非常高的，这也可以从他的朋友圈中看到。在金华时，他带我们去认识两个在规划部门工作的年轻人，一路上就给我们讲他们的设计如何好。到了这两位老师的单位后，我们先去上厕所。一走进厕所，看到坡屋顶的自由处理，天光从一个角落打开，里面还有小种植区域，这哪里是厕所，分明是个非常自然的现代建筑佳品，一下子把我们看傻了。然后就听陈先生讲这两个小伙儿如何执着，分析他们的设计如何精妙。在那个时候，中国设计虽然有了点起色，但思维方式还是比较老套，陈先生法眼能看上的可能只有像这两位小老师和曹先生那样的怪才，难怪他的朋友圈不大。

赖德霖学兄总结过陈先生的几大学术成就，其中引进当今遗产保护理论是重要的一项。在我看来，陈先生从意大利的联合国教科文组织培训班回来后，是一个从古建回归当下设计的逆袭。是的，从此他为国内学界打开了西方当代文物保护理论与实践的大门，虽然貌似依然在做古建工作，但实际上文保和纯古建是两个概念，文保本质上是一个当下的设计议题，和当代文化建设有着不解之缘。所以，文保从古建中剥离开来的一个重要工作就是从理论上厘清建筑传统与传统建筑的区别。我一直认为陈先生非常坚持和认同现代主义建筑中不断进步的观点，否则他不会从法文版重译《走向新建筑》，因为他认为英文版走样了，没有领会柯布建筑中革命性的真义。他的另一篇拥抱现代建筑的文章是为吕富珣学兄出版的关于苏俄建筑的书写的文章，题目是"向东打开的窗户"，足见他拥抱进步建筑的高昂热情。虽然他在清华历史教研室所从事的是古建和乡土建筑的研究，但这些文化遗产是活在当下，所以陈先生就很痛恨当代的建筑机会没有被用来发展现代建筑，而是搞了一批向后看的东西。他是痛批假古董的第一批学者，他的一个形象的比喻是说如果有一百粒药丸，其中一粒是假的，那么这瓶药的价值就是零。正是这种警醒，使他在1980年代末要夺回古都风貌的政治导向下，做了一个社会主义内容中民族形式思想的溯源工作，这是我印象最深的九一四讲座[①]之一。

陈先生前半生的最大成就是独自编写了《外国建筑史（19世纪末以前）》。这部书因各种原因在篇幅上一缩再缩，但其精华至今依然熠熠生辉。我最欣赏的一节是讲哥特建筑时，先生有非常明确的历史唯物主义者立场，有马克思主义的阶级斗争观念。有人可能认为这些观点有点过时了，而我在比较了很多关于哥特的权威书籍后，恰恰认为这点是这本书能在世界同类教材中有立足点的可圈可点之处。在这一章节，先生还讲述了盖圣德尼修道院教堂时本笃派和西斯丁教派（又译"西多派"）之争，在非常有限的字数中提到了克莱弗（又译"明谷"）的圣伯纳。我们在读这门课时，改革开放刚刚开始，绝大多数人连天主教和新教还分不明白，更不要说天主教里的不同派别了。我时常想，先生在写这些的时候，还没有去过西方，他看到的绝大多数的外文书籍还是黑白印刷，但他敏感地捕捉到了哥特建筑在萌芽时期就有了意识形态的斗争，并用马克思主义的方法把这种斗争自觉地和阶级斗争联系在一起。有一年，我在去拜谒朗香教堂的路上，路过法国南部的一座西多会教堂。站在朴素的厅堂里，我忽然想起陈先生给我们上的那节哥特建筑课。临下课时，可能是有几位同学懈怠了，还在犯困，这让陈先生很生气，开始给我们讲为了上好这堂课，自己昨晚有件事想不明白，今早天不亮就爬起来找资料。给这些听不太懂的孩子们讲，为什么还要这么认真？也许是他的课时很少，即使是对牛弹琴，他对自己

---

① 清华大学主楼九一四教室，"外国建筑史"课程授课地点，也是当年建筑系举办讲座的固定教室。

也绝不会松懈。这又让我想到他的孤独，尤其是学术上的孤独。好在他把孤独全部转化成写作，不管别人是否真正地读懂了。

在我印象中，陈先生是清华老一辈教师中英文最好的之一，按说系里的一些学术交流应该由他来牵头，而且我们上学时，国内外巨大的反差正是西方思潮显得最汹涌的时候，陈先生本该做点时髦的学术交流工作。然而在外事上他并没有出风头，只是默默地引进西方当代的文保文献。我们在做乡土建筑工作时，有件事对陈先生的伤害很大，但愿他老人家临终前因为疾病而不会再回想起它，那就是台湾建筑师公会一些无耻之人和陈先生签订了出版我们工作的协议，但出书时所有的工作都被挂在这些人的名下。这事让大家都很愤怒，陈先生一定倍感难过。千禧年之后我从纽约回国时，有位认识世界遗产基金会的朋友托我问国内有无合作单位。我本以为是件好事，就给陈先生打电话，结果被陈先生一口回绝了。他说外国人给一丁点钱，却要设很多条件，拿走最终成果，这种事不要干。无论先生的观点是否偏激，还是有一定的道理，尤其是早年吃过亏，对外国资本和知识产权问题还是非常敏感的。所以他一定是为自己的学术交往划了个界限，有所为也有所不为。敏感或许让他更孤独了。

要驻笔时，我想到先生晚年得了阿尔茨海默病，他一生辛劳写出来的文字，在这个时候竟被作者读不懂了，彻底地变成了孤独的印刷性存在。这是件多么令人心碎的事情！然而也许这并不是件坏事，因为先生的生命沉浸在另一个不用再奔走呼号的世界里了，完全不被那些记录了他孤独奋斗历程的文字袭扰。这可能也是一种对孤独的最终解脱。

旅途归计晚，乡树别年深

韩林飞 *

2022 年 1 月 21 日，一大早看到陈先生全集出版信息的 APP 上有了一个祈福的小表情，我略有不祥之感，莫非陈先生也离开了我们……我不敢多想。我知道他疫情期间已进医院两年多了，为不能去探望深感遗憾。记得 2018 年初给先生电话拜年，他还如平常一样忧国忧民，感伤他一生钟爱的古村落事业，关心我对苏联前卫建筑历史的探索，夸奖我对勒·柯布西耶与莫·金兹堡的比较研究，虽然语句不如从前那么流畅……

到了中午，陈志华先生于 1 月 20 日晚 19 时在北京去世的消息刷屏了，想前一夜一般不失眠的我失眠了，走到书架正中鬼使神差般拿起的正是陈先生的《北窗集》和《风格与时代》，又翻了一遍，先生睿智的思想、妙语连珠的话语、直爽地通达，使我平静了下来，这也许是冥冥之中陈先生对后生最后的指导吧。

第一次与陈先生见面是在主楼八楼老系馆的走廊里，陈先生与汪坦先生在大声谈论着德里达的解构主义，旁边本校的同学告诉我这就是大名鼎鼎的外国建筑史教科书的作者陈志华先生，让我敬佩不已。与陈先生真正近距离的交流是 1998 年秋天，我在莫斯科留学时，陪同《世界建筑》俄罗斯专辑的代表团访问俄罗斯，在莫斯科、圣彼得堡、明斯克等城市，一起度过了难忘的十五

---

* 北京交通大学建筑与艺术学院教授。

天。短暂的旅行，成为了我对陈先生的终生怀念。

一、访美尔尼科夫 ① 故居

1998 年 8 月 30 日，也就是在俄罗斯卢布危机前的两天，在莫斯科留学的我迎接了《世界建筑》杂志社俄罗斯专辑代表团的到来，我尊敬的高高大大的陈志华先生率先走出了行李提取厅，挺拔的先生目光炯炯，略显严肃，注视着谢列蔑契娃机场大厅中顶棚上一个个古铜色的圆柱形桶状装饰物。学生见到老师总是有些胆怯，况且是心目中的严师，一贯以批判现实问题著称的泰斗。像先生一贯的风格一样，他见我没有寒暄，直接问第二天的行程，我简单汇报，当听到下午直接去美尔尼科夫住宅，建筑师美尔尼科夫的儿子将接受我们的采访时，先生露出了孩童般会心的一笑，这彻底消除了我对严师的僵化印象，拉近了我们的距离。

第二天下午，我们坐地铁到了阿尔巴特大街克里弗尔巴斯基小巷，苏联建筑大师美尔尼科夫住宅的所在地。地铁上一如既往的嘈杂，在铁轨隆隆声中，陈先生站在我身边对我讲着美尔尼科夫的贡献，如数家珍。我知道先生在 1980 年代初深入研究了苏联前卫建筑的理论与作品，但他从历史与俄罗斯文化的进程中对苏联先锋派建筑与艺术的真知灼见，令我至今记忆犹新，特别是对许多先锋建筑师和作品的分析透彻而深入，在以后的参观中见到一些作品直接说出建筑师的名字和简历，甚至许多奇闻逸事，令我们非常佩服陈先生。陈先生写作的西方建筑史及俄罗斯建筑史的教材巨著更是学界的传奇，当时，从未出过国的陈先生坐穿图书馆的冷板凳，遍阅群书，从历史长河中深入分析东西方建筑的历史发展，建立起令人叹服的历史观、价值观，正确评价了 1920 年代蓬勃激情的苏联前卫建筑发展，为研究苏联社会主义城市与建筑的历史留下了厚重的中国学者的贡献。

---

① 俄罗斯建筑师、艺术家、教育家，1920 年代苏联前卫潮流的领导者之一。

访美尔尼科夫故居
（左起冯金良、韩林飞、小美尔尼科夫、陈志华、王毅、王路 摄）

　　进入两幢圆柱体交叉的美尔尼科夫住宅后，陈先生以一贯严厉的目光上下审视着这座别致的蜂窝状窗户住宅的室内空间布局，挑剔的眼光一如既往。整个参观过程中，陈先生没讲一句话。采访开始了，小美尔尼科夫也是神情默默，两位不同国家的老人都经历过几乎相同的政治时代，虽第一次见面但曾经相同的境遇使他们心照不宣。小美尔尼科夫开始讲叙父亲的故事，语气平缓、安详，客厅里非常安静，只能听到самавар（一种传统的俄罗斯热水壶）烧水呲呲的响声。当听到1930年代在斯大林教条主义专制下，建筑师失去了创作的自由，美尔尼科夫被当作典型批判、不得不停止工作时，陈先生眉头紧蹙，拳头攥了起来，双拳紧按在桌面上，为这位创造者的遭遇感到愤愤不平。当听到蜂窝状窗户施工时是完全空置的，以节省砖材，并且可以在施工后填充施工的建筑垃圾，以满足经济及运输的需求时，陈先生大为赞叹这种形式与功能的友好结合。陈先生对美尔尼科夫真诚地评价道："美尔尼科夫以独特的空间处理方式在1920年代的俄罗斯建筑史甚至是世界现代建筑史上展现了真正的才华，他所做的设计，不仅在外形上是破格创新的，在功能上、经济上、构造上、材料使用上，也令人耳目一新。"这些坦诚的没有一丝恭维的话语使小美尔尼科夫感动不已，他说道："你们中国人真是了不起，这位老同志如此了解我的父亲。"他说出了"同志"这个令我们生疏已久的词语，我们大家会心地笑了起来。

小美尔尼科夫开始为大家倒茶，每人一杯加糖的俄罗斯红茶，色浓而味甜，大家开始逐渐放松下来，如同老朋友见面般气氛融洽了许多，不像是杂志的采访，更像是拉起了家常，小美尔尼科夫说起了美尔尼科夫被迫停止工作，当局以莫须有的原因停发他的护照，不允许他出国办个人作品展览。但天才的创造力终究是某些人扼杀不了的。1968 年，莫斯科建筑学院免于答辩，授予美尔尼科夫博士学位。1995 年，为了纪念美尔尼科夫一百周年诞辰，在建筑师之家（苏联建筑师俱乐部）三个大厅举办了美尔尼科夫的回顾展。陈先生说，希望有一天也能为我们中国受到不公正待遇的学者出版作品、办展览。

我深深地为陈先生深厚的学术功力所折服，正是陈先生对美尔尼科夫深入的研究，在世界现代建筑史起源阶段对苏联先锋建筑明察秋毫的认知，拉近了我们与小美尔尼科夫的距离。"俄罗斯专辑"1999 年出版，其中就有陈先生的一篇文章"美尔尼科夫住宅访问记"。2000 年，我专程把这本专辑送给了小美尔尼科夫，特意把陈先生的文章口译给他，老人非常欣慰，他说当时有一个日本杂志上上下下拍了不少照片，令他生厌，从此他不再允许采访者对建筑物拍照。陈先生经历过侵华日军的暴行，对日本人一直没有好感，当我后来告诉陈先生小美尔尼科夫不允许拍照的理由时，陈先生愤愤地说："可恶的小日本。"陈先生就是这样一个爱恨分明的人。

二、与普鲁金院士的交往

1997 年 6 月，俄罗斯建筑遗产科学院普鲁金①院士访问了清华大学，在

---

① 俄罗斯建筑师，俄罗斯建筑遗产科学院院士。

新院馆举办了学术讲座，这是许久以来俄罗斯学者第一次在清华建筑的学术交流，吸引了许多听众，陈志华先生也到报告厅。普鲁金院士详细介绍了从苏联建国后就开始的古建筑修复与保护工作，特别讲解了他主持的红场上的瓦西里·伯拉仁诺夫教堂的修复，他主持的新耶路撒冷修道院的修复也吸引了国际的关注，成为联合国教科文组织修复资助的对象。最后他介绍了莫斯科金环古镇上的苏兹达里和弗拉基米尔古村落的修复实践，引起了陈先生的关注。会后，陈先生专门与普鲁金院士单独谈了十来分钟古村落乡镇修复的一些问题，因要晚宴，没有深谈。院领导和诸位先生们请陈先生一起参加晚宴，陈先生婉拒了，我知道这些官方场合陈先生是不愿意参加的，对于领导，他向来是敬而远之的。但他详细询问了普鲁金院士在近春园住宿的房间，约好第二天下午再聊。

　　第二天下午，陈先生带着在台湾出版的几本专著与普鲁金院士聊了一个下午，陈先生的书让普鲁金院士大为欣赏，他称赞这些工作保护了中国乡村的灵魂，保护的不仅是这些美丽的木建筑，也是村落中活生生的文化与生活。他说陈先生是真正的专家。我也告诉普鲁金院士陈先生是中国研究俄罗斯建筑最早的专家，没有之一，翻译过三部俄罗斯建筑史的著作。陈先生曾任1950年代苏联来华专家阿谢甫科夫[①]的助手，阿谢甫科夫也是普鲁金院士的老师，当时他在莫斯科建筑学院城市与建筑历史教研室任教，曾教授过欧洲古典柱式。普鲁金让我逐页给他简要口译了陈先生著作的内容，不时露出赞许的神情，看到精美细致的测绘图时发出啧啧的惊赞声，陈先生在一旁一再说着研究工作的不足，甚至是失望，一直叹息研究抢救的速度比不上拆除的悲伤。普鲁金院士不解的是为什么当地村民不能珍惜如此珍贵的艺术品。各种原因陈先生没有多说，甚至请我不要翻译一些令人神伤的缘由。民族感情自尊一直是陈先生品格的力量。普鲁金院士也许体会到陈先生对这个问题的难言之处，他站起来庄重地与陈先生握手，两只大手相握并无话语。我分明看到陈先生眼中泛起了泪水，这是两位学者的相互激励，很快陈先生镇静一下，说道："保护事业不仅

---

① 俄罗斯建筑师、艺术评论家、建筑历史学家。

是中国和俄罗斯的希望，更是世界文化延续的重任。"

一个下午的时光很快过去了。当夕阳照耀在仲夏明亮的窗前时，陈先生真诚地邀请普鲁金院士和我一起在近春园吃了北京烤鸭，并且喝了一大杯啤酒，那次晚餐我真正体会到高手交流相互欣赏的真正原因，那就是对钟爱事业真诚的情感，是一生真正投入的爱。聚会结束后，望着陈先生远去的身影消失在盛夏荷塘旁的路上，普鲁金再次和我说，你的这位老师是一个真正的学者，并且给我留了一个作业，将陈先生的简历和作品目录翻译成两页俄文，在他回国前交给他，作为修复科学院院长的他将联合院士一起推荐陈先生为俄罗斯修复科学院外籍院士。

晚上回到家，我兴奋地在电话中将此消息告诉陈先生，陈先生表示感谢并说这个院士头衔我接受，因为他不需要填表、自述，更不需要书写自吹自擂的申请材料。这就是陈先生的学术自信，不喜欢甚至痛恨相互吹捧，正是不齿于阿谀奉承的学者品格，令后学们仰望高山，敬佩不已。顺便提一句的是，电话最后，陈先生还询问了普鲁金院士第二天的行程，我告诉他我们去颐和园、圆明园参观，陈先生特意嘱咐，颐和园后湖两岸的买卖街就不要看了，那个苏州街是重建的假古董，要看的话也要说明这个假古董建设的年代，告诉他这种重建并不是明智之举！电话那头陈先生话语有些急切，我知道他向来反对造假古董，参与重建的是学院同事，从此，陈先生也不再与其交谈，他是一位旗帜鲜明的学者，坚守自己的主张，反对一切形式主义和伪科学。

1997年底，在俄罗斯修复科学院院士增选大会上，普鲁金院士庄重地宣布吸收陈志华先生为外籍院士，中国驻俄大使馆的文化参赞代表中国学者接收了院士证书，并且专程用使馆的内部邮件寄回了北京。可惜的是，陈志华先生派了一位研究生骑自行车取回时，证书在冬日北京傍晚的夜色中从自行车筐中滑落了……同学非常焦虑，陈先生并没有责怪他。几天后，一位同学打电话给在莫斯科的我，问能否补办一份，我电话询问陈先生的意见，陈先生告诉我身外之物不必勉强。第二天，我急忙找到普鲁金院长，说明情况，但国家证书不可能补办，非常遗憾。这也许是冥冥之中，上苍对陈先生淡泊名利、不屑虚名的肯定，也许是陈先生淡泊名利气场的作用吧。多年来，院士越来越吃香，统领天下，一帜独立的风光，但陈先生从来没有提过这个院士的事，更没有拿着这个名头做什么，先生是一位真正淡泊名利的学者。

　　1998 年秋天，我们到莫斯科再次拜访了普鲁金院士。在参观了 1991 年成立的俄罗斯第一个、也是世界第一个修复科学院，仔细了解了学科设置、教学体系、科研项目后，陈先生深刻地指出：由未经正规训练的人员，包括建筑师在内，来负责保护文物建筑的弊端已经十分明显。所以，把文物保护建设成独立的学科，使保护工作者受到专门教育，十分必要，不仅要有文物建筑保护专业，其他各类文物的保护专业也需要建立。陈先生更关心中国的文物遗产的保护教育，当 2002 年同济大学成立了中国第一个历史建筑保护工程专业时他非常高兴，当 2012 年国家批准四所高校成立该专业时，他也表明了他的忧虑，他崇尚教育自由，认为不应由国家批准设立专业，而是应该鼓励多种形式的遗产保护专业的建立，中国如此之大，历史如此悠久，文物遗产如此丰富，应建设多多的保护专业人员的培养机构，适应国家紧急的需求。先生看到别的国家

普鲁金院士与《世界建筑》杂志社代表团在俄罗斯修复科学院（王路　摄）

的成就时，总是忧国忧民思考着本土的迫切需求，这正是拳拳的爱国之心，一个知识分子的民族感情啊！

三、访莫斯科建筑学院

1950 年代清华大学的教育变革与苏联的教育体系有着密切的联系，建筑教育也受到苏联的影响，1950 年代为数不多的援华苏联建筑专家，如阿谢普科夫教授曾在清华工作，陈志华先生作为他的翻译一起工作了几年。阿谢普科夫教授作为莫斯科建筑学院城市与建筑历史教研室的专家，对清华建筑教育产生了一定的影响，如陈先生在《北窗杂记》第 84 篇中所述，建筑初步课程的设置、古建筑测绘的教学就受到了他的影响，于是，当陈志华先生一行到莫斯科建筑学院访问时，首先拜访了城市与建筑历史教研室。

参观一圈后，大家围坐在教研室铺着传统俄罗斯麻丝桌布的巨大评图桌前，在茶点咖啡的陪伴下，开始听什维德科夫斯基教授的讲解。莫斯科建筑学院实行五年制和四加二式的教学体制，五年制获得本科学位，四加二获得硕士文凭，无论五年制，还是四加二体系，每年均有建筑与城市历史课，一、二年级还有人类史、科技史、俄罗斯国家史、世界历史，甚至自然史等课程，每个年级每个学期至少 64 学时的历史理论课，这一点引起了陈先生无限的感慨，他说这种历史教学课不仅是专业知识的训练，更是专业素质及建筑师人文精神重要的教育。

什维德科夫斯基教授还谈到研究生教学问题，他介绍了莫斯科建筑学院建筑与城市历史教研室博士培养的一些经验，建筑史与理论专业的博士生应具有的正确的历史观、价值观，并且要具有全面的历史研究的整体观。在人类整体历史的发展进程中研究各个阶段建筑发展的变化与特征，这样的研究才能站得住、留得久。陈先生非常同意这样的观点。他说，这不仅是建筑的历史教育内容，更是历史研究的基本，也是做研究者最起码的素质，在理论研究中不同的哲学观点非常重要，这些哲学思想都有漫长的历史发展背景，前后的渊源

与莫斯科建筑学院什维德科夫斯基教授合影（冯金良 摄）

关系，对于建筑历史研究非常不容易，弄不好，难免会隔靴搔痒，甚至弄错原意。陈先生问教学中如何处理这些问题，什维德科夫斯基教授回答道：我们教研室会请莫斯科大学哲学系的教授，专门为博士生讲授世界哲学史和俄罗斯哲学史发展的课程，这样可以补充学生的相关知识。谈到俄罗斯哲学史，陈先生问道：苏联时代一切均以辩证唯物主义作为全部历史研究的基本出发点，对其他的哲学观点讨论得较少，现在还是这种情况吗？什维德科夫教授略有所思，回答道：1956 年以后，苏共二十大明确了科学发展的人道主义哲学甚至东正教神学等哲学的地位，人与科学、人与自然、人与人工创造的问题重新得到了思考。新的哲学史观向多元化方向发展，今天的俄罗斯自由却变得有点没了方向，这也许是新思维的影响吧。我们头顶上有图案思想的"领袖"更是活跃，说着他用手比划着头顶上的部位，大家明白了他在说戈尔巴乔夫头上那块雀斑，动作准确而非常有趣，这个幽默的笑话让大家哄堂大笑，我看见陈先生发自内心地哈哈大笑。

　　随后，大家又聊了些具体的培养方式问题，陈先生对博士开题及毕业答辩和论文摘要的方式大为赞赏，他说：20—30 页的论文摘要，非常好，简明扼

听年轻的什维德科夫斯基教授介绍莫斯科建筑学院的历史教学情况（冯金良 摄）

要地论述论文写作的目的、研究的问题、研究方法的逻辑、前人研究的概述与总结，突出论文的贡献。这样的摘要更准确、更直接，表明实质，是干货，这样可以避免整篇论文读起来费力，不知如何抓住重点的问题。

大家还谈到了俄罗斯面临的经济困难及对教育的影响还有外语教学等问题，陈先生也为莫斯科建筑学院年轻教师越来越少、主要还靠中老年教师的教学这种青黄不接的情况感到担心。陈先生非常佩服年轻的什维德科夫斯基教授，因为他精通英文、法文、意大利文，当得知历史教研室的老师一般都懂法文和意大利文时，陈先生和我们大家都钦慕不已。

什维德科夫斯基教授告诉我们，他的父亲是朱畅中先生的博士生导师，朱先生在他出生时赠送的中国老虎枕头，他还一直保留着。陈先生告诉什维德科夫斯基教授朱畅中先生是他的建筑专业启蒙老师，教过他建筑设计初步和投影几何，带过他建筑设计，并且参与过中国国徽的设计。思念故人，回忆曾经的友谊，大家都非常感慨，陈先生拍了拍我，我知道这个动作的意义，学术传承要靠我们这一代，我永远铭记着陈先生那殷切的希望！

四、同游莫斯科

1998 年我们在莫斯科足足待了一周，陈先生大呼过瘾——莫斯科原生态的森林绿地，天然的街头绿化，绿草如茵的草地上长满了各种色彩的野花。陈先生笑眯眯地说，这就是我们年轻时唱过的一首歌：我们的祖国辽阔广大，她有无数田野和森林。这是城市中的森林，是莫斯科这个首都城市中和城市边缘的森林，就是我们学生时代就听说过的七块从城外楔进市区的城市原生态的绿地，叫"绿楔"。陈先生观察细致，思考深刻，对国内大城市花费许多资金和许多人工去培育绿篱、花坛，但生态效益和景观效益都不见得好，小里小气、没有点大气派的城市园林提出了尖刻的批评。

我们住在外交使团的公寓里，当时莫斯科的涉外宾馆又少又贵，服务也比较差，正好一个国内大公司的朋友们回国度假，空出了两套公寓，我们便幸运地享受了外交使团的待遇。所谓外交公寓只不过是莫斯科住宅区中的几幢高层住宅，和当地居民的住宅并无两样，从楼上望去，楼下大片的森林在初秋泛起了金黄色的叶浪，淡蓝色的天空下，深沉得如同一位安详的长者。一天早上，我早早来到厨房，发现陈先生已经坐在了窗前望着对面的森林沉思，炉台上先生已经烧好了一大锅大米白粥，就着先生们带来的咸萝卜干，让吃烦了西餐早点的我感到家乡悠悠的淡香。吃完饭，趁着其他的几位老师还没有洗漱完毕的空档，我陪陈先生在楼下散步。楼下不远处的幼儿园和小学门口陆陆续续跑进了欢乐的孩童，行色匆匆的上班族也在奔向地铁的小区路上，住宅楼门前已有老人坐在那里晒太阳。小区内车很少，没有围墙，一幢楼住宅和各种设施悠闲地竖立在绿色的原野上，一处天然的小水塘水面远处泛着天空的蓝光，近处则是金黄色树叶婆娑的倒影，一派安详宁静的风光如同一幅画作。陈先生摸出地铁图问，这个小区在郊区吗？我找到小区位置告诉他我们住在莫斯科西南区，地铁放射线的西南站，离中心区约十来公里。陈先生自言自语道：这就是传说中的 микрорайон（小区）。上学时就知道先生外语能力卓越，精通英文、俄文、法文，没想到四十年后还能记得青年时

陈志华先生与王路、王毅在莫斯科大学前（冯金良 摄）

学习的俄文。看着我惊讶而又佩服的神情，陈先生笑着告诉我有一次他在意大利和一群西方建筑师闲聊，问他们认为世界上哪个城市最美，有七位到过莫斯科的异口同声说莫斯科最美，原因是有些城市有世界闻名的最美的建筑物，但绝大多数居民的生活环境并不好，至于那些伟大的建筑杰作，居民也不是天天都能见到。而莫斯科居民日常生活的环境自然而纯朴，这就比仅仅拥有几个不朽的建筑纪念物的城市美多了。陈先生一直认为现代建筑只有到了真正的社会主义社会才能充分成熟，莫斯科普通居民的居住环境就是例证之一。

在红场看到喀山圣母教堂时，陈先生准确地指出这座教堂建于17世纪的建造时代，毁于1930年代，现在这座教堂是1996年重新建造的，先生对俄罗斯传统建筑了如指掌，并且一直关注着俄罗斯的现代建筑发展。陈先生认真地看了说明后说，详细说明重建历史，用历史照片及不同时代的测绘图真实展现教堂的变迁,这种态度可以避免假古董给人们的误导。在救世主大教堂重建的大厅中同样有说明,并且有一个小型的展览,说明在此地段发生的种种故事。大教堂重建的地段就是曾经想要建造苏维埃宫的地点,1930年斯大林下令毁掉了大教堂就是为了建苏维埃宫。陈先生对于苏维埃宫的设计在1930年代沉重地打击了苏联前卫派建筑创新的探索而扼腕惋惜,但说这些历史建筑重建后所形成的城市设计效果,恢复了历史过程中莫斯科的规划形式,再现了城市构图中的广场,对莫斯科河岸的全景展现都具有积极的意义,这些论述很出乎我的意料,原来假古董也可以有这样的城市设计作用。陈先生说需要真实地表明重建与修复的区别,重建不可无中生有,要真正地体现被毁坏而重建的遗物的价值,对于现存遗产一定要修旧如旧,尊重历史遗产真正的价值。

在莫斯科期间,我们还看了消息报总部、纳康芬住宅、梅尔尼科夫设计的车库等多个1920—1930年代的苏联先锋派建筑作品,对于前卫派建筑的历史价值,陈先生有着自己独特的看法,只可惜他在此方面研究的文章没有被翻译成英文,在盎克鲁撒克逊一统天下的英文研究体系中,如果西方人可以看到他的论文,我敢肯定他们一定会大吃一惊,因为我所读到的关于苏联前卫建筑研究的英文、法文、德文论文都没有陈先生认识得全面、深刻,也没有陈先生的系统观、历史观和价值观,甚至我认为陈先生此方面研究的深度和广度在某些方面超过了俄国学者的水平。例如他认为苏联前卫建筑有超崇高的社会理想,他们有极强的责任心和历史使命感。他们通过建筑与艺术的革新投身于新社会的实际行动,以及在这些行动中建立的珍贵的原则和获得的丰富的经验,会永远放射出光芒。陈先生指出:1920年代许多苏俄建筑师的命运是悲剧性的,之所以成为悲剧,是因为他们追求崇高,而历史却愚弄了他们。但悲剧总是崇高的,它挑战平庸和卑俗。在莫斯科某次晚饭后的聊天中,他说我国当前的现代建筑实践如同闹剧一般,夸张、随意、搞笑、无原则……先生当时近乎失态的神情深深地印在我的头脑中,那是他怒其不争、恨铁不成钢的真情啊!

五、陈先生与彼得堡

在莫斯科到彼得堡夕发朝至的列车上，陈先生说，涅瓦河边"青铜骑士"所代表的彼得大帝雕像面向西欧奔去，在他身后，整个彼得堡都是用古典柱式建造起来的。彼得大帝勇敢地打开了俄罗斯通向西欧的门户，俄罗斯彼得堡的建筑与西欧完全一致。18、19世纪，从古典主义到浪漫主义，凡西欧建筑中有过的东西，彼得堡都有。彼得堡矿业学院的多立克柱廊，其古典的纯正程度，不亚于任何一座西欧的希腊复兴式建筑物。但俄罗斯彼得堡建筑也有自己对西欧建筑风格的再创造，主要有两大类：一类是意大利文艺复兴和古典主义加上巴洛克式的装饰，一类是16、17世纪俄罗斯式样加上拜占庭的手法。这些都是陈先生在1950年代研究彼得堡建筑的成果，时隔四十年，先生仍记忆深刻，表述非常准确。

在彼得堡四天，我们参观了伊莎耶夫斯基教堂、亚历山大剧场、喀山教堂、交易所等18世纪末、19世纪初的建筑，作为一个博学的建筑历史学家，陈先生告诉我这些建筑比法国的抹大拉教堂和英国的英格兰银行也晚不了几年，几乎是同时建造的。同西欧一样，工业建筑和资本主义经济给俄罗斯带来了新的建筑物类型和形制。这些建筑采用多跨结构，顶部有天窗采顶光，大跨度，小柱子，空间舒畅，新材料新结构的方式适应了这些新的需求。传统的砖石材料以及跟它们适应的各种结构方式都不适用了。仔细听陈先生一路讲下来，后来我的建筑理论与历史课的作业成绩超

陈志华先生与王路、韩林飞在伊莎耶夫斯基教堂登顶的楼梯上（冯金良 摄）

陈志华先生与俄罗斯小朋友在海军部门前（冯金良 摄）

过了俄罗斯的学生，小小的虚荣心得到满足之余，更是感谢陈先生的指点。

在冬宫广场上，我们徜徉在气势磅礴、整体感强烈而又非常协调的历史氛围中，陈先生异常兴奋，露出年轻人一样欢快的神情，我知道这是他年轻时的梦想。40年前在图书馆中欣赏这个建筑杰作时，在黑白图片不太清晰的表达中，仍能体验到这些世界建筑的辉煌，身临现场的陈先生如何能不激动呢？

陈先生兴奋地告诉我们半圆形参谋总部大楼建造的历史，广场中央为反抗拿破仑战争的胜利而建造的亚历山大纪念柱是重要的成就，尖顶上的天使雕塑手持十字架，双脚下踩着一条蛇，象征着抵抗入侵者的胜利。冬宫即今天的艾尔米塔什博物馆，是世界四大博物馆之一，是18世纪中叶俄罗斯古典主义建筑的杰出典范，不仅馆内有浩瀚的藏品，建筑本身也极尽华丽，明快清新的色彩、各种精美的雕塑与装饰让这座古老的建筑依然熠熠生辉，总参谋部凯旋门上是驱驾战马战车的胜利女神像，气势恢宏。陈先生用绘声绘色的讲解给我们又上了一课。

深秋的冬宫广场在夕阳余晖的映衬下更加圣洁与开阔,金色的阳光映射在冬宫蓝白相间的外墙上,有着让人流连忘返的温暖气息。走在广场上,特别是和陈先生一起走在这个历史的遗产中,伴随先生激情的讲解,我们如同穿越了华丽的历史走廊,整个世界都呈现出一种古典而又和谐的美妙气氛。

在参观彼得堡海军总部大厦的时候,陈先生夸赞这个作品是 19 世纪前半叶俄罗斯古典主义建筑的天才作品。海军部的尖顶从柱廊的白冠和建筑物顶层的雕像中耸立起来,在很远处就能看到,不仅统领城市的三条轴线,更通过立面敞厅的柱廊与涅瓦河上交易所的柱廊相呼应。

海军部立面造型的组合是非常丰富的,雄伟的形势与墙面柔软的、严峻的平静相结合,与雅致的装饰相结合,是建筑和雕塑高度统一绝好的杰作与典范。让我们非常惊讶而又佩服的是陈先生说出了这个建筑的设计师是扎哈洛夫,雕塑师是捷列别尼夫,先生说出的这两位大师的名字准确而且俄文发音纯正,我仍能记得大家当时惊讶而又佩服的神情,以及陈先生说这些话时平静而又自豪的神态。

六、游苏斯达里与弗拉基米尔

离开莫斯科、前往圣彼得堡的前一天,我们游览了莫斯科金环古道上的两座古镇:苏斯达里和弗拉基米尔。一大早我们来到了莫斯科城郊的火车站,那几天正是俄罗斯 1998 年卢布大贬值的第一周,新闻中的报道和街上的银行在动荡的紧张中,但火车站的旅客们好像并没有受到多少影响,仍在安详而平静地过着老百姓自己的日子。不过,商棚中货架上的商品明显减少,货品标签也是不断变换着。不知是不是这个原因,那天通往郊区的火车晚点了,火车站广场上一个俄罗斯出租司机看到我们几个外国人主动搭讪,一天包车的价格倒也合理,但我们一行五个人是否可以挤进他的车呢?司机信心满满地拉着我们来到他的车旁,一个老式伏尔加轿车,宽大厚实,1950 年代的老式车头有着苏联轿车一贯愣头愣脑、傻大黑粗的气派,宽敞的后排座涌进了我们四个不算健壮的建筑学人，宽大的前排座椅正适合陈先生高大的身材。我担心这三个小时的路上会受到警察的处罚，但这位肌肉发达的俄国司机信心满满地说，我有办法。将信将疑中我们挤进了车厢，路上司机告诉我们他退伍不久，参加过阿富汗战争，受过伤立过功，接着露出了鼓鼓的臂膀向我们保证不会有任何问题。但在出了莫斯科进入弗拉基米尔州的时候，我们仍受到了交警的盘问。手握冲锋枪的警察格外威严，但司机和警察亮明了自己的身份，警察也是退伍的阿富汗老兵，并没有为难他——真是虚惊一场。陈先生说普通人之间的相互帮助在日常生活中特别可贵，这些朴实的俄国人还没有受到不良的影响，还有可贵的互助之心。司机在他破旧的车上播放起了音乐，一首悠扬的俄罗斯歌曲伴随着我们前往目的地。一直在望着窗外景色的陈先生突然问我，歌词中总在重复的俄文是不是"回家之路"的意思。我回答是的。陈先生喃喃道：回家之路，回家之路。轻声细语中透露着喜悦。我知道先生踏上了他的古村落回乡之路，这是他后半生青春重新开始的地方……

弗拉基米尔位于莫斯科东北 190 公里处的克里西法马河两岸，是现今弗拉基米尔州的首府。这座古老小镇的历史比莫斯科还要悠久，它是整个俄罗斯历

弗拉基米尔沙皇加冕的圣母升天大教堂（韩林飞 摄）

史文化长河中一颗熠熠生辉的璀璨明珠，其重要地位甚至对俄罗斯民族和俄罗斯国家的形成都有着重要的影响。读着广场上纪念碑的碑文，陈先生对这座古镇欣赏有加：能在这里体验年轻时书中无法体验的现场感受、真实信息，我似乎感受到先生与老朋友重逢般的感情。

弗拉基米尔优美的自然环境、原生态的景观、沁人心脾的新鲜空气更让我们大为赞叹。站在沿河高高的土坡上面，在任何一个点上，都能远眺河对岸辽阔的原野，起伏的低丘。当时大家都很兴奋，但也对一些古建筑缺乏维修、破损陈旧的状态表示忧虑，但陈先生说：在没有完善的修复技术和资金支持的情况下，维持现状也许是一种较好的保护方法。只要当地人民有着热爱遗产、理解这些遗产价值的胸怀，这些遗产妥善保存的现状就可等候到完整修复的那一天。

到了苏兹达里，陈先生非常高兴，说苏兹达里凭借其众多的名胜古迹和优美的自然风格被列为世界遗产，在 1980 年代的罗马遗产保护研修班时代就听说过大名，久闻不如一见。这里是一个和大自然融为一体的，集俄罗斯古代宗教、文明、传统于一身的美丽乡村与聚落，它的宁静和古老呈纯白色的清爽，圣洁得没有一丝尘埃。

那一天，我们在深秋略带寒意的原野上走了约七八个小时。回程的路上，当司机知道陈先生是中国古村落保护研究的专家时，他有点卖弄地说到了苏兹达里的历史，说到这里 12 世纪由基辅大公掌管，之后又成为了苏兹达里公国，蒙古人入侵时几乎被毁，直到 18 世纪俄罗斯帝国崛起，才得以复建。随着俄罗斯政治文化中心的西移，苏兹达里渐渐淹没在历史的长河中，也有幸成为了一个世外桃源般的地方。司机的这番话，使我们大为吃惊。陈先生说这就是一个普通民众的民族之爱、文化之恋、历史之情，大众文化与历史的沉淀、民众的真情才是古建筑保护事业的希望。

七、游白俄罗斯

行程计划中的白俄罗斯之行吸引了大家的注意，因为它是苏联时代重要的加盟共和国。当时的独联体国家中国建筑师去得很少，号称欧洲战后重建典范的首都明斯克更是令大家神往。这次行程得益于白俄罗斯理工大学巴达耶夫教授的帮助，1995年他在莫斯科建筑学院研修时我们结识。他对中国人向来称赞有加，最初的缘由来自他的父亲，一位物理学家。1950年代他的父亲在火车上遇到了一位中国留苏学生，这位留苏学生说，回国后也要建设好中国的铁路，那坚定而执着的神情给他留下了深刻的印象。

　　一大早大家精神抖擞地来到了明斯克，巴达耶夫教授已经在站台上等候。简单洗去了旅途中的风尘，巴达耶夫问我们要不要休息一个小时再开始一天的行程，大家异口同声地表达了想要多看看的愿望。尤其是陈先生。巴达耶夫教授说，一听这就是中国学者的风格。愉快而坚定地，我们直接来到了白俄罗斯理工大学建筑系。

　　建筑系的系馆就在城市主干道一侧，巨大的体量如同航空母舰一样竖立在一片绿地上，翘起的一头在这处非常醒目，另一头是与之呼应的三角形斜翼。

建于1980年代的白俄罗斯理工大学（韩林飞 摄）

陈志华先生给女教授赠书（韩林飞 摄）

由停车场走向系馆的路上，陈先生评价说：这幢建筑很有 1920 年代苏联构成主义的特点，功能简洁、布局合理，形式简单而直接地表达了结构、技术、功能的需求，教学使用起来一定不错。到了楼内，宽敞明亮的展览大厅、流畅的交通空间、朴实实用的教室，让我们明白了建筑师对建筑造型理性的追求。陈先生仔细观察了空间布局的特点，对美术教室布置的水池、老式的木质绘图桌、墙上学生的储藏柜、大型阶梯教室的起坡与建筑造型等的设计理性进行了评论。陈先生将现代建筑功能细节体验作为首要出发点，正如他一贯严格地关注功能使用，重视空间效率，强调建筑设计的科学性。

巴达耶夫教授带着我们楼上楼下参观了一遍白俄罗斯理工大学的教学设施、学生作业等，我们在城市与建筑历史教研室停留了较长时间，这是一个宽大的开放式空间。一位资深的女教授仔仔细细地给我们看了他们的课程表，他们那里依旧是从一年级一直到毕业班，由简到繁、由易到难，每年都有古建筑测绘实习课，从乡村民居、钟楼钟塔到教堂、修道院，进行各种类型各种尺度的建筑测绘工作，有整体的乡村聚落布局，也有古老的城市中心规划，有细部剥落的古代城墙墙体，也有整体的建筑立面，极其详细；而且只用手尺，不用仪器。教授反复强调要培养学生的历史情感，从而使其养成对设计工作一丝不苟的作风和精深的审美能力。陈先生很赞成这种教学方法，一再说培养高水平的建筑师，教学工作应该精密细致，不要也不可心急。

结束了教学的参观，在去与明斯克总建筑师交流的路上，陈先生有些沉重地说：看了这个教学楼，就明白什么是真正的学术殿堂。这里用来进行博士答辩和做学术报告的大厅非常讲究，办展览和师生交流的场所也适合教学的需要，宽大的教研室展示着学生的优秀作业和教师的教学成果，很有教学殿堂的味道。教学楼的外形很到位地体现了它作为教学建筑的功能和特点，不像我们的新楼，后现代的风格让人迷失方向，涂脂抹粉矫揉造作，失去了教育的根本，更谈不上教学建筑的特点。他愤愤地说道：最可气的是门厅最明显的地方还有两间外宾专用的厕所，收发室地沟盖还会发出恶臭的气味。我知道1995年先生发表在院刊《世界建筑》上评教学楼的文章曾引起领导们的不满，甚至波及刊物的主编。但多年后，一位同济的知名教授告诉我，在自己的刊物上客观地批评自己学校的教学楼，这是一种宽宏博大的学术肚量。

对明斯克的总建筑师进行访谈时，我明显感到陈先生有点不太买账的神情，对官员陈先生向来不怎么感冒，对外国官员也一样，陈先生就是这样一个爱憎分明的人，表现得直截了当。当时陈先生的问题比较尖锐，甚至带着某些不屑。他问道：如果你的顶头上司市长先生指示要在某个地方建造个什么样的房子，作为总设计师和技术总负责人，你会怎么办？明斯克的总建筑师显然从未碰到过这样的问题，他不解地回答：从来没有发生过这种情况。陈先生又紧追了一句：如果市长先生一定要求这样做，会怎么样？这位官员仔细想了想，认真地说：一律按城市与建筑的法律程序办事，市长和普通市民的提议是一样的！当时作为翻译的我确实为两位的较真捏了一把汗。

其后几天，我们感受了明斯克重建后的城市面貌，参观了市中心修复的古迹"眼泪岛"，游览了明斯克郊区城堡，漫游了号称欧洲之肺的别洛韦日国家森林公园，在秋日的阳光中参观了世界文化遗产米尔城堡小镇。对于战后明

陈志华先生与明斯克总建筑师（冯金良 摄）

与白俄罗斯教授在学校最初的教学楼门前（冯金良 摄）

陈志华先生与巴达耶夫教授在明斯克米尔城堡小镇（韩林飞 摄）

与陈志华先生同游明斯克（韩林飞 摄）

斯克的城市重建，陈先生谈到它与巴黎奥斯曼重建的不同。明斯克重建是二战后不得已的事情，它之所以成为欧洲战后城市重建的典范，就是因为调和了城市与人、城市与自然的关系，能在战后重新振奋人民的情感，关键便在于解决了以上问题。奥斯曼的大拆大建并没有从根本上改善巴黎市民的生活条件，城市中形式化十足的林荫道并没有形成一个亲切的生活环境，而明斯克宜人的街区环境就形成了密切、交往、互助的邻里关系，充满了友谊和亲情；安全、便捷、悠然有趣、健康文明的步行交通是人性化宜居城市必需的。城市和建筑史，要深入研究的内容就是城市和建筑发展过程中各个阶段的基本历史条件，以便人们清晰地认知当前城市和建筑所处的历史阶段，以及它们的发展方向。城市和建筑史不仅要研究艺术、形式和手法，更要研究社会、经济文化和生活。历史科学就是一种思维方法，城市史和建筑史这些科学的任务就是帮助人们树立这样的方法论，并将它们自觉地应用起来。这就是情感和灵魂，是城市发展的根本。历史研究不能太功利、太狭隘、太麻木，更不能太简单化、技术化和实用主义化。当时陈先生这些感慨仍历历在目，成为我和许多学者确定研究方向的宝典。

八、先生的言传与身教

旅途中，我感受到另一个陈先生，在学校时他尖锐的形象总是给人难以接近的感觉，而旅途中他风趣，和蔼，平易近人。陈先生言传与身教的不仅是他冷静的批判精神，更是他始终年轻的一颗心，他始终传递着他的价值观，始终表达着自己独立思考的态度，他不为体制所局限，不盲从地存在，不苟且懦弱地生存。

记得快七十岁的他，秋风中穿着朴素的棉布厚衬衣，外穿一件年轻人喜欢的浅色多口袋摄影背心。由于年龄的原因，他不再手持相机，但摄影背心中装着小本、笔、地铁图，甚至还有一本 1950 年代的袖珍汉俄小字典。旅途的间隙在车上或地铁上偶尔记上几笔，他总说烂笔头胜过好记性。看到我们拿着照相机四处扫荡，他笑眯眯地羡慕道：年轻时靠相机记录，老了只能靠烂笔头喽。但我们都知道陈先生多产而深刻的随笔正是锲而不舍、勤奋积累的硕果！正是"上穷碧落下黄泉，两处茫茫皆不见"不断探寻的回报！更是陈先生一以贯之"言之有物、物物见真"的思想真情！

旅途中，陈先生还多次展示了他刚直、不屈服于权贵官僚的真性情，不只是对外国官员。记得我们在彼得堡游河时，由于卢布贬值，我们带的外币升值，发挥了不小的作用。我们用外币租了一条涅瓦河上不错的游船，船老大还为我们准备了丰盛的俄式晚餐。船上除我们外还有中国建筑学会的一位官方领导，正好他在彼得堡公干，我们与他同游了一天，欣赏彼得堡的城市景观、涅瓦河两岸的美景。河海相交，深蓝色的水面悠扬地荡漾在游船的船帮，天海交融，城市与建筑及自然的美景给我们留下了深刻的印象。大家兴致很高，欢声笑语中欣赏着沿河的风光，与对面游船上欢乐的客人愉快地挥手相互致意，一派其乐融融的欢快气氛。陈先生也很高兴，与我说着彼得大帝向西打开大门、

米尔古堡小镇的总建筑师陪同访问（冯金良 摄）

建设东方威尼斯彼得堡的盛况。但是，我全程没有看到陈先生与学会领导的交流，这位领导也是清华校友，曾经是陈先生的学生。领导走过我们身旁，点头向陈先生致意，陈先生将头扭向了另一个方向；晚餐时领导向陈先生敬酒，酒杯停留在空中许久，陈先生硬是没有抬头。这就是陈先生一直以来对待官员的态度，当时我们这帮小年轻更是摸不着头脑。也许名士总是特立独行，我行我素。多年后才知陈先生与学会刊物种种斗争的故事。这就是陈先生对我的身教，因为他相信：唯天下之至诚能胜天下之至伪，唯天下之至拙能胜天下之至巧。他和我说过做学问就要至诚不伪，做人就要至拙不巧。

　　十五天愉快的考察就要结束了，在机场，我托大家帮我带回去两箱书，虽然其实很不好意思占据大家的行李空间。陈先生听说要带书，面露满意而赞许的微笑说：用我的行李指标，好样的。这样的夸奖让我得意了许久，同时也感到先生殷切的希望。大家握手告别时，陈先生摸出口袋里剩余的卢布，又从衬衣口袋中摸出一个清华的信封给我说：留着这些买书吧。各位老师也都将剩余的卢布留给了我。陈先生信封中是没有兑换的一百五十美金，此行中他仅仅兑换了五十美元的卢布，给老伴买了一个便宜的俄罗斯套娃作为留念，后来我回国带了一套大大的套娃送给陈师母，师母高兴了半天。我要还钱给陈先生，陈先生只是问书买了吗？我说买了不少。陈先生说买好书仔细看，就不用还钱。我永远记得陈先生当时支持我的神态，忘不了那个带着先生体温的清华信封。

九、终生的受益

　　短暂的旅行虽然结束了，但从此我与陈先生开始了新的交往。回国后陈先生一直鼓励我进行苏联前卫建筑与现代建筑起源的研究，并对我的研究工作给予了极大的支持和热情的帮助。2002 年，我在北京工业大学教书时，先生从清华园独自一人打车到三十多公里外的平乐园，参观了我们组织的"从呼捷玛斯到莫斯科建筑学院"的展览，一张一张图板仔细看了四十多分钟。73 岁的老人让在场的后学们敬佩不已。先生不仅对我们的工作予以了高度的赞扬，还谆谆教导说：希望利用好这些来之不易的资料，将莫斯科前卫建筑运动纳入到欧洲、世界现代建筑起源发展的历史中进行深入研究，知其然知其所以然。他还指导我将苏联构成主义的教学方法与包豪斯进行比较研究，总结这些至今仍具有非常重要影响的教学方法及其经验，并深刻地指出欧洲今天许多学校的现代设计教学仍受到 1920 年代苏联人深刻的影响。当时先生如数家珍似地论述了他年轻时深刻的研究，又将他年长以后纯熟的思辨娓娓道来。2015 年，我出版的三本教材，应用呼捷玛斯的教学遗产探讨了新的基础教学，得到了陈先生的大加称赞，总算没有辜负先生殷切的希望。

当时北京工业大学正在进行教学评估，同所有的学校一样，评估总是关乎学科生死存亡的头等大事。在我们研讨时，学院学校领导及评估专家等一群人

陈先生为呼捷玛斯一书所写的序（韩林飞提供）

来到了会场，陈先生正在讲话，他看到这些领导时并没有停下来，仍不紧不慢地说着，甚至提升了音调。估计这些评估专家圈里人也都知道陈先生的影响，我们当时工大的院长也是清华的一位女学长，她优雅地小声介绍了展览研讨的情况，之后便带着他们一行人谦卑地从侧门静静离开了，可能是不愿意打扰陈先生的发言。看着陈先生那不卑不亢的神情和气场，我知道这就是学者学术风范的魔力，更知道这是陈先生一贯的气蔑权贵的力量。会议结束后，陈先生甚至没有留下来共进晚餐，只是说多留些经费来做些真正的研究，嘱咐我出版好这些资料，并为《呼捷玛斯》一书做了一篇热情洋溢的序言。陈先生对我的这些支持一直成为我研究的动力，只是由于种种原因，此书一拖再拖，在呼捷玛斯百年纪念时又发生了疫情，直到今天才将要出版，这成了我终生的遗憾。

陈先生离开我们了，看着商务印书馆为陈先生出版的十二本厚厚的文集，翻阅先生的 700 万箴言，字里行间留下的是一位真学者的仗义执言。锋利的笔如刀箭般刺向一切他认为的丑恶与弊端，对任何人都不留丝毫情面。陈先生的历史研究，横跨古代与现代，对建筑史的研究，从社会、文化、美学、人类文明等角度，在自己坚定的历史观、价值观和文化观的引领下，仔细梳理、精心挑选。与一般历史学者的研究不同，他将建筑历史研究的思考放到整个世界历史背景中，清晰地认知到 17 世纪前的世界建筑史多是皇权贵族的情趣，虽然先生并不否认这些建筑的创造性价值，对于现代建筑则一贯坚持科学与民主的观点，强调为普通人服务的观点，坚持建筑功能、实用与技术创新相结合的方法。先生的研究领域不仅局限于西方建筑史，他对东方社会主义国家苏联建筑史的研究更是观点鲜明，他不仅翻译了可以说是中国第一部俄罗斯建筑史，更是对苏联 1920 年代前卫建筑创新的贡献进行了中肯的评价，并且深入探讨了苏联前卫建筑与欧洲现代建筑发展的渊源，深刻批评了 1950 年代苏联学者唯建筑造型艺术论的观点，清晰地认识到其影响及研究方法的本质缺陷，对西方学者解构主义理论试图利用苏联构成主义的形式语言他深恶痛绝，毫不留情地指出其本质，即大众追求出发点的方向偏差。关于苏联前卫建筑的研究，陈先生文章的历史观、价值观、研究的深度与广度上都远远超越了西方的学者，甚至超过了苏联本国的研究者，只可惜这些文章没有外文译本，外国建筑理论作家少有或根本没有懂中文的，这是极大的遗憾。关于中国乡土建筑的研究，陈先生可以说是开拓者，其开拓性不仅在于研究的数量，更体现在创造性的研究方法。其研究理论出发点的深厚至今都是后学们模仿的对象。他也对当代社会中的各种奇怪现象，对封建迷信和殖民心理等根深蒂固的思想糟粕发出了尖锐的怒吼。

对于建筑史研究的历史史观，陈先生认为多种史观的写法都可以存在，但陈先生坚持认为"唯物史观""阶级分析"的方法并不过时，因为"阶级分析"的方法在欧洲学术界很早就存在，并不是马克思发明的，马克思是杰出的学者，思想非常深刻，我们没有理由因为上过冒牌人的当便回头排斥马克思的所有学术遗产。陈先生不是党员，但他比许多人更执着于社会主义、天下为公的理念，他是一名坚定的社会主义者，从 1949 年选择留在北京的那一刻起，为民发声、为群请愿、为众呐喊，他无论何时都不减初心，一如既往地鄙视皇权贵族的霸凌与小众情趣的一厢情愿，无论是古代的君主贵族还是当代的资本家

88 岁高龄的陈志华先生展示力量（李玉祥 摄）

与官僚漠视众生的贪婪。陈先生始终认为建筑理论应该研究普通大众的建筑需求，满足民众生活的需要，认为建筑学就是人学，建筑师的工作应与"改造国民性"的任务协同起来，建筑教育应包括对建筑师人格的教育，发出了"功能主义就是人道主义""物惟求新""为我们的时代思考"的呐喊。

关于陈先生的学术思想、教育思想、历史理论、研究方法和内容及其相关性方面贡献的研究完全可以成为一篇系统性的博士论文，因为他是一名真正的思想家，不仅是建筑界的思想家。有人说陈先生就是中国建筑界的鲁迅，我认为并不夸张。

有人说，到了21世纪，我们将不缺钱，不缺技术，不缺这，不缺那，但我们将缺思想。而没有思想，将是民族命运的悲哀。民族命运的命题也许太远了太大了，但没有了思想却肯定将是中国建筑界巨大的悲伤！

15天的旅途已过去了24年，但仍历历在目，仿佛昨天。故人已去，思念长存。直至陈先生离开，我才匆忙间做此笔记，实在是后学的愚钝与拖沓，但正如唐朝张乔诗文所记："旅途归计晚，乡树别年深"，虽然对旅途的记录为时已晚，未能与陈先生共享，再也得不到陈先生的指正，但先生对苏联俄罗斯研究的"乡树"，回到青年时代研究的梦乡之情，还有旅途中对后学的指导与教诲，都令我终生难忘。此文也是离开先生，"寂寞逢村酒，渔家一醉吟"的感慨。虽不是醉吟，却是对陈先生永远的记忆与怀念！

谨以此文怀念陈志华先生，非常怀念与先生一起的日子！永远的清华老先生！

陈志华先生不只教我们外国建筑史

王　静[*]

上陈志华先生的课得积极占座，晚点儿不但没好位置，还可能没位置，如果踩着点儿，恐怕不但没处坐，还压根挤不进教室，没处站。

刚开始上外国建筑史的时候，如果是下午的课，上午最后一节课后，就有同学赶去主楼九一四教室，用课本或笔记本占好座位再回食堂吃饭。随着课程深入，内容愈发精彩，占座愈发激烈。高班同学明明已经学过考过，居然回炉蹭课，更添我们压力。大家纷纷比拼真身更早到达，用沉甸甸肉身代替占座的课本、笔记本。

学生中间流传着陈先生的故事

学生们热情似火追捧课程，陈先生课下，他却总是沉思的样子，很少笑，一身灰扑扑衣裳，偶尔沉默着穿过走廊。建筑系走廊两边挂满优秀学生作业，他不咋看，也不评。学生中间流传着陈先生拒绝跟同事讲话的故事。

1980 年代后期，应该是北京市领导的决定，要复原颐和园后山的苏州街。历史教研组另一位教授是中国古建筑专家，接下了设计任务。我们那会儿只是低班学生，并不太懂群众喜闻乐见而专家为啥反对，只听说陈先生认为做假古

*　清华大学建筑系 1987 级本科生。

董堪比破坏真古董，反对复原。反对自然无效，陈先生竟迁怒那位承担设计任务的教授，旗帜鲜明不跟他讲话了。

陈先生上课没有废话，也不说笑话，但常常批评。陈先生写很多建筑专业评论文章，我读到的批评居多。他一面科普保护真古董，一面批评假古董，批评"大屋顶，小亭子"的建筑复古。社会总要进步，什么力量也挡不住新的美学形式诞生。陈先生热烈欢迎新建筑，也曾经感叹，它们要跟那么美的屋顶、斗栱、柱式、拱券竞争，创造新的美学形式，太难了。他批评北京城里的很多大院堪比"地主大院"，说那不只是物质形态上的地主大院，还是思想上的封闭、保守，是开放城市、活力的敌人。

我现在猜想，他可能不讨人喜欢，很多人压根也不爱理他。

三十多年过去，新的建筑形式已经喜闻乐见，城里的"地主大院"对城市活力的伤害也有目共睹，关于"小街区，密路网，开放街区，增强城市活力"的呼吁已经是全社会共识。

我们用的教材《外国建筑史》是陈先生写的，关于它也有个"传说"。

"文革"结束，大学恢复招生，建筑系要开外国建筑史课程，陈志华拿出《外国建筑史》新书稿。早在1962年，32岁的陈志华就编著了供学校内部使用的《外国建筑史》。这份教材后经改写和压缩，1979年作为专著出版，1997、2004、2010三次再版，至今不失其权威地位。陈先生啥时候做的这件事？不问也知道，被批判、被"劳动改造"的间隙里。没出过国，资料啥啥都敏感，咋写？这个，不问也知道，迎着困难写。

实际上，在"文革"中做学术，迎面而来的远不止困难。清华大学闹"文革"很凶，乐此不疲从头闹到尾。在清华，梁思成先生等"反动学术权威"的遭遇肉眼可见，"文革"中不堪其辱自杀的教授也并不鲜见。中国古代建筑属封建遗毒，外国古代建筑属封建加西方毒性加倍，研究它们？躲还来不及呢。

陈先生从未说起自己写教材的事儿，上课也不用这份教材。他一开课就说，教材既然有，你们看看就好，不用我再说。

看见人，才能理解他们创造的建筑

与其说陈先生教我们，不如说他享受我们一起走的一段旅程。先看见人，认识人，听人说话，再走过人们曾经走过的路，看到人们看过的阳光蓝天绿树，最后才能理解、欣赏那些人像上帝一样创造的建筑。

我永远记得陈先生所讲古希腊。时间相当于我们的春秋战国时代，强大的波斯入侵希腊城邦，挑起希波战争。战前，雅典的商业、手工业和航海业就很发达，平民地位高，建立了自由民民主制度。雅典卫城古已有之，陆续建成。中心神庙为保护神雅典娜而建，每逢四年一次的雅典娜节，以自由的平民为主，大家在卫城游行狂欢，已成为城邦象征。

战争中，波斯曾攻占雅典，摧毁了雅典卫城所有建筑。这可大大激发了雅典人反抗侵略者的斗志，他们要保卫的不仅是自由和海上贸易的利益，更要保卫自己的民主制度。他们比那些贵族寡头统治的城邦行动更坚决，承受壮烈牺牲，尤其以平民为主的海军立下赫赫战功，使雅典成为希腊城邦盟主。公元前479年，希腊战胜波斯。

战后，经济和文化迅速恢复，各城邦密切交往，文化融合，雅典当仁不让成为希腊世界政治、经济和文化中心。雅典人热情万丈重整雅典卫城，要比原来的卫城还要雄伟壮丽。

重修雅典卫城以及花多少钱、怎么花，都由民主决策。这是平民要去纪念自己的胜利，纪念民主的胜利。雅典卫城永远记下了这一历史的黄金时代。

课堂上的我们屏气凝神，跟着陈先生讲解，一幅幅幻灯片看过去，就像来到两千多年前的希腊雅典。早晨，节日庆典的队伍在山下的广场集合，来到胜利神庙的陡崖下，能看到削壁面上挂着战利品，削壁女儿墙以及胜利神庙上浮雕着战争胜利场面。绕过削壁，登上陡坡，穿过朴素的山门，迎面是铜铸镀金的雅典娜像。她手执长矛，巍然屹立，以垂直形体对比着横向展开的建筑群。再向前走，就是统帅全局的帕特农神庙——位置最高，体量最大，形式最简洁，风格最庄重，装饰最华丽，色彩最鲜艳——那个时代最伟大的建筑杰作。

雅典人按游行、祭祀、狂欢的亲身体验而设计雅典卫城总体布局，正是现在设计师天天挂在嘴上的"以人为本"。当年课堂上的我们，犹如亲身跟随游行庆典队伍，在灿烂阳光下被雅典卫城高贵的单纯和静穆的伟大所震撼。教室里安静极了，掉根针都能听见。

陈先生继续解说帕特农神庙。帕特农神庙形体单纯，恢宏大气。它平面长方形，长约 70 米，宽约 30 米，周围一圈柱廊，柱高 10.48 米。貌似简单几何形，其实加入了若干弧度和斜线的细部。帕特农神庙的柱子不是绝对垂直，而是略向中央倾斜，位置不同斜率不同，它们的中心线可在上方 3.2 公里处汇于一点。帕特农神庙台基面不是标准水平，呈中间高两边低的弧度。帕特农神庙采用陶立克柱式，外轮廓是上细下粗的弧形。这样的匠心设计，使它看起来更稳定、向心、坚实，如同活着的生命体。

所以说，帕特农神庙体现了古典时代希腊艺术家精致敏锐的审美力和工匠技术的高超娴熟，证明了自由人类释放出的巨大创造力。

帕特农神庙东西山花的雕刻图片放出来的时候，陈先生似乎停顿了，然后引用 18 世纪意大利古典主义雕刻家坎诺瓦的话说："所有其他雕刻都是石头做的，只有这些是有血有肉的。"仔细看看这些雕刻吧，他们的衣褶似乎带着体温，皮肤下面血液还在流动。这是两千多年前人类艺术达到的巅峰。

毕业多年之后，当我在中国杭州的工作桌前绘制一棵石柱、一组线脚；当我出游欧美，在博物馆站在一尊古希腊雕像前，我都会想起陈先生说过的话，为眼前一棵石柱、一组线脚、一尊雕像的美而感动。

要退休的年纪，为啥跑到偏僻小山村吃苦？

"五道口职业技术学院"并非浪得虚名。1991 年秋天，建筑系五年级同学就能正经干活，跟随老师进入各种各样实际项目。那会儿深圳广州经济形势一派大好，建设项目钱多，出差能坐飞机，看得我们古建组同学个个眼热。

古建组很缺钱。跟随陈志华、楼庆西先生，从北京到金华绿皮火车要跑十好几个小时，连硬卧票他们也嫌贵。

我们要去一个小山村做乡土建筑测绘。那地方很穷很偏，不但不通火车，连公共汽车也不通。清晨在金华下火车，乘汽车到建德县城，我们还要再换乘一种机动小三轮俗称小蹦蹦。车厢内很小，有同学连木板也没得坐，只好站着。车厢顶又不够高，站着的同学还得低头弯腰。车厢顶和侧边裹着帆布，屁股后面敞开着，泥土路上下颠簸扬起黄尘，一路行进，乘客们一路喝灰。

太阳快要落山，我们下了小蹦蹦。眼睛里只看见山外青山，耳朵里只听见溪水潺潺，山坳里白墙黛瓦的新叶村展现在我们眼前。

跟陈先生同在古建组的楼庆西先生担任那次乡土建筑测绘总摄影师。楼先生主要拍建筑，偶尔拍人。刚下车，我们还晕头涨脑，楼先生就兴致勃勃打开他的宝贝相机立刻开工。夕阳下抟云塔、文昌阁在金黄色田野上如此美丽，十个同学正好当模特，楼先生就给我们拍了张合影。

1990 年代的新叶村几乎是被现代社会遗忘的角落。村中心池塘边，总有

清华大学建筑系 1987 级古建测绘组同学 1991 年秋天在新叶村留影。（楼庆西　摄）

几个面容呆滞的人在游荡。因为交通不便，附近几个村子世代通婚，出生人口的智力缺陷比例明显偏高。

陈志华先生本来是研究外国建筑史的学者，到新叶村时他已经 61 岁。要退休的年纪，为啥跑到浙江建德偏僻小山村吃苦受罪呢？

陈先生在后来出版的《新叶村》一书中写道：在建筑历史上，一向大书特书的是宫殿、庙宇、陵墓和城郭。殊不知，正是在这些极其普通的村落里，我们祖先用奶汁和亲情喂养了整个民族，孕育了民族的文化。因此，乡土建筑中保留着我们民族的记忆、民族的感情最丰厚。研究中国文化史，不能没有乡土建筑。

而现实情况是，中国乡土建筑的价值远远没有被正确而充分地认识，乡土建筑正以极快的速度、极大的规模被愚昧而专横地破坏着，我们正无可奈何地失去它们。

陈先生说，我们无力回天。但我们决心用全部精力立即抢救性地做些乡土建筑的研究工作。正因为新叶村被现代社会遗忘，才保留着很多类型的古建筑，而且布局结构完整。在浙江西部，乃至整个江南，都很少有。

在陈先生眼里，新叶村是个惊喜。而对我们十个大学生来说，新叶村堪称小小惊吓。现代社会要予以消灭的苍蝇和跳蚤，在当时的新叶村活得滋润。得知来了新鲜外人，它们可劲儿亲近我们。村民们管厨房苍蝇叫作"饭蝇"，由它们黑压压叮满顶棚。我们一天三顿饭，得时刻小心饭碗，发现一只，挑出去一只，剩下的饭接着吃。跳蚤尤其爱年轻的身体，一直对我们紧追不舍。每天晚饭后集体看图，一个同学后背发痒开挠，其他九位势必随之一起挠起来。陈先生和楼先生六十多的人，跟我们吃住在一起，比我们睡得晚起得早干活多，我们当然也不会叫苦叫累。

我和其他两位同学一个小组，负责测绘南塘边名叫是亦居的住宅。一行三人走过陈先生走过的同样街巷，走到有序堂前，看见南塘的波光水影，我只觉得拐弯抹角被绕晕不识东西南北，村子破败不堪，南塘水脏兮兮。

我不知道南塘早于新叶村而存在，不知道朝山道峰山是卓笔峰，南塘作为"墨沼"倒映这座峰形成"文笔蘸墨"的好风水，来自新叶村七百年多前的规划。那是陈先生时刻装在脑中的功课，等着深究。

陈先生负责新叶村乡土建筑研究的总体设计。他怀揣着社会、历史、文化的大局，悲天悯人又看得到乡亲们细微的生活。"从家里闭塞的、小小的天井走出来，经过深沟一样夹在连续不断高墙缝里的狭窄阴暗的街巷，来到宗祠前的水塘边，空间忽然宽阔，阳光忽然明亮，感觉的变化十分强烈。"这是陈先生眼睛向下看，去敏锐感受七百多年前新叶村公共空间规划的鲜活体验。

相较于呆在清华建筑系的高冷，陈先生走在新叶村小街巷像换了个人，总是笑眯眯说话。从洗菜用的小竹篮、针线笸箩，到团扇、扁担，乃至老太太搓麻绳用的刻花瓦片，他都看在眼里，由衷夸赞。瞧他手拿罗盘，有胆大的乡亲免不得请他回家瞧瞧风水，他也并不嫌人家迷信而拒绝。我猜他看风水时可能送出了一些祝福，所以我们走在路上，曾经被款待尝尝新酿的米酒，或吃刚出锅蒸熟的芋艿蘸白糖。

待得越久，看得越多，越爱。我参加测绘的是亦居，刚去只觉得黑咕隆咚封闭阴暗，没等测绘完毕，我就爱上了它。我们测绘的成果忠实记录了是亦居的风采，跟着新叶村其他的研究、测绘一起出版成书。是亦居作为乡土文化小小一滴水，也有机会被世人看见，记住，成为让人珍惜的遗产。

30年后我读到《新叶村》一书，更多理解当年为啥陈先生、楼先生总是精神抖擞。太多功课需要做，还要跟"拆"字比速度。陈先生承认他们贪快贪多，抢救一个是一个。

我们测绘9年之后的2000年，新叶村被批准为省级文化保护区。完成新叶村测绘之后，1992年春天我们测绘的诸葛村，于1996年被批准为国家级重点文物保护单位。

如今我年过半百，多懂了一点陈先生

我们毕业了。毕业10周年匆匆返校；毕业20周年，也匆匆返校；即将毕业30周年，我才意识到，这么多年过去，我没再见过陈先生，没去看过他，连张贺卡也没寄过。而陈先生，今年 92 岁了。

老人家总是忘记眼前的事，记得很久之前的事。陈先生还记得自己年轻时候吗？

1949 年，差三个月不到 20 岁的陈志华已在清华大学社会系读了两年，却壮着胆子跑到胜因院梁思成、林徽因二位先生家，申请转到当时的营建系。梁先生很高兴，絮絮叨叨说了很多，无论建筑设计还是城市规划都需要社会学思考等等。怯生生的陈志华听不清楚梁先生太多话，只清晰记得林徽因先生的热情。

林先生催陈志华赶紧去注册组办转系，还说，营建系欢迎你。我们本来就想着让营建系先去文学院、法学院上两年课，三年级开始学建筑，五年级毕业。你正符合我们设想。

林徽因先生的教导，陈志华一直记得，他说他永远不会忘记。林先生讲解卷草装饰纹样，用纤细的手指比划，强调软塌塌曲线要不得，越是圆润的曲线，越要给它倔强，给它力量；林先生讲希腊建筑装饰纹样卷草如何经由印度传入中国，如同一堂系统大课；林先生曾经写下几页纸，密密麻麻小字，关于科林斯柱头和卷草的断想。那几页纸一直被好好保存着。还有更多有关林先生的记忆，写在《记忆中的林徽因》一书里，被我读到。

那是 1953 年吧，人民英雄纪念碑的工地上，年轻的实习生陈志华，眼看着雕花师傅一锤一锤，把石碑上的花环打造出来，靠工棚门口放着。吃饭的时候，大家端一碗菜，捏两只馒头，慢慢欣赏，赞叹。陈志华知道，那是林徽因先生设计的花环小样。那个石刻花环小样，做了林先生的墓碑。

几十年过去，陈志华成了我们的陈先生。去瞻仰林徽因先生墓地，墓碑上林先生名字在"文革"中被红卫兵凿去，一直没有修复。陈先生想，不需要名字也罢，看到那个花环，就看到了林徽因先生。

陈先生说，他从社会系转到营建系，原因之一是仰慕梁思成先生和林徽因先生，自己当了老师之后，才领会到他们的气度和风格正是教师最重要的品德。

如今我年过半百，多懂了一点陈先生，多懂了一点清华建筑系那些老先生们的气度和风格。我保存着一组照片，那是毕业前的一天，楼庆西先生掌镜，陈先生、李秋香老师老师陪着我们古建测绘组十个同学照了好多合影，从东区主楼前大台阶，到西区大礼堂，水木清华，近春园。在我心目中，陈先生一向惜时如金，不肯浪费一丁点时间。而那天，天好热，花了好长时间，跟我们一起拍照，看我们笑闹，照片里的陈先生安安静静笑眯眯的。

　　2022 年元月 20 日，陈志华先生逝世。陈先生离开了我们，可只要翻开他写的书，我们就能在书中与他重逢，再次听他说古希腊、古罗马，说中国浙江的新叶村、诸葛镇。

　　士当以天下为己任。我没听陈先生说过类似漂亮话，但我看到，他一直在做，做了一辈子。

1992 年 6 月，陈志华、李秋香和即将毕业的古建测绘组同学们在清华大学近春园遗址合影。（楼庆西 摄）

陈志华先生不只教我们外国建筑史／王　静

一生的良师

何可人[*]

陈志华先生是我的恩师，我有幸在本科时期上过他的外国古代建筑史课，后来本科五年级参加了他和楼庆西老师、李秋香老师指导的乡土建筑调研小组。毕业后一直到他去世之前两年，都跟他保持着联系，去他家里聊天，聆听老先生的教诲。回顾自己一路走来的历程，可以说受到了陈志华先生极大的影响。他做事以及为人的风骨，成为知识分子的榜样，并影响了我的人生走向、事业倾向、为人师进而为人的准则。

"读者何可人敬上"

我与陈志华先生的缘分早于见到他本人之前。1990 年初，应该是我刚在清华大学建筑系上本科二年级的时候，有一天同学们纷纷传言说我发了一篇可厉害的文章在《世界建筑》杂志上，我非常懵，赶紧找到了当时新出的《世界建筑》1990 年第 1 期，见第 74 页上有一篇小文章，名为"关于 Contextulism 的翻译及其他"，最后署名是"读者 何可人 敬上"，写作时间是 1989 年 12 月 12 日。我这一看觉得非同小可，便赶紧跑去各种解释，说这个的确不是我写的，作为一个大二的学生，哪写得出这种文章，Contextulism 是什么意思都不知

---

[*] 清华大学建筑学院 1988 级本科生，现任教于中央美术学院。

道。这文章后来还有发酵，1990 年第 2 期上又登出来高亦兰老师写的一篇回应文章"关于 CONTEXT 一词中译的一点情况"。此后便再也没有署名"读者何可人"的文章出现了。我一直存疑和好奇，这个和我同名发文章的人是谁。

应该是不久之后，我便从家人那里得到比较确切的信息。因为父母也是清华建筑学院毕业的，他们的老师和同学在系里的很多，也知道我的身世，所以传到我父母那里的消息是，署名何可人的文章的真实作者竟是陈志华先生！而且陈先生自己也得到了消息，他的新笔名跟系里一名学生重了。自此，他便不再用这个笔名。

后来几年我上陈先生的课，参加乡土组调研，甚至之后多次跟陈先生接触，竟然一直也没提起过这件事。只有一次，记得是在大五下乡中的一次闲聊，好像是李秋香老师说起我的名字起得多么有特色，在旁一直沉默不语的陈先生（下乡中大家一起吃饭闲聊时，陈先生大多数时候都是这种若有所思的样子）突然说了半句："其实我有一次……"但是不记得为什么没有说下去，是自己不想说了，还是被打岔打掉了，时隔久远，具体的情景竟然也记不清楚了。

前几年师兄赖德霖编写陈志华先生文集，我跟他说起此事，他竟然不知晓。他以为他已经知道了陈先生的所有笔名，没想到会漏过这个。

教外建史的先生

我们这届上外国建筑史是大三（好像是 1990 年秋季），每周一次，在主楼九楼教室。记得每次都是座无虚席，很少有人旷课。陈先生上课时就一直坐在讲台前，声音不大，就跟他平时说话的腔调声音一样，娓娓道来，不慌不忙，但是字字句句都是干货，从不照本宣科，都是发自内心的理解和感受。记得他一边讲还喜欢一边用手"擦"着脸。那时候陈先生刚刚去过欧洲，放的幻灯片都是自己拍的，因此讲起来很有感情，不仅讲建筑，也讲他在欧洲参观游览的见闻和故事。记得最清楚的是他讲到培训中遇到的德国小青年马丁的故事，讲马丁如何手里拿着张用过的纸巾，走好几公里都不随便扔，直到看到垃圾桶。

后来这些故事，我在陈先生的《意大利古建筑散记》中也读到过。当时我们学生的资讯非常匮乏，放在今天简直难以想象——谁也没出过国，也没有网络，没有什么参考书，看到的照片也大多数都是黑白的，因此陈先生当时的故事，包括上课放的大幅彩色幻灯片，对于我们来说简直是个使人憧憬的新奇世界。

2004年，我在美国留学工作多年后回国，开始在中央美术学院代课，从2006起便开始教和陈先生当年一样的课——外国古代建筑史。我基本还是采用陈先生经典的《外国建筑史（十九世纪末叶以前）》作为教材，但也开始采纳其他各种中外参考书籍。不再需要幻灯片了，用的自己拍的和网上找的数字照片做ppt来讲课。后来也开始参加国内建筑史教学的研讨会，2007年同济大学举办中外建筑史研讨会的时候，我正准备去参加。临去前正好去清华看陈先生。他跟我说："同济的罗小未先生亲自给我打电话邀请我去参加同济的大会，我有点为难，不好推辞。你给我想个办法，看看怎么能不去呢？"我比较了解陈先生的脾气，他其实并不是傲慢推脱，而是他向来不爱开大会，喜欢参加一些小型的专业研讨会，觉得那样更有效。但是我劝他，说这么好的事情，您还是去吧。

秋季在上海同济大学开会，陈先生最终还是去了。加上罗小未先生、刘先觉先生、吴焕加先生等，几位最早第一代参与外国建筑史教学的老先生们基本都到齐。会上有一项活动，给几位老先生发奖，奖励他们在外建史教学方面终身的贡献。同济礼堂黑压压坐了很多人，陈先生站在台上领奖，感谢大家和同人们对他的支持，几乎老泪纵横，声音哽咽，令人感动。之后我在报告厅外面看见陈先生跟几个年轻的学生热烈聊天。我曾经觉得年轻的建筑学生怕早已不知道陈先生，但当时在同济的经历改变了我的这个想法。经典便是经典，在任何时候，在认真追求知识的人心中，总是会留有一席之地。

乡土七子

陈先生在退休后便开始带队从事乡土建筑的调研，表面上是与外国建筑历史完全相反的两个方向，带的研究生也都是乡土建筑研究为主。1991 年的暑假之前，我们已经开始为大五毕业选择不同的教研室。记得有上面几届学生来传授经验，说选了历史理论教研组的乡土建筑组，就可以免费去南方玩。我基本就是奔着这个目的报了乡土组。到了 1992 年秋季入学的时候我们乡土组选报的七个人，姜涌、唐晓涛、夏非、李义波、高茜、柳澎和我。具体这个项目是什么来龙去脉我们自然是不太清楚，反正就是一开学就被安排下乡了，从此这一年下乡调研的经历便构成了我人生的一个重要的转折点。

我们七个人，五个男生，两个女生，先是买了火车票去浙江金华。经费还是比较拮据的，只有两个女生坐卧铺，男生都是坐席。到了金华之后换汽车到兰溪，然后再转车到了诸葛镇。陈先生和李秋香老师好像已经提前到了，在等我们。我们住在镇上的招待所，每天早上自己在小镇上吃早点，然后两人一组去买一天的食材，每天好像伙食费一共十五元的样子，买好后把食材拿到祠堂，交给那里请来的一个帮着做饭的阿姨。午饭和晚饭就去祠堂吃饭，和陈先生和李老师一起。李老师常夸我们会过日子，每天都有荤有素，比上一届的强。吃饭的时候陈先生一般都默默吃饭，不太做声，总好像在想着什么。

我们在诸葛镇住了至少一个月，每天都是两人一组出去测绘。当时诸葛镇的丰富的民居也是让我们这些大多数都是城里来的孩子大开眼界。李老师主要辅导我们测绘、拓片和整理测稿的方法。陈先生自己一直在什么地方忙，大概是写作、搜集资料和拍照。他当时有一台小的傻瓜相机，非常喜欢，称赞这种相机比起手动对焦的单反相机来方便多了。他来看我们测绘的时候，便常常拿出相机对着檐下的牛腿咔嚓咔嚓地按，满脸欣喜，嘴里会反复嘟囔："太方便了，太方便了！"

我们测绘完成后，老师们按照承诺放我们自由行动两周再回学校，这大概就是前几年同学所说的最吸引人的地方吧。回到学校我们便整理测绘稿，开始用墨线把建筑的平立剖面都仔细画出来。当时其实我们对于画这些图也是糊里糊涂，只知道听老师的话就是。

春季学期我们第二次下乡去的是婺源的延村，这次主要是楼庆西先生和李秋香老师带队。临行前陈先生专门抄录了一首诗给我们，并称我们为"乡土七子"，充满了幽默感：

> 一春略无十日晴，处处浮云将雨行。
> 野田春水碧如镜，人影渡傍鸥不惊。
> 桃花嫣然出篱笑，似开未开最有情。
> 茅茨烟暝客衣湿，破梦午鸡啼一声。

后题："乡土七子"赴江西，抄江西诗人汪藻《春日》诗，供途中消遣，权代钞票一万元。

我们到了江西，正值油菜花开，每日清晨走到田间时候，见竹林掩映，袅袅炊烟，可感受到陈先生传达给我们的诗意。带队的楼庆西先生与陈先生行事做派大有不同，他总是笑眯眯地，和蔼可亲，瘦瘦的脖子上挂三个大单反相机。我当时借了一个单反相机，属于小组同学里独一份，楼老师便老让我跟着他，到处拍照。而且我有一件衣服有一些红颜色，也常常被楼老师叫来当衬景。春天的婺源农村，白墙黑瓦，前景是田野里盛开的黄澄澄的油菜花，远远地有一两点红衣服的人点缀着，这便是楼老师拍照的标配了。

我们再次下乡回来是1992

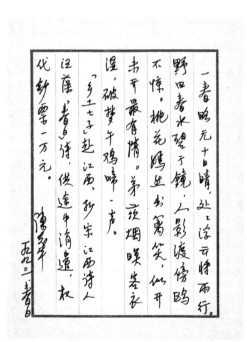

陈先生抄录的汪藻《春日》诗，送给我们七个即将下乡的同学们。

年的春季了，五一节过后回到学校，陡然发现其他组的同学——建筑组的和规划组的，都已经开始跟着老师下海南做设计挣钱了，心里突然有了一些落差。虽然嘴上这么说，该做的工作还是继续完成。记得我们那时在主楼10层专门有一间大教室，天渐渐热起来，大家挥汗如雨地画测绘图。陈先生经常会带一些人来参观，有一天他带着一男一女的两个人来看我们画图。那个男士大概三四十岁，穿着黑色T恤，卷曲的头发，一只手戴着手串，坐下来很认真地翻看我们的图；另外一个女士也是三四十岁，操着台湾口音，热情地夸赞我们工作做得有多么好，是多么幸运能有这种机会去接触如此丰富的乡土瑰宝。

人生在世，常常会碰到世界很小的时候。大约过了二十年，有一天我陪着一组英国朋友去汉声出版社参观，在北京西坝河一个住宅楼的顶层，见到黄永松先生，黄先生消瘦矍铄，穿着朴素的牛仔衬衫，站在大厅迎接我们，大厅用丰富的民俗出版物装点着。我立刻认出他便是当年到主楼10层来看我们画图的戴手串的人。虽然时间已经很久，长相记不清多少，但是整个人的气质是没有错的。他请我们包括英国爵士在内的所有人吃炸酱面，那份自信和气度还是很让人敬佩。

陈先生为了乡土建筑出版之事常常去台湾，有一次在台湾的时候，一只眼睛视网膜脱落，很长时间不能坐飞机，好不容易回到北京，住在北京医院休养。我们去看望他时，可以看出他的心急和焦虑。他抱怨说医生不让他看书，只能听广播，可是广播听多了也没意思，"什么贝多芬、莫扎特听多了也会烦"，还是得赶紧好起来看书写字才行。

两次下乡和对乡土建筑的调研让我们同学之间，同学与老师之间都建立了深厚的友情。在毕业的时候，系里办了一个小型的乡土建筑展览，展出我们的照片、测稿、手稿、论文等。我们收获了满满的成就感。在毕业论文最后我写了一些感受，觉得通过乡土建筑调研，让我看待建筑，甚至看待事物的眼光变得更加细腻，对普通人的生活环境和空间也有了更高的敏感性。陈先生觉得这段写得很好，还用在他最后撰写的文字中。

1993 年夏，乡土组展览师生合影，适逢罗马大学的一名教授来访。
（前排左起：楼庆西老师、左川老师、李秋香老师、高茜、罗马大学教授、何可人；后排右起：孙凤岐老师、栗德祥老师、单德启老师、陈志华老师、柳澎、夏非、唐晓涛、李义波、姜涌）

一生的良师

本科毕业后的第二年我申请去美国圣母大学留学，其间也一直跟陈先生保持通信联系。我们有一个学期要到罗马去一整个学期，我写信告知陈先生，他回信推荐我买两本导览手册 *Blue Books*，还很详细地说意大利的有北部和南部两册。我听了他的话，临行前跑到芝加哥的草原大道建筑书店，问了半天，才知道陈先生记忆略有偏差，这套书系列叫作 *Blue Guide*，英国出的，意大利的确分北部和南部两册，当时书店卖的同系列还有一本罗马专辑。1990 年代我们出国的留学生囊中羞涩，全靠了奖学金，所以这三本书加起来七八十美元的价格，对于我来说还是得下了点狠心才敢买。后来我拿着这三册书走遍意大利，不仅 1996 那年那次，甚至后来多次再去的时候，每次都带着，觉得非常好用，竟成为一直收藏的看家宝贝。这套书里没有饮食住宿攻略，有的是准确翔实的历史，非常专业的地图、平面图和所有博物和艺术方面的指引，非常适合学艺术史和建筑专业的人。我成了 *Blue Guide* 的粉丝，这之后出去任何地方旅游，都得想办法买一本，不光是导游，还可以作为专业参考书收藏。

1996 年，我在罗马的一个学期中，非常受益于这本 *Blue Guide*，按照上面的引导去了很多地方。当时网络还不发达，游览全靠了书籍和地图。在罗马的时候碰到一个上届的学姐，她在康奈尔大学读书，也在罗马上小学期。她说在街上逛的时候竟然碰到过清华建筑学院的一队老师，由徐卫国老师组队来罗马参观。师生在异国相见非常高兴，据她说，当时高亦兰先生就揣着一本陈先生的《外国古代建筑史》，权当是旅游手册用。

1996 年，我从意大利回到美国之后的第一年暑假，短暂地回国了一些时间，其间去访问陈先生，他送我一本他新出的《意大利古建筑散记》，薄薄的一小本，非常精彩，里面记载的很多内容让我想起了陈先生当年讲课时常常提起的故事。这本题着"可人消闲"的小册子，我一直保留至今。在美国读完硕士后我一度想申请博士，又麻烦陈先生写推荐信，他不仅欣然应允，还给我拟的稿子上细心地修改、圈点英语的用词与语法问题，且提："我提了些小的意见，不知道是否恰当。多年不接触英文了，很生疏，请勿见笑。"

从美国毕业后我在纽约工作很多年，几乎没有回国，也逐渐跟陈先生失去了联系。再次回国的时候已经是 2003 年了。我回来后跟陈先生打了电话说去看他，他非常高兴，约了在清华系馆见面，然后从清华东门打了辆车到西北角的荷清苑他的家里。当时他们刚刚搬家没多久，整齐简洁，充满书香气，但又很朴实，没有过多的摆设，很符合陈先生的性格。客厅沙发背靠的墙上挂着几幅打印的书法拓片，是陈先生父亲所写，原碑在宁波天一阁。这时我才知道了陈先生的家世。陈先生那时候还在每年下乡，持续出版乡土建筑的书，成果累累。然而他每次都说，他最喜欢的还是诸葛镇，常常去，因为那里保护得算是最好，地方官员有保护意识，多少能扛住经济开发的压力。

意大利古建筑散记

陈志华　著

可人　请用

陈志华

1996.7月

中国建筑工业出版社

陈先生赠我的《意大利古建筑散记》

我准备申请博士课程的推荐信，稿件上有陈先生的修改和批注。

　　此后很多年，陈先生的荷清苑家里我去过不少次，每次与陈先生的谈话的主题都离不开乡村和乡土建筑的现状，每每讲到这些陈先生总是很激动。他深感乡土建筑多年来得不到应有的保护，地方官员打着经济发展的名义，急功近利，被毁坏的占大多数。眼看着自己多年亲自调研的村落一个个消失，陈先生自然是非常痛心的，他付诸文字，笔耕不辍，尽可能用一己之力去呼吁，拿他自己的话说，"能做一点是一点吧"。话语中透着一丝无奈和悲凉。我理解这便是典型的中国知识分子应有的风格吧，悲天悯人，忧国忧民，不随波逐流，不附庸风雅，凭着良心话，总是希望能用知识和专业来拯救世界，哪怕只有一点点的作用。

公民建筑奖

　　2012 年春季的某一天，时任《建筑师》杂志主编的黄居正先生找到我，说是第三届中国建筑传媒奖 [①] 希望将杰出成就奖颁给陈志华先生。陈先生并不知晓，他来负责向老先生亲自传达此事。黄主编希望我帮着联系一下，一起同行。于是我和黄居正主编在11月份的一个下午造访了陈先生。陈先生当时有腰疾，带着护具。刚开始我们陪他聊了很久，他依旧很激动地谈起乡土建筑，谈起社会上种种破坏传统文化、急功近利的现象，讲到激动的时候，痛心疾首。同时他也认为很多媒体的表现不尽如人意。此时黄主编只好顺水推舟，把中国建筑传媒奖要给他颁奖一事说了出来，并且拿出刚出版的《走向公民建筑》的第一部。陈先生有些吃惊，刚开始有些推脱，但后来理解了主办机构的意图，表示接受，但他腰已经不适合长途旅行，无法去广州参加颁奖典礼。黄主编表示可以事先录视频播放，此事便暂定了下来。

后来我在视频上看到陈先生录制的获奖感言在第三届中国建筑传媒奖发奖大会上播放，那是2012年12月9日，据说现场空谷传声，感人至深，听者无不动容。至今在媒体上依然可以看到陈先生当年的发言视频和讲稿。视频中陈先生在自己家里，背景是客厅的书架，他穿着平时常穿的棉背心，手里拿着一本《读书》杂志，里面夹着自己写的稿子，用熟悉的慢条斯理的语气，不急不慢地娓娓道来，如同当年在课堂上讲课一样。因为每一个字都是有感而发，所以在这里全文抄录：

> 今天跟各位新老朋友没有见上面，可惜了这么好的机会。很不巧身体出了点毛病。可是呢，我也有条件看到了一些前几次活动的记录，很受鼓舞，觉得这个工作做得非常好。我这一次只有请病假了（笑），当然以后要争取健康地来参加（这个活动）。

---

① 由《南方都市报》举办，2008年开始，逢单年举办"中国建筑思想论坛"，逢双年举办"中国建筑传媒奖"。中国建筑传媒奖是中国首个侧重建筑的社会评价、实现公民参与、体现公民视角，以"建筑的社会意义和人文关怀"为评奖标准的建筑奖。中国建筑思想论坛的口号为"走向公民建筑"，"公民建筑"是指那些关心各种民生问题，如居住、社区、环境、公共空间等，在设计中体现公共利益、倾注人文关怀，并积极探索高质量文化表现的建筑作品。第一届中国建筑传媒奖的杰出成就颁给冯纪忠先生（2008），第二届颁给台湾的汉宝德先生（2010），第三届颁给了陈志华先生（2012）。

这个活动对我过去的工作有一些肯定，我很高兴，很不容易，我自己都没有想到。既然给了我这样的鼓励，那意思就是说，等我病好了，我还得好好做，尽量做，直到最后一口气。干得好不好不一定，可是我肯干，这一点我可以向大家保证。我希望有其他的同事能够理解我的工作，也希望有那么一些人来继续这项工作。这是非常迫切的。

有个出版社让我和其他同志合作，出一本比较全面的关于中国乡土建筑的一套书。说实话，这套书已经做不出来了，很多（建筑）已经没有了，有的人也不擅长，再做确实很不容易。这是一个很大的遗憾。一个有几千年文明的民族没有能力完整书写自己的历史，这是一个非常大的损失。大概很多同志还想不到会这样的情况，但实际上我觉得已经是定论了。希望今天到场的身强力壮的年轻朋友们，有可能的话也做一些这样的工作。我知道现在建筑师是一个热门的工作，你们在百忙之中来关心学术工作，这对我是很大的鼓励。

我今天最主要想说的，是我从冯先生（冯纪忠）那里学来的一句话，"所有的建筑都是公民建筑，特别是我们这个时代。如果不能为公民服务，不能体现公民利益，它就不是真正的建筑。在学术上，在教学上，这个理念我坚持了几十年。"

看到这句话，我非常非常感动。冯先生说他坚持了几十年，但我才刚刚学会，非常惭愧。但是我向朋友们保证，我在以后跟上，再跟上，再跟冯先生学习。我希望人人都记得这句话。我愿意做冯先生的学生，这一句话就够我用几十年的。这一生成绩做得不好，多有缺点，请大家指出，懂了，我就改。谢谢大家。[1]

① 陈志华，"获奖感言"，《走向公民建筑：中国建筑传媒奖／中国建筑思想论坛（2011—2012）》[M]，桂林：广西师范大学出版社，2013 年。

这个奖对我过去的工作有一些肯定

2012 年 11 月，陈先生在家里录制的获奖感言（腾讯视频）

最后的遗憾

2012 年之后我没再跟陈先生联系了，有时候在我在乡土建筑组校友群里能看到其他同学造访陈先生拍的照片。得知陈先生得了阿尔茨海默病，不太认识人。我心里很难受，但是一直没有腾出时间去看他，至今想起深有愧疚。直到 2019 年 4 月份一个下着小雨的下午，最后一次跟两个学妹去看他。陈先生家里依然如故，多了个照顾的保姆。陈师母依然是少言寡语，听力已经不太好。陈先生坐在客厅的躺椅上，人已经很瘦，薄薄得像一层纸。我们跟他说话，他每每有回应，但是口齿含混不清，有时还突然有要哭的表情，像一个小孩子。

2021 年年末，《陈先生文集》共 12 卷得以在商务印书馆出版。

2022 年 1 月 20 日陈志华先生去世了，整个建筑界同人群体充满了哀悼之情。大家不仅纷纷回顾陈先生一生为建筑教育、西方建筑历史和理论、中国乡

1992 年秋在诸葛村

土建筑做出的贡献，更多的是赞誉他的不媚俗、不趋炎附势、敢于直言的知识分子风骨。这种代表着老一代中国知识分子的秉性，到了 21 世纪的今天，越发显得难能可贵，相比之下，我辈自愧弗如，深感汗颜和惭愧。

此文写到最后，回顾和细思我从学生时代一直到今天，受到陈志华先生潜移默化的影响可谓大矣。我一直默默地在以陈先生为楷模，从他身上学习如何做一个真正的知识分子。在世界局势动荡纷纭的今日，人类再次经历瘟疫和战争，加之近些年全世界范围的反智倾向，使人迷惑，促人窒息，不知道陈先生如果健在，如果思路清晰，会作何感想。俱往矣，未来的世界，我们继续努力吧。

2022 年 6 月 23 日

跟随陈先生的那些日子

刘　杰[*]

2022 年 1 月 20 日晚，陈志华先生辞世的消息在微信圈里传播，我不太敢相信，实际上是极其不愿承认这样的事实。次日一早向长住京城的李玉祥兄确认，他在电话里说消息属实：陈先生于 20 日晚七时溘然长逝。

虽然我也知道，最近几年，陈先生身体状况确实不好。大约十年前，陈先生就患上了阿尔茨海默病，平时非常熟悉的同事、朋友和学生已经叫不出名字来。2016 年 4 月下旬，我在北京城出差，约了玉祥兄去荷清苑陈先生家探望，那时，陈先生已经完全认不出我了。不过，那天先生的精神很好，讲了很多往事，我们陪陈先生、师母坐了很久，也聊了很多旧事，虽然大家都很高兴，但有一些忧伤——那个豁达乐观睿智的老爷子记忆已经衰退得厉害，他再也记不住深深爱戴他的我们以及相与交游的情形和往事了……

一、见面前我的印象

最早知道先生是在大学本科时期，二年级的西方建筑史课程，建筑学专业全国统编教材用的就是陈先生的《外国古代建筑史（19 世纪末叶以前）》。西南交通大学是一所中国近代开办的高等学府，前身是设在唐山的山海关路矿

---

*　上海交通大学建筑系教授。

学堂，是清朝末年甲午海战失败后，光绪帝下诏成立的一所洋式学堂，后来曾经用名"唐山交通大学"，20世纪70年代初迁往四川成都。我在大学三年级的时候，知名校友佘畯南院士曾经介绍他青少年时期的挚友——耶鲁大学建筑系终身教授邬劲旅先生到建筑系执教了一年。邬先生指导了我的图书馆设计题目，在一次与邬先生的闲聊中，他提起了他所读过的国内学者撰写的学术著作（包括教材），他最欣赏的就是《外国古代建筑史》，但他对作者陈先生并不熟悉。那时候的我同样也不太熟悉陈先生，只是觉得陈先生所写的教科书跟其他人编写的不一样，文字既犀利又活泼，与普通教科书中干巴巴的叙述和讨论差别很大。

再后来有关陈先生的印象就是他定期发在《建筑师》杂志上的"北窗杂记"系列文章，具体时间大约是在1995年下半年（我大学毕业后去广州佘畯南建筑师事务所学习工作了两年多才回到上海读研），那个时期我已经到上海同济大学读硕士研究生了。说实话，"北窗杂记"的魅力是我那个阶段坚持购买《建筑师》的重要原因之一，每期杂志到手，陈先生的"杂记"是首先阅读的。先生犀利的文字针砭当时的建筑实践与学术研究的种种时弊，常常在研究生群里引起共鸣，赢得阵阵喝彩，用今天的话来讲便是收获"粉丝"无数！也就是从那时起，由于从未见过陈先生面，根据"文如其人"反向推之，我主观地认为陈先生是一个不太容易让人接近的，甚至有些严肃的老夫子——这一印象直到数年以后见到他时完全瓦解与改变。

二、带着先生的著作考察温州乡土建筑

陈先生的著作对我的研究工作产生真正的影响是在1996年。当时，我受研究生导师路秉杰教授的委派，带领同济大学建筑学专业三年级共七十六名学生到温州的泰顺、平阳、永嘉等县进行古建筑测绘实习。记得有一次我带队从上海十六铺码头乘海轮，在海上摇晃了二十六个小时（晚点4个小时）才抵达温州的麻行码头。一路上，我怀揣着路先生从城规学院的资料室（现在已

经是同济大学图书馆建筑分馆）借来的台湾汉声杂志社出版的《楠溪江中游乡土建筑》一书，那是陈先生送给同济城规学院资料室的，扉页上还有他的亲笔签名。共三册，精美的装帧设计，图文并茂的版式页面，以及陈先生细腻的文笔，还有对楠溪江乡土建筑强烈的感情溢于书页之上，令人陶醉不已。在波涛之上摇晃的 26 个小时里，与我同居于三等舱的通铺里的，接近一半的同学都处于晕船的状态之中，而我只花了一点点时间用于吃饭（其实就是面包饼干之类的干粮）睡觉，其余时间几乎一口气读完。这是我有生以来第一次手不释卷地在一天内读完一部学术著作，我深深地为陈先生的深厚学养、细腻文笔以及对乡土建筑的挚爱所折服。

下船后意犹未尽。因为书是借来的，且在台湾地区出版发行的，当时不易买到，于是咬咬牙，从有限的生活费中挤出了一笔钱，下了轮船就在温州找到了一家文印社全本复印了下来，以备不时学习之需。这套"复印书"我用了三个灰色的塑料文件夹保存，之后也读过数遍，直到五年后台湾学者李乾朗先生赠我一套汉声原版图书才被我转赠了学生。可惜的是，李先生所赠之书（扉页上还有李先生亲笔签名），也不知道被哪一位学生或朋友借去，一借就再无音讯。

实际上，读陈先生的《楠溪江中游乡土建筑》简直就是一种视觉和思想的精神盛宴，完全是一种至高的心灵享受，甚至超乎古人所谓的书中自有"黄金屋""颜如玉"的描述。接下来我们分派在永嘉县楠溪江流域各个村做测绘工作的几个小组也完全接受了陈先生大作的慷慨"馈赠"，先生对每一个村落都有历史、文化与民俗的详细背景描述，我们的同学在对古建筑的认识加深之外，还拓展了对东南沿海的乡土村落及文化的认知。事隔多年，我与参加过那次测绘实习的同学们聊起来，大家都说非常享受那一次温州楠溪江之夏。

三、受先生影响转向乡土建筑研究

带领本科三年级学生到温州的测绘实习顺利结束了，但我与陈先生的缘分并未结束，实际上从那时起才刚刚开始。《楠溪江中游乡土建筑》让我对乡土建筑研究领域及其研究方法产生了浓厚的兴趣。原本我与研究生导师拟定了硕士论文题目《上海高层建筑研究（1980S—1990S）》，也已完成了几个牛皮袋子的报刊剪报和情报信息收集整理工作，温州之旅彻底改变了我的学术研究兴趣与方向，从现当代建筑发展史转向中国乡土建筑研究。

学术界对中国传统村落与民居的研究大致始于 20 世纪三四十年代，在五六十年代以后逐渐开始复苏，在八九十年代达到兴盛，以致成为建筑史学和建筑设计学交叉领域的一门显学。囿于专业的限制，国内学者对传统民居的研究主要还是运用建筑学中建筑设计和建筑史的理论与方法，鲜有学者运用社会学、文化人类学等其他学科的理论与研究方法。因此，当时的民居热基本只是在建筑圈或者是与建筑关系较为紧密的一些圈子里，对社会普罗大众的影响相对来讲依然有限。毕竟，当时接受过建筑学基本理论和方法熏陶的人并不像现在那么多。

《楠溪江中游乡土建筑》一经问世，就如同一股清流注入了传统村落与民居研究的圈子里，其研究方法与当时对传统民居的惯用研究方法有着显著差异，写作风格更是别具一格，是典型的陈氏语言风格。陈先生的著作与文章，其文字特色应当有人做专门研究。他的建筑评论，嬉笑怒骂皆成文章，他的文字总是那么犀利，面对时弊往往一针见血、切中肯綮，无论是说起业内同行还是上级领导，抑或是地方的行政长官，都一视同仁，丝毫不留情面，因此他时常得罪人，但也赢得同行给予的绰号"陈铁嘴"[1]；他的文章中也时常运用轻松、诙谐而又幽默的语言文字，让读者读起来始终觉得是在与一位社会经验异常丰富又特别睿智的长者对话交谈，丝毫没有说教的语气，有如沐春风之感，这也是建筑界内外的读者喜爱《北窗杂记》的原因之一。他的乡土建筑研究著作，饱含着陈先生对祖国乡村大地的深情眷念，读他所写的前言、后记或为同行学生乡土著作所撰写的序言时，你甚至能感受到他常常是在含着热泪的情形下

---

[1] 　最初，这一称号对陈先生而言是含有贬义的。

一挥而就的。他的同乡、现代诗人艾青的那句诗——"为什么我的眼睛常含泪水，因为我对这土地爱得深沉"，便是对陈先生的真实写照！ [①]

陈先生在 1980 年代在中国大陆开创的乡土建筑研究，用他自己的话来说："所用的研究方法，就是我多年来在建筑史中使用的，力求把建筑和历史社会文化综合起来，着力于建筑研究的生活化、人文化。在操作层面上，便是使用历史学、社会学、文化人类学和建筑学的方法。"（《泰顺》序）之后，陈先生还有专文来对自《楠溪江中游乡土建筑》起开始运用的研究方法予以总结和阐释。渐渐地，中国大陆在传统民居研究的方法论中，又开出了一朵靓丽惹眼的乡土建筑研究之花。它与传统民居研究的范畴完全一致，它们一起构成了我国主流的地域建筑研究范式，也是近三十多年来日渐兴盛的地域建筑研究的基本理论支撑。

在这样的学术史背景下，我将原计划上海自改革开放以来建成的高层建筑及其设计理论研究的硕士论文课题，调整为对温州市最为偏僻的贫困县泰顺——一个坐落在浙西南毗邻闽东北山地县的乡土建筑研究。经过 1996—1997 年数次深入温州泰顺以及邻近的平阳、瑞安和永嘉等县的深入考察，我在 1998 年年初完成了题目为《泰顺乡土建筑研究》的论文并顺利通过了同济大学建筑历史与理论专业的硕士答辩，当时的答辩主席是复旦大学的蔡达峰教授。论文篇幅大概在八万多字，还包含上百幅测绘图稿、历史图片和摄影照片。1998 年 4 月，我正式进入上海交通大学建筑工程与力学学院土木建筑系建筑学专业任教。其间，我一位要好的研究生同学分配至北京某高校工作，她也是 1996 年在温州与我共同指导学生古建测绘的研究生之一。我委托她将我的硕士论文稿子呈给心慕已久的陈志华先生，请他指教，因为那部稿子完完全全是按照先生在《楠溪江中游乡土建筑》中的研究方法，在离楠溪江所在的永

[①] 我在写完此文后，读到了赖德霖、李秋香、舒楠执笔的《陈志华文集·陈志华小传》（北京商务印书馆 2021 年版）一文，才发现陈先生自己确实非常喜欢艾青的这句诗，文中记录先生还说过："这句诗已经刻在诗人的墓碑上，我真想也刻在我的什么东西上，不知诗人在天之灵是否允许。"

嘉县一百多公里远的泰顺县展开研究而完成的一部乡土建筑研究习作。

将论文呈给陈先生，完全出于对他所开创的乡土建筑研究方法论的景仰，并没有别的想法。最初几周，我有些后悔。素未谋面，如果他繁忙，将稿子顺手丢到书房的某个角落，转身忘了此事也还罢了，但如果他非常认真地逐字审读，这幼稚的习作怎经得住先生的推敲，不知会不会惹上什么麻烦，影响到我读书和工作的两所学校。当时，我和我身边的同学和同事们一样，对陈先生多心存敬畏。忐忑不安之际，收到了陈先生的亲笔来信，读过之后，终于释然。在信中，先生对我在泰顺所做的乡土建筑调查工作和这部习作大加赞赏，还坚信我做这项工作的艰辛与不易，末了，他还说"让我们相濡以沫，互相搀扶在乡土建筑研究的道路上前行"①之类鼓励我的话语，这信宛如及时雨浇灌干涸的心田，着实让我感动了好久。这信也恰似一道闪电，划破了黑暗，驱除了我心中压抑多日的阴霾，所有的一切都变得灿烂光明，温馨无比；它也好似一股暖流突然注入到我的心底，又从那里涌出流遍全身，一直温暖着我的身心，从那一刻起我做起事来浑身有使不完的劲，这或许就是榜样与希望带给我的无穷力量。

未几，时任北京三联书店"乡土中国"书系的图片编辑、乡土建筑摄影家李玉祥也给我来信和来电，告知我陈先生已经将我的论文推荐给了三联书店，且即将以乡土中国系列之《泰顺》为名正式出版。陈先生的来信中似乎并未提及此事，这突如其来的幸福又让我感动不已。如果《泰顺》一书能顺利在三联书店出版，它将是我学术生涯中的处女作。第一部著作就能不附加任何条件在闻名世界的北京三联书店出版，这是我先前压根儿就不敢想象的事情。

四、与先生在沪上的首次见面

20 世纪的最后一年，我终于见到了陈志华先生。

---

① 引号里是陈先生给我信中的话，由于信件在几次搬家过程中早已遗失，这里是按大意的回忆记录。

2000年初秋，三联书店要在上海做活动，宣传"乡土中国"系列。当时，这一借用费孝通先生大作《乡土中国》而命名的系列丛书，已经出版了《楠溪江中游古村落》，由复旦大学史地所的青年才俊王振忠教授撰作的《徽州》也已出版。编辑们策划的活动就是要在上海开一次新书与读者见面会，需要两位作者前来介绍一下新书写作的前后故事。三联书店的编辑们首先想到的是让我去机场迎接从北京来的陈先生，我也非常愉快地接受了这个任务，但心中还是有些小小的忐忑。高兴的是，我终于可以见到陈先生本人了；踌躇的是，我不知道见到陈先生，要跟他汇报些什么，他又会告诉我什么。

　　所幸，从机场出口处见到陈先生的第一眼起，就被他的平易近人所吸引。虽然是第一次见面，但健谈的先生没有让我感到一丝尴尬。我伴随先生左右，听他侃侃而谈，偶尔回答他提的问题，总之，是他说得多，我听得多。不知内里的人看来，我们必定是老相识了。活动期间，自然少不了与先生朝夕相伴。那个时候，由于是初识先生，总想抓住一切机会能与先生相处，争取更多的受教时间。先生总是那么健谈，在吃饭的时候也会讲讲南方菜肴和北方菜肴的

跟随陈先生的那些日子 / 刘　杰

差别，我更多时候也是在一旁静静地听，心中想，像他这样从小在江南出生长大，又长时间在北方工作的人当然是有资格来谈论南方和北方的饮食差异的。

活动期间，陈先生是主角，是众人拥戴的核心，也是读者视线的焦点，我自然很难与之插上话。活动结束了，我自告奋勇地送先生去机场，组织者也认为我去送最合适。趁着这几个小时的间隙，我就与他聊起了《泰顺》一书的书稿修改工作。书稿脱胎于我的硕士论文，但因为要面对众多不同背景的读者，文字编辑杜非博士要求我调整章节，改变叙述方式，将学术论文改写成既有学术性，又通俗易懂的大众读物。话说起来简单，做起来还是有相当难度，我便借此机会，向先生请教。与此同时，我也郑重地向陈先生提出，希望他能为《泰顺》写一篇序文，陈先生也很爽快地答应了，于是便有了后来一再被各种杂志转载的那篇美文——《泰顺》序。在机场还发生了一个小插曲，当我替陈先生在柜台换好登机牌的时候，一转身我突然发现大导演孙道临先生排在我的身后——他也是为去北京。我将换好的登机牌交给陈先生，也将此事告诉在旁休息的陈先生，他也觉得此事颇有巧合。正因此插曲，在我的记忆里特别清晰，两位鼎鼎大名的老先生于我而言都是第一次近距离地接触。

五、先生亲自导游清华园

2001 年初，春寒料峭，我应陈先生之邀赴清华园，那也是我第一次去到这一所享誉中国的著名学府。陈先生把我安排在清华校园内的甲所住下。甲所正好处在清华校园内工字厅南侧的校友林中，环境清幽雅致。甲所始建于1917 年，1949 年前曾作为清华大学校长的府邸，曾住过清华历史上有名的梅贻琦校长。1980 年代翻修过，成为了清华校内著名的专家招待所。

那年在清华园里遭遇了同样世界闻名的北京沙尘暴，所以记忆犹新。陈先生到招待所来陪我吃饭，顺便聊聊我们订在四月份杜鹃花开放之季的浙南之旅。吃罢午餐，陈先生得知我之前从未来过清华校园，于是说要陪我四处走走看看。

了解一点中国古代建筑史的人都大概知道，现在的清华校园里还遗存有曾经风光无限的皇家园林"熙春园"的部分遗址与遗物。据记载，清华园内工字厅以西部分称"近春园"，以东才是"清华园"。"水木清华"一词最初出自金代诗人"蕙风荡繁囿，白云囤曾阿。日昃鸣禽集，水木湛清华"之句，近春园园志上亦载："水木清华，为一时之繁囿胜地。"所以，后来人们常用"水木清华"借喻清华园乃至清华大学。可惜的是，近春园毁于1860年庚子之乱的英法联军手中。不过，清华园却是侥幸地保存了下来。清末，外务部向游美学务处上奏获得此地建设肄业馆，改名为清华学堂，1911年开学，1913年清华学校将近春园等地并入，逐步发展成为今日的清华大学。清华大学著名的二校门，亦即"文革"期间被"革命小将"砸毁的那座具有典型巴洛克风格的校门上的题字——"清华园"，便是号称"晚清旗下三才子"之一的叶赫那拉·那桐所书。位于清华大学校园西部的近春园，四面荷塘围绕，据说此处便是朱自清那篇脍炙人口的名作——《荷塘月色》一文所描述的"荷塘"。我上中学时的语文课本里就收录了这篇《荷塘月色》，当初以为，朱先生的散文也是天底下最为优美的。因此，在清华园的我能时时感受到处处为古迹，步步皆风景。

　　边走边聊，快走到了清华的大教授们居住的几处宅院时，有一位风姿绰约身穿着旗袍的老太太跟先生扬了扬手，因为距离并不近，她也没有说话，先生也朝她挥手致意。看我茫然地站在一旁，先生就解释说她就是梁思成先生的遗孀林洙先生。说话间，林洙女士已经走远了，我这才端详起她的背影来。梁思成先生在建筑学界的大名于我辈来讲如雷贯耳，学建筑的人没有不知道的。恰巧，前不久我正好读了林洙先生撰写的《叩开鲁班的大门》一书，对她的情况还是知道一点，只是不曾谋面。这次托陈先生福，算是远远地拜望了。

　　我与陈先生在清华园的会面一共有两次。另外一次见面，我记得是在建筑学院大楼里的先生办公室，即乡土建筑研究室。那一次，先生没有陪我游园，只是让已分配至研究室工作的罗德胤兄陪我吃了个饭。

六、带着《泰顺》陪先生游泰顺

2001 年 3 月，陈先生的鼎力支持下完成的乡土建筑研究第一部专著——《泰顺》正式出版。由于乡土中国系列丛书的前两部（即陈先生的《楠溪江中游乡土建筑》和振忠兄的《徽州》）在当时出版界的火热状况，拙著一出版就得到了图书市场的认可，这也让泰顺方面和我都异常兴奋。为了庆祝这一激动人心的时刻，我们策划邀请陈志华先生、李秋香老师（陈先生在清华大学建筑学院乡土研究小组的成员，也是陈先生晚年从事乡土建筑研究的助手）以及为《泰顺》一书拍摄照片的摄影家李玉祥一起，拿着新书畅游泰顺，对照书本考察一座座乡土建筑。

这次浙南之旅是安排在 2001 年的 4 月，正好是杜鹃花开放的日子，浙南的山村好多地方都能见到漫山遍野、争相吐艳的杜鹃花。这个时间也是陈先生定下的。我们在温州机场与陈先生、李秋香老师以及清华建筑系的研究生胡敏会合，分坐在泰顺县政府派来的两部小汽车中往浙南山城进发。由于泰顺山高路险，司机特地挑选了一条相对平坦、弯道少的线路，这条线路是要绕道福建省的福安（县级）市境内然后再折回泰顺，路程相对要远一些。当时的陈先生年事已高，身体状况大不如从前。于是，我们便嘱咐司机，走走停停，尤其是开到风景优美之地，或者是遇到一个小村庄，我们都会停下来，驻足停留欣赏，或者慢悠悠地踱进村子里，一边听先生讲述，一边考察村子里的建筑。这条路线很漫长，但我们在先生身边，听着他满肚子的故事和知识，如沐春风，感觉到时间过得很快，没过多久就来到了号称"浙南山城"的泰顺县城关镇——罗阳。其实当时从温州到泰顺的公路还是非常难行的，前清进士罗阳人董正扬面对崎岖异常的山道曾经发出过"迢迢罗阳，如在天上"之感叹，我们一路上有先生的连珠妙语陪伴，大大消却了这种艰难与疲惫之感。

我们在罗阳镇经过短暂的休整后，便驱车往乡镇进发去考察我向先生推荐的几个村落。我们从罗阳往东南方向出发，沿下洪乡、三魁镇、泗溪镇、雪溪乡最后来到仕阳镇结束第一阶段的考察。一路上，我们依然听着先生满腹精彩的故事畅游在泰顺乡野的春风里。在考察中，先生会经常对照着建筑或装饰的实物来考问我。记得有一次在一座传统住宅建筑中，先生手指着槅扇门绦环板上的浮雕题材问我，你知道这个图像反映的故事背景吗？我猛地吃了一惊，心里禁不住一阵惶恐。因为泰顺乡村里几乎到处都有遍布雕刻的住宅建筑，我虽然从1996年起每年暑假都要跑去泰顺，有时候甚至还在乡下过年，度过整个寒假，但是我的研究还没有达到对每一块雕版的内容都有考察的深度。我诚惶诚恐地顺着先生手指的方向望去，经过一番端详，内心逐渐镇定了下来。我知道中国传统住宅建筑中的雕刻题材基本上都是以耳熟能详的民间故事、话本传奇和戏曲故事为主，这个场景在京剧影视中似曾相识，于是我回答道："三岔口。"先生颔首笑道："你还知道一些"。后来我回忆，这应该是陈先生第一次当众夸我。与先生逐渐熟悉了后，我在背地里称呼他为陈老爷子，有的时候也当面称他"老爷子"，他听后也欣然接受。

此次考察，与其说是陪陈先生考察这些乡土建筑，倒不如说是先生给我上了一门乡土建筑考察的课程，总之获益匪浅。先生考问我的问题多了，我也存心要找个机会考考先生。车行到下洪乡上洪村公路边的一处清代民居时，这处建筑我曾经带领着同济大学建筑系的学生在1996年暑假做过详细的测绘。我记得青石砌筑的门框上镌刻着一副楷体字形的楹联，其中下联最末一个"野"字用的是一个异体字，写着"埜"。我之前是做过功课，也知道"埜"就是"野"的异体字，我就装着不识请教先生，陈先生看着楹联沉思了片刻准确地回答出是"野"。后来，先生知道了我是在考察他，他也不生气还乐呵呵地跟我开玩笑说，"怎么样，学生还是难不倒先生"。一路上像这样一问一答的故事还有不少。

我们在泗溪镇停留的时候主要是看了两座雄伟的木拱廊桥——北涧桥和溪东桥，在雪溪乡我们考察了一处建筑规模极大的传统住宅群——胡氏大院及其小宗祠，等到达仕阳镇的时候天已经渐渐暗了下来，先生建议停止当天考察，留宿一夜，等到第二天光线好的时候再细看选好的建筑。当时，我们对先生视力较弱的状况有所了解，都欣然同意。第二天一早，吃过早饭后还有点闲暇时间，先生看到旅馆的柜台上摆着一副中国象棋，于是就问我会下吗。我小时曾经跟随父亲学过一阵象棋，一直到初中毕业前还比较迷恋，高中以后就基本不再玩了，不过在初中和高中的同学中，还是很少有对手。看到先生难得有如此雅兴，也勾起了我的兴趣，当时也确实很愿意陪他消遣消遣，我估计先生在清华园里很少有如此机会或心境下象棋吧，所以，就没有顾及到棋盘上的输赢。棋到中盘还是势均力敌，或许陈先生真的好久没有下过象棋了，也或许较弱的视力影响到他的落子，我抓住一个机会偷吃了他的一匹马，胜负的局势发生了变化。先生站起来想要从我手里拿回棋子悔棋，我当时想逗逗老爷子，佯装不同意，先生就和我争抢起来，当时的场景像极了当年我与初中玩伴下棋时的样子。先生淳朴的性格有的时候就像孩童般纯真而透明，可爱极了。

当我们结束了在泰顺的全部考察后，泰顺县的朋友们将我们在泰顺逗留的最后一站安排在雅阳镇的氡泉宾馆。2001 年的氡泉宾馆没有后来的气派豪华，但也是一处难得的温泉旅店。朋友们希望先生能在这里泡泡温泉，洗去身上的仆仆风尘，恢复体力再赶赴下一站旅程。泰顺《乡土报》的主编高启新、李名权，以及县文物博物馆的张俊等同志知道陈先生就要离开泰顺了，晚饭后他们提出请先生为报刊题词，但没有想到被先生婉言谢绝了，理由很简单，先生说他的著作和文章很多，但字一直写得不好，他说就不题词了。泰顺的同志哪里会放弃这一绝佳机会，最后的情况是先生被高、李、张三位架着来到写字桌前，因此先生被迫为《乡土报》题词纪念。三个人架着先生从餐桌前来到房间，走了不少的路，我们在旁边也不知道该帮谁。从感情上来讲，先生是我们的尊长，理应阻止泰顺朋友的"鲁莽"之举；另一方面，《乡土报》实际上是我和名权、启新、张俊等人一手张罗办起来的，目的是在泰顺乃至温州传播乡土建筑文化及其科学保护知识，从心底里又期待先生能给报纸写几句寄语。事后，先生跟我们开玩笑说你们"见死不救"。

这一次陪同陈先生到泰顺考察的事件被好朋友——时任上海《文汇报》笔会副刊主编的周毅撰成了一篇文章，题目叫作《三人行》，发表在大约是在四五月份某一天的笔会副刊上。

七、陪先生到文成探访母校（中学）旧址

即将离开泰顺之际，陈先生谈起了一桩心事。先生在 1940 年代初就读于浙江省杭州高级中学（以下简称"杭高"），1937 年抗日战争爆发后，杭高内迁至浙南丽水的崇山峻岭之中。先生就是在今天泰顺毗邻的景宁县和文成县（1946 年析瑞安、青田、泰顺三县边区建置而成）南田镇度过他的中学时代的。在他读中学的时候，隶属于温州市的文成县还未析置，当时的南田镇还属于丽水市的青田县。先生在拙著《泰顺》一书的序言中说，抗日战争时期他曾在景宁县读初中。他是 1947 年才北上进入清华大学学习。由此推断，如果在没有中断学业的情况下，先生随杭高于抗战胜利后的 1945 年迁回杭州，他应当在当时的丽水山区里待了至少四年（民国二十年代以来执行的"壬戌学制"，亦即中学试行"三三制"，初中三年，高中三年）；如果先生随父母在抗战爆发的 1937 年就随浙江省政府内迁的话，那他在丽水待的时间则足足有八年。难怪先生对浙南山区始终充满着深情！他的少年时代就是在这些山山水水中度过，这些事情他在《泰顺》序言中也有涉及。

跟随陈先生的那些日子 / 刘　杰

为了满足先生的心愿，我们遂陪着他绕道文成的大峃镇、南田镇又回到温州。其中，南田镇是先生在本次温州之旅中的最后一站，也是实现他多年来夙愿的一站，他要回到少年时代中学母校的旧址——南田镇刘基庙看看。

如果先生是 1945 年抗战胜利后离开的南田镇，那么他是在阔别五十六年之后再次重返故地。这是一个长达半个多世纪的等待和心愿啊！陈先生在南田镇刘基庙前下车伊始，他的情绪就特别饱满，甚而有些激动，步子也迈得特别大，仿佛又回到了少年时代，他远远地把我们抛到后面，似乎这里才是他真正的精神家园，他到"家"了。这次浙南乡土建筑之旅，也是先生的回"家"之旅！陈先生的激动之情我当时理解不是特别深，一直到 2016 年，我回到了离开三十二年的承载了我大半个少年时代生活记忆的城镇时才有了深刻的共鸣。这种情感也只有悠悠的岁月才能铭记，才会有刻骨铭心之感。

先生下车见到附近来刘基庙玩耍的村民们就问好，似乎他就是村民中一个离家多年后刚刚归来的游子。他见到长者还会问一些少年时代的玩伴姓名，他期待这次回家能见到一些。"老天不负有心人"，就在先生与村民们拉家常的时候，一位身材消瘦并不高大的老者迈着矫健的步子走近了大家，他一把抓住先生的手，非常激动地叫着先生少年时期的名字，先生愣了一下，也很快呼出这位老者的名字，两位阔别半个多世纪的老人激动地拥抱在一起，就像失散多年再偶然重逢的兄弟一般，那场景实在感人。原来这位刘姓老者就是南田镇人，也是明代开国元勋刘基的后裔，他中学毕业后报考了黄埔军校，是黄埔七期的学生。听说刘基庙来了一位寻亲的老人，他也是闻讯而来，没曾料到邂逅了少年时代的同窗好友。我们为先生也为这位老者由衷地感到高兴。

八、刚直不阿、提携后学的热心肠先生

在认识陈先生之前，就听闻先生品行刚直不阿，因仗义执言常常得罪领导和同人。先前读《北窗杂记》时，从先生经常对建筑界不良现象的批评中也能感受到他的这一面。但是，自我认识先生以来，却总感受到他的宽容和热情，

极少被他严肃地批评过，甚至稍重的话也很少讲过。我也和陈先生在清华的学生交流过，他们对先生的总体印象也是基本如此。

但是有一次，陈先生与我闲聊，我无意中对鲁迅先生的某一观点说了两句批评的话，老爷子一下子生气了，但他也尽量控制着情绪，严肃地批评我不太了解当时的背景就胡乱评论。这是我记忆中，老爷子对我唯一的一次批评。从这件事来看，陈先生对鲁迅先生是非常敬重的。或许，他自己身上的一些秉性正与鲁迅先生非常相似，正直不阿、提携后学都是他们共同的个性特征。难怪有人把陈志华先生比作建筑界的鲁迅。"横眉冷对千夫指，俯首甘为孺子牛"，这是鲁迅先生一生的真实写照，也是陈先生毕生追求的境界。

陈先生刚直不阿的故事有很多，我在这里只讲讲亲身经历的两件事情。大概是在十多年前，上海《文汇报》笔会副刊主编周毅约了陈先生、李玉祥和我一起到温州重游永嘉楠溪江。楠溪江流域的古村落是陈先生心头的最爱，当年，也就是在这里，见到如此风光旖旎、充满浓郁中华人文情怀和规划思想的一座座村落，才让他放弃搞了几十年且成果丰硕的西方建筑史研究，一头扎进中国乡土建筑研究的开创之路。

等我们都到了温州，陈先生才告诉我，周毅还带着一位投资商来，并在当晚约好了温州市的市长，他们着重要请陈先生谈谈开放和保护楠溪江中游乡土建筑和村落的事。这是一个闭门会议，我和李玉祥并未参加，我们坐在陈先生套房的外间等候，大概过了不到一个小时，他们散了会，陈先生送走客人后与我们坐在了一起。他神情有些落寞，不断地自言自语，又似乎是对我们在说，"我这样说难道不对吗？我是说错什么了吗？"

原来，周毅带来的那位富商是希望投资保护和开发利用好楠溪江中游的古村落和乡土建筑，希望陈先生也帮忙在市长面前说些话，因为，大家都知道陈先生的楠溪江情结。但是，市长和富商并不知道的一个情况是，随着楠溪江的名气越来越大，陈先生十年前笔下的古村落已经遭受了严重的破坏。陈先生对这一现实也是非常不满，当富商对他和市长提出要保护和开发时，陈先生严正拒绝了这个提议。先生认为，如果市里真正要保护和利用的话，应该从楠溪江上游的古村落和乡土建筑资源着手。先生坚持这个观点，结果当然是与市长的这个会面不欢而散。会议结束得比预期要早，先生对这一结果还有些不解。他是一个非常正直又单纯的人。从纯学术的角度，他觉得保护上游古村落的工作相对容易也比较有示范意义，而率先着手中游的村落，其工作将会事倍功半不划算。但是出乎预料的是，先生的这一表态打破了富商原定的计划。我觉得，他会后似乎有些后悔懊恼的原因并不是因为拂逆了富商和市长的计划，而是没有让他倾心倾力的楠溪江流域古村落和广大的乡土建筑得到政府和社会面上应有的保护。

陈先生喃喃自语，我们在旁边不断地安慰。先生话匣子打开了，就跟我们讲起了他的父亲。他之所以在这时候回忆起家尊，是想向我们说明他"实话实说"的这个倔脾气是源自父亲的遗传。他讲到他的父亲1949年随国民党政府去到台湾，其工作包括负责查处走私活动等事宜。陈父在一次打击走私活动中，查到了台北圆山饭店。众所周知，饭店的拥有者是孔二小姐，陈父尚未最终完成对饭店进行惩处之际，孔二小姐已经找到了姨妈宋美龄。最后的结局都能想得到，孔二小姐并未受到惩处，陈父却因此被解了职。陈先生最后总结，刚直不阿、从不唯上是家族传统，可能已经融入了血脉和基因之中。

陈先生与父母自1949年后便被海峡分隔，一直到1980年代以后，海峡两岸关系有所缓和，他才有机会去台湾探亲。当他到台湾时，父亲早已去世，其母是高寿。虽然，从未听他讲起怀念父亲的话，但是我能感受到他对父亲深切的追忆和思念。大约是在2004年前后，陈先生在学校分到了一套位于荷清苑的新房，他托他的学生林霖来上海找我，说请我帮他到宁波将镌刻在天一阁宝书楼中堂后壁的《全谢山先生天一阁藏书记》拓来装裱后挂在新居的客厅，那是他父亲当年主持重修天一阁时亲笔用欧体楷书手抄的真迹。全谢山就是全祖望，浙江鄞县（今浙江省宁波市鄞州区）人，清代浙东学派的重要代表人物，著名的史学家、文学家。我后来委派宁波籍的上海交通大学学生袁栋请天一阁的工作人员做成了拓片，托林霖带到北京给到了先生，现在先生家中客厅悬挂的拓片应当就是十多年前拓的那套。

就在温州这件事情过去大概两年后，陈先生约上我和李玉祥到宁波的慈城见面。慈城镇隶属于浙江省宁波市江北区，唐代以来就是慈县的县城，至今还保存着唐代县衙的遗迹。古镇内保存的清代的文庙、县衙、城隍庙和清道观等都在近年来陆续复建。古镇上还遗存着数十栋明清时期建造的高宅大院。慈城是一座历史文化名城，宁波市为了保护好这座古城，特地成立了慈城保护投资公司，保护与开发都由公司牵头进行。后来江北区领导想收回这个管理权，他们知道陈先生在文物建筑保护界的大名，于是托人找到先生，希望在保护模式和方法上得到先生的支持。

记得那天，在慈城古镇上一个非常雅致的由古宅改造而成的精美餐厅里，江北区的领导们邀请先生和我们一起进了晚餐。在酒桌上，就讨论起由区政府收回管理权的事情来。陈先生经过仔细权衡后，并没有因为"吃人嘴软"，还是否定了区领导们的提议，他坚持认为，还是由专门的保护投资公司管理更加专业和稳妥，受到行政的干预会更少。最后结果是区领导们乘兴而来，败兴而归。先生并没有觉得对不住他们，反而觉得对慈城保护更加有利而心安理得。

这就是陈志华先生。

九、细腻、幽默、睿智、较真和自信的先生

陈先生是一位感情和心思极其细腻的人。读先生乡土建筑的书，在字里行间，除了能读到他对祖国山山水水的热爱之外，你还能感受到他非常细腻的情感。他的文字除了优美、形象和鲜活之外，还表达出他的拳拳赤子之情和喜怒哀乐。在陪同陈先生考察泰顺仙居桥的时候，当大家看到明代始建的廊桥破败不堪，没能得到有效的保护与维修，旁边一处正在破土的工地让山体植被严重破坏，沙石翻落倾泻入桥下的清澈溪水之中，令廊桥生存环境雪上加霜，其景象令人目不忍睹。陈先生面对如此惨状，对文物建筑保存状况产生了深深的忧虑，他落泪了，我们的眼眶也润湿了。回到县城后，先生将此情景向泰顺县相关领导做了通报，并建议县里有关部门尽快启动修复计划。先生也将此桥的情

况向省文物局相关领导做了沟通，帮助县里争取省里的文物保护资金。先生也知道，泰顺县当时还是浙江省内著名的贫困县，文物保护资金极度匮乏。

陈先生的心思细致而缜密。这一点也充分体现在他对后辈的关爱和提携上。记得我当初将以泰顺乡土建筑为核心内容研究完成的硕士论文托同学呈送给他，请他批评指正的时候，根本没有想到会有机会正式出版。甚至后来听说，有老师建议陈先生亲自率领清华大学乡土建筑研究小组去到泰顺做进一步研究，并尽早将成果出版。但是，这些建议都被陈先生否决了，他还对研究小组的同事们说："泰顺的乡土建筑还是留给刘杰他们去做吧。"

陈先生的幽默和睿智也常常使人折服。读过先生《北窗杂记》系列文章的朋友，应该都能感受到他的幽默与睿智。而先生的这些人格魅力，在我与他交游和对话的时候，时常都可体验到。记得有一次，我陪先生到温州，有大半天的空闲时间，于是我跟先生建议去参观瑞安玉海楼。玉海楼曾被誉为浙南四大藏书楼之一，是清末训诂学家孙诒让、孙衣言的家宅，其中的百晋陶斋以收藏百余块晋代的铭文砖而远近闻名。我以为陈先生从未来过也未听说过此处名胜，于是从温州市区到瑞安玉海楼的一路上，以及到了玉海楼参观时，都在讲述它的历史与人文，或许我那时真有在先生面前展示一下我学识的小心思，多

数时间是我滔滔不绝地讲，陈先生默默不响，一直非常耐心地听我讲完。之后，他说话了："刘杰，你知道吗？师母就是其后人。"我当时听完后顿觉无地自容，真是应了那句话，叫"弄斧到班门"了。自此，从一侧面也可以看出先生幽默、风趣又不乏睿智的语言风格。

陈先生除有高超的写作技巧和优美的文笔之外，还是一位非常较真而自信的人。先生是清华大学营建系早年的毕业生，大学毕业就因为成绩优异而留校任教。我记得在上海文庙旧书市场淘来的《建筑学报》（至今为止，该刊还是建筑学界的最高水平期刊）创刊号就发表有先生的大作，他作为学者的资格不可谓不老。此外，有一次老爷子跟我们"显摆"，他自己亲口说，在1950年代他经常在报刊上发表文章，那时就与新华社记者们订下了君子约定，也即陈先生发表的文稿不得修改一字。

先生在学术研究和写作上的严谨认真是出了名的。也是在一次与他的闲聊中得知，由他负责主编的清华大学建筑学院《建筑史论文集》系列丛书的一到十期，不曾出现过一个错别字。为此，他特别自豪。他曾经跟我开玩笑，如果我能从中找出一个错别字，他就将赠送我一套他出版过的所有著作。当然，我一个也没有找出来，他的全部著作自然也没有赠予我。陈先生很少赠书给我，我厚着脸皮跟他要过两次，他才勉强给过我两本，记得一部是他签过名的福安《楼下村》（清华大学版），一部是《诸葛村》。后一部书严格意义上不是先生送的，是他让重庆出版社的编辑寄给我的，所以没有先生的签名。由此可以看出，先生领导的清华乡土建筑研究小组的经费并不宽裕。也是在一次与先生的交流中，我问先生为什么出门考察有时候只带男生或女生，很少男女学生都带。他回答我说是因为经费问题。男女生都带，在出差时住旅店就会多开房间，增加研究预算。我也知道，先生的好多项研究都是通过预支出版稿酬而进行的。

幸运的是，就在去年年底，老朋友杜非（早些年已从三联书店调至商务印书馆工作）赠送了我一整套的《陈志华文集》（商务印书馆2021年版），也算了却我多年的一个心愿。

十、结束絮语

陈先生在其跨越了半个多世纪的学术生涯中，取得了非凡的成就。他于多个领域所开展的研究，在国内都是具有开创性的工作。他撰写于 20 世纪 50 年代末的大学建筑学专业教材《外国建筑史》(后经多次修订)，是当时国内第一部系统的外国建筑史通史著作，曾让无数的学子受益；他始于 20 世纪 70 年代末的中国造园艺术的研究成果——《外国造园艺术》，也是国内同类著作的第一部；由于兼具建筑学和社会学的双重学术背景，他提倡建筑社会学，并由此开启了他的另一学术领域——乡土建筑的研究，近三十年的乡土建筑考察研究也是硕果累累，他不仅仅奠定了国内乡土建筑研究的方法论，也开创了此领域的研究和写作范式，这是他晚年所取得的最重要学术成果。从此意义上讲，他被誉为"中国乡土建筑研究之父"并不为过。

陈先生去世以后，总是觉得要写些文字来释放一下我哀伤的愁绪。但是，每当我打开电脑，坐在书桌前好久，往往又写不出一个字来。从 1999 年认识先生，至 2022 年元月他的离世，我们相交垂二十三年矣！抛去先生罹患阿尔茨海默病后的那几年，我们的生命中至少也有十多年的交集。真正要拿起笔写点思念的文字，十余年中过去的那一幕幕，一桩桩事件又都浮现在眼前，这种回忆有时就像一颗生命力极强的种子，它会生根发芽，会让人寝食难安，令人难以自拔；我真想又能回到从前，再从先生出游一次，去到先生和我都喜爱的小山村，一起抚摸破旧民居槅扇门窗上的浮雕，一起在屋檐下与老乡拉拉家常，一起与先生再下一盘象棋，坐在院子里的竹椅上再听听先生唠叨往事……可惜，这样的机会再也没有了。

今年六七月份的时候，杜非从北京来了电话，说商务印书馆要给陈先生出版纪念文集，希望我也能写一篇，我的这一情绪才算有了暂时的终结，文字总是要写出来的，无论心境是否处于写作的最佳状态。于是，我强打起精神抚平了心中早已泛起的涟漪，硬着头皮写成了这篇文字，也算是对先生的一个纪念吧。

2022 年 10 月 31 日于上海武夷花园

感染与启迪

汪晓茜[*]

毫无疑问,陈志华先生是影响中国几代建筑学子和建筑人的一位"大先生"!通过教育,通过著述,通过身体力行的调研和大声疾呼,其言行深深地感染并启迪了一代代建筑学子和学人。

陈志华先生的学术成果具有逻辑严密、文采飞扬、批判犀利和忧国忧民的特点。他将建筑史研究与马克思主义社会史观相结合的史学思考,在1962年出版的《外国建筑史》教科书中得到充分的体现,该书也是国内第一部系统的外国建筑史通史著作。自1962年首次出版发行,迄今已有五个版本,使用六十多年。这本经典教材在国内建筑教育界有着深远的影响,并受到全国广大教师和学生的欢迎。2022年东南大学建筑学院承担了"中外建筑学专业教材及教学资源比较研究"的教育部重点课题。我们系统调研和梳理了目前全国高校建筑史教材的使用情况,而陈先生编写的外建史教材依然是目前全国高校建筑专业外国古代建筑史课程教学中使用最为广泛、影响最大的教材。可见其魅力是跨越时代的。对刚刚踏入建筑学科的学子,有着必不可少的启蒙作用。

陈先生向我们展现,原来建筑史教材还可以这么写!这么有鲜明观点和方法论地去写。他用社会学的视角,力求"把建筑发展与社会相结合,放到社会背景里"。他"赞美创新以及生产者和创造者对于建筑历史的贡献与普通劳动

---

* 东南大学教授。

者的审美"。直到再版后的今天，书里内容的主要文字精神仍然没有改变。读他的建筑史和园林史教材，以及《北窗杂记》为代表的史学和评论文章总有一种酣畅淋漓之感。先生不仅给了我们知识的滋养，更给予我们精神的提升。

清华大学与东南大学在建筑史教学上的交流由来已久：杨廷宝先生在梁思成先生创办清华建筑系时，捐出了自己在宾夕法尼亚大学学习期间的建筑史作业图版作教学参考资料；我的导师刘先觉教授于1953—1956年期间跟随梁思成先生攻读研究生。其间，梁先生让他跟着胡允敬先生当外建史教学的助教，并由此结识了陈志华先生。日后，一南一北，在共同的领域里，两人始终保持着密切的联络。刘先觉先生生前常饱含深情回忆道：1979年的夏天，他和罗小未、沈玉麟、陈志华先生等几位在简陋的宿舍里挥汗如雨，讨论改革开放后第一本全国统编教材怎么组织编写；27年前，我因论文调研事宜去清华，导师让我一定要代为探望他的老朋友陈志华先生，那是我第一次见到陈先生，当时具体谈什么已经模糊了，但教学楼那间小屋的书堆里，陈先生一抬头，我见到了一双倔强和睿智的眼睛，迄今仍深刻在我的脑海中。

陈志华先生和刘先觉，以及罗小未、吴焕加教授等第三代外国建筑史教师，以其毕生努力支撑起这一学科，不断拓展外国建筑史的研究领域，并始终与中国本土实际需要紧密结合，为外国建筑史的教育与研究奠定了牢固的根基。他们有着相似的成长背景，也有着各自独特的史学思想和研究重点，他们强烈的社会责任感、谦虚严谨的研究态度、博学多闻的学术功底、睿智豁达的人生智慧，是后辈学人弥足珍贵的精神财富，值得我们永远珍惜。

和陈志华先生一起度过的田野时光

焦　燕

1995—1996 本科的最后一年，我们几个学生在建筑学院的历史教研组实习，有幸跟随陈志华先生走访了两个古村落，度过了一段难忘的充满田园乡土气息的时光。回首二十多年前的这段经历，整个过程和其中很多细节都已模糊，但仍有一些生动的片段闪烁在脑海深处，像一颗颗散失的珍珠。

饭桌上的小课堂

我们调研的第一个村子是福建省福安市溪柄镇楼下村。

那是 1995 年的秋天，一路风尘仆仆到这个山清水秀的闽北村落，所有人都陶醉在扑面而来的美景之中。依山傍水的古村落宁静安详，耸着尖角的一片片封火墙在绿树掩映下若隐若现，刚刚收割过的田地里残留着金黄的秸秆，远处青黛色的山峦连绵起伏影影绰绰地缭绕着云雾。我们寄宿在一座古刹——狮峰寺的后院禅房里，两侧山崖红黄白蓝地开满了一丛丛不知名的野花。

我们早晚在寺里用膳，白天到村里调研，中午就在老乡家里用餐。按照分工，几个学生两两一组对老宅子进行测绘，陈先生和李秋香老师则入户访谈了解村子的情况。每天吃饭的钟点是大家难得聚在一起交流的时间，饭桌上，健谈的陈先生把这段时光变成了生动的小课堂。

老先生饶有兴致地给我们讲他在村子里的各种收获，诸如找到了村子的水口，拜访了一座宗祠，翻阅了两本族谱，跟老人家们唠嗑了解了村子的许多往事等等。我们当时懵懂，一知半解，不知道为什么要收集这些看上去杂乱无章的信息，又能从这些信息中得到些什么。我们不知道，老先生其实在教我们如何去理解一个有生命的社会单元。

如今，我自己从事研究工作也有二十余年了，才慢慢体会到老先生的格局。在他眼里，一个绵延的村落就像草木万物一样是活的，有生根发芽、枝繁叶茂、荣枯交替的过程，而我们尽可能多方位记录和解读，是对它价值的承载，是留给后人的一笔财富。建筑作为物质，只是一栋房子，承载了精神，才可以薪尽火传。

好想回到当年，再上那样一堂书本上没有的田野课堂。

黄土塬上的喜宴

第二年早春，我们这支队伍又到了黄土塬上的一处窑洞村落——陕西省长武县丁家镇十里铺村。

这是一处典型的靠崖窑村落，沿着古老的驿道在两边土崖开出了一个个窑洞院落。我们住在村头附近的小旅店里，白天去村里测绘调研，晚上整理资料。相比于福建楼下村形制丰满木雕丰富的木构架多层多进民居，窑洞无疑简单多了，我们的工作进展很快就超过了预期进度，于是，陈先生临时决定抽出一天时间，到村子周边转转。

那真是快乐的一天，我们几个学生就像放羊一样在黄土塬上撒欢，古老而苍凉的黄土高原，一道道刀砍斧凿般的纵横沟壑，在我们眼里空旷、神秘、悠远、迷人，与美国大峡谷有一比。正在塬面上走走停停，迎面碰到一个吹吹打打的迎亲队伍迤逦而来。陈先生非常兴奋，当即决定跟着队伍走，领略一下当地的嫁娶习俗。于是我们跟着迎亲队伍，来到一个相邻的窑洞村落。

这个村子非常穷，有不少人是侏儒，窑洞里光线昏暗，陈设破旧。那天的新郎官也是个侏儒，属于村子里面家境比较好的，娶得起正常媳妇。这次婚礼要在院子里举办三天三夜的喜宴，全村人和路过的客人都可以讨碗猪血粉丝杂拌汤喝。村里有一大群孩子，冲锋陷阵一般扫来荡去，差点撞到了陈先生，老先生不以为忤，还趁机指挥他们拍了一张大合影。

婚丧嫁娶，是人间百态的一个缩影，对这场不期而遇的喜事，老先生从头至尾兴致盎然。深厚的社会学底子，使得陈先生在做学问的时候总是分外关注人，关注他们的来龙去脉、生活变迁。我们当年阅历尚浅，一心埋头测绘画图，并不能很好地领会老先生的情怀和境界，好在这些点滴往事在心里生了根，历经一次次回眸，长久而缓慢地释放着养分。

安贞堡调研那些事儿

贺从容 [*]

"做学问，不能太功利。现在的风气太功利，做学问，是有闲才能做好的事情。"说这话时，陈志华先生刚过七十岁，没有业绩压力，乐此不疲地做着乡土调研和著述。

办公室的笑声

听这话时，恰逢千禧年，作为青年教师，我幸运地被分到乡土组，跟着陈志华先生、楼庆西先生、李秋香老师，在一个办公室（建馆南三〇三）一起工作了两年。

每天上午，陈先生会从西南小区走到建馆三〇三，在对面开水房接上水回来泡杯茶，就开始跟大家说当天最要紧的事，课题申请、研究计划、出版进度、地方联络之类，三位老师各陈要领干净利落很有默契。然后陈先生给我布置任务，或者拿出给我改的稿子，交代几句，我看不清的马上沟通，便于下午和晚上自己修改。时间宽松的话，会就着某个问题一直讨论下去，大多是我问他答疑。若提到大家都关心的问题，旁边两位老师也会响应，各抒己见，天南海北，国计民生，风土民情，坊间趣闻……陈先生、楼先生一唱一和，李老师

---

[*] 现任教于清华大学建筑学院。

适时敲敲边鼓，好不热闹。

陈先生非常敏锐，总能一眼看出问题的症结。他擅于点评时弊，说到关键时分，二位老师会静听他发挥，即使有点夸张也不点破。一旦这时我会竖起耳朵，期待着后面的高能时刻。因为陈先生很会组织语言，但凡前面有铺垫，后面往往有精彩的包袱。有别人盗用乡土组测绘图的事情，有地方用造假的文物来评国保单位的事情，甚至有记者把他的话改编得面目全非的事情，从他的口里说出来，就会格外地鞭辟入里，生动有趣。

年过七旬，陈先生和楼先生下午一般不会来，三〇三分外安静。我在外间，李老师在里间，各写各村，期待着明天的笑声。怀念那样的日子。

个案，还是个案

起初，陈先生让我看一些书（蒋高宸《云南民族住屋文化》、拉普普《住屋形式与文化》、汉宝德《中国建筑与文化》等等），以及之前乡土组出版的书，开始熟悉乡土研究。我问陈先生，看之前的乡土研究成果都是对一手资料的基础调研，是不是应该借用一些规划概念来分析村落，学习一些人类学、社会学、类型学方法来进行横向比较，以获得原理性的解读。陈先生说，先不要着急，每个村落都不一样，个案，还是得从个案做起，个案该用什么方法就用什么方法，一个个研究下去，结果自然会出来。后来发现果真如此，刻意创新生搬硬套研究方法，很容易落入缺乏对应资料推进的困局，顺着村落本身的情况走，才会有更多更贴切的解读。

他强调，乡土研究，一定要有一手资料，绝不可只转借二手三手。而且，不读懂全貌的资料不可用，断章取义的东西没法看。从完整的村落个案调查开始，先做小一点的归纳总结，有利于以后做更高层次的理论提炼。

田野调查的自由人

集体申报了九八五乡土课题后，第一个任务就是福建永安西华片的安贞堡研究，调研目标和方案早已在三〇三筹划好，李老师轻车熟驾地安排好行程。乡土组全体教师四人，加上毕业设计的八位同学（林霖、刘煜、张音玄、王雅莉、唐斌、周奕奕、赵巍、王哲），乘火车先到三明，然后大巴赴永安，大约晚上八点多到达，永安市文管会张承忠主任和赵连英女士接待晚餐，次日一早再派车送我们赴安贞堡。下午抵达西华片垟头村。

李老师领我跟同学们住在垟尾村的小学生集体宿舍，六人一屋。上下铺铁架木板床加上闽西山区的春寒料峭，与小学生们共用一个水房厕所加上每天一身灰汗以及晚七点断水十点断电，大家很快体验到了乡间调研的艰苦。两位年近七十的老先生住在村委会，说是条件好些，其实也就是略整洁干净一点，多把椅子能坐下的单间。当时陈先生已患眼疾，看东西总要眯缝眼，行动并不是

陈先生和同学们在垟头村的乡间小路上（李秋香 摄）

很方便，楼先生每天要吃好几种药，两位老先生的乡间日常生活其实比我们辛苦得多，却一直满面笑容，被人问到困难也只用打趣的方式回复，学生们暗自叹服，再不好意思相互吐槽。

到现场后，李老师负责辅导学生测绘在安贞堡上上下下忙碌，我负责访谈围着安贞堡里里外外打听记录，我们俩经常能碰到。楼先生负责摄影，前两天在安贞堡前前后后找角度支脚架，也常能看见。只陈先生见不着，似乎是啥也不用负责的自由人，满村子到处游走。起初很羡慕他自在洒脱的角色，后来发现那并非人人都能胜任。

第一天不知他从哪儿带回来一袋大白兔奶糖让我们尝，然后等着看我们反应。我们吃完不知所以，他问："尝出什么了？"我们摇头。"你吃的是什么？""大白兔奶糖啊。""真没尝出来！"陈先生得意地笑了："你们都上当了！这可是山寨版的大白兔！中国人真聪明！我告诉你们，我跟这个老板聊了大半天，他这个大白兔奶糖里面一点奶都没有，但你完全吃不出来，还觉得奶味很浓，是不是！呵呵呵呵，你说厉害不厉害，完全可以假乱真，谁说乡间没有生产力，那是他们没有调查的胡说。"

过两天他和李老师又带回来两只鸡给大家改善伙食。连吃了几天土豆包菜的同学们一进厨房闻到肉香很是惊喜，听说之后每天一只鸡开心地鼓起掌来。有两位同学在旁边诧异地说怎么买到的呀！我们几乎问遍了全村，都说是自己留的蛋鸡不卖，软磨硬泡、出再高价也不卖啊！管理员在旁边笑道，你们要不到的，陈老师可以。

白天工作时间精贵，大家午餐都比较赶时间，吃完一抹嘴，转身就进堡继续干活。天黑收工晚餐，是一天最放松的相聚时光，大家围坐在两个餐桌前分享当日见闻或过往趣事，经常能勾起陈先生的话头，他不说则已，一旦开口就特有意思，同学们都爱抢坐在他旁边听，开饭了也不愿散开，以至于三番两次地罢讲让大家安心吃饭。但过一会儿坐他旁边的又爆发出开心的笑声，让邻桌百爪挠心，于是又都端着饭站到他们那桌去旁听，感觉漏掉一句都是很大的遗憾，回头再听到的二手笑话，远没有他当时说的感染力。

乡间测绘画图，抱着图板一站就几个小时，边看边画，仰头盯着构件看清楚了，低头画一会儿，反复切换，累腰累脖子。陈先生路过堂屋，看到两位同学怀抱着 A2 画夹，蹲在檐下像鸡啄米一样仰头低头切换角度，很是心疼，他斟酌片刻，便带着两人把供桌清理出来，让同学们在桌前画图，然后自己四处转悠找管理员沟通去。过了半晌，管理员又弄来两条板凳给大家坐，堂屋这两张供桌就成了测绘小组每天聚图歇脚的地方。为了学生们的这点小福利，那么清高的陈先生宁愿变通规矩开口求人。几位同学每每提到这件小事，言语中都有掩不住的温暖。"不必太拘泥，我们干的是正事，用完给人恢复好。"临走前，几位同学一直记得陈先生的话，谢过管理员，妥妥地还原了供桌的布置。

接下来几天发现，陈先生在乡间的自由游走，不仅弄到了山寨版大白兔奶糖、限量版活鸡，还跟村里很多人都已聊过，常有人跟他打招呼，仿佛他是村里熟人。我们所有的调研环节，他都已提前打探策划好，所有位置三位老师

陈先生（右一）和两位同学在安贞堡堂屋的供桌旁（贺从容 摄）

都已提前踩点张罗好。永安地区多雨，乡间田路山路很不好走，经常踩得满脚（甚至满小腿）是泥，三位老师就这样一步一脚泥地蹚出路来。

从建筑调查到"村里转转"

田野调查的前三天，我的主要任务是搞清楚安贞堡的建筑情况。除了自己弄明白，还要跟知情的村民、村委会干部和管理员调查打听情况。主要是跟安贞堡的管理员池仁升聊，他是安贞堡的后人，对堡中每片砖瓦每幅壁画都非常熟悉。于是从屋前池塘说到屋后花胎，从每间房的用途做法，说到修缮变迁；从池家祖先发家建房史，说到安贞堡兴衰沧桑，第三天彻底把池仁升问到没话，他说知道的已经都告诉我了，我也觉着记得差不多清楚了。晚餐时跟陈先生汇报，陈先生接过记得满满的笔记本，翻看几眼，轻叹一句：这都是一个人说的，就弄清楚了？明天出去转转吧。

第四天去村里转，我牢记楼先生的建议：紧跟着陈先生。沿着山脚一直走，他说："你看那些房子和田的关系像什么，像不像渔网上的坠子，你去查查这种布局，在村里叫什么。"我掏出小本子记下。走出安贞堡一里多地，看到杵在田里的文昌阁，长得很丑的一栋砖砌琉璃饰面的五层楼阁，刚想吐槽这样式不伦不类，陈先生的考题就到了"农田这么精贵，为什么要在田里建这么个房子？"我猜是为了大家都能看到它，农忙干活的时候看到它就有了希望。"不能猜，要调查，记到你的小本子上。"后来向村里老人和教书先生打听，果然了解到文昌阁背后承载的一些鲜活的传说故事和乡村文化。

走到村口风雨桥（梓亭桥），桥上简直是老年人活动中心，老人们坐在桥两边的靠背长凳上聊天晒太阳，或围坐在方桌边打牌喝茶。"多大岁数了，几个孙子？"陈先生很顺利地找到岁数最大的几位耆老，打听村子的历史，我赶紧掏出小本本记录。一年都过哪些节日，逢年过节去哪儿干什么吃什么怎么做，婚丧嫁娶……，大部分听着都与建筑无甚关系。我老想把话题引到建筑上来，陈先生说不要急功近利，你要了解他们的生活，才能了解他们的村子，不

梓亭桥上（贺从容 摄）

要把建筑看得那么狭隘。要想搞清楚安贞堡，不能老是盯着它，要走出来看它
周围的环境，才知道它是怎样形成的。

　　类似的道理之前似乎也知道，但这一圈转下来，我才算真切懂得，什么
叫放到村落环境里理解建筑，有这鲜活生动的社会关系，生老婚丧的人情世
故，才有这生生不息、千丝万缕的空间关系。起初我纳闷，对于历史沿革和
技术细节，陈先生要求再三核对和查阅资料，不能偏听一面之词，但对于这些
听来无法印证的口述甚至有点离谱的乡间传说传闻，他却并不挑剔，反而鼓励
我多听多记写进书里。后来才明白他的重点，还原村落真实的生活栖居情境，
比建筑本身重要得多。"不了解人，哪能了解聚落，不了解聚落，哪能了解建
筑。""做乡土研究，不是做旁观者，是要理解、融入他们，才能敏锐地感受到
他们的喜好追求，才能真正懂得他们建造的村子和房子。"

　　下午他让我去跟村里最有文化的教书先生请教，把之前访谈的事情一一核对，看是否有疏漏或需要修正。刚进门，教书先生就拿出一本没有标点的线装《史记》，让我读一页，"考试"通过才开始接受访谈。晚餐时我当成新鲜事提起，陈先生说这不稀奇，经常会碰到，有共识会利于沟通。果然，后来调研蔚县的时候，带路人领我们直奔玄帝庙，到跟前就请陈先生读对联。里面有好些个异体字，看着面熟却完全不认识，庆幸陈先生走在前面，全读出声来才得以通关，自那之后，带路人一直非常配合，笑容可掬。

访谈木匠、风水师，调研族谱

第五天到村委会访谈十几位木匠师傅，我以为还是按拟好的采访提纲提问回答，有时间从容记录。结果刚提第一个问题，木匠们浓郁的乡音就难住了我，语速很快，说的还是术语，耳感八成听不懂，半小时过去，所记内容不到一页。我接话的速度一变缓，工匠们就开始自己聊天，不按提问自由发挥，令人抓狂。幸亏陈先生很有经验，不仅马上请村委会干部翻译（协调），还教我说：每个村都有带头的大木匠，你就盯着他问听他回答，其他人会补充；另外，不要干提问，要画图交流。看到图片，木匠们的注意力很快开始集中起来，通常大木匠说一句，其他工匠连连点头，即便有不同说法，他们交流几句也能达成共识，于是后面的交流就顺畅了很多。

问到构造问题尤其是上梁程序和唱梁词，木匠师傅们有点说法不一。我想就一段唱词不要紧，大概记下不必深究，陈先生却毫不放松，坚持要我一字一字地跟工匠们核对清楚，后来的写作中，陈先生也重复强调过，这段要重点写清。后来才明白，唱词的传承，往往与匠系的传承一体，是辨别工匠流派的重要证据之一，当时若不记下老工匠的唱词，后辈听音学唱的难免变样。

两天后接着在村委会访谈十多位风水师（也称地理师），我才发现难度再次升级，木匠访谈有翻译、大木匠和看图说话，一个问题基本能得到对应的标准答案。风水师则大不相同，非但没有统一标准，还分门别派互不对付。仅开头一个形势问题，风水师们就争得面红耳赤，完全没法继续，意见冲突带来情绪冲突，会议室里的分贝数急剧增高，感觉随时会点爆。村委会干部根本来不及翻译，忙着调解矛盾。

见此情形，陈先生索性坐到吵得最凶的一组人中间，说大家慢慢说，一个个来，我们都得听完整。原本负责摄影的楼先生，以及来安贞堡探班的黄永松先生，也立刻加入到访谈队伍，风水师们围着几位老师形成两个圈，开始了热烈的分组讨论，终于缓解了争吵的局面。村委会干部得以回到翻译的位置，我赶紧开启速记模式，调研效率迅速提高。聊了一下午，走的时候天色近黑，一位年轻的风水师还追出来，掏出罗盘又解释了个把小时，唯恐我们漏掉他的观点。乡间调查状况频发，若没有几位经验丰富的老先生张罗，调查恐难如此高效。

事后我问陈先生，那些八卦压白的说辞不是迷信吗，实际用处不大，反有点装神弄鬼，为什么要如此重视呢？陈先生不大愿意解释，只说中国古代风水观念风水术与古村落建筑并存，无法分开。里面哪些符合客观经验，哪些满

访风水师（左一楼庆西先生，左三黄永松先生）

足主观愿望，哪些方面合理，哪些是故弄玄虚混饭吃的术，读者自己去分辨就是，我们首先是要照实记录下来。记得他以前在办公室曾怒批一篇吹捧风水为"中国建筑之魂"的文章，说哪里是"魂"，简直是"浑"！原来他不是反感风水，而是反感以不合理的态度去看待风水误导大众。

宗谱族谱是南方村落调研中重要的文字资料，三位老师早已提前访到安贞堡池家族谱下落，跟池家长者做过铺垫。调研族谱那天，陈先生身体不适，是李秋香老师带我去的。李老师耐心地带着我给族谱拍照，记录，跟池仁惠老先生请教族谱源流、宗祠传承和家族往事，教我分辨族谱文字并和图示信息比对，翻译池老先生含含糊糊的方言。池氏宗祠的脉络逐渐捋清，安贞堡的前世今生浮出水面，有种破案般的快乐。陈先生虽然没来，但从李老师抽丝剥茧的工作方法中，仿佛看到了他的身影。

一书十稿《安贞堡》

返回学校后几个月，写完初稿，陈先生开始帮我修改。原本以为修改一两遍就能通过的稿子，谁知前前后后修改了十遍。第一遍修改下来，页面上几乎找不到空隙，满满登登全是朱批。第五遍修改完，才能看清楚我自己的字。陈先生很不爱解释，或许认为自己弄懂才印象深刻，苦恼的我只能泡图书馆一条条查资料，一个个问题琢磨，幸亏李老师不吝赐教，拿出她以前的稿子给我看，我才理解了他想要的效果。当时感觉，陈先生的要求简直苛刻，比硕士论文都难写。但十遍改完回头再看，却成了我写作训练的宝贵一课：

1. 首先要做到完整系统的陈述。内容要具体实在，但不能零碎，要从细节着手，但写任何一个细节都需着眼全局，以小见大。没弄懂整体前，先不要动笔。

2. 落笔要有观点，有特点，深挖内涵，不能脱离对象。要总结归纳具体的设计方法和特点，不要写"因地制宜""长幼尊卑"之类的套话，不具体的套话很讨厌，看着让人似懂非懂，不切实际的卖弄更讨厌，自己都没懂就不要误导别人。

3. 先不要追求文采，先要遵守学术写作规范。用最朴实的话能把特点说清楚，让人明白让人懂得，才是真本事。信达雅，信最重要。

陈先生强调得最多的就是，你得琢磨怎么能把这个村说清楚。光写木构、建筑、规划，能说清楚吗，不把它看作一个整体，不把人看清楚，怎么能把村子说清楚。聚落是个有机的系统的整体，得以完整的聚落作为研究单位，不能孤立地看建筑问题。

终于有一天，陈先生说，行了就这样，我心里说不出的高兴。

为什么研究乡土建筑

一次讨论到中午，一起走出建馆，路上陈先生问我：为什么研究乡土建筑？我说了好几个答案，他都不满意。

"重要"——"重要的事情很多"。"濒危需抢救性记录"——"那该去做文物保护"。"蕴含丰富的乡土历史信息，丰富生动的地域性，有待深入挖掘"——"这个勉强能算吧，但是你为什么研究呢？"我心想这不是工作要求的吗，但鉴于这个回答肯定挨骂，转念问道："是不是要很有兴趣才行？"，他笑了："有就是有，没有就是没有，哪来的行不行。"

记得他曾说过一到农村就如鱼得水自由舒畅，曾说过乡土调查时，老乡们热情感人的帮助和支持。"凭什么？你去访谈，人家就全都告诉你。"我无言以对，的确不是利益交换的问题，眼中有没有饱含那样的热泪，看到的真不一样。

他还说过八年抗战期间，他从高小到中学时的事，老师带着他们一群孩子穿过枪声与士兵交织的战场，穿过山沟躲到山里。那些可爱的老师，在乱世护着这群学生，为他们遮风挡雨，给他们讲课，还给他们洗衣做饭，不问得失，不求回报。这份恩义，后来他在阿尔茨海默病中还不断念叨。受恩受养，根种在生命里的乡土情义，或许更是研究乡土的不熄情怀和不竭动力。

"不合时宜"

陈先生反感很多当下的不公不义不智，也说自己不合时宜。他反感仿古的现代建筑，说"那是犯罪"。他反感电视里扭捏造作的唱跳表演，讨厌脑体倒挂的分配逻辑。"你觉得好看吗，吸引人吗？""有那经费还不如给我们多做几个好村子"，看着有些好村子渐渐面目全非甚至消失，他有太多痛惜。

以前调研楠溪江，也有人说他不合时宜，研究半天无法用于设计。某天楠溪江苍坡村，一户厨房失火造成村口一片火灾，殃及紧挨着的李氏宗祠。陈先生接到电话，马上让我和他的研究生黄绍滨赶往苍坡村做现场勘测。我们到时，昔日精致的宗祠已坍塌成一片残墟，黑漆漆的灰烬中只剩些没烧完的构件，瞬间理解了陈先生着急的心情。如果没有早期详细的调研资料，根本找不到完整的建筑信息，无法实现村里急需的复原修缮设计，遑论后来的地域创新。

据说陈先生以前的讲课曾非常受学生欢迎，但在设计热潮的影响下，学生们更爱实用的设计课程，建筑史课上人越来越少。"有人爱听我就说，不爱听我就不讲了。"我当时负责给本科生讲中国古代建筑史课，拿着备课教案请教历史所各位大神。有的先生给以鼓励，有的先生给予具体建议，问到陈先生时他没说几句，从抽屉里拿出一套台湾王振华先生讲课的磁带（十几盒）借给我听，限时一周归还。王振华老师的讲课生动有趣感染力强，我听完很受启发。陈先生看了我认真做的笔记有点满意，说你想让学生获得什么，知识？兴趣？思考？不必求全，做历史最应该做的就对了。不要老想着创新，老想着历史能怎样用于设计，不要怕不合时宜，传统是认知的基础，历史方法中的源流，这才是重点。

尾声

2002 年，我跟随王贵祥教授读博离开了乡土组，作博士论文时去请教，

安贞堡调研小组合影
（后排右六为陈志华先生，楼庆西 摄）

陈先生思路还很清晰。后来他很少到办公室来，去家里看望时，他说退休的生活几乎全靠老伴，自己不知道东西放哪儿，不知道几点要吃什么药，全听老伴的。

怎料几年后他竟患上阿尔茨海默病。2013 年去看望时，他已经不认得我了，说起很多人和事都不记得，但记得李老师，记得一些村子，说话口齿也很清晰，临走前还特意关照我天黑了骑车注意安全。再后来去看他，说话就听不大清楚了，起初嘟囔的是些"拆了拆了太可惜""那些人太坏了"的唏嘘，后来喊的是"枪声子弹就在耳边，太可怕了，太可怕了""那些人，太好了，太好了"，说着说着会掉下泪来，估计说的还是抗战期间那些保护他们照顾他们的老师，在记忆深处，令他铭记终生。2018 年年底，我和李秋香、刘亦师两位老师一起代表历史所去陈先生家问候新年。陈先生高兴地说了会儿话，可惜内容已完全听不清了……

多么怀念，他在办公室纵横点评时的神采，在家中待客时的满面慈祥，在乡间小路上的轻松恣意，在调研团队中的灵魂力量。在很多人眼里，陈志华先生是义愤填膺的文字战士，在我的记忆中，他一直是嘴上严苛但心地善良、为学赤诚的好老师。

行而不辍　未来可期

杨　威 *

陈志华先生应该是对我影响最大的学界前辈之一。这二十多年来，我常常会想起陈老师说过的话、写过的书、做过的事。

窦武与《北窗杂记》

在西安建筑科技大学上本科的时候，我总盼着《建筑师》杂志出版的日子，去系门口的建筑书店买上一本，迫不及待地翻到窦武先生的《北窗杂记》，读完之后意犹未尽，又盼着下一期出版。有那么一天，我了解到窦武原来是《外国建筑史》作者陈志华老师的笔名，当时觉得知道了一个重大业内新闻，由衷地喜欢这位有个性有温度的学者。

有一期，读到陈老师写城市中种种不人性化的地方。他说觉得自己正式进入老年的那一天，是在街上又累又渴却无处可坐，最后坐在马路牙子上啃冰棍儿。于是我决定本科毕业设计就以"人性化的公共开放空间"为题，关注人性化也成了我整个职业生涯的重心之一。

又有一期，陈老师写乡土建筑研究组资金和人员的短缺，让我读到泪目。当时正值我本科城市规划专业毕业后，在家准备出国留学的英语考试，于是我

---

* 英国社会科学院院士，英国皇家规划学会 2021 年主席。

决定第二天去清华找他，想毛遂自荐出一份绵薄之力。

乡土组与《梅县三村》

就这样，1996 年 8 月的一天，没有预约也不知道电话，我敲开了清华乡土组的门，得偿所愿地见到了陈志华老师。之前我想，他写教科书那么严谨，写杂文时又擅于嬉笑怒骂，应该会是一位长得像鲁迅的学者——瘦且犀利，希望他不要觉得我唐突。没想到我见到的陈老师却完全相反，他亲切又温暖，人有些年纪，微微发胖，笑起来满眼的智慧。

1996 年初冬，我加入了乡土组赴广东梅县的踏勘考察。调研组由陈老师、李秋香老师和楼庆西老师带队。乡土组这一年的同学们有成砚、罗德胤、房木生、陈仲恺、霍光，正好也是 1992 级入学，一样年龄的我们很快打成一片。

这其实是我第一次去南方，第一次去乡村，让在北京长大的我大开眼界。我见惯了北京和西安的庙堂文化、士大夫文化和市井文化，这次才真正见识到了五千年中华农耕文明的基奠——璀璨深厚的乡土文化。引用陈老师的话："乡土文化是为大多数人创造的文化，为最大多数人服务。它最朴实，最率真，最生活化，因此最富有人情味。"能够在出国前参加乡土组的调研，走入中国最基层的乡村，浅尝乡土文化，实乃我之大幸。

在梅县三周多的时间，过得充实忙碌，新鲜有趣，是我特别怀念的一段时光。当时条件有限，那些困难已经不记得细节了，脑子里留下的是依山而建的苍翠村落，高低错落的美丽围龙屋，朴实健谈的乡里乡亲，阡陌交通鸡犬相闻，房前屋后的木瓜杨桃凤尾竹。

同学们分成三组，我和老罗一组，重点测绘东华庐和南华又庐。老师们每天与村民们进行访谈，收集整理各方资料，从看似家长里短的聊天中，得到了第一手资料。现在回想，我后来每次做村镇规划都要与最基层的村民对话，了解情况，虽然我自己都没有意识到，这个习惯应该就根源于乡土组老师们的言传身教吧。

一起吃饭的时候是我们和老师们交流的最好时刻。村里杨桃树很多，但果实都不大。有天大家在村里发现了一棵树长满又大又美的杨桃，有人兴奋地尝试一口之后，被酸得眼泪直冒，牙倒了一片。大家正热烈讨论村民原来不摘是有原因的，陈老师突然对我说："我吃了就不怕，你知道为什么？"我有点摸不着头脑，还没想出答案，他说："因为我是假牙！"

说笑话归说笑话，陈老师对于工作要求很严格。我读成砚当时写的"梅县六记"，记录着我们每晚回来还要整理测稿，而且刚去时，因为没有掌握方法，测稿还会遭到重画的命运。回京后我们又花了几个月时间精心地绘制正式稿，最后的成果收录在《梅县三村》这本书里。我们绘图的房间就在老师们办公室的外间。陈老师会随时出来检查指导一下我们的作业，他对于我们这些大孩子们很爱护，虽然绘图要求严格，但纵容我们在墙上乱写乱画，乡土组一面被涂鸦了的墙，就这样留了大半年的时间。

费尔顿爵士与大英图书馆

1999 年，我到英国留学。陈老师写信说要介绍一位英国的老朋友给我，让我有空去拜访他。他就是联合国教科文组织罗马文物保护中心前主任，拯救了约克大教堂的国际古迹保护学术权威费尔顿爵士（Sir Bernard M. Feilden）。

2000 年暑假的时候，我去爵士诺福克郡（Norfolk）的家中去做客，陈老师还让我带去了一套乡土组新出的书送给爵士当礼物。爵士非常兴奋，让我帮他介绍书中的内容，也回忆起和陈老师一起在罗马时的趣事，言语之间是对这位中国同行由衷地喜爱和尊敬。

爵士住在一个叫海边的井（Wells-next-the-Sea）的小镇里面一座 15 世纪已经坍塌了一半的古堡里，坍塌的地方已经很多年没有动过了。爵士住的那部分，室内却是完全现代化的设备。爵士介绍英国历史建筑保护的原则是外观要最大可能地保持原貌，而室内部分可根据不同的保护等级，以及保护清单中具体要保护的历史元素而酌情处理，对于历史建筑最好的保护方法，就是能够让它继续被妥善地使用。所以，英国众多百年老宅中使用的大多是新式的设备，民众更喜欢买老宅子，房子的历史往往是主人们最津津乐道的谈资。

在爵士家住了几天，爵士夫人热情地带我参观周边的历史古迹，让我有机会了解英国国家名胜古迹信托基金会（The National Trust for Places of Historic Interest or Natural Beauty）。基金会成立于 1895 年，三位创始人从保护几栋古迹和几处自然保护地开始，现在成为欧洲最大的以保护、传承自然和历史古迹为任务的慈善机构。爵士夫人就在基金会里面做志愿者。基金会吸引周边居民做志愿者，保护和宣传历史古迹，给我很大启发。自此，我一直希望有一天也能建立这样的一个基金会，借鉴这种方式系统性地保护中国的乡土建筑。

2011 年春，我去大英图书馆找到中文部主任吴芳思（Frances Wood）女士，用手头的一本《梅县三村》为她介绍了乡土组的工作。吴女士是一位汉学家和历史学家，她对这本书爱不释手，表示大英图书馆非常愿意收藏乡土组全部的书籍。陈老师后知道很欣慰，从北京寄来了乡土组这些年所编撰的一百多本书捐赠给大英图书馆，将中国乡土建筑研究的第一手资料与世界分享。

乡土建筑与中华智慧

世界上有一种人，做事凭的是心中放不下的责任，敢于明知不可为而为之，陈老师就是这样一位学者。

陈老师曾经在 1978 年写就"中国造园艺术在欧洲的影响"，这是建筑史研究中第一部关于园林艺术中西交流方面的著作。陈老师在前言里分享，写作的初衷是抱着"匹夫有责"的心情，希望通过论述中国造园艺术在世界文化史里的地位，而让无知的人懂得爱惜。

就像陈老师在书里总结的，其实绝大多数西方人从来也没有真正地理解过中华文明里所蕴含的民族文化，他们对于中华文明从猎奇到偏见，反映的是世界文化的隔膜。陈老师在退休后从 1989 年起，毅然踏上乡土建筑的研究之路，用的是世界格局来研究和保护中华五千年农耕文明的根基。

中华大地上我们乡土建筑的形式是那么丰富多样，它们就地取材，结合本地气候和地理条件，因地制宜，最大程度地保护本地水土、山林农田，是人与自然和谐共生的绿色宜居典范。具有高度创造性的工匠们，从自然、从生活、从传统中沉淀出的朴素和实用的美。

当前全球面临众多挑战，表现在气候、生态、人口、文化、经济和社会等方方面面。我们人类如果能够放下偏见和无知，打破人为的隔膜，让东西方智慧可以客观地融合互利的话，也许我们能够找到解药。因此，研究和保护乡土建筑和聚落，系统整理散播在民间的中华智慧，不仅具有高度的历史文化价值，更是对于我们人类的绿色低碳和健康包容发展具有重要的借鉴作用和指导意义。

回想这三十年的时光，我从读者、学生、海外学人的不同角色接触陈老师。他的为人、他的著作和他所从事的中西贯通的研究方法，潜移默化地一直影响着我。虽然我跟随陈老师学习和调研乡土建筑只有很短一段时间，但对于我的职业生涯影响深远。我深深以为我们保护中华文明和保护生态环境的基础在广大乡镇，它们就像金字塔的基础，其范围和影响是无比深远的。我也因此一直致力于研究和实践针对小城镇和乡村的"低成本、本地化"的绿色低碳规划方法，以及倡导社区共荣的 21 世纪田园城市模型。

感谢文集编委会能够给我这个机会，追思与陈老师的点点滴滴。陈老师一生经历过很多坎坷，他却用不辍之行，为我们留下了可期的未来。虽然前方依然道阻且长，陈老师用他的一生奉献给了我们行则将至的信心。

追忆侨乡村测绘

罗德胤[*]

回顾我二十多年来的学术道路，有两位先生起到了至关重要的作用，他们是陈志华先生和秦佑国先生。

秦佑国先生是我硕士论文和博士论文的导师。从秦先生身上，我体会到作为一个学者，思考问题所能带来的深度愉悦。读研期间每周一次的导师家沙龙，可以说是秦先生门下所有研究生翘首以盼的乐事。也正是 1999 年底跟秦先生的一次谈话，决定了我后来走上了乡土研究之路。

乡土研究路上的思想领路人，是陈志华先生。其实说到学术道路，我接受陈先生的指导比接受秦先生的指导还要早一年左右。1997 年秋季我开始读研，这时才正式入到秦先生门下。而在 1996 年 11 月的中旬，我就已经跟着陈先生"下乡"了。

来到侨乡村

第一次跟随陈先生"下乡"，是到我的老家广东梅州。我之所以入选毕业设计乡土组，一大原因就是能讲客家话，方便跟当地村民交流。我祖籍是梅州下辖的兴宁县（现已改为县级市），乡土组当年的课题是梅县的侨乡村。梅县和兴

---

* 清华大学 1997 届乡土组成员，现任教于清华大学建筑学院。

陈志华先生在指导乡土组同学绘图

（左起：陈先生、成砚、罗德胤、房木生、杨威，清华乡土组提供）

宁相邻，都是纯客家县，但是客家话的口音有点差别。我听梅县客家话无障碍，说出口的就只能是兴宁客家话，尽管有那么一点不自在，倒也不影响交谈，就好像在学校里用普通话和东北同学交流，开始感觉是怪怪的，过几天就适应了。

不过如何把方言完整地"翻译"成普通话，依然是件不容易的事。测绘期间有一天陈先生让我一起去采访当地的老木匠黄海珠师傅，我猜想陈先生希望我这个翻译的工作状态大概是这样的：黄师傅跟我说一句，我马上翻译一句，然后陈先生赶紧在笔记本上记上一句，如此这般，可保信息绝不遗漏。但是实际场景却完全是另一种情况。黄师傅跟我的几乎每一句话，都包含了木匠行业里的方言术语，经常是不知所云，于是我不得不反复和黄师傅交流，直到或真或假地理解了之后，再转头告诉陈先生。现在回想起来，当时的陈先生一定是在旁边看着干着急的，怎么你们叽里咕噜说了一大堆，就告诉我这么一句啊？这信息损耗也太大了。

我们这一届乡土组的学生一共六人。五人是清华五年级的本科毕业班学生，三个来自广东（除我之外，还有房木生和陈仲恺），两个来自北京（成砚和霍光）。第六人是西安建筑科技大学的杨威，她是陈先生的忠实粉丝，志愿加入乡土组工作一学期。

我们学生的主要任务是测绘，调研采访是陈先生和李秋香老师的工作。不过陈先生也鼓励我们在测绘的同时，多和住户交流，尽量了解所测绘的建筑和主人家的历史。陈先生这么安排，大概有两个目的。第一，帮助课题研究多提供几个了解信息的线索，尽管调研采访主要是老师们的责任，但是老师们的时间和精力也有限，如果同学们能补充一些线索和信息，自然是件好事。第二，可能也更重要的，是让同学们多理解建筑背后的社会生活。经过几年建筑学的专业训练和洗脑，先不管学得好坏，同学们对建筑形式上的关注已经是深入骨髓，从而也对形式之外的其他东西都有意无意地给轻视乃至屏蔽了。陈先生大概也知道，要想一下就扭转这种思维定式很困难，所以就想借着测绘的机会，让同学们一边按科学的要求测量和绘制建筑的平立剖面（有时候还有轴测图），一边尽量去了解人在其中如何生活，逐渐把两者的关联性给建立起来。

颇费周折的午饭

我们的住处是在南口镇的一家小旅馆,早饭和晚饭是在镇政府的食堂解决。早饭之后,我们背上装着测绘工具的书包,步行两公里去到各自的测绘地点。侨乡村是以围龙屋为主的客家村落,南边背靠七星山,北面是一个东西向长、南北向短的狭长小盆地。围龙屋是家族聚居型的民居,各家之间要保持距离,又都沿着山脚分布,所以村落整体上就呈现为带状分布。中午我和杨威经常去找其他同学一起午饭,从东华庐走到高田村的德馨堂或者南华又庐,居然单程就花了二十多分钟。

侨乡村是 1958 年把三个自然村合并成行政村之后才有的名称,这三个自然村从东到西分别是寺前排、高田和塘肚。塘肚村是窝在西边山坳里的一个村子,房屋的建造水平明显不如寺前排和高田,所以老师们选择了寺前排和高田这两个村里的部分代表建筑作为测绘对象。

测绘是两人一组。从镇上出发,往南经过一条穿过稻田的小路,到头向左拐是寺前排村。我和杨威一组,测绘寺前排的秋官第(即老祖屋)和东华庐。向右拐是高田村。成砚和房木生一组,测绘高田村的德馨堂和毅成公家塾。陈仲恺和霍光一组,测绘寺前排村最东头的庆云庐和高田村靠西侧的绳贻楼(也称四横楼)。围龙屋的建筑规模普遍比较大,所以基本上每个建筑都要消耗两个劳动力。我们还测绘了锦和庐、悲庐、南华又庐、上新屋等几个建筑,不过到底是谁负责了哪个建筑、哪张图纸,现在已经记不清了。

午饭是个不大不小的麻烦,经历了多个解决方案。开始的时候是步行回镇政府食堂,来回好几公里,实在是太耗时间。几天之后改为早晨从镇上带几个馒头和茶叶蛋,中午跟测绘建筑的住户要一杯开水,吃完了找个有凳子的地方眯个简短午觉,下午再接着测绘。有一天中午,我们是靠在南华又庐门前的稻草堆上午休的,深秋的粤东北天气也已经不那么热,所以感觉相当惬意。不过天天啃馒头对我们几个年轻小伙子来说确实是个不小的挑战,大约是李秋香老师的安排,又或者是德馨堂两位热心肠的主人——潘若珍和潘振峰姐弟,于是主动提出让我们在他们家吃午饭，总算把午饭问题给圆满解决了。

德馨堂的午饭成了我们测绘期间的美好回忆，不但吃得好，还从饭桌上听到了不少潘家的家族故事。原来鼎盛时期的德馨堂，住着大约四十口人，"吃饭都要摇铃"。在我们测绘期间的德馨堂，只剩下潘氏兄妹在看守了。偌大一个双层围屋的围龙屋，平日里冷冷清清，我们几人的到来也为这里增加了不少生机。在测绘任务结束要离开侨乡村的那天，我们特意来跟潘氏姐弟告别，他们的脸上也同样写满了不舍。

晚餐即上课

晚饭的时间通常比较长，气氛也轻松。陈先生会询问我们白天的测绘情况，也会跟我们分享他和李老师当天采访所得的一些新鲜事，还会顺藤摸瓜地聊到其他话题上，慢慢地就演变成天南海北、从古到今的聊天式上课。

侨乡村自然是最基本的话题。我自己就是个客家人，虽然出生在海南岛，但是小时候也有几次跟着长辈在春节期间回兴宁老家探亲，家里头爷爷奶奶和爸爸妈妈也都是用客家话交流，所以我对客家的方方面面也算是比较了解的。不过，我却是到了侨乡村，才从陈先生、李老师的饭桌谈话中头一次知道，原来海外客家华侨的数量是如此之多，而且在抗日战争爆发之前客家华侨的生活是相当特殊的。

侨乡村的客家男人，如果是在老家出生，会在完成小学教育之后去海外投奔父亲，如果是在海外出生，六七岁时会被送回老家"读唐书"，然后再去海外投奔父亲。此后每隔几年才有一次短暂的返乡探亲假，其中二十岁左右的那次探亲假会比较长，是为在老家找媳妇而专门安排的。不过在结婚之后，妻子大多不会跟着丈夫去海外，而是留在家里看房和耕田。客家男人在海外经商有了钱，就会寄钱回老家，购置田产，兴建豪宅，这是我们在侨乡村看见那么多高质量围龙屋的原因。在老家娶的媳妇，主要作用就是看守房产和耕种田地。客家妇女以吃苦耐劳著称，原因就是男人们都出洋了。少数因为某些原因而没能出洋的男人，也都以下地劳动为耻。这种风气是如此普遍，以至于在梅州客家地区时不常就能看见男人家里抱娃、女人田中耕种的"奇观"。在海外的客家男人，经济条件好的，就会另娶一房媳妇。留守在老家的妻子，好几年才能见丈夫一次，她们在大半辈子里的生活是相当孤苦的，一直等到丈夫五六十岁、叶落归根时才能实现夫妻团圆。

客家华侨就这样一代又一代地，重复着特殊的人生轨迹，从而保持住了海外和老家的深度联系。从这个角度再回看我们所测绘的侨乡村，一下就有了很不一样的意义。原来这就是陈先生经常说的建筑学和社会学的结合呀！

在侨乡村，建筑学和社会学的结合还体现在围龙屋的建筑布局和童养媳的风俗。客家华侨的夫妻团聚少，少生育甚至没生育的妇女自然就比较多，因此领养小孩就成了常态。领养的小孩又以女娃居多，因为男娃要传宗接代，亲生父母一般不舍得放弃。领养女娃虽出于无奈，但是养母们很快就发现这么做的一大好处，那就是可以给自家儿子当童养媳。围龙屋是家族聚居，这种生活方式对嫁进来的媳妇是巨大的考验，不但要面对丈夫和公婆，还要处理跟叔伯妯娌等一大家子人的关系。从婆婆的角度，如何处理跟儿媳妇的关系也同样是令人伤脑筋的难题。如果是童养媳，那就好办多了，因为是自己从小养大的，"听话概率"要高得多。再来看围龙屋的平面布局，也会发现它在讲究中轴对称、等级差序的同时，也是在处处抑制着核心小家庭的。就连兄弟分房，也必定是堂屋、横屋和围屋分别均分，绝不能让某一个小家独自占有一个小院。

这种将社会关系和空间结构对应起来的思考方式，后来也成为我的"必备武器"，应用到每一个乡土聚落的研究工作之中。

应该也就是在这些晚餐课堂上，我们了解到陈先生《意大利古建筑散记》和《北窗杂记》^①的一些内容，后来就专门把这两本书买来仔细阅读。《意大利古建筑散记》对我们的影响尤其大，读完之后觉得不过瘾，干脆把外建史的

---

① 陈先生在《建筑师》上发表的"北窗杂记"系列文章，最早结集出版为《北窗集》，后来结集出版的书名也叫《北窗杂记》。

教材——《外国建筑史（19世纪末叶以前）》又翻出来认真复习了两遍。我在2005年被陈先生安排去罗马参加一个国际会议，会后顺便去考察意大利的几个古城，目的地和路线的选择就是参考《意大利古建筑散记》而制订的。我们一行十余人，其中一半是建筑学专业的，都读过陈先生的教材和《意大利古建筑散记》，从佛罗伦萨火车站一出来，行李箱都顾不得放进旅店就吵吵着要去看"报春花"。另一半人不是建筑学专业的，听我们如此热闹地说着"报春花"，都是一脸愕然，过了好一阵才有人悄悄地问："你们说的报春花，到底是什么呀？"我们满怀自豪地回答："就是佛罗伦萨圣母百花大教堂啊！陈先生的教材里说了，她是宣告文艺复兴时代到来的第一朵报春花。"报春花，也成了我们这批人后来见面都会提起的一个典故。

从2003年开始，我自己成了一名要带队去测绘调研的教师，也要安排同学们吃住，饭桌上也自然会跟同学们聊起天。这时候回想起侨乡村的晚餐会，才明白这样的聊天也是一门高技术活儿。因为知识不够广博，思维也不够敏捷，我一直都有一种跟同学们不容易聊起来的困顿感。

从测稿到速写

晚饭之后还要检查测稿。测稿训练对我个人的专业学习而言是一个很重要的环节。我上大学之前没有受过美术训练，在进入建筑系之后也多少因此而怀疑自己是否适合学建筑。大三的暑假，我们有过为期两周的古建测绘实习，我和几个同学合作测绘了北京宣武门的安徽会馆，算是对测绘有了基本的学习。不过两周时间还是太短，并不足以训练成一个测绘熟手。侨乡村的测绘，尽管在现场也只有两周多一点，但这是纯画测稿的时间，而且有之前的古建测绘实习打底，训练的程度自然是高多了。更重要的，是得到了老师们更加精准和有针对性的指导。

其实陈先生和李老师对测稿的要求并不是很多，甚至可以归纳为只有一条，那就是"清晰"。拿平面来说，一个圆表示一根柱子，两根线表示一道墙，不要多画，也不要少画。这个要求看着简单，真做到位却也不是很容易，尤其是对生手而言。这个圆要画多大，那道墙要画多长，作为生手总是估不准，于是就经常出现两种情况：一是每画一根线之前就拿尺子先量一下，二是画着画着就比例失调了。第一种情况，会导致测稿进度非常的慢。第二种情况，会让图纸看起来很奇怪；为了避免出现这样的"怪图"，在画测稿的过程中就会忍不住反复去描改那些画得不准的线，而一旦反复描线，就必然导致测稿的"不清晰"。面对我们第一天拿出的线条软塌塌而且模糊的测稿，老师们要求我们当晚就开始重画。在重画的过程中遇到尺寸估不准而比例失调的情况，如果时间还早那就擦掉重新画，如果时间比较晚了，那可以将错就错把"怪图"画完。

用老师们要求的方法来画测稿，刚开始是挺不适应的，总有一种"卡壳"的感觉。但是过不了多久，我们就发现这的确是正确的方法。所谓"卡壳"，就是逼着自己去思考测绘建筑反映到平面（或立面、剖面）上，是什么样的投影线（尤其要防止透视所带来的误导），这其实是在脑子里把直观的东西"科学化"的过程。我们渐渐发现，比例准不准并不是那么的重要，本质问题还是结构关系要对，把各个墙、柱的对位关系整明白，其他东西再根据就近的墙和柱找距离，这样画出的测稿自然就是清晰的了。就这样又经过两天的训练，我们基本上算是掌握了正确的测绘方法，此后的工作就比较顺利了，尽管还是存在个别尺寸漏了量的情况，但已不影响整体。

随着测绘能力的提高，我们还有余力去做一些"好玩"的事。比如，除了那些代表性的建筑，我们全组同学还在秋季学期末的最后阶段合力完成了一个"壮举"——一幅六米长的总图。里面按 1/300 的比例，绘进了寺前排和高田两个村子的所有围龙屋和围屋。围龙屋是严格按尺寸和投影画的，没太多可以发挥的地方，但是在画环境的时候，我们可算是逮住了机会，各显其能，不但有竹林、芭蕉、果树、溪流、水稻、石板路等配景，还有鸭子、鱼儿等动物。陈仲恺还专门学习了水牛的顶视图画法，让它们行走在村路上，游弋在溪流中，蹲伏在稻田里。在图上"种"水稻的时候，可能又是陈仲恺出的主意，我们每个人都把自己的名字悄悄地嵌入了稻田之中。有其他毕设小组的同学路过乡土组办公室，看见我们画得如此兴高采烈，也来凑热闹把名字"种"进稻田里。对这个小小的"恶作剧"，三位老师也给予了充分的宽容，睁一只眼闭一只眼，后来还成了时不时共同回忆一下的快乐典故。以侨乡村为研究对象的《梅县三村》于 2007 年出版，六米长的大图经过缩印之后也放进了附录里，上面的名字都还能找到。以这种特殊的方式，我们也算是"名留青史"了。

测稿画多了之后，给我自己也带来了一个福利，就是速写水平的提高。想清楚了再下笔，这是画好测稿的不二法门，其实也是画好速写的不二法门。测稿一旦清晰，图面自然就不难看了。在侨乡村的两个多星期，我们还主要忙于画测稿、量尺寸，没顾得上速写。到 1997 年春季学期跟着楼庆西先生去浙江郭洞村① 测绘，我们就能在测绘之中倒腾出时间来画速写了。画速写跟画测稿的原理是一样的，都是找一些关键部件来确定位置关系，然后往中间填内容。不同之处在于，测稿要按实际情况填，不能有发挥；速写虽然也要反映实际情况，但是对哪些画、哪些不画可以有相当大的自由——当然也不是没有规则的胡乱发挥，而是根据画面需要来做选择，有时候要多画几根线，有时候要少画几根线，甚至是故意的省略，以达到疏密相间的效果。

郭洞村测绘结束后，我们四个男生又结伴去考察了诸葛村和徽州古村，一边走一边画，每个人都攒了几十幅速写。回到北京，我们还把这些速写集中装订成册，封面配上"乡土四少"作为书名。二十多年来，这本册子跟随我搬了几次家，一直摆在书房的书架上，偶尔翻出来，忍不住要自我得意一番。

画好速写，除了满足自己的虚荣心，最大的好处是对学建筑有了信心。这些年里我在全国各地做过的古建筑测绘，总数大概有四五十次，但是要说印象最深刻，恐怕还是侨乡村那次。

---

① 浙江武义县的郭洞村，清华乡土组于 2007 年出版《郭洞村》一书（楼庆西著）。

先　生

房木生[*]

"呵呵，看看哪，房老板来了。"

每次去看陈志华老师，先生总这样调侃我，笑嘻嘻地。

荷清苑内，弥漫着一股老先生的氛围。清华北大的老先生们，儿女们很多在国外，因此这老教授们居住的社区，总有一种老年公寓的感觉，却也洋溢着一种书香气氛。几乎每年，我都会去看望陈志华、楼庆西等先生，在他们居住的荷清苑内，总看见老教授们佝偻的身影。毕业后不久，我就创办了自己的设计公司并经营至今，在陈先生眼里，很自然，就是个"老板"。

关于"老板"这种身份人物，陈志华先生心中可能五味杂陈。一方面，有些"老板"，通过开发等手段，在乡村和城市野蛮地拆除了他毕生关心且竭力保护的文物历史地段与建筑，让他痛彻心扉，不惜写文或当面冷嘲热骂。另一方面，作为一位不善奉迎搞关系单纯的清贫学者，他及同伴们进行的研究工作乃至出版等事务，也受过不少热心"老板"的相助支持，他亦有感恩，竖起过大拇指。

可能是经常去看望的原因，或许我的名字比较好记，陈志华先生最后几年在越来越严重的失忆过程中，我可能是他最后还认识并叫出名字的学生之一。

---

[*]　清华大学建筑学院 1992 级本科生。创办房木生景观设计（北京）有限公司和共生建筑设计（北京）有限公司。

有一次我一个人去看他们老两口，陪他们聊了有两个多小时。在先生时而清晰时而跑题并自言自语的对话中，仍能感受到他病弱身体下思想的批判性。临走，我拿着先生翻译的《走向新建筑》，想找先生签一个名。然后，居然，在屋里找不到笔了：客厅，书架，角落里，找了半天，还是没有。最后在他朝北的书房一个抽屉里找到了一支已经快干掉的圆珠笔。先生给我签了一个不清晰的名。我捧着书本走出先生家的电梯，眼泪禁不住流了下来，被誉为"中国建筑界的鲁迅"、著作近千万文的陈志华先生家里，竟然找不到了一支笔啊！

与先生的相识，最先是在文字里。在我入学的 1992 年，先生已经退休，建筑史的课堂上已经没有了先生的身影。但在《外国建筑史（十九世纪末叶以前）》教材里，有先生别于其他教材之激情文字，让教材生动了起来。而在当时有限的媒体中，《建筑师》杂志是我最爱阅读的专业杂志之一，在阅读那些长篇文章之前，排在后面的"北窗杂记"专栏，署名"窦武"或"李渔舟"写的建筑随笔杂文是我最先阅读的文字。在嬉笑怒骂和轻松幽默当中，给我或陡然一惊，醍醐灌顶；或会心一笑，郁垒顿消。后来才得知，这些都是陈志华先生的笔名。当时在清华建筑学院里，或许见过面，但实际不认识真实中的先生。但文字给我的印象，觉得先生应该是个有趣的人罢！

直到大四后半年，有幸入选进入乡土建筑毕业研究小组，才近距离与先生真正地相识。先生给我们小班讲课，却不免有点让我失望：先生的讲述似乎没有他文字里那么熠熠生辉。去到村里进行乡土建筑调研，他给我们讲调研方法、研究范围，几乎完全超出几年下来我们所认知的"建筑学"范畴之外，除了关注建筑及聚落的形态、结构、空间、材料、装饰、功能等之外，还要用社会学、民俗学、地理学及历史学等相关学科做横向纵向的对比调研，如何去挑起村中"知识长老"的述说欲望，如何去察山看水，如何去选型测绘……，等等。可以说，在陈先生眼里，我们研究的村落简直就是一块活生生的宝藏，横看成岭侧成峰，需要从不同侧面去把这些宝藏挖掘出来。因此，我们在繁重的上梁跨院测绘体力工作之外，还担负着随时随地的刨根问底的调研脑力工作，简直就是忙得不可开交。好不容易到黄昏背着画夹回到村镇旅馆，饭桌之上，陈先生又给我们开始讲课，从村里的小庙讲到意大利的大教堂、从地方风水师的神神叨叨讲到城市规划师的指点江山，从苦哈哈的绘图师之职责讲到要有担当的建筑师……总是不觉月已高升夜色已深。然后，终于，他停下了话头，说："今天就讲到这里，你们去整理测绘稿吧。"——我们都快疯了：测稿整理完，已半夜，第二天鸡叫时分，在旅店夫妇的吵架声中惊醒，又开始一天忙碌的工作！

相比于楼庆西先生，陈志华先生是不善于调动学生的情绪管理和管理学生之劳逸结合的。可能是楼先生在管理学生工作方面的经验比较多，他在我们枯燥的调研和测绘工作之余，会定时"放假"让我们去做点摄影和速写等"额外"工作，调剂我们的情绪，这反而让我们全时段全精力在村里忙个不停。陈志华先生就不会下这些"小调料"，有点枯燥的工作要求，让我们几位学生终于"反"了一次：背着老师乘车进城吃饭购物了小半天，并窃喜不已。后来，我们见老先生一如既往地穿梭于田埂村巷之间忙碌，也好像知道我们进城的事却并不道破的样子，也就更加勤奋地工作了。

在陈先生、楼先生以及李秋香老师的精心指导下，我们清华大学建筑1992级（1997届）乡土小组（成砚、罗德胤、房木生、陈仲恺、霍光以及志愿者杨威）每人写出了翔实的本科论文，获得了当年清华大学优秀毕业设计小组称号。作为大学时代给我们最重要的影响实践之一，在陈志华先生领导的乡土建筑研究小组之参与经历，其实深刻地影响了我们往后的职业和生活方向：罗德胤直接从建筑技术的博士生返回了乡土建筑研究，继承了清华乡土建筑研究的衣钵；我从事景观设计多年，最终也回到了乡村建设设计，成砚业余写作了《乡土游》等乡土建筑遗产方面的书本文章，霍光写作了《乡土谣》等歌曲和相关设计……二十多年后回顾，陈志华先生对我的影响是巨大的。首先是先生在建筑观方面的影响。他对建筑界之科学、民主等观点的提倡呼号，使我在自己的职业生涯中恪守"创新、实用、经济、美观"等信念，哪怕是在所谓的商业产品之严苛需求高压下，我们也在"仿古""西洋古典"等风格的间隙做出自己的创新和改良，保证设计的经济性和实用性。其次，是适当跳脱设计圈内的视野，用社会学、历史学的更广的视野去看待我们所做的设计工作。陈志华先生在《意大利古建筑散记》中描述的建筑遗产观点以及吕舟先生给我们讲述关于建筑遗产之真实性、整体性等价值的保护观点，深深地影响了我后来提出"我们的设计工作其实是当时当地之遗产"的设计师自我评判和要求。最后，在先生每次慈祥的"呵呵，房老板"调侃背后，其实我一直感受到先生给出的无形压力，如何去实践先生所呼号的科学与民主，如何不辜负先生的一声"老板"称呼？

2021 年 6 月底，我的同学、陈志华先生最器重的成砚因病去世，阴历同年，2022 年 1 月 20 日，陈志华先生也驾鹤西去。夏天与冬天，痛失益友良师，何其感叹！想起每年春节前与同学相约去看先生，我都会写一副对联去给先生在宅门贴上，给子女不在身边的先生清宅添点过节气氛。有一年，我居然写了一幅横批："推陈出新"，想表达对陈先生完全退休后仍笔耕不辍仍出新作的敬意，想不到先生见到之后有点黯然落寞并叹息着说："是老了，得出新人了。"我很惭愧，居然在文字特别敏感的先生面前玩了一把文字游戏，糗大了。

陈志华先生去世第二天傍晚，我与周榕、罗德胤、宋晔皓、何崴、张昕、廉毅锐等几位师友在清华东门外相聚，刚好大家做的事情都跟乡土建筑有关系，也追忆了很多陈先生的往事和教诲。看着这几位在新的乡土建筑创作方面做出很多新贡献的师友，我在想：这是不是陈志华先生建筑思想遗产后产出的"推陈出新"？但愿是啊！

后来下起了雪，我回家路上，街道一片白色的世界，有如为先生的去世而天地戴白。感于陈志华先生给我、给清华建筑、给中国建筑界留下的丰富思想遗产，我在覆盖着白雪的街边车辆上面，徒手写下了：先生，先生，先生，先生，先生……

附：为乡土建筑研究组创作的歌曲歌词《乡土谣》

词：陈志华、成砚
曲：霍光

杏花雨、杨柳风，
我们手拉着手向前走。
雪未消、风还寒，
我们手拉着手向前走。

稻田尽处古木掩映，
姐妹的绣花还挂在栏楹。
青山脚下小桥那边，
粉墙青瓦是我们的家园。

枫叶红，柿儿圆，
我们手拉着手向前走。
菜花黄，布谷啼，
我们手拉着手向前走。

一方天井半扇雕窗，
父亲的蓑衣还留在门廊。
黄土塬上车道沟边，
窑洞弯弯是我们的家园。

忘不了父老乡亲的泪光，
在芳草萋萋的长亭旁。

想回到曾经古老的地方，
看她是否别来无恙。

忘不了老师同学的欢笑，
在那世外桃源的故乡。
期待着迎接明媚的阳光，
让我们手拉着手向前方。

学者风范，师道楷模

陈仲恺 [*]

　　敬爱的陈老师已经离开我们几个月了。前些天夜里，我忽然梦到 92 级乡土组的四个男生一起去看望陈老师，可惜很快就醒了，事后嗟叹不已，追思往昔，犹在昨日。

　　我刚上大学的时候，有关建筑类的出版刊物还不多，有一次在书店里翻到一本叫《北窗集》的小书，其行文既有些辛辣犀利，又不乏幽默诙谐，通读一篇篇短文，仿佛置身学术殿堂，坐听作者谈古论今娓娓道来，真让人爱不释卷，回味无穷！而笔名窦武的作者正是本系的陈志华老师——《外国建筑史》的编著者、中国乡土建筑研究的领头人。很多学者孜孜以求终其一生，也很难在某一个学术方向有所建树，而陈老师却能横跨中、西的两个领域成就斐然，不由得让人敬佩不已。

　　正如陈老师在"一把黑布伞"中所描述那样，青年学生在面对名教授的时候，内心是恭敬且带点怯懦的，偶尔碰见，也只能躲躲闪闪而不敢直视。那时候陈老师已经退休，不再给本科生上大课了，所以本来我应该是无缘亲聆教诲的。然而在临近毕业设计的时候，机会却不期而至。

　　乡土建筑研究组每年都会在毕业班的本科生中招几个人参与测绘研究工作。我生长于传统氛围浓厚的古村寨，对于乡土建筑研究有天然的兴趣，就毫

*　曾参与乡土组侨乡村研究和郭洞村研究。现任招商蛇口产品管理部设计总监。

不犹豫地报名了，恰好那一年的课题是广东梅县的围龙屋，于是我们三个来自广东的同学就顺理成章地全被选中了。第一次以学生的身份面对陈老师，发现老师竟不是印象中那么严肃，反而在平和之中略带一丝童趣，于是便放松下来，高高兴兴地进入了角色，还荣幸地收获了陈老师亲笔签字的赠书《意大利古建筑散记》。

陈老师对乡土的热爱，也许起源于少年时期辗转浙江山区的经历。在日寇的炮火轰炸之下，山河破碎，生灵涂炭，中华民族正处在生死存亡的关头。然而旷野高岗之上，犹有指天骂敌的先生，断壁残垣之下，尚有卧薪尝胆的学子，中华民族的根，牢牢地扎在这广袤的乡土之中！中华民族的魂，深深地藏在那古朴的巷陌之内！想必这些都极大地影响了陈老师，促使他奋发图强，披荆斩棘，最终在发掘、保护乡土建筑文化的领域做出了突出的贡献。

在陈老师的很多文章中，他经常回忆起自己不同时期的老师们如何修身立德，传道解惑，而他自己也很好地践行传承了这种师道。我们每次下乡，住的是乡村农舍，吃的是粗茶淡饭，甚至偶尔还会陷入意料不到的窘境，总之一切都很贴近乡土生活本来的样子。陈老师和楼（庆西）老师还多次拒绝了当地一些部门或者热心人提供的"高标准"接待，他们坚持学生们要在艰苦的条件下，专心向学，而坚决远离社会上形形色色的诱惑和干扰。在专业方面，陈老师、楼老师则搬出了当年梁先生、林先生的标准来要求我们：测稿怎么定，建筑怎么量，线条怎么画等等，都有一套讲究。在20世纪90年代中期，别的教研组的同学们已经开始用CAD作图了，既高效又精准，但陈老师、楼老师却坚持让我们用手绘，理由是手绘的图更有生机和灵气。后来我想，也许老师们不想让我们走捷径，而是通过狠下苦功夫，以便更深刻地理解每一个建筑细部吧。

下乡的日子总是忙碌而充实的，印象中有一天当我结束了"上蹿下跳"的测绘工作后，收好皮尺和画板，从高处的围龙屋眺望丘陵之间的田野，但见夕阳西下，陈老师走在乡间小路上，背后跟着一排凑热闹的小孩，远远望去，宛若一队大雁……渐渐地，恍惚间我们也变成了队列中的一员，在老师的引领下，慢慢而坚定地往远方飞去……多年以后，偶然听到蒙古长调歌王哈扎布晚年所唱的一曲《老雁》，歌声沧桑低回，歌词忧伤无奈，回忆此情此景，不禁潸然泪下。

毕业之后，刚参加工作的我，单纯而带一点理想主义，曾经在取得了一点小小的进步之后，竟有些沾沾自喜地写信向陈老师汇报。陈老师很快回了信，在表示欣慰之余，还以他丰富的人生阅历和敏锐的洞察力，对涉世未深的我进行了关怀指导。那封信被我珍藏在老家的旧箱子里，里面有几句话却一直铭刻在我心上："将来你还会碰到很多奇奇怪怪的事，请告知我们，我们会爱护你的。"

后来我真的走过了很多地方，也换过不同的工作，虽然渐行渐远，做的事情也与乡土建筑关联不大，但老师的那几句话始终护佑着我，予我信心，催我向前，教我从善，让我永远记得那闪亮的日子。

2022 年 6 月 25 日

一起走过的日子

刘　晨[*]

引子

1997 年 7 月 1 日是个特别的日子。那天上午，我们几个同学得到通知，正式入选建筑历史研究所乡土组，接下来要跟陈志华先生、楼庆西先生和李秋香老师做一年毕业设计。这可是个好消息。大学还剩最后一年，大家各有想法，多数同学去了建筑设计组和城市规划组，历史研究所只招十来个人，报名的都是真心喜欢建筑历史，对陈先生主持的古村落研究感兴趣，想在毕业前再多学点东西。

那天当然还有重要历史意义——香港重归祖国怀抱。校园里很热闹，黄昏后有一场盛大的露天晚会，大礼堂前搭好了台子，著名歌手刘德华将登台献艺。大草坪上早已坐满人，来迟的同学干脆爬墙上树。我和室友绕到王静安先生纪念碑对面的小山坡上，坐在黑黢黢的松树底下。一阵风吹过，大草坪静下来，闻着松针清香，我们听刘德华唱歌。他唱了一首《一起走过的日子》。我们轮流拿望远镜对着舞台，那时歌手还年轻。

翌日清早，我迷糊着，歌声还在耳边回荡。有人敲门，是住斜对过宿舍的

---

[*]　清华大学建筑学院 1993 级本科生，现执教于清华大学建筑学院。

一起走过的日子 / 刘　晨

304 > 305

王雅捷，叫我快起床，马上去建筑馆，说陈先生要给我们"训话"呢。

建筑系学生总有些散漫。我们六人到齐，三位老师已等候多时。头一年暑假，我们跟李秋香老师做过古建筑测绘，已经"混熟"。楼庆西先生给我们讲过民居建筑的课，也算认识。跟陈志华先生倒是头一回正式见面。不过那之前，陈先生在学院里已经很有名了。他写得一手好文章，我们都爱读。文章里的陈先生嬉笑怒骂，颇有几分狂狷之气。现实中的陈先生又是另外一个样子。这倒不是说，文章里的人跟现实里的人对不上号。其实，陈先生是当得起"风骨"二字的。相由心生，心里什么样，相貌上自会带出来。就这一点说，人如其文。只是现实里的陈先生更沉稳淡定。有几回遇见他从办公室出来，学生们蹿来蹿去，风风火火，而他总是背着手，嘴角抿一丝笑，慢悠悠地走，像一朵闲云飘过。我上前问一声好，他虽然还不认识我，却会笑着回一句：你好呀。看见这样的笑容，心里就很舒服，好比跟弥勒佛照了一面。

这次见面，陈先生仍是笑眯眯的。李老师故意冲我们板起脸说：迟到了哈。陈先生却说：昨晚听了演唱会，兴奋得睡不着吧？——听这话，我松了口气，看来不是叫我们来训话的，倒是跟我们聊天呢。陈先生的声音好听，不紧不慢，带一点江南口音，有节奏感，润润的，还有点糯。我猜他年轻时有一条好嗓子，说不定会唱昆曲。我环视四周，这屋子不大，窗台上养着几盆花草，长得很旺，两壁都是书架，好多书，有不少大部头的古籍，还有五花八门的方志。桌上堆着几卷硫酸纸，都是测绘图，一张摊开，上面画着一扇优美的雕花窗，旁边小字写满批注，笔迹清秀，不知是哪位老师的。接下来，三位老师给我们布置任务。主要是两次古村落调研和测绘，秋天去江西流坑村，春天去浙江俞源村。除了一起完成古村落考察，每个同学根据自己兴趣选一个专题——比如村落布局、房屋形制、建筑装饰，画一套测绘图，并写成一篇毕业论文。陈先生特别提示我们，不要只顾着建筑本身的特点，我们会在村子里生活一段时间，要多观察，多琢磨，想想村落和建筑为什么是这个样子，跟当地的历史地理、日常生活和文化风俗有什么关系。

那时我还不知道有文化人类学这样有趣的学问，但已对即将到来的古村落考察充满期待。我在城市里长大，从未接触过"乡土"，这个词让我想到"田园"，进而想到陶渊明。陈先生好像看出了我的小心思，眯着眼说：上山下乡可是要吃苦的，你们真的准备好了吗？——楼先生接过他的话：可能都没有水厕所呢。我心里一咯噔。陈先生又扬了扬眉毛：但是能看见银河，晚上躺在院子里数星星。银河！上次看见它，还是大一暑假在大兴军训的时候。我暗忖，这老先生，还挺有意思。现在回想，陈先生真的不老。他有一颗赤子心，怎会老呢？如果准确描述那天陈先生给我的印象，就是一个聪明而慈祥的长者，还蛮好玩。

秋·流坑

秋天很快来了。临行前，楼先生给我们上了一堂建筑摄影速成课。我们扛着一大堆摄影器材和测绘工具，从北京西站出发，坐绿皮卧铺火车去南昌。行李中还有几册书，陈先生很宝贝这些书，不让我们碰。同行的有一位台湾《汉声》杂志的记者，陈密。这位记者是乡土组的老朋友了，每回"上山下乡"都跟着，和陈先生形影不离。他们有出版合作，一本一本出古村落的书。二字班（92级）的罗德胤师兄也随行。我们十一人就成了一个亲密大家庭。李老师是管家，有王熙凤的魄力。陈先生和气，楼先生严肃，有时也调换过来，他俩都是这个家庭的主心骨。罗师兄像半个小家长。台湾记者只管插科打诨。

火车开出北京，大家撒了欢。看着我们在车厢里蹿来蹿去，李老师一一为陈先生"点兵"：这潘高峰，伶俐着呢；司玲是个老实孩子；王雅捷做事稳当，让人放心；他俩嘛，李老师拍着何天友和赵亮的脑袋，调皮捣蛋包！陈先生笑得合不上嘴。他是真爱护我们每一个学生。这个顽皮，那个桀骜，这个闷葫芦，那个鬼灵精，在他眼里都天真烂漫，都是可塑之才。建筑系每年会来那么一两个与众不同的学生，这里又是个小江湖，总会传一些关于他们的话题。这些话题也飘到陈先生耳中，他就说：某某同学挺好的呀，学起来很认真嘛。"挺好的"他要强调三遍，为这位有争议的学生打抱不平。我后来想，陈先生眼里的好学生就一个标准：认真。这个标准其实挺高，不是所有会考试、能混学位的学生都是认真求知的。

第二天我醒得早，从上铺爬下来，看见陈先生和台湾记者已坐在车窗前，正小声谈话。我向他们问过早安，便坐到一旁，欣赏窗外南方的秋色。陈先生的脸映在窗上，我第一次见他蹙眉。"就这么毁了！再也没有了！"他叹着气说。台湾记者低头不语。过了会儿，我才知道他们在说一个消失的古村落。让它消失的不是天灾，而是人的贪欲，是地方官员跟开发商沆瀣一气，把好端端的千年古村变成了现代废墟。原来，一向笑眯眯的陈先生也有伤心事。这伤心事一桩接一桩发生，他感到无能为力，可是还要拿出自己全部力气去抢救，哪怕只在文字和图纸上留下一个村落的影子。我想起不久前读到一篇陈先生的文章，是给一本古村落的书写的序，里面引用北宋诗人王令七言绝句《送春》的名句："子规夜半犹啼血，不信东风唤不回。"陈先生说，为抢救古村落，他甘愿化作啼血杜鹃，但求唤醒世人良知。我再望一望陈先生的侧影，文章里和现实里的他完全重合了。能为湮没的历史和消失的文化捶胸顿足的，世间又有几人呢？

我们进村时已过黄昏，大家一身疲惫，黑灯瞎火地睡了。这一觉睡得真香。早上被鸡鸣犬吠闹醒，司玲揉着眼睛推开窗，清亮亮的晨光涌进来，带着田野的味道。我扑到窗前，这不是一幅青绿山水么？刚巧陈先生和李老师走到窗下，仰起头，脸上绽开笑容。"早啊！"李老师招呼。"快叫大家起床，"陈先生说，"带你们赶集去。"听见"赶集"，蒙头大睡的潘高峰一下子从床上弹起来。隔壁男生屋里也有了动静。我们还是迟了，只赶了个早集的尾巴。但是借着这个由头，陈先生带我们在村里逛了一圈，到祠堂里看块匾，去村民家讨杯水。大多数民居还算完整。马头墙真好看，白粉墙镶着青灰瓦，都是旧的，在清晨湿漉漉的空气里又很鲜明，一簇一簇，交错重叠，绵延不绝。陈先生教我们看房子：马头墙叠得越高，这家人地位就越尊贵。果然，马头墙"扬眉吐气"的，大宅门也"器宇轩昂"。

那时候还没有智能手机，陈先生也不带地图，就那么背着手，串门儿似的，从这家踱到那家。有时穿堂而过，他站在天井里抬头看看云，自个儿咕哝一句"要下雨了"；有时低头走过一条曲里拐弯的窄巷子，我们跌跌撞撞跟在后头，以为要迷路了，他却悠然一转身，站在巷子那头冲我们大笑。这村子他不知来过多少回，大约早把每道门槛、每棵树装在心里了。我虽然初来乍到，也已从陈先生的目光里看见了村子的生命，我知道他希望它一直活下去。这是一个朴素的愿望，却不容易实现。

就这样边走边看，李老师顺道把测绘工作分配好了。女生承包了状元楼、翰林楼、武当阁、文馆、高坪别墅，男生则认领了节孝牌坊，被女生使劲取笑一番，颇郁闷。等我们闹够了，陈先生说："可别小看它，我都没见过这么漂亮的牌坊呐！再说，知道牌坊的来历吗？还有位置、朝向、结构、样式，一大堆讲究，要学的多着呐！"真的，我们后来都喜欢上了这座牌坊，也慢慢明白，三位老师提前到村里"踩点"，为挑选测绘对象煞费苦心。本来，如果只是出一本古村落的书，让学生帮着出力干活也挺好。但陈先生更希望我们在有限的时间里多学点东西。来一趟不容易，他想让我们尽量深入而全面地了解这个村落，触摸它的过去和现在，它的丰富多元的建筑、里面的思想和生活。多年后我才醒悟，这就是文化人类学家和民族志学者最根本的田野工作方式啊！陈先生没给我们讲过干巴巴的理论和方法，但他把这样的工作方式引到建筑系来，就是在有意识地打开我们的眼界，拓宽我们的认知。

在村里安顿好，测绘工作正式开始。我们从北京来，有点水土不服。王雅捷连着拉了两天肚子。陈先生来看她，掏出一小瓶"神药"，叮嘱早晚各吃一粒，保证药到病除，说完冲她一眨眼，背着手下楼了。王雅捷谨遵师命，晚上果然好了。次日午饭，我们缠着陈先生问是什么神药，潘高峰嚷着要屯上几瓶，李老师拍她手："胡闹！"陈先生抿着嘴，半盅小酒下肚，拿筷子夹了两口菜，才慢吞吞告诉我们是从早集上淘的。他还淘换了多少好玩意儿，我们直到离开前打包行李时才摸出个大概。

陈先生疼起我们来是真疼，严起来也真严。我们白天出去测绘，晚上回来整理数据和图稿。简陋的会议室中间摆一张大桌，白天用它吃饭，晚上用它画图。从天花板上吊下一只四十瓦电灯泡，几人围着桌子，就着这簇黄分分的光，把草图纸蒙在打着密格子的测绘纸上，一笔一笔地描画。三位老师挨个给我们看图，一审、二审、三审。陈先生走到谁背后都要站半天，开始弄得我们比考试还紧张。他看图特仔细，一个数据、一个细节都不放过。他总说：测绘这活儿，就是"失之毫厘，谬以千里"。测的数据跟画的细节对不上，他必要拿红笔勾一下，让罗师兄白天带我们回到原地再测一遍。谁不留神画走了样儿，他一眼就能瞧出来。何天友向来毛毛糙糙，这会儿也乖乖听话，不然第二天午饭没肉吃。我们那时候都很能吃，少一顿肉可是天大的事儿。赵亮淘气，爱跟楼先生拌嘴，陈先生也有办法治他：拿大顶三分钟，再做一串前空翻——赵亮小时候练过体操。我看着陈先生站在这俩"捣蛋包"身后连哄带吓的，不觉笑出了声。这时一只蜘蛛顺着吊灯泡的绳子爬下来，眼看就要落在我的图上。我最怕蜘蛛，嗷一声惨叫，吓得村里远近好几条狗跟着狂吠。陈先生走过，两根手指拈起那个吓傻的蜘蛛，把它放回了墙角，回来看我的图，说："挺好呀，接着画。"顺便倒了杯温开水给我压惊。

流坑村果然没有水厕所。我们晚上收了工还要玩一会儿，赵亮不知打哪弄来的小啤酒，大家轮着喝。半夜被尿憋醒，女生敲敲墙壁，男生就打着手电筒出来，护送我们去上茅房。茅房挨着一个猪圈，得走一段崎岖的坡路才能到。猪已经睡着了，给我们这一闹，很不高兴地摇着小尾巴。此时银河漫过天空，北斗闪烁，俩男生背对我们站在坡头，吹着口哨放风。上完茅房回来，会议室灯还亮着，我们蹑手蹑脚凑过去，陈先生以手支颔，正在看书。"回来啦？"他头也不抬地问。"赶紧去睡觉，明天早起，带你们去看好东西。"

许多年后，我仍然记得流坑村那个悄寂的夜晚，群星璀璨，一灯如豆，陈先生读书的样子。久而久之，这个形象成了我心底的一幅画，一座雕像。因常想起，我才能在喧哗中安下心来，做一点学问。

陈先生说的好东西是流坑村的宗谱和方志。宗谱平常从不示人，我们沾了陈先生的光，才有缘一睹。这件事很有仪式感。一大早来了几个人接我们，一看就是村里有威望的长辈。陈先生跟他们边走边谈。他们说方言，我们听不懂，只觉得抑扬顿挫，颇有戏剧性，衬着陈先生清润的江南口音，十分有趣，于是麻利儿地跟着，左拥右簇进了一栋大宅。（后来我才明白，会听方言也是人类学家的基本功。早知如此，当初就该多向陈先生请教。）流坑村到底是穷，这大宅也有些破败了。天井很深，光线晦暗，踩着嘎吱嘎吱的木梯上了一间阁楼。两个长辈恭恭敬敬请出宗谱和方志。方志好几大卷，都泛了黄。陈先生坐在条凳上，打开一卷，叫我们围过来看。这是晚清一个进士主持编修的，——流坑村在这一带是出了名的"进士村"。刚开始，陈先生还给我们讲讲，可看着看着，他就好像把周围的人都忘了，完全沉浸到方志里去了。他在里头看见了什么沧桑浮沉的故事，我们不晓得。茶都凉透了，他才抬起头，望着天井里飘落的叶子，半晌不说话。（后来我才体会，一个人神游到历史深处再穿回现实，就会有那种怅然若失的样子。）看完方志，陈先生和村长辈们打开宗谱。长长的一个卷轴，中楷书法，工工整整写着流坑董氏宗族的辉煌历史。陈先生双手托着卷轴两端，一寸一寸，小心翼翼地展开，郑重其事。我们知道这是好东西——有几个宗族能保留一份详尽的宗谱呢？可只有陈先生能掂出这卷轴的分量。

从大宅出来，下起了雨。我和陈先生撑一把伞。默默走了半程，我终于忍不住问他来的时候跟村长辈聊的什么。原来他们在讨论流坑村将来的命运，怎么让村民过得更好，又能把村子完整保存下来。雨打在伞上，像越敲越密的鼓点，远处云雾隐没了山峦。我想，陈先生怎么又给自己找了个难题呢？

就在那一霎，我开始琢磨出陈先生那句"上山下乡要吃苦"的意思。水土不服、条件简陋倒在其次，猪圈旁的茅房上惯了也忍得过去，这入心的苦才是真苦。"乡土"跟"田园"到底不同，田园就是个诗意的念想，乡土才是实实在在的。走进这片乡土的学者不是来做看客的，他的肩上挑着一副顶重的担子。

春·俞源

大约是春天的缘故，俞源在我记忆中要比流坑明亮温暖一些。去之前陈先生说过好几次，俞源有三绝：木雕、油菜花、梅干菜烧肉。我们都等不及了。

出发那天，楼先生透露了一个好消息：村里这次专为我们修了水厕所。"你们有福了！"楼先生说。"我们去的时候哪有这种条件。"楼先生看我们总有点恨铁不成钢的意思，嫌我们贪玩，不好好学习。如果把陈先生和楼先生比作我们的父母，楼先生就像严厉的父亲，陈先生则像母亲。我们很少见陈先生发脾气，但都知道他是有脾气的人。尤其当说起"伤心事"的时候，他一定要把卡在喉咙里的鲠狠狠地吐出来。可就算这样，古村落还是在一点点消失。他让我们明白了乡土测绘工作的核心价值：每测一个房子，都是在抢救一个生命，甚至一个濒危物种。

此番随行的有一字班（1991级）的王川师兄和焦燕师姐，王川师兄已经跟着楼先生读研究生。他总夸他俩正直善良，工作认真负责。这是在给我们这些师弟师妹树榜样呢。陈先生育人，确有"春风化雨"的功效，跟了他半年，何天友和赵亮照例顽皮，可干起活来严谨多了。

从北京去俞源，折腾了好几种交通工具。最后接我们进村的是一辆七成旧的面包车，开起来快散架了。一车人前仰后合地穿过一望无际的油菜花田，王雅捷咬紧牙关，李老师抚着她背，我按住小心脏，陈先生回头安慰我们：别怕，这车皮实着呢！

这罪真没白受。油菜花田的尽头是一片桃花源。一条村河流过，两岸蛱蝶飞舞。我们在村口一座庙里住下来。庙名记不起了，但庙前有座"梦仙桥"，我从来没忘。桥下一道瀑布，水声如歌。夜晚我们听着水声入眠，睡得极好，也曾梦仙。这座桥和这条水耗了我们不知多少胶卷，害王师兄三天两头跑镇上洗照片。楼先生看不下去，给我们作示范：哪种光圈和速度的配合能拍出动感或仙境。陈先生也跟着指点一二。他技术不似楼先生专业，但自有一套观看之道。蜘蛛在桥栏杆里结了个网，一只蜜蜂落网，他瞧见了，要拍；照片洗出来，我们才看到蛛网和蜂翼落在石栏浮雕上的影子。于是我们都干起了守株待兔的事，然而再也没有类似角度的蛛网和找不着北的蜜蜂。陈先生还很会"搭讪"：谁家婆婆挽个篮子出来摘菜，他就和人家走一段，说说话。（我们又想东施效颦，可惜婆婆们不说普通话，我们也不懂这里方言。）两天后，照片又洗出来：婆婆穿蓝布衫，发髻别一根银簪子，上面竟停着一只蝴蝶！还有她臂弯里那个篮子，拿细藤条编成鹅形，藤条已旧，阳光下泛着深褐的油光，里面碧绿的菜能掐出水来。陈先生指给我们看鹅篮的脖子："瞧，这手艺人心里头得想着多美的事，才能做出这样的活！"然而这些照片后来都哪去了呢？

有了流坑的经验，我们已是熟练工，这次测绘更顺利。村民也不跟我们见外，常去的几家早早把院子打扫干净，预备好茶水，有时还留饭。收工时，男生们也会跟村里的小伙子抽几根烟，他们上过几年学，能说普通话，还能给我们搭搭架子，拉拉皮尺，报个数：下梁高两米零九，檐口高两米六三。陈先生笑眯眯看着，随时指正。他不能登高爬梯，但总不忘帮我们扶一把梯子。我恐高，男生在底下扶着我还是心虚，可陈先生一搭手，我就能在半空立稳。忘了是谁家宅院，堂屋檐下雕有一对蝙蝠，被陈先生"盯"上了，说："咱快把它们拓下来，回头一扇翅膀要飞走了。"赵亮和我轮流爬梯，陈先生两手牢牢把住梯子，仰着头，再三嘱咐找好重心和着力点，慢慢来。此时雨霁，我站在梯上，一手扶梁，扭腰回望，重重叠叠的屋脊接着黄灿灿的油菜花田，远处一道彩虹罩住青山，我不禁惊呼一声，就听陈先生在下面叫"当心！"亏他及时提醒，我腰扭过了一点，险些掉下来。陈先生逗趣说是那对蝙蝠护着我——蝠者，"福"也。

不觉已晌午，李老师走进天井，叫我们回庙里吃午饭。有个阿姨专门给我们做饭，她烧的菜特别好吃。俞源三面环山，山笋极鲜美，阿姨变着花样做笋菜——油焖笋，干煸笋，笋炒虾，笋蒸鱼。这天雨后春笋不可辜负，挖出来还不到半个钟头就下锅做了笋丝豆腐汤。陈先生也是个会吃的人，常琢磨一些新做法，比如拿笋和青椒炒鸡蛋，再加点金华火腿。不过他最爱的还是梅干菜红烧肉。他知道我们也爱吃，便让阿姨多烧两盘。有时村干部也来，王师兄帮着上菜倒酒。酒是农家自酿米酒，一派醇香。陈先生馋酒，但每回只能喝三盅，多了李老师不让。自己喝不够，就让能喝的替他过把瘾。我们也从没想过在这庙里喝酒吃肉有啥不妥，每次都杯空盘净。酒足饭饱，我们回屋歇晌，陈先生还要和村干部坐会儿。这个村干部不大爱说话，就嘬着旱烟袋子听他说；王师兄点根烟默默陪着。一次我午睡醒来去倒水，见他仨还原样坐着，地上一堆烟头。陈先生叹了口气，我知道他又想起"伤心事"了。

可陈先生高兴起来真像个小孩子。得知我喜欢古诗词，他就跟我玩即景对诗，或者说考我。他考的办法很特别，只说上句前两字，我必须马上说出下句。这需要一点诗意的默契，看的和想的都得对上。有个小姑娘站在桃树下，陈先生说"落花……"，我知道是"落花人独立"，便接"微雨燕双飞"。过河见山，云雾后似有奇境，陈先生说"远上……"，我猜是"远上寒山石径斜"，脱口而出"白云生处有人家"。这是容易的，我答对了，他也不夸，背着手继续走。难的如"当时……"，黄昏后，明月、溪流、云霞、山林俱在，我就拿不定是"当时明月在，曾照彩云归"呢，还是"当时只记入山深，清溪几度到云林"。陈先生仍不忘晏几道，我心里却惦着桃花源。这就少吃一块红烧肉，冤。

我和王雅捷拿鸡毛扎了个毽子，晚上晴朗时，我们就在院里踢毽。陈先生看见，非要比赛，李老师和女生一队，他和男生一队，楼先生判分。李老师踢得好，帮女生连赢三局，陈先生耍赖，拿王师兄把李老师换了去。潘高峰一脚飞起，陈先生赶紧接，这力使猛了，毽子上了屋檐。我们取来测绘用的竹竿才把毽子弄下来。男队又输了，陈先生还不服气，李老师承诺给他要一只鹅篮，才把他哄好。其实我们知道他一半是较真儿，一半是变着法儿让我们坚持锻炼呢。

赶上雨夜，毽子踢不成，我们就聚到堂屋看陈先生的宝贝拓片。他做了好多木雕拓片。俞源离东阳不远，东阳木雕闻名江浙，俞源民居的好多"冬瓜梁"（天井环廊下的短梁，状如弯冬瓜，故名）、"牛腿"（廊柱上端承托屋檐的构件），都是东阳工匠做的，雕着山水人物、花鸟虫兽，工艺精美而富于变化，我们走了多少宅子，都没见重样的。但保留下来的还是少，好多都在"破四旧"的时候当柴禾烧了。陈先生就很稀罕这些留下来的。我们测房子，他就做拓片，晚上在灯下整理，爱不释手。这种拓片是拿草图纸蒙在木雕上，用一块旧布蘸上晒蓝图用的普鲁士蓝墨粉慢慢揉擦出来的。他拓得真好，蓝凤凰蓝麒麟驾雾腾云，富律动，有生气，比原物更美。我们也拓了一些，拿来跟陈先生的一比，用李老师的话说：全拓"糊"了——麒麟四蹄分不出前后，凤凰尾巴像大扫帚。那对蝙蝠是跟着陈先生的口令拓的，也仅能看出是蝙蝠，改天还得重拓。

天一晴，陈先生带我去小萝卜家，亲手教我做拓片。小萝卜还没上学，常来庙里找我们玩，嘴甜得很，管李老师叫"秋香姐姐"，没大没小。他家宅子是他爷爷的爷爷留下来的，正房有扇花窗，雕着一对飞凤，陈先生视若俞源之冠。这会儿小萝卜正和他奶奶在天井池边剥豆，见我们进门，扔下豆跑上来，拉我们去看他的锦鲤。陈先生和他奶奶说了会儿话，哄他接着剥豆，然后给我上课。

拓片是个纯手艺活儿，看着简单，却不是一两天能练成。先得跟工具磨合：草图纸透、薄、脆，蓝墨粉颜色饱和度高，拓片就是一幅画，浓淡深浅全得掂量好，所谓意在笔先。陈先生说：上手前，得花功夫跟木雕"相相面"，这是什么刻法——高浮雕还是浅浮雕？什么题材、什么意境？拓片可不是原样拷贝，而是一种艺术再创作，就算同一个人拓同一件作品，这次跟那次的效果也不一样。比如这凤凰，今天拓出来活泼欢快，隔两天再拓又是静的，乖的。它们什么样，跟你手腕上的力有关，也跟你的心境有关。一旦上手，就得专注，不能有杂念。再想这想那的，你的凤凰就"糊"了，笨了，飞不起来了。

接着陈先生给我作示范。蒙上草图纸，让我帮着按住，拿软布戳一点蓝粉，轻轻蹭两下，凤头的翎子翘起来了。皴、抹、勾、擦，翅膀也长出来了。好神奇，明明只有普鲁士蓝，却像彩凤。我目不转睛，这是在表演近景魔术呢。我真希望陈先生把这魔术变到底。可他只变出半只凤，剩下一只半还得我来完成。交换位置，陈先生按住纸，递过软布："开始吧。"我调整好呼吸，学着他的样儿，先变了个凤爪，不敢动了。"继续，"陈先生说。

一下午就那样不知不觉过去了。小萝卜在院里剥豆，陈先生和我在廊下作画。豆子跳到盆里，啪、啪；粉墨擦过纸面，沙、沙。小萝卜的奶奶端来一大盆新蒸的芋头。我双手沾满蓝粉，小萝卜剥好一个，填到我嘴里。我看看凤凰，再看看陈先生，他笑了："行，有模有样。"又问小萝卜："好不好看？"小萝卜嘴里塞满芋头，只管点头。他和奶奶把我们送出大门，又往我怀里塞了好几个芋头，说是给"秋香姐姐"的。李老师没白疼他。

走上田垄，已近黄昏，一带青山映入村河。陈先生想起什么，说了俩字："不觉……"我当即会意："不觉碧山暮，秋云暗几重。"陈先生心里还是住着一个李白。然而此时恰值仲春，何来秋意？

离开流坑那天早上，村干部、庙里做饭的阿姨、小萝卜和他奶奶，还有跟男生一起抽烟的小伙子们都来送行。李老师果然给陈先生要了一只鹅篮，跟穿蓝布衫的婆婆用的那个一模一样。车要开了，小萝卜揪着陈先生的衣角呜呜地哭。司玲把我们做的毽子送给他，这才放手。还是那辆快散架的面包车，载着我们东倒西歪地穿过那片油菜花田。我倚在李老师肩上，说想在这隐居。李老师问那你带什么来隐居？我说好多书，还有一台电脑。李老师大笑：你这隐得还是不彻底！陈先生回头看着我，说："你以为那么好隐呐，我一辈子都没隐成呢。"

车开上平地，山渐渐远了。我望着山顶一抹微云，忽想起几日前爬山的事。那天我们本来想去挖笋的，一时贪玩，爬到山顶，俞源尽收眼底。下山时走错了路，又遇山雨，前后不见人影，女生都害怕起来。男生一前一后护着我们。到山脚下，雨还没停，油菜花后面有个小庙，庙门虚掩，推门进去，一片荒烟蔓草。我们以为没人，径直往里走，忽然听见声响，转头一看，竟有个老婆婆坐在廊下。她穿着粗布衣裳，头上包块蓝巾子，也不看我们，就那么说啊说，说一会儿，侧耳听听雨，再说下去。她的声音很软，但我们一句也听不懂。潘高峰到她跟前叫了声婆婆，她脸稍转过来，仍不看我们。这才知道她是个瞎子。我们退出来的时候，她还在自顾自说话。我们都觉得奇，回到庙里本想问问三位老师，但是淋成落汤鸡，又误了晚饭，让他们担心，被楼先生熊了一顿，就把这事儿忘了。此时想起来，我就和陈先生说了。他不声不响听完，轻叹一声，说这个婆婆他也见过，也是那样自说自话。我问说什么，谁养活她，陈先生却摇摇头，说以后再告诉我。

谁知这"以后"太长，陈先生已经把老婆婆的秘密带走了。

余事

1998年6月底，建筑系毕业论文答辩。陈先生给我鼓劲：别怕，把你做的东西清清楚楚讲出来就行。哪个老师要是问你，做这样的研究有什么用，你就如此这般回答。我做的题目是俞源民居的建筑装饰。这篇论文写得很享受，也是因为陈先生并没有给我条条框框的限制，甚至不要求我谈什么"理论"。他只是一再鼓励我：观察、感受、思考、追问。比如这木雕上的"八仙过海"怎么来的？这家与那家、这个年代跟那个年代有何不同？受哪种风格或传统影响？原型是什么？诸如此类。（后来我在美国读艺术史博士，接触到"图像学"和"图像志"，在一套一套的理论里爬进爬出，才恍然醒悟，原来这些方法，陈先生早就潜移默化地教过我了。）那天答辩也顺利，陈先生穿一件干净的白衬衫，笑眯眯坐在其他老师后面给我压阵。果然就有个教授问我：你做这研究有什么用？我就拿陈先生教我的话原封不动地回了，那位教授便不再言语。

我们还去《汉声》杂志记者陈密的家里聚过一次。他做炸酱面是一绝，只有"身份特殊"的人才吃得上。我们又沾了陈先生的光。陈密家刚添了一个小闺女，才半岁，陈先生拿拨浪鼓逗她玩，我们吃面。面太好吃，何天友连吃三大碗，打着饱嗝，意犹未尽。

临毕业的一天下午，我去食堂吃饭，陈先生回西区的家，我们顺路，边走边聊。陈先生跟我聊起家常："我老伴儿吩咐我去照澜院买酱油，还有水葱，你一会儿提醒我。"我说好。路过二校门，陈先生又说起他上月回南方看老母亲："九十多岁了，晚上还给我披被子。当母亲的呀，多大的人在她眼里都是孩子。"我说是呢，一边想，陈先生活到九十岁会是什么样子呢？

我准备去美国留学，陈先生亲笔写了英文推荐信，叫我去他家取。我到了，门上贴着纸条和信封。陈先生有事先出门了，叫我先把信取走，改天再见。

再见已是十五年后。我从国外回来，在母校教书。有天进系馆，遇见李老师搀着陈先生走出来。我赶紧迎上去，陈先生瘦多了，目光也有些含混，看着我，嘴唇动了两下。李老师跟他说：这是咱们以前的学生呀，一起去流坑和俞源的，想起来没？陈先生再看看我，眼睛稍稍亮了一点，慢慢地点了下头。我拉着他的手，说不出话。进了系馆，趁没人，我在楼梯上靠了会儿，平静下来，才走进教室。

2018 年 4 月校庆，赶上我们三字班毕业二十周年，远近的同学都来了。我们去清芬园聚餐。隔着一大堆人，看见了赵亮。他过来跟我交换了一个微笑，还没顾上说话，别的同学又涌过来了。可就在那个微笑里，我想我们都记起了跟陈先生一起走过的日子。放在一生里看，这段日子实不算长，却足以温暖我后来的岁月。能跟陈先生做一会学生，是我几年大学生活里的一桩幸事。

两年前，因疫情禁足在家，我整理从前的照片，又想起当年一起走过的日子。我把俞源的经历写成了一个英文的短篇小说，试图用虚构的形式重建一个完整的回忆。本以为还有时间，能给陈先生读读这篇小说。如今他已走了半年，我刚写成的这篇"非虚构"，也只能算一种残缺的追忆了。

想找出那张油菜花田里的照片，怎么也找不着了。那是离开俞源的前一天，陈密给我们拍的。我们从黄花丛中露出脸，笑得无比灿烂。潘高峰穿着碎花小褂，何天友一身绿军装，偷偷揪起司玲一撮头发，花秆子戳到赵亮的鼻子上。陈先生抱着小萝卜。那一刻，我们都是陈先生的孩子。

二〇二二年 大暑

追忆陈先生二三事

赵 巍[*]

1995 到 2000 年，我在清华园度过了五个春秋。最难忘的莫过于做毕业设计的第五年。那年我们同一届 90 个学生中有多一半都选择去乡土组做毕业设计，我有幸成为被选上的八个人之一，师从陈志华先生、楼庆西先生和李秋香老师。相比去其他组的同学，我们的毕业设计做得相当辛苦。但是我们都很庆幸自己的选择，因为那一年的经历不仅让我们在专业上受益匪浅，在乡村测绘和生活的日子更是让我们终生难忘。和三位老师朝夕相处的日子，拉近了我们之间的距离，增进了师生感情，更让我们对两位早已退休的老先生敬重有加。

2000 年 2 月底到 3 月初，我们随陈先生和另外几位老师到福建省永安市槐南镇的安贞堡进行测绘和调研。安贞堡又名池贯城，是一座由当地池氏家族耗时 14 年、于 1899 年最终建成的防御性土堡。

那时的槐南正值春寒料峭，阴雨连绵。每天早上 8 点和傍晚 5 点，从槐南中学到三里之外安贞堡的田埂小路上，都有我们这一行人打着伞，背着画板，相互搀扶着走过。细雨缠绵的天气、凝重的泥土气息和我们坚定的步伐、愉快的笑声构成一幅生动艳丽的浓墨淡彩画。

初次遥望安贞堡，我们就被它的气势所震撼。它哪里像什么民宅，俨然是

---

* 清华大学建筑学院 1995 级本科生，现任教于美国路易斯工业大学设计学院。

初到安贞堡，陈先生（中）、楼先生（左）坐在安贞堡的上堂里和当地人访谈。

一座森严的古堡。四米厚的外墙里错落有致地安插了大大小小三百六十多间房间。由于很久没人居住，整座建筑里空荡荡的，了无生机。我们八个人撒在里面，一瞬间便没了踪迹。专注投入的工作使我们忘记了周遭的存在。直到被一位小姑娘问起，"姐姐，你们不觉得害怕吗？"我们才回过神来。想到自己身处一座阴森古堡，身上便冒出了阵阵冷汗。

吃住条件比较艰苦。虽然我们已经被当成上宾招待，每日重复的饭菜仍然不免让我们感到厌倦。特别是每位同学每天早餐都配有一个口感粗糙的鸭蛋，着实让人难以下咽。但一想到这是陈先生和几位老师特意为我们省下来的，我们还是会心存感激而吃得津津有味。中午总有人在安贞堡门口守候，看见送饭人远远的身影，"开饭了"的叫声便在堡中此起彼伏地回荡。晚饭，终于又可以众人围坐在桌前，听陈先生讲述当地的见闻，开心的笑声不绝于耳。

我们一行人沿着田埂小路走向安贞堡（陈先生在右前）。

雨水和泥土似乎是那个地方的特征。我们每个人的鞋子和裤腿都成了雨水和泥土创作的天地。虽然我们每天都是跟在陈先生后面小心翼翼地走，但依然不止一位同学摔倒在泥泞的稻田里。于是这种"屁股和大地亲吻"的行为就成为我们在测绘期间永久的笑谈。

潮湿一直是我们的死敌。听陈先生说台湾人（汉声杂志的编辑和摄影）要来看我们了，还要送给我们每个人两件礼物。我们多么希望那是袜子或内裤，最后遗憾地发现是……年画。无奈我们只得学当地人的样子，把衣服放到锅盖上烘干。

一直到离开安贞堡之前的半天，终于见到了久违的太阳。我们兴奋的心情溢于言表，毫不吝惜相机中的胶卷，疯狂地记录着阳光下的一切。这时才发现，那里的春天一样是生机盎然。

2000年四月下旬，我们又跟随陈先生和李老师去黄河岸边的碛口古镇测绘。黄河是中华民族的母亲河。第一次站在黄河岸边，我无法抑制心中的波澜起伏。看着滔滔的黄河水，我第一次真正体会到了中华民族的黄河情结。

碛口曾是黄河沿岸的一个商贸和转运重镇。明清时期，顺黄河而下的物资在碛口上岸，转陆路运到碛口以东的地区。19世纪末以后，铁路和公路的逐步发展最终让"九曲黄河第一镇"成为历史，只有凝固在柱子上的麻油记载着碛口曾经的辉煌与百年的沧桑。

在碛口的日子是酸的，但生活却是甜的。在这七天里，我们每一个人至少都吃下了七斤的菠菜和一斤的道地山西陈醋。陈先生每日都和我们一同享受酸掉牙的菠菜就着糖拌黄瓜和糖拌炸花生的滋味。

那里的水是咸的，做饭的锅烧出来的水也富含油脂。由于缺水，我们每天喝的水很少，但依然要为这点水的排泄而发愁。眼见遍地围墙不足腰高的厕所，我们只能"欲上还休"。

那里的太阳是火红的。每天它都向这片黄土地上义无反顾地抛洒着它的光辉。终日的野外工作使我们有机会整天沐浴在阳光下。七天下来，陈先生表扬我们"肤色都健康了许多"。

那里异常干旱，且多风沙。一天傍晚，在一阵突然的妖风过后，竟然下雨了。当地人说这是三年以来唯一的一场雨。当陈先生和我们正在暗自庆幸的时候，雨却已经悄然停了。老天爷一不小心洒下的这几滴泪水是很难慰藉这久旱的黄土地的。

最有意思的要算是晚上的洗漱活动了。众人或蹲在地上，或撅在院里，妄图用满是油花儿和沙子的水洗净沾满黄土的脸。这里是没有下水管道的，用完的水就随手泼在地上。泼水可是一项技术活儿。当地人只需动动小臂，就可以把水泼得又远又圆。而我们即便用尽全身力气，身体还转了一圈，也通常只能把水泼到自己脚下。

在两次测绘期间，陈先生和其他老师们都是天天和我们同吃同住。测绘中间休息的日子还带着我们去参观临近的村庄。每到一个地方，陈先生都会很自然地开始和当地人攀谈，他慈祥的面孔和温和又顿挫有致的声音让陌生人都感觉亲切。

2007 年，我受罗德胤老师的邀请回乡土组参与工作，再次见到陈先生。记得第一天去乡土组报到，陈先生坐在他的办公桌前，脸上依旧是一副很祥和的样子。他半闭着眼睛想了想说：“那你上方岩吧。那里有一条街，一座庙和一个书院。”方岩是山名，也是地名，位于浙江省永康市。这条“街”指的是位于方岩山脚下三里长、形成于 19 世纪中叶、服务于香客的岩下老街。这“庙”指的是方岩山上香火旺盛的胡公庙。这“书院”则是方岩山北边寿山坑里、供奉朱熹和陈亮等贤人的五峰书院。抗战初期，十岁左右的陈先生跟随在国民党浙江政府工作的父亲撤退到方岩，在那里生活过几年，几十年后还有印象。恰好在我回到乡土组之前，陈先生受当地政府邀请重游方岩。

几天后，我带着陈先生的嘱托，随同李老师，还有另外几个同事和建筑系同学坐上了去永康的火车。在方岩的工作持续了将近一年。2008 年 6 月我接到了美国大学的聘书，不得不在工作没有完成的情况下离开。当我忐忑地告诉陈先生这个消息的时候，他依旧亲切并平和地说：“拿到美国的教职很不容易。

笔者在碛口测绘。

在那里好好教书。抓紧时间把方岩的书稿完成。"就这样，我带着陈先生的叮嘱和未完成的书稿再次离开了乡土组。

在清华的那一年，我仔细阅读和重读了若干本陈先生在乡土建筑方面的著作，其中有一句话我感慨颇深。在河北教育出版社出版的中国古村落那套丛书的总序里，陈先生感慨："我们无力回天，但我们决心用全部的精力立即抢救性地做些乡土建筑的研究工作。"结合我那一年在乡村工作的经验，我能感觉到"无力回天"这几个字中暗含的切切忧伤，还有万般的无奈和苦衷。但是陈先生在后半句里气宇轩昂地宣布了"我们"的决心！追随着陈先生的誓言，我用这句话作为我的第一本书《岩下老街》的开篇。

我很庆幸自己能在即将走出清华园大门的那一年成为"我们"中的一员。在美国游荡了七年之后，我有幸再次加入了"我们"的队伍，再次师从陈志华先生。这两次机会改变了我的人生轨迹。我从一个曾经信誓旦旦却茫茫然然的建筑设计师，变成了豪情满怀且踏踏实实投身乡土建筑和建成环境文化研究的学者和建筑教育工作者。虽然在 2008 年之后我未能再次见到陈先生，但是陈先生那慈祥的面容依旧历历在目。我会用今后几十年的时间，把陈先生对我的影响，继续传递给我在国内和国外的学生。

纪念恩师陈志华先生

鲁 潋 [*]

陈志华先生可以说是对我大学时代影响最大的老师。1996 年入学的时候，陈先生早已退休，2000 年底，我大学五年级的时候，选报了在乡土组做毕业设计，这个选择来源于一个在大城市出生长大的孩子对于乡村充满了懵懂的探索欲，更来自于整个大学生涯都对那间在建筑学院二楼楼道口小办公室的好奇心，那就是乡土组的办公室，门外的墙上挂着历届师兄师姐们的测绘图稿和陈志华、楼庆西两位先生乡土研究的书籍介绍。

那一年毕业设计，我们去了山西丁村、福建石桥村和浙江河阳村，据说是历届乡土组中测绘考察乡村最多的毕设小组。然而那时陈先生已经是 71 岁的高龄了，加之他当时的身体状况不好，没有能够亲自带我们进村调研测绘。每每回想起，竟没有一张和陈先生一起在村落的合影照片备感遗憾，虽然如此，但挤在那间小小的办公室里，我们八九个学生一起听先生讲课的日子，却成了我大学本科五年最深刻的回忆。能够成为最后几届陈先生亲自带过的乡土组学生，接触那短短不到一年，先生那编排得非常性情中人的课程，真的是一件值得庆幸的事情。再次翻开回忆，那些先生讲过的、于我一生都有助益的观点，希望借此表达对于先生的纪念之情。

陈先生学识广博，他的课主题虽然是讲乡土建筑，但是内容跨度非常大，

---

* 清华大学建筑学院 1996 级本科生。中科（北京）建筑设计研究所有限公司总建筑师。

经常会从乡村调研方法讲到欧洲城市规划管理,从乡土建筑讲到社科人文,同学们可以根据自己好奇的点随时提问,这种自由交流的课程,让我获得了一种关于学习方式的全新惊喜。而在这些课堂讨论的过程中,给我最深刻的影响就是陈先生告诉我们的:"我带你们考察和研究乡村,是为了让你们认知原始蒙昧的文明形态,希望你们未来有机会多走出国门去考察学习,是让你们认知现代科技的文明状态。"他希望我们可以在对于这两种文明学习和探索过程中,拉开人生认知的极限,从而扩展自己人生学习与思考的极限能力。这种探索与思考,起步于乡土建筑文化的保护,又绝不仅仅局限于乡土建筑的领域。在毕业二十年之后,当中国的大城市日新月异、城市文明不输全球领先的时候,当我选择工作重心重回乡村的时候,才发现穿越文明两极的学习和思考,在面对种种现实问题的时候有着多么大的意义和作用。

不知道是不是每一个乡土组毕业的学生都有着和我一样,跟陈先生讨论毕

2016 年 2 月乡土组集体看望陈先生

业论文的回忆？陈先生治学严谨，对于毕业论文的要求也格外的严格。记得我们那时的本科毕业论文，选建筑设计的最低要求写三千字，规划学科五千字，历史教研组八千字，而当年乡土组的毕业论文，没有一个人是低于一万两千字的。陈先生会逐字逐句地审阅我们的论文，从最开始的目录提纲、论文选题到最后的成文，一篇论文往往要经过五轮以上的修改，到最后一两轮的时候，陈先生会细节到连一些概述性文字的表达方式，都一个字一个词给我们抠，反复强调文字带给阅读者的信息准确性和阅读感受，细致到让我们这些写论文的学生都觉得不可思议。后来回想，当年的先生眼疾已经非常严重，自己每年还有大量出版的书稿要编写修改，真的很难想象他是用多大的耐心和毅力在辅导我们每一个学生。20余年之后，有天在师兄发的照片里看到了陈先生办公室的书法作品："板凳宁做十年冷，文章不写一字空。"回首学生时代，更理解先生对我们的一片苦心，当时觉得絮叨的话语，回忆起来都是清晰和温暖。毕业设计答辩之后，我们一组学生和先生们一起去吃了毕业散伙饭，回来的路上，才想起竟然没有与两位先生合影，有些事情总以为来日方长，回想起来才会觉得成为深深的遗憾。

陈先生早年入学清华大学社会学专业，留校任教后的研究方向是外国建筑史，带我们毕业设计的时候早已退休，记忆中最深刻的就是先生总是跟我们笑谈，讲自己做乡土研究是"暮年变法"，但"只要干得动，就要和时间赛跑，跑更多的地方，保护更多的乡村"，讲到靠着微薄的资金、简单的设备做出不属于外国团队的研究成果时，就会兴奋地笑谈到了九十岁还要再"变法"一次，到时候改去写儿童文学。每每给我们讲起汪坦，也都会谈起老先生到了晚年还有兴趣从头开始研究计算机制图设计的往事。先生从未说过希望我们这些学生也可以保持终生学习和探索的热情，但是他乐观风趣、严谨治学的态度，却感染着每一个和他一起学习过的学生。

毕业后的三四年还会回学校去看望几位老师，那时北京正在风风火火的前门大街改造中，陈先生的身体已经大不如前，但依旧慷慨激昂地和我聊着对于历史文化保护的抗争与忧心。最后一次见到先生，是2016年初乡土组难得的聚会，那时候先生的身体已经很差了，患上了阿尔茨海默病，一向骄傲的他已经不太叫得出学生们的名字，又回忆起那些带我们课程时候关于"暮年变法"的笑谈，大家的心情就都不免有些沉重和难过。

家里一本学生时代留下的已经泛黄的《北窗杂记》陪伴了我毕业这些年的阅读，同样陪伴的还有在我毕业后几年陆续出版的《石桥村》和《丁村》。每次翻开书都会想起陈先生学识渊博、嬉笑怒骂皆于其中的话语，和他引导我们对于乡土建筑的思考和在乡土建筑之外对于社会与文明的探究。

近两三年来，工作的重心重回乡村，不仅仅是对于村落与建筑，更多的是对于乡村的运营和如何让留守的乡村的人获得一份快乐和有成就感的工作。事虽微小，但总觉得，若先生有知应该会很开心，毕竟他的研究从来都不仅仅是乡土建筑本身，而是带有着浓重的社会与人文色彩。

在当下这个充满焦虑躁动、不愿耐下性子付出和等待的时代里，总会时常想起陈先生，想起先生耐得住冷清，不趋名利，专注学术，耿直敢言，一生坚守自己的学术尊严，谨以此文纪念先生。

在福宝场

朵 宁[*]

一

福宝场最让人印象深刻的是回龙街上那湿漉漉的青石板台阶。通长的青石板有两米多宽，厚度约二十公分，一条就是一个踏步。这回龙街说是一条街，其实是修在山脊上的一条上上下下的山道，总共两百多米长的老街，没几步平路，基本都是台阶。从南端高处的火神庙起，下二十二级台阶到豆花店，还没来得及歇口气，又是连续的四十八级台阶陡下。下来是一个老街和巷道的交叉路口，然后往北是连续的四十六级上坡台阶，就来到了回龙街的中段的最高点，这里有一段难得的平缓街道，赶集的时候总是很多商铺抢占的黄金地段。然后往北又是断断续续的八十二级下山台阶，终于来到了回龙街北端的山脚。左转踏上回龙桥，脚下是白色溪，眼前是蒲江河，水大的时候河面有四五十米宽。奔涌的河流从贵州的大山里汇入四川盆地的南端，一路北上，汇入长江。

我是 2001 年 11 月跟随清华大学建筑学院乡土组来到福宝场的。我们一行人有四五个做毕设的学生，一个博士生助教，由乡土组的陈志华、楼庆西两位先生指导，李秋香老师带队。对于我这个大学最后一年的建筑系学生来说，

---

[*] 清华大学建筑学院 1997 级本科生。

人生第一次来到四川，落脚点是前所未闻的合江县福宝镇，这行程就像一个毕业前的间隔年（gap year），能够享受一个短暂的公费旅游假期。这其实是我这个"逍遥派"选择乡土组做毕业设计的最大理由。

乡土组这个教研团队，当时在建筑学院里也像个"逍遥派"，经常去一些人迹罕至风景秀美的古村落寻宝，给人一种潇洒低调、与世无争的感觉。事实上乡土组的工作非常辛苦。21世纪初正是建筑行业大干快上的黄金年代之开端，乡村振兴的大潮也要二十年后才兴起。站在那个时间点，乡土聚落保护这个议题既不时髦，也没什么商业化的潜力和资金支持，乡土组团队的早期研究经费，据说是陈志华老师在国外出版研究成果的稿费。当年的陈先生和楼先生都已经是七十多的老人（他们自嘲是"七○后"），乡土研究项目又艰苦又清贫，也难以扶持年轻师资力量。支撑乡土组前行的，除了毕业即走的大五学生和极少数的研究生，也就是几位老先生的热爱了。就像陈志华先生用来自嘲的玩笑话："我这一辈子，前半截写了三十万字教材，是系里给的任务；中间又写了三十万字检讨；现在退休了，我还要再写三十万字乡土保护研究，这才是我爱好的事业啊。"

于是这个老中青三代的团队坐着火车穿越了大半个中国，踏上了福宝场的古街。老镇上没有多少人，青壮劳力都去外面打工了，街边潮湿幽暗的茶馆里，一些老年人在摆龙门阵。四川的冬天还经常下雨，又湿又寒，屋檐的滴水敲打着青石板地面，滴答滴答的更显得冷清。

福宝场应该是习惯了这种寂寞。高低起伏的明清古建筑沿街展开，穿斗屋架、悬山屋顶、小青瓦屋面。临街商铺都是木板门扇，临河一侧多吊脚楼和挑廊，形制独特。镇子上三街八巷，还有大量的寺庙和商铺。虽然随着时代变革和人口流失，寺庙废止，商铺关门，青石板街道边缘都长上了青苔，但从磨得光亮的路面来看，还能依稀想象几十年前古镇庙会赶集时摩肩接踵的盛况。

回龙街旁一条小巷里矗立着一座清代的石砌惜字亭，高六七米。亭身表面风化严重，上面的字体只能辨认出片段，能看到"积聚约数百家，可称巨镇"几个字，足以证明当年福宝场是个繁华的地区中心。

在乡土组办公室讨论的老师们（笔者 摄）

讨论中的陈志华老师（笔者 摄）

二

　　我们几个学生在福宝场的工作很明确：测绘古镇上有价值的乡土民居。测绘的工作简单但很辛苦，那个年代还没有廉价的激光测距设备，我们只有皮尺、竹竿和爬梯。我个子高，所以不是举竹竿就是爬屋顶，几十米长的皮尺一道拉下来，要读十几个数据，先记在脑子里，然后赶紧下来标注在现场绘制的图纸上。每天晚上回到林场招待所，负责检查测绘工作的李秋香老师就核对我们的现场草图，她总是几眼就能瞄出图纸里的错误和遗漏的数据。然后我们趁着熄灯前赶紧把草图里的测绘成果手工绘制到更加准确的网格纸上。这种饱满的工作挺累，但是看到老先生们跟我们同吃同住，一起从早忙到晚，大家也都没什么怨言，都想趁着人在现场的机会抓紧测绘制图。

　　李秋香老师主要负责带领测绘团队，楼庆西老师安排测绘的范围，划出重点，同时还是团队的专业摄影家。楼先生穿一个摄影老法师的马甲，背着硕大镜头的相机，走街串巷，抓拍风土人情和乡土建筑。他总能发现最好的拍摄视角，我们这些学生经常跟在他后面去抄袭角度和构图，拍出来一看又完全不是那么回事儿，只好怪罪自己的设备不够好。

　　陈志华老先生的工作主要是聊天。他也穿个马甲，不过这个马甲兜里装的是笔和小本子。他一般会带着罗德胤，也就是组里的博士生助教，帮助他做笔记。陈老师找到镇子上年纪大、脑子清楚的老先生，三言两语打开话题，就在茶馆里开始摆龙门阵，经常是周围人越来越多，你一嘴我一嘴，很多事情就在大家的争论中慢慢清晰起来，或者答不出的问题也有了新的线索。四川人爱聊天，老街人有问必答，举一反三，没聊透的就约好下午吃过饭再接着聊。东一家西一家，一周时间就能把古镇的风土人情和历史沿革摸得大体有个脉络。每天晚上回到招待所，我们一众学生趴在地上整理图纸的时间，陈老师还能见缝插针地跟我们絮叨絮叨白天访谈的收获，大概也是他自己整理笔记的一个过程。回到北京之后，陈老师还会通过学术文献检索去获得更完整的资料，一个乡土聚落的调查研究报告就初具雏形了。

聊天和访谈听起来轻松，但实际上陈老师的调研工作，一点都不比我们的测绘简单。当时"七〇后"的老先生腰腿不太好，一只眼睛视力也退化得很厉害，在古镇湿滑的老街上，走路很不方便。即便如此，陈志华老师每天还要在回龙街上上下下走几百步台阶，跟镇子上的老人们挨家挨户地聊天。听到一些有趣的古迹线索，还要去周边村子或者山里去实地探访，经常如此往返若干次，只为了搞清楚一块碑文的年代，或者是一份家谱的来历。在福宝场，陈志华老师聊得最多的，是镇子上的"活字典"龚在书老先生。龚老被陈老师拉着，把街上每一家店每一个铺子的前因后果都说得清清楚楚，一连四五天。到最后，龚老因为过于疲劳，住进了镇子里的卫生所打起了点滴。由此可见，陈志华老先生的实地访谈工作是多么的细致入微，远非表面上的"聊天"那么轻松。

在来到福宝场之前，我也有过一些乡土游的经验，在山西、贵州和云南的偏远乡村里尝试过数周的本地生活。我很喜欢那些村落，民居，老乡，但是

陈老师在跟龚在书老先生边聊天边记录（罗德胤 摄）

我没办法改变自己是一个异域的猎奇者的身份：在三五轮聊天对话之后，双方经常已不太听得懂对方在说什么，或者聊天的内容无法控制地陷落入客套和空虚中。这个时候老乡的脸上总是带着一种典型的农民式的微笑，这表情仿佛是一个面具，增强了对话双方的成见，隐藏了谈话者更深沉的情感——尴尬、不屑、羡慕，不解，漠然，甚至是悲伤。虽然是面对面，但是我感觉自己还是在远远地围观，就像我在回龙桥上远眺蒲江河里的渡轮，因为某种力量，静静地驶向未知的目的地。

陈志华老师有一种福尔摩斯式的侦查直觉，和华生式的沟通能力，能够轻易地跟老乡打成一片，从日常的拉扯中获取大量的信息，建立起立体的观点和视角。在福宝场的头几天，我们在测绘的间隙经常去旁听茶馆里的龙门阵，听陈老师跟龚在书老先生聊天。龚老谈到的都是本地的历史上的名人逸事，对于解放前的哥老会、妓院、鸦片和赌场等一些不太上得了台面的事情，大都寥寥带过甚至避而不谈。陈老师特别能够抓住谈话间隙一闪而过的线索，在对话引入第三方视点，直接把话题甩给旁听的老板娘，老板娘也不客气，接下话茬就说出很多哥老会和土匪勾结作乱的事情，搞得龚老颇有点下不来台。我们在旁边听着话题越来越有趣，心中很佩服陈老师四两拨千斤的本领，在聊天中完成了新闻记者般严谨的信息交叉论证。

晚上在招待所的总结会上，陈老师先是夸赞四川的妇女各个健谈，教育水平也高，不像别的一些地方女人只听男人说。接下来他又让我们找机会去了解四川的"袍哥"和哥老会，推荐了李劼人的小说《死水微澜》和史沫特莱的朱德传记。陈老师总结说，做田野调查和访谈要有背景资料的研究，要带着问题聊天，不能对方说什么就记什么。我们就问，"您如何看出来龚老想轻描淡写跳过哥老会这个话题的呢？"他回答说，之前听老乡说福宝场的街巷口曾经有很多砦门（砦，通"寨"字），这两天来回转悠，发现了一两个废弃的石头砦门遗迹，这说明本地历史上防卫很严，兵乱、土匪和哥老会的活动不会少。从几个小小的石头门，到村落的规划布局，到某一个历史时期的乡村生活，到历史上的相关文献。这些线索在陈老师的脑子里汇集成一幅全景画，像万花筒一般聚焦于一点，但映射出包罗万象的大千世界。

　　测绘后期的组内讨论会上，同学们也经常就毕业论文的选题跟老先生们一起讨论。有的同学觉得应该原封不动地保留古村落，有的同学则建议保护要跟发展一起规划。陈先生从来不会简单地下论断。他经常跟我们感叹，我们失去的和将要失去的好东西实在是太多了；他也清楚地认识到，朝气蓬勃的经济发展和原汁原味的聚落环境，在那个年代的大部分场景里难以长期共存。眼看着一片建筑被拆改得面目全非会令人感到悲伤，而亲身生活在一个时间静止没有发展的村落里会令人丧失希望。作为一个乡土建筑的保护者和乡土文化的研究者，陈先生提醒我们注意那种对一切旧事念念不忘的倾向，他怀疑这里面掺杂了太多老年人的怀旧伤感；他也敢于坚持保护古老聚落的文物历史价值，哪怕这意味着在不具备条件的阶段暂时适当地抑制它的生机活力。陈志华先生从不担忧未来或者抱怨过去，他只是抓紧每一个瞬间，走访每一个村落，希望乡土组的工作能够坚持到全社会再次重视这些乡土遗产的那一天。

　　福宝场现场测绘调研工作结束以后，大约过了一年多的时间，三联书店就出版了《福宝场》一书。书里面有我们的测绘图纸，楼老师的精美照片，以及陈老师的大量调研资料和文献论述。《福宝场》面向非专业读者，是一本轻松的书，在摆龙门阵式的对话中描述了本地的风土人情，生活方式，文化活动和建筑传统，从一个小小的回龙街展现出中国传统乡村生活丰富而生动的一个断面。

　　在这种混合了建筑学和社会学

在福宝场火神庙前的合影（右起：陈志华先生、楼庆西先生、笔者、高岩，罗德胤 摄）

的田野调查工作中，透过测绘的图纸和调研的文本，我们依稀能看到陈志华先生师从的两位巨人的身影。一位是他在清华大学建筑系的老师梁思成先生，在极其艰苦的条件下带领中国营造学社测绘和调研了无数珍贵的古建筑遗存，把中国建筑史推上了世界的舞台；另一位是他在清华大学社会学系的老师费孝通先生，通过《江村经济》和《乡土中国》等著作，为战乱年代中国社会的文化自觉意识提供了坚实的基础。

陈志华老师经常说，村落是传统中国社会的缩影，乡土建筑其实就是用石材和木头构筑的中国人的生活史。从这个角度看起来，陈先生的乡土聚落研究，其实也是在书写中国乡土社会的史书，就像他青年时期挺身而出，写出1949年后第一部完整的西方建筑史教科书一样。这最后的乡土二十年，陈先生带领着他的团队，肩负着历史责任感和时代的紧迫感，烈士暮年，壮心不已。

这种暮年乡间"流浪"的经历，在陈老师的口中又变成了自嘲的笑话。因为眼睛不好，走路不便，当乡土组下乡调研时，在起伏的田埂上，在过河的小桥边，先生经常需要李秋香老师引导和搀扶着，才能顺利通过。"这倒像旧时代卖唱的，姑娘牵着瞎子，瞎子拉着胡琴，姑娘唱着哀怨的小曲，不过我们情绪很快乐，没有一丝哀怨。"

三

福宝场的调研测绘工作结束以后，乡土组的老师们马不停蹄，赶往下一个有潜力的古村考察，为接下来的调研保护做准备。我们几个学生不想直接回学校，临时起意，策划了一次长江之旅。我们离开福宝场，经合江到重庆，遍历了解放碑的泼辣繁华，然后搭乘轮船顺流而下，游览了三峡，宜昌，武汉，安庆，南京，沿长江东西穿越了大半个中国，堪称一场完美的 le grand voyage。

途中经过三峡，三峡大坝正在修建当中。我记得那是个阴天的上午，江面雾蒙蒙的，靠近大坝工地时，所有乘客都挤上了甲板，冒着寒风，指点着远处依稀可见的庞然大物，惊叹于上面密布着针头一样细小的施工塔吊。眼前的江水奔涌着向前，充满着力量、生命和激情。日后大坝完工时，激流将会变缓，力量转化为电能，沿途的一些村庄和城市将要消失，有些移民将会背井离乡，安置新家，就像三个世纪前"湖广填四川"的移民们来到福宝场一样。

我有幸在毕业前的那个冬天，在福宝场跟陈先生交错而过，然后各奔东西。我们顺江而下，目送陈先生的一叶孤帆奋力前行，逆水行舟，不断地被激流冲退，直至消失在遥远的江心。

清华建筑系的教育追思

闻　鹤

　　1997 年的清华建筑系，仍为本科五年制，其他院系都改为四年了。起初还挺自豪，两年多下来，我就感觉虽然很忙却不太充实，甚至有点空虚了。那个时候作为学生，不满二十，想不明白。现在四十有余，仍在反思。

　　一种目的简单的实用主义教育会让人疲惫。画图、交图、评图，我也不记得熬了多少夜，年轻真是有本钱。手上功夫日趋熟练，但思想上是有困惑的：这样下去就能成为建筑师了？当然还有一堆课程，一堆作业。不记得做了什么，也不晓得为了什么。我真正坐下来看看书，快三年级了。罪过，罪过。高考后的厌学，算是普遍而轻微的后遗症。反观自己内心的这一点主动，其实是来源于不读书不好意思的惭愧心。这一读，就发狠地读，才意识到思想理论与意识形态的重要。

　　《走向新建筑》，柯布西耶（Le Corbusier）1923 年的著作，现代建筑的理论宣言。抓住了这本书，我的心才安定下来。读了一半，才知道译者陈志华先生就在系里办公室，我应该常常和他擦肩而过。

　　陈先生的办公室叫乡土建筑研究所，其中还有楼庆西先生、李秋香老师和辅导员罗德胤。陈先生和楼先生都是曾跟随梁思成先生多年的弟子。两位先生，年届七旬，精神矍铄，有那种年轻人一接触就备感亲切的风度，其文章与学问皆有民国清华老先生的风骨。

　　岂止乡土建筑，现代主义理论，还有当代建筑评论，西方建筑历史与游记，更有中国与西洋的造园艺术，当然还有中国古代建筑史的一系列著作。陈先生的文字，绝对文学家水平，思想家高度。楼先生则是建筑摄影的大家。

正好大三要选择大四大五的毕业设计课题方向，我理所当然地决定跟随两位老先生，研究乡土建筑，云游大好河山。

"你们小年轻，有双生眼睛，要保持对乡土建筑的敏感，要知道什么是好东西。"在下乡之前，陈先生对我们五六个同学说道。

在四川与贵州两省交界处，深夜十一点多了。车停下来，县领导扶着陈先生下车，在路边呕吐起来。我的生眼睛里，噙满泪水。

阳光，空气，水。次日午饭后在福宝镇的山脊小街上，陈先生精神好多了，提起柯布西耶的理论中最常用的这三种物质，并兴致盎然地由此说开去。既具体生动，又应时应景。一聊一晚上，一住半个月。西方建筑的理论体系、中国建筑的历史演变，课都上过，试也考过，先生一讲，又不一样。

所谓大学者，非谓有大楼之谓也，有大师之谓也。身教重于言教的梅贻琦校长，其言教所传，皆为历久弥新的清华金句。我现在仍然尊敬历史上的建筑大师，也致敬行业中的建筑大师。陈志华先生和楼庆西先生，极为难得的是让心怀建筑师梦想的年轻学生真切地认识到什么是建筑学家。建筑师要有建筑学家的底色，要有知识分子的担当，要有文化人的志向。不是在清华的讲堂里，不是在学院的绘图桌上，奠定我对建筑学基本认知的是陪伴陈先生和楼先生的茶余饭后。

茶余饭后的更为主要的话题，当然是梁思成先生和林徽因先生。陈、楼两位先生讲梁林先生的很多故事，感人至深，很遗憾没有录下来。我倒是另有一个很惊讶的发现：我在清华建筑系里听到梁林先生名字的次数总和，远不及在乡村田野之中听两位老先生提到得多。何以至此？

1914 年，梁启超先生以《周易》的乾坤二卦的象辞"天行健，君子以自强不息；地势坤，君子以厚德载物"为主要内容，在清华谈君子，做演讲。此后清华即以"自强不息、厚德载物"尊为校训。其实在校内的课上课下，我听到更多的，另有个说法：能干，出活儿。

我时常琢磨这两种说法的不同意味。一者志向高远，一者更接地气。志向高远者，对应的是知识分子和思想家，于是民国清华的知识分子和思想家，人物辈出，群星璀璨。接地气的那个，对应的是某种意义上的技术工人，心怀为祖国健康工作五十年的豪情，于是清华再鲜有民国品质的知识分子和思想家。

梁林先生的教义精神，在今天我有如下理解。建筑师即使不能成为思想家，至少也要是个知识分子。成为技术工人在过去是一种无奈，现在则是一种误会了。

"自由之思想，独立之精神。"早年的清华金句如今显得多么突兀，多么不合时宜，可是这难道不是起码的、普世的、永恒的吗？

在接触到陈志华先生和楼庆西先生之后，职称学位、名誉地位，这些坚硬的想法，就像冰化成水，消解于无形了。

跟老先生们天南地北地走了几回，我似乎对天行健与地势坤之类的东西有点感觉了。至少已无法想象去过那种在设计院埋头画图的日子了。

2001年夏，1997届的其他各专业的清华同学都穿上学士服在清华园里拍照了。就业，读研，出国，四年圆满，各奔东西。我的大学状态才刚恰到好处，并愈发觉得人文主义的重要，索性跑到中文系，投到赵丽明教授门下去了。陈先生大大鼓励我这样脚踩两条船。这样一来，我的本科竟还有两年，累计六年。

2002年夏，在陈先生的指导下，我完成了论文《非物质文化遗产的物质基础》。"说一千道一万，关键是让他们不要拆。"陈先生对我说。我带了几名中文系的同学去湖南参加女书国际研讨会，给江永的领导做汇报。"一言以蔽之，就是强调女书村落的文化价值。"托陈先生的福，这些村落，至今仍在。赵丽明教授领衔的西南濒危非遗文化研究中心，是清华人文精神的另一块阵地，也是我毕业之后、参与至今的文化研究机构。

乡土建筑也好，非遗文化也好，这些老先生是让它们发光的人。中华书局出版的《中国女书合集》，三联书店出版的"乡土中国"系列，是老先生们的毕生心血分享给我的两份毕业礼物。

离开清华之前，我在建筑系图书馆里发现了柯布西耶的另一本书，*Decorative Art of Today*（《今天的装饰艺术》）。确认了一下，没有中文版，借出来复印，想翻译它。陈先生拿着我复印的这本书，在手里翻来翻去，点点头，笑呵呵地看着我，一边慢悠悠地说：这本书意思不大。他倒是推荐我复印另一本书，出去就不好买了。哈佛大学教授鲁道夫斯基的著作 *Architecture without Architects*（《没有建筑师的建筑》）。"虽然有中文版，但你要尽量看原文。"陈先生说。

陈先生的思想与精神，已化作了商务印书馆的一套文集。思想理论与意识形态是建筑学家的武器，建筑设计则是思想理论与意识形态的载体，这是我从陈先生身上学到的受用终身的教义。这当然也是建筑学本来应该的样子。

陈先生

陈柏旭[*]

第一次听到陈志华先生的名字，是在大二。陈先生在我心目中从一开始就是一位传奇人物。

那时候，最有风骨的师兄们在传，窦武《北窗杂记》再次封笔。我赶紧去图书馆找到《建筑师》杂志的《北窗杂记》来读，因为一个建筑系学生读《北窗杂记》，仿佛代表着兼具文学素养、批判精神和学术品位。很快，1999年夏，《北窗杂记》合编成册出版了。对我来说"窦武"这个名字本身听起来就很传奇，我总是莫名地把"窦武"与"窦唯"联系在一起。窦武是陈先生的笔名，而且陈先生还有另一个比较小众的笔名：李渔舟。这简直太酷了！同时拥有两个笔名，加上原名，以三个名字发表不同系列的建筑研究和评论，都产生广泛影响力，而三个牛人其实是一体，这完全满足知识青年对一位传奇人物的想象，按今天爽文的笔法就是：天下四大公子之位，陈先生一人独占三席！

到大三的时候，2000年春，有一个为期八周的学术周课程，题目自选，人员可跨班级组合。我当时刚刚发起了一个摄影小组，成功跟系里申请到了二楼男女厕所之间的水房，把窗户糊上遮光布，作为洗黑白照片的活动场地，还借了资料室淘汰的苏联产放大机作为活动器材，正踌躇满志地准备大干一场。我想到或许可以结合这次课程题目，去个好玩的地方住几天，同时拍点照片，

* 清华大学建筑学院 1997 级本科生。

陈先生 / 陈柏旭
342 > 343

古村古城是不错的选择，于是我以此为理由敲响了陈先生办公室的门。

先生所在的乡土组办公室在系馆二楼，恰好在我们"摄影组"的斜对面不远处，那是一个上午，先生刚好在办公室，我第一次见到了传说中的陈先生。乡土组办公室是个里外间，两间房都朝南向阳，整个房间充满阳光，飘荡着书本油墨的气味，当时的我认定那就是乡土的气息。先生时年七旬，坐在里间屋靠窗的办公桌旁，不戴眼镜，眉毛甚清淡，不密的头发略微三七分，三分那边却向上反过来，一派大侠风范。我初见先生，兴奋而紧张，第一时间表明了对乡土建筑的热爱，并请推荐一个符合课程要求的地方。先生很高兴，说年轻人对乡土感兴趣是好事，先生声音清雅，带着南方口音，说到重点处嘴微微向前，十分严谨而又不失和蔼。这次见面，我东拉西扯地讲了二十多分钟，先生所说的南方话有一小半没听明白，只知道先生说具体地点要想一想，让我下周再来。

一周后我又来到乡土组办公室，我想先生也许已经忘记了我和我们的小事。哪知先生一见面就认出了我这个热爱乡土建筑的学生，先生说："你觉得去河北蔚县怎么样？离北京不远，五六个小时的车程，还保留着比较完整的城墙和古民居建筑群，就是条件比较艰苦。"我马上表态：陈先生说哪里好就去哪里！我们又聊了二十分钟，这次先生所说的多数话我都听懂了。先生又让我下周再来。于是一周后我和同学们再次来到乡土组办公室。这次我已经和先生有点熟识了，先生亲切地让我们坐下，桌子上已经放好了一张信纸。还记得信纸抬头有"介绍信"三个大字，是一封打印好的盖了红章的标准格式介绍信，第一行已经写好了蔚县文化局字样。先生又跟我们介绍了一些蔚县的情况，然后拿出笔，询问我们一行五名同学的名字，并逐一认真填写在信中，检查无误后，把介绍信精确折好放进信封里，又从抽屉拿出胶水把信封粘好。最后，先生把信交给我们，再次嘱咐了一番食宿安全问题，才让我们离开。

当时去蔚县交通并不便利，要坐很久很破的小巴，到达后，在先生的关照下，文化局的同志热情接待了我们。回来后我们的作业还受到老师表扬，好像得了最高分。很可惜当时没有留下和先生的合影，只有这张我们一行五人在蔚县的照片。照片从左依次是权虹（72 班）、刘沛、陈珊（73 班）、丁明达、陈

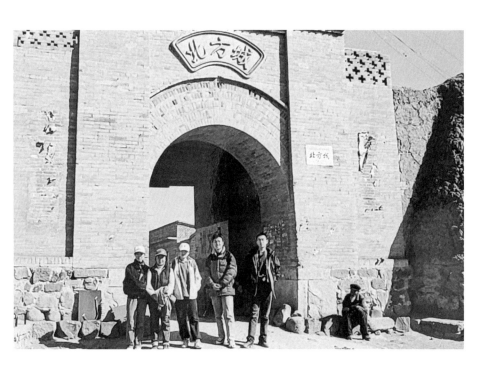

陈先生 / 陈柏旭

帆（改名为，陈柏旭）（72 班），背景中县城砖砌的城楼保存完好，"北方城"三个字清晰可见。

从先生给予我们蔚县的帮助之后，我就常找点理由去先生那里坐坐，先生总是很耐心，给我讲建筑，也讲当年的故事，让我觉得非常踏实。现在每次翻开《北窗杂记》，就好像又回到了先生洒满阳光的办公桌前。先生正好大我50岁，拥有亲历解放战争、"文革"、改革开放的传奇人生，把我们这一代清华建筑学子和梁、林两位先生的激情岁月连接在一起。非常盼望能够续写先生们的传奇。

心中的"灯塔"

王　喆[*]

非典型的春天

　　大约是三四月的光景吧，和煦的微风拨动着柳叶，我们每隔几天就凑在建馆一侧的小树林里，围坐在石桌子旁边，听陈志华老师的"理论课"。其实那时候我们已经加入毕设"乡土组"半年多，跑了三四处村子，做了些测绘、画图的工作，又有之前中建史、外建史的基础，勉强可以算是"熟手"了。但陈老师还是觉得应该给我们添点理论方面的基础课。那时恰逢"非典"，无法开课，也不能在室内"聚集"，所以我们才能在树荫下，伴着二月兰和迎春花，"享受"着文物保护理论的熏陶。

　　陈老师总能用一种不急不躁的气度、不亢不卑的态度，把所谓的保护理论剥茧抽丝，三两句就说明白理论发展和源流、深层的逻辑关系，以及所谓原则和目标的本质，让我学得特别轻松愉快。

　　在这之前，我总觉得上课是一件辛苦的事情，得认真听、认真记，下课还要好好复习。偶尔碰上只顾大谈自己往日经历的老师，那更是一切都得靠自学。到了陈老师这里，感觉没花什么力气，一下子就融会贯通了，给我之后的

*　清华大学建筑学院 1998 级本科生。现任中国文化遗产研究院世界文化遗产中心监测部负责人。

学习和工作打下了极好的基础。

在那个"非典型"的春天里，石桌子边的非典型理论课大概开了三四次，不仅打通了我对保护理论的理解，也让我第一次感受到"授课"是可以如此轻松愉快，而效果又如此显著，令我至今仍然常常怀念。

非主流的团队

在那个春天之前，我们在"乡土组"做毕设的主要工作是测绘。

说起来"乡土组"也是我们学院既知名，又默默无闻的一个团队。"两个老汉一个姨"——陈志华、楼庆西两位退休老先生，以及李秋香老师带着学生四处下乡，做调查、测绘，出了不少著作，是结合了社会学和建筑学两个层面对我国乡村调研的典范，在学界有不小的影响，但在建筑学院内，当时还处于一个"非主流"的地位。

在那个大建设、大发展的年代，轰轰烈烈的建筑设计、规划设计是学院的主流，像乡土组这样扎到最基层地方的是极少数，收入很少，还要一视同仁地被学院收管理费，如陈老师所说的，"叫花子也收税"。

在学生方面，乡土组也不是主流。我们这届，留在院里保送研究生的学生是不能参加乡土组做毕设的，吃不了苦的、想挣钱的当然也免谈，因此最后只有我们七八个学生愿意来，据说这已经是前后几届比较多的了。

乡土组办公室位于学院三层的一

与陈老师、李老师在乡土组办公室门口一起吃工作餐（赵星华 摄）

个角落里，里外两间小屋。那时候外间是几台电脑，给学生们画图，里间是四位老师的办公桌（后来罗德胤老师也加入了乡土组）。依稀记得陈老师的桌子不大，还堆满了各样的书、信。而他总是在桌子上空出来的不大的一点地方埋头改稿。

跟主流的建筑、规划团队不同，乡土组办公室很少灯火通明地熬夜干活，一是"两个老汉一个姨"不大能熬夜，我们也多在宿舍画图，二是因为乡土组总是趁着有学生做毕设的时候，尽量多下乡调研去了。

非典型的测绘

我们那届乡土组一共做过三次调研，分别是山西省吕梁地区临县招贤镇小塔则等村、浙江省温州市永嘉县黄南乡黄南、林坑和上坳村，福建省龙岩地区连城县宣和乡培田村。这些少则一个星期，多则十几天的乡村生活，实在是我极其难忘的经历，不仅至今想起来回味无穷，也是我学习经历的重要转折点。

其实我们在大四前的小学期已经参加过测绘课程，应该是作为中建史的实践课，去河北蔚县做了时间不长的测绘，以法式测绘为主的方法，粗略地对几座堡子的主要建筑和总体格局进行测绘。

与中建史的测绘不同，乡土组的调研中，不仅强调对重点建筑的仔细测绘，也从文化、人、历史的角度理解、分析乡村的基本构成。包括历史上的产业结构、人口构成、宗族形态

我们那届乡土组答辩海报

陈老师在黄南村与小朋友们合影。陈老师不满意，说拍的都是"阴阳脸"。（王喆 摄）

等情况，并将这些与聚落结构、节点建筑分布、重要建筑形态功能等实体情况联系、结合起来分析，综合开展"乡土聚落研究"。

这种在今天看来"理所应当"的方法，那时候对我是个很大的震撼。虽然在那些紧张的乡村日子里，大部分时间我们都忙着画测稿、量尺寸、做记录，但是偶尔见到的陈老师"非典型"的调研，还是让我逐渐了解了乡土调研的方法，并惊讶于乡土聚落研究的综合性与开阔的视野。

只记得我们忙上忙下的时候，陈老师总是拿着个大本子，挨家挨户地转悠，和蔼可亲地跟老乡聊天。他特别喜欢跟老头老太太聊，更喜欢跟小朋友们合影。老乡们也愿意跟他聊天，有村干部的时候气氛就不太一样，陈老师就转头跟村干部们聊点保护的事情。

很多时候，我们还没测完，陈老师就聊完了，于是就一脚高一脚低地去其他地方找人聊，把我们扔在老乡家干活。说起来，那些村子都挺艰苦的，吃得很简单。记得在上坳村测绘的时候，因为距离驻地太远，李老师就把我和同伴安排在测绘的老乡家吃午饭。当老人家给我们一人端出来一碗干饭的时候，我真的很吃惊。我确实没想到浙江温州的村里还能这么艰苦。也不知道他们现在怎么样了，生活有没有改善一点。

话说回来，后来整理完测稿，试图撰写毕业论文的时候，我开始读一点书，才逐渐理解了陈老师热衷于跟老乡们聊天的意义。可能陈老师最早学过社会学，所以在乡土调研工作中，更多地从人的角度，而不只是建筑的角度去理解、分析乡土建筑和乡村社会。

作为乡土组毕业设计的成果，在我的本科毕业论文里，也通过陈老师这种角度，试图去理解和分析当时乡土建筑保护的困境，提出一些建议。乡土组的毕业论文训练让我逐渐掌握了这种综合分析问题的能力，为我之后的学习和工作提供了一个更加宽广的视野。

非典型的留学

从乡土组毕业之后，我仍时不时地去往陈老师的办公室、家里叨扰。在日常的聊天中，我逐渐理解、领悟了陈老师的主要保护理念和方法。那时我也开始读《北窗集》。看陈老师的文章，总有一种巨大的共鸣。比如陈老师那时候发表的"五十年后论是非"，读下来令我一面为梁思成先生的境遇再次扼腕叹息，一面又对国内的保护现状难以理解。于是我就特别想了解国外的保护理论和实践状况。

就这样，在陈老师的影响下，我下决心去国外学习保护。

与其他同学动辄哈佛、耶鲁的留学经历不同，我去了一个很小众的国家、不太出名的大学。但是这个学校在保护方面倒是非常的专业。能有幸去到这里，还多亏了陈老师。

由于美国的大学开设保护课程的不多，奖学金也比较难申请，让我很是为难。刚好那段时间又去了陈老师的办公室聊天，他便提到了比利时的鲁汶大学。说这个学校的文物保护专业很著名，专业的创建人是《威尼斯宪章》的起草人之一，在保护史上有一定的地位。

　　有了陈老师的指点，我立刻赶着去查资料、准备材料，终于在截止日期之前正式递交了申请。最终去了这个说法语和荷兰语的小国，开始了一段"非典型"的留学经历。

　　那段经历让我发现，与国内的情况大同小异，西欧的保护实践与理论也有很大的差距，也有不少历史建筑，甚至是列级的保护建筑，在实践中被不管不顾地改造和利用。

　　我的同学们也有跟我类似的感觉，因此我们在课程上问过 Alexandre Melissinos（一位著名的保护理论家和实践者）一个问题：在保护实践中如何看待、如何使用《威尼斯宪章》等理论和原则。他对此的回答让我记忆犹新，因为他并没有否认理论与实践之间的差距，反而用一个非常形象的比喻来描述两者之间的关系，他说，宪章那些理论就像是灯塔一样，矗立在岸边，为过往的船只指引方向。航行中，也需要时时观察灯塔，确定航向，但又不能径直地驶向灯塔，那样就会触礁。也就是说，在保护实践中，必须按照实际情况，参

在陈老师家，桌上为当时出版的《梁陈方案与北京》。（王喆 摄）

照保护理论，走出自己的航线，而不能完全照搬理论原则的要求。

除了深入学习了保护理论与实践，理解了两者之间存在差异的缘由之外，留学期间，我还按照陈老师的"指引"，开始了一次又一次的非典型旅行。

非典型的旅行

我不了解在建筑和保护圈之外，陈老师的《意大利古建筑散记》是否也这么有名。反正我知道，为数不少的同学、同事、前辈们都带着这本书踏上旅途，按照这本书规划意大利之行。

我也是如此。那一年的夏天，我带上这本书，从那不勒斯一路北上，寻着陈老师的足迹，逐一地穿行于意大利的小城之间。每每按照《意大利古建筑散记》的指引，确定下一站去哪里，然后订酒店、买车票。在火车上阅读《意大利古建筑散记》，安排具体行程，去看哪些房子，去往哪些地方。就这样一站又一站，从南至北，从西海岸到亚德里亚海沿岸，一路直到米兰。

手里夹着《意大利古建筑散记》的我在巴拉丁山。

在当时，比较普遍的出国旅行方式是跟团，高级一点的自由行也是以翻阅 *Lonely Planet* 之类的攻略为主。像我们这种抱着一本书走一个国家的，应该是极少数的非典型旅行方式。这也全赖陈老师已经为我们把意大利的古建筑精心筛选了一遍，不仅有极为靠谱的介绍，还加上了他十分生动的评价。看着他的书一路走着，就好像一边看这些房子，一边在与陈老师对话一样有趣。

那本一路走一路看的《意大利古建筑散记》，磨破了皮，翻烂了页，也做了无数笔记，成为我珍藏至今的"宝贝"。

其实，除了《意大利古建筑散记》，我还按照《外国古建筑二十讲》的指引，去法国北部、英国、德国西部，以及希腊和土耳其进行了好几次"非典型"的旅行。比如按照"无情世界的感情"一章，逐一拜访法国沙特尔、亚眠、韩斯，英国德莱姆、索尔兹伯雷，以及德国科隆的哥特式主教堂；按照"伟大的风格"和"自由·平等·博爱"等章节，在法国巴黎筛选目标；还有土耳其的圣索菲亚大教堂和古罗马水窖，都是拿着《外国古建筑二十讲》对照着看的。没办法，陈老师总能把这些古建的特点、源流、影响讲得那么通透、简明。

非典型的专家意见

回国工作后，我见到陈老师的机会明显少了很多。但我竟然在一次评审会上又见到了他，而且再一次震撼于他的直率。

那是杭州西湖文化景观申报世界文化遗产的国家文物局评审会。会议不大，几位资深专家中就有陈老师。陈老师的意见我印象极其深刻。他先说了一些关于申报世界遗产与城市建设的关系，最后总结说："我是杭州人，我支持西湖申遗。但我也是中国人，我反对西湖申遗。因为如果杭州建设成现在这样，都能申遗成功，那我国其他城市的大规模建设就更不会顾忌文化遗产保护了。"

他说到做到，在专家意见表上，也写了短短的一行字：请注意在国内的影响。

陈老师写下的"非典型"专家意见

当然，这意见最后没有被采纳，杭州西湖文化景观还是作为当年的申报项目被报送至联合国教科文组织，后来也成功列入了《世界遗产名录》。但陈老师仍然再一次教育了我，一是他的视野开阔，超过项目本身，从更加宏观的角度去看问题。二是他仍然"知其不可而为之"，能上评审会的项目大概率已经确定了，但他还是坚持发表"不合时宜"的看法，写下一句"非典型"的专家意见。

那短短的一行字，总让我想起他的执着与风骨，就像第一次见到陈老师的情景一样令我至今难忘。

非典型的访谈

说到第一次见陈老师，那还是大三的时候，恰逢梁先生一百周年诞辰，我们为了制作纪录片《哲匠梁思成》，当面采访了梁先生、林先生的很多亲人、学生和朋友，其中也包括陈老师。

与其他老教授们正襟危坐、侃侃而谈的场景不同，陈老师在乡土组办公室，面对镜头讲述梁先生的故事，没说几句就泣不成声，哭得情不自禁，让镜头后的我们手足无措。

后来剪片子时，陈老师的"非典型"访谈镜头被当时还很浅薄的我们放弃了，没有在纪录片正片里采用，只在片尾里加入几个片段，十分可惜。毕业后，那些珍贵的访谈原片也没有保存下来，现在想起来真是特别遗憾。

心中的"灯塔"

在我心中，陈老师就是这样一位认真、直率、疾恶如仇的老人，深刻地影响了我的学习经历，客观上促成了我走上今天的职业道路。

犹记得回国后很难得见到他的那几次，陈老师总是语重心长地叮嘱我，让我多写点文章。可惜我一直忙这忙那，很少有机会提起笔来，像他那样发表一些"非典型"的见解。

忽然听说陈老师去了，我很伤心，总觉得辜负了他。伤心之余，只能在此用回忆的方式，记下与他相处的点点滴滴，勉励自己在接下来的时间里，遥望心中的"灯塔"，努力在我自己的航路上前行。

清者自清，水木芳华

张　帆[*]

1999—2010 年，我在清华大学建筑学院上学，其间于 2005 年赴意大利游学。与陈志华先生的面对面接触只有一两次，但先生的著作和人格对我影响至深。受贾珺老师嘱托，草成此文，纪念陈先生。

测绘郭峪村，陈先生出题"拷问"

大三那年测绘实习，我和三位同学幸运地被抽中去山西郭峪村实地调研测绘的机会，在李秋香老师的带领下，跟乡土组的两位老先生有过几次接触。记得出发前，正在组里开准备会议，一位老先生推门进入，李老师立即向我们介绍说是陈志华先生，我们都吓了一跳。他看到我们正在认真地讨论测绘方案后十分高兴，听了一会儿，便向我兴致勃勃地提问："如果山坡很陡，像我这样的老人很难爬上去，要是让你们设计，该如何修路？"

我一下子蒙住了！被打了个"措手不及"，十分慌乱。刚刚学过的《外国建筑史》教材的编著者陈志华先生第一次见面就突然当面问我这样的问题，我们还未出发调研，也没啥实践经验，甚至还在第一次见到陈先生本人的震惊和错愕之中，怎么答得上来？谁料到陈先生仿佛完全没看出我的羞赧，仍然笑嘻

＊　清华大学建筑学院 1999 级本科生，现任教于北京工业大学城建学部建筑系。

嘻地追问，急得我脸涨得通红，满头大汗。

幸得李老师看出我的窘境，急忙打圆场为我解围，陈先生继续追问了两次无果，才缓缓地一边手绘示意一边说出答案："你可以修之字形的道路或盘山路嘛。"恍然大悟，如释重负。

意大利游学，按图索骥

陈先生的《意大利古建筑散记》声名远播，虽为"散记"，实则"干货"很多，其中有很多他自己的理解和真知灼见。2005年我和翟飞、光玮赴意游学考察了两个月，其间我基本随身携带此书，按图索骥般寻找书中记述的博物馆和古建遗址，每每寻到便如发现宝藏般开心，对比陈先生的文字，自己在现场观察体验，真是一段难忘的学习经历。

记得此书当时有两个版本：一个是白色封面的简装版本，薄薄的一册，主要是文字；另一个是新出的红色封面版本，用的是轻质纸张，开本更大，补充了很多图纸和照片，厚厚的一本。我两个版本都读过，但带的自然是红色版本，简直就是我的导游"红宝书"，当时在上面做了很多标记，写下不少感想。

陈志华先生在2010年乡土建筑座谈会上（陈先生右侧为贾珺）

2010年5月12日陈志华先生在乡土建筑研究现场（左侧短袖蓝衣者为笔者）

"白色打字机""火车上偶遇对古建筑极为了解的医生夫妇""朱丽叶小屋""庞贝古城"……至今还记得书中很多的精彩论述。

一座罗马城，半部外建史。当时我应该还带了一本陈先生新出的《外国古建筑二十讲》，遗憾的是这两本书现在都找不到了，也许是留给当年在米兰留学的师弟师妹们了，也许就是放在办公室或借给学生们看了。

考察古镇碛口

这两天整理藏书，找到一本《古镇碛口》，当年是魏青师兄带我们去碛口进行的调研，为了做好充足的准备，我特地在孔夫子上淘了一本，以资参考。记得碛口好像有一个新建的主题小广场，旁边还有个黄琉璃瓦的公共厕所。还有一个不知是谁讲的故事，大概是说陈先生不满地方总是等靠要文物经费才能开展维修，竟然亲自爬梯上房更换瓦片……

魏青说他当时还为碛口的事儿去拜访过陈先生，陈先生慈祥谦和之中又能让人感到犀利，有种剑气逼人的感觉。碛口古镇的保护工作没有落到实处，当地瞎搞了一通，被陈先生写文章批评了，写给了高层领导，所以才有了我们这次类似督办工作的考察。

仔细阅读此书，发现后面文章竟有我同届同学几人的名字，同班的刘敏同学也告知说书中部分文字和测绘图她亦有贡献。想是这些同学毕业设计那年在乡土组工作，和我当年一样受到陈先生的鞭策和指导吧。

博士论文的启发

我博士论文的选题是"梁思成中国建筑史研究再探"。研究梁先生的文章很多，梁先生的著述也出了全集，这个题目看似简单，但其实也恰恰难在这里：之前无数的学者都研究过、评述过，如何找到空白，做出新的成果？

这个问题困扰了我很久，翻遍图书馆与此有关的各类文献，检索了所有关键词，直至读到陈先生的文章"读《明清建筑二论》"。此文应该收录于《北窗杂记》，是国内较早（或许是唯一一篇）系统评论台湾学者汉宝德先生《明清建筑二论》一书的文章，篇幅不短。汉先生此书在国内极为罕见，我读博期间也是辗转多处方才获得原作，陈先生确对此书早有评述，可见他学术涉猎之广，"雷达"之敏锐。再一次地按图索骥，我从陈先生的文章中找到一条线索，先后阅读了汉宝德、夏铸九和赵辰老师等学者的相关文章，博士论文研究终于拨云见日，获取些许新的史料，得入门径。

主讲中外建筑史，再读外建史教材

我毕业后入北京工业大学建规学院任教，自 2010 年开始，讲授中外建筑史至今。备课期间自然重新阅读了陈先生各个版本的《外国建筑史（十九世纪末叶以前）》。一个有趣的发现是该教材第二版的最末有九张"附表"，以框图表格的方式，简明扼要地介绍了各个风格时代建筑的主要特征、影响因素以及代表作品。

 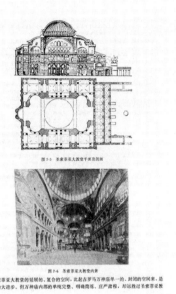

《外国建筑史》第二版封面与内页

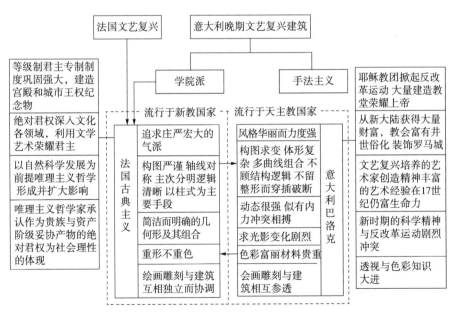

《外国建筑史（19世纪末叶以前）》第二版　附表图8《17世纪西欧建筑形势》

法国文艺复兴　意大利晚期文艺复兴建筑

学院派　手法主义

流行于新教国家　流行于天主教国家

等级制君主专制制度巩固强大，建造宫殿和城市王权纪念物

绝对君权深入文化各领域，利用文学艺术荣耀君主

以自然科学发展为前提唯理主义哲学形成并扩大影响

唯物主义哲学家承认作为贵族与资产阶级妥协产物的绝对君权为社会理性的体现

法国古典主义

追求庄严宏大的气派

构图严谨 轴线对称 主次分明逻辑清晰 以柱式为主要手段

简洁而明确的几何形及其组合

重形不重色

绘画雕刻与建筑互相独立而协调

风格华丽而力度强

构图求变 体形复杂 多曲线组合 不顾结构逻辑 不留整形而穿插破断

动态很强 似有内力冲突相搏

求光影变化剧烈

色彩富丽材料贵重

会画雕刻与建筑相互参透

意大利巴洛克

耶稣教团掀起反改革运动 大量建造教堂荣耀上帝

从新大陆获得大量财富，教会富有并世俗化 装饰罗马城

文艺复兴培养的艺术家创造精神丰富的艺术经验在17世纪仍富生命力

新时期的科学精神与反改革运动剧烈冲突

透视与色彩知识大进

清者自清，水木芳华／张　帆

初见此表，如获至宝，因为当时正苦于没有梳理出一条清晰的脉络或线索，为学生们展示建筑史发展的主流和全貌，于是这九张表被我从教材书中裁下，扫描电子版后放入每讲课件之末，用来总结和梳理。值得关注的是陈先生的外建史教材之后的版本没有收录此表，各种原因或许只有编著者自己清楚吧，不敢妄加揣测。

补记：

2022 年 1 月 21 日，惊闻陈志华先生于前一天 19 时仙逝，享年九十二岁。近日屡见师友们的纪念文字，于家中整理出几本陈先生的著作，睹物思人，夜不能寐。昨日凌晨，又整理出 2005 年在意大利游学期间的日记，记得当时随身带了一本陈志华先生的《意大利古建筑散记》，红色封面厚厚的那版，按图索骥参观了不少经典作品和博物馆，尤其在罗马。通过微信，与师友们共同回忆陈志华先生，尤其是看到吴庆洲老师、贾珺老师的纪念文章，真情流露，实难自抑。受贾老师的鼓励和嘱托成此短文，权当是对陈先生的一点点纪念吧。

我记忆中的陈志华先生

梁多林[*]

我是 1999 年考入清华大学建筑系的。和 1979 年、1989 年相似，1999 年也是一个时代的转折点。这一年发生了很多标志性事件，比如 windows98 的普及、北约轰炸中国驻南联盟大使馆、中国女足第一次（目前也是唯一一次）打进世界杯决赛、新中国成立五十周年大阅兵等等。而彼时的清华东门内外还是一个个工地，并且即将一改过去十多年来的校园格局。也是在这一年，陈先生出版了《北窗杂记》，这本书相对完整地收录了他在半个世纪的时间跨度内所写的文章，也基本涵盖了他所研究的各个专业领域，从西方建筑史到现代建筑理论，从当代建筑评论到乡土建筑保护。

9 字班专业教室是在建馆三层，而我所在的班级又紧挨着历史教研组办公室，因此我们时常能在走道里碰到陈先生。当然一开始我们并不认识他，直到大二开始学习"西方建筑史"后才知道，原来文字活泼生动、情节跌宕起伏的历史教材，正出自身边这位老先生之手。而这本教材也让我学会用政治经济学原理去分析复杂建筑现象背后的逻辑线索。

在大三的暑期社会实践期间，我和几位同学带着对专业的热情，循着乡土组的脚印，去徽州黟县考察了皖南民居。在古村落里住下来的这几天，我们收获了独一无二的居住体验：那是一种由大量的建筑、景观、室内和生活的细

*　清华大学建筑学院 1999 级本科生，现为清华大学建筑设计研究院有限公司绿色所副所长。

节所编织成的，关于中国传统文化、传统社会和传统建筑的空间回溯。从黟县回来后，我们向陈先生汇报了这次考察活动。当时，除了那几个热门的古村落外，还有不少村庄的民居已经损坏比较严重，也几乎不为人知。为了搭上旅游经济的致富快车，有的村干部便打算引入开发商的力量来修缮村落、搞旅游。陈先生对此颇不以为然，更不打算参与其中。事实上，这种"文化搭台，经济唱戏"的旅游开发模式在近20年来已经风靡大江南北，从老巷老街到古都古城，衍生出很多玩法。而且这些项目在业界往往得到褒奖，在学界也鲜有人提出质疑。但我知道陈先生这些老一辈学者们始终都有不同的立场：有意识地和资本保持距离，维持学术研究的独立性。经历了数轮文化旅游开发热潮之后，我们看到：文化遗产所传达的社会、经济、文化和艺术等历史信息才是最宝贵的"干货"，有着任何或粗糙或精致的假古董，和任何经过商业包装的消费场景均无法提供的内涵。而正因为有陈先生这样的人一直在坚守理想，所以真理才不会湮没。

基于前述因缘，在大五时我申请进乡土组做毕业设计。彼时的测绘工作主要由李秋香和罗德胤两位老师组织和带队完成。而陈先生虽然已年逾古稀，仍几乎每天步行到办公室工作。在这半年多的时间里，我们先后去了浙江温州市永嘉县岩龙村——楠溪江上游大源溪山谷中的古村落、山西吕梁市临县碛口古镇及周边的窑洞村、浙江金华市永康县厚吴村进行测绘。或许经过了老师们的精心安排，这三个目的地的生活条件是一次好过一次的，在地理跨度上可以体验出不同的年代感。

楠溪江的古村落交通闭塞，仿佛世外桃源一般，当然居住环境也是相对"原始"的。我们所住的村长家房子和周围人家并无不同：整体是木构体系，屋面由小青瓦覆盖。吃饭在半室外的堂屋里，散养鸡和大黄狗经常钻到饭桌下客串；睡觉在楼下和楼上的几个房间，隔音效果自不必说，每天夜里都有几只老鼠在天花板内奔跑打闹，偶尔也进房间里溜达一圈；最奇葩的要数厕所，那是一个建在猪圈上方的、带着"硬坐席"的旱厕，也意味着如厕过程始终有几位"二师兄"在一旁监督。尽管如此，我们还是太喜欢这个古村落了，因为这正是古代诗人们向我们描绘的，已经深植于中国人集体潜意识中的，超越时代和风格限制的那个小桥流水人家。我想这或许也是当年最打动陈先生的地方吧。

在碛口古镇，我们住在黄河岸边高坎上的一个由三面窑洞所围合的民居院落（黄河宾馆）里，每天背着画夹步行穿过镇中心，到周边几个明清古村落测绘。傍晚收工后，我们会捧着一大碗刀削面坐在黄河岸边的高坎上，西眺对岸位于陕西省米脂县内的吕梁山脉，俯瞰黄河在夕阳映照下静静地流向大海。然而后来，陈先生和我们讲起，他若干年前第一次去米脂县考察民居时的情景——当时那里还是赤贫状态，老乡家每顿饭只能抓一把绿豆放在锅里烘熟，然后按粒分食。由此我意识到：乡土学者们为了寻找没有被破坏的古村落，常常要往最贫困的地区扎，在艰难的环境里寻觅理想之花，正如以前梁、林二位先生那样。

这几次从东南到西北的深度考察实践，留给我们的是珍贵的专业阅历和无与伦比的青春回忆。更重要的是，我们跟乡土组老师学会从社会学调查的角度去研究村落的形成背景和发展脉络，而不再仅仅停留在直观视觉层面。

我毕业后留在清华设计院工作，还能偶尔在校园里遇见陈先生。他一般是上午去办公室待半天，中午步行回荷清园。印象里，陈先生总是穿着白衬衣或者夹克衫，独自一人信步走在来来往往的自行车流中。每次相遇我都会陪他走一段路，聊几句天。他会问我在设计院参与的设计项目情况，并总鼓励我说"真了不起，你设计了这么大的工程"。大约是2014年秋天的一个中午，天空突然阴沉起来。我开车经过清华美院时，看到陈先生正站在路边等校车，于是我停下车并护送先生回到小区，那时他已经八十五岁高龄了。在那之后由于工作调动，我离开了清华园，因此也就没再见过陈先生。

如今陈先生已经离开了我们，但作为一代建筑学者和教育家，他所有的言传身教，以及所传承的清华人文精神，将一直激励着后代建筑学人继续前进。

2022 年 6 月 20 日

我记忆中的陈志华先生 / 梁多林

我对陈志华老师乡土建筑研究思想的理解

张力智[*]

陈志华先生是我的老师。我 2004 年追随他下乡，2009—2017 年在清华乡土组工作和学习，其间受陈老师教诲、关怀、保护很多。本文希望对陈老师的乡土建筑研究思想稍作解释，以为纪念。

什么是学术？

陈老师一生笔耕不辍，其文章感情真挚，文采斐然，文风与近年"象牙塔学术"不同。文章虽广受媒体与学生欢迎，其中思想却较少被"学术界"讨论。

陈老师是 1989 年转向乡土建筑研究的。每每谈及自己"衰年变法"学术转向，他总会说起自己的故园之思，有人借此嘲笑——"老人家退休任性闹着玩才去搞乡土建筑"，这背后其实有鲜明的立场分裂。须知 1990 年后国内知识界发生了重要转向——专家们的"科研生产"取代了知识分子的思想启蒙。陈老师当其时毅然回归乡土，回归情感、文化和生活，本就是"逆时代而动"的事，立场鲜明。

陈老师的乡土建筑研究强调叙事和修辞，少谈理论——"拒绝模式化、思

* 清华大学建筑学院 2000 级本科生，哈尔滨工业大学（深圳）建筑学院副教授。

辨化和问题化"，"不要把聚落研究变成某种理论、观点和哲学性思考的注释"。"写作的形式与风格同样取决于课题的状况和工作条件。"在陈老师着力较多的几个个案中，楠溪江侧重审美，诸葛村侧重社会结构，福宝场侧重民俗小传统，每个个案的写作体例也有很大差异。

强调情感，不涉理论——这是学术研究？还是文学创作？这个问题陈老师和陈老师团队中的每个人应该都认真地反思过吧。2009年我刚回乡土组时，就曾尝试用身份政治理论分析聚落空间和社会冲突，陈老师在文中批注："过于简单""揭伤疤""冷漠、高高在上""于村民无益，于文物保护无益""建议全部删掉"。类似"删改"在团队屡见不鲜，陈老师也曾删掉过自己文章中类似的段落。但这种"弱化理论，强化情感"的努力的确与主流学术不合，很难被高校学术评定认可，惹来许多"不学术"或"旅游手册"之类的批评，团队老师、学生都承受很大压力。

研究的对象、路线与方法

逆流而上，陈老师期待怎样的学术呢？我想，乡土建筑研究大概是一种"关于日常建筑的建筑史"。这个目标怎样才能达成呢？对陈老师来说，整体、文化和参与应是其中关键。

首先是研究对象的整体性。陈老师不孤立地看乡土建筑，也不愿把乡土建筑拆分成形式风格之类，而是把更具有整体性的聚落——作为乡土社会、乡土生活的载体——视为乡土研究的基础对象。聚落之上，陈老师又"建议以一个生活圈或一个建筑文化圈作为乡土建筑研究的对象"，楠溪江、婺源、梅县、碛口研究便是如此。生活圈和建筑文化圈之上，陈老师又希望以商路、沿海、沿边类型聚落为载体，把握特定文化类型的传播、移植和交融。

其次是以文化概括日常生活。陈老师的乡土建筑研究重视一般生产生活，但生产生活的研究极为琐碎，不靠社会学、经济学理论支撑很难形成表述。人们多认为陈老师受过社会学训练便可游刃有余地解决这些问题，其实不然。在个案研究中，陈老师很少对社会结构／社会身份进行抽象概括，他更擅长在具体生活细节中，把握文化特征。换句话说，陈老师擅长以文化概括一般生产生活——调查的是生产生活，写出来的却是物质文化，以及村民们的理想和对美的追求。这种方法与社会学差异很大，更接近于文化研究——文化是整体的生活方式，情感（结构）而非理念（结构）是研究的核心。用陈老师的话说，民俗文化、乡土文化要与雅言文化同样重要，他们来源于乡民们的日常生活，也承载了乡民们的朴素理想。想要理解这些理想，学者们就必须与乡民情感相连——理论文献是不顶用的。陈老师也一直努力探索和实践这一道路——早期在楠溪江的研究中还有很多雅言文化的影子，到了晚期的福宝场和十里铺，民俗文化已成主线，研究甚至不太需要文献支撑了。换句话说，若是没有书写"民俗文化"的学术抱负，也是不会"强攻"福宝场、十里铺这样的困难选题的。

最后是研究方法上的总体性。陈老师文学修养高，又有社会学积累，常希望"综合建筑学、历史学、文化人类学、社会学"。这背后有古典的人文理想，也有西方马克思主义的总体性辩证法的影响。在这种视野下，学科自律、客观、概念、理论都是幻象，真正的研究需要研究者与研究对象深入互动，用陈老师的话说"研究必须是参与式的，要与村民一起生活"，情感也联系在一起。李秋香老师就在此方面做出了大量尝试，陈老师也是如此，后期甚至用"第一人称"写学术论文，如福宝场。

马克思主义

整体、文化、参与，由这些关键词可见陈老师的乡土建筑思想与西方马克思主义的相似之处，尤其是卢卡奇、雷蒙德·威廉斯等人，称其为人本主义的马克思主义也好，文化唯物主义也罢，底色都是马克思主义的。关键词便是：平民、日常生活、参与、情感、整体。以此为线索，也容易理解陈老师的诸多选择。

譬如他对历史唯物主义的认同。常有人批评陈老师的《外国建筑史（19世纪末叶以前）》采用历史唯物主义方法，有意识形态局限。殊不知这是陈老师的坚持，每每谈到这一问题，陈老师都会严肃地为历史唯物主义正名："好像未必有哪种主张和方法比……历史唯物主义有更多的真理性。"对于极少自辩的陈老师来说，这已是相当坚定的立场表达了。

譬如他的平民立场和现代主义审美。陈老师关注平民、乡土，重视卑微的乡土文物；以《北窗杂记》反对权力、资本崇拜；在现实生活中也拒绝为权力、资本站台，几乎到了完全不近人情的地步；他对早期现代主义、苏俄构成主义、苏联社会住宅的认同也与马克思主义有关。

譬如他晚年的乡土建筑"转向"——乡土建筑研究是一个正向的"平民建筑史"编撰事业。相较于外国建筑史，中国建筑史的确太缺乏普通人的生活和平民建筑了，太多"官式"，太多"帝王家谱、断烂朝报"。其中观念延续至今，便成了层出不穷的封建余孽——官僚主义、仿古建筑和风水大师——它们就是《北窗杂记》批判的重要主题。但仅仅批判就够了么？对于历史学家而言，正向的案例挖掘，正向的历史编撰，正向的价值观树立更为重要。那么，什么样的中国建筑能够"记录和见证了民间大众的历史呢？"乡土建筑就是其中之一。对于讲了一辈子外国建筑史，做了太多意识形态批判，谈了太多民主的陈老师而言，乡土建筑研究就是一次严肃的正向历史编撰的机会，不仅能够记录"民族文化档案"，还能够强化平民建筑的价值，它与《北窗杂记》的建筑批评一正一反，都是建筑启蒙事业的一部分。

但这一启蒙事业在刚刚开始，还在"（中国乡土建筑）初探"之际，研究对象就快速凋零了，乡土建筑的快速消失，是陈老师晚年的最大痛苦之一。

再譬如他与主流象牙塔学术的冲突。陈老师的研究有明确的平民立场，通过情感介入文化，以文化统合生产生活，写出文章还必须要让普通人读懂、爱看——以此塑造平民建筑的尊严。相比那种自律的、理性的、中立的、客观的、俯视众生的晦涩精英理论，立场对立一目了然。

路上的教导

我就是陈老师团队中执着晦涩精英理论的那个人，我对陈老师的"理论化"理解，也与陈老师自己的"情感化"自述不同。十年前就是这样，我高谈理论，他回应以故事，以及美的片段。

而今，我又说了这许多……万籁寂静，我很思念陈老师。

曾有几次，陈老师的回应是相当严肃的。

"要去没人了解的地方做研究。"——2009—2011 年，陈老师、李秋香老师曾很希望我研究西南聚落，我尝试两年，面对西南复杂的"建筑巫术"，有些破解乏力。我本擅长文献、理论和艺术直观，易在浙江等地发挥。但陈老师却认为："你说这些理由，是你需要浙江，不是浙江需要你，现在大家都知道浙江乡土建筑重要，但了解西南的人还不多，才更需要你去做。"他的期待我至今都没能做到，其中困难太多了。

陈老师开拓乡土建筑研究时更是异常艰难。或求人施舍路费，或预支稿费测绘，拿着营造学社的古董相机下乡，拍了照片却不舍得冲印，拿放大镜看微缩片读家谱，视网膜因此脱落以至失明，在祠堂中和衣而眠，醒来时蛇已盘在胸前取暖……可能所有这些都是不足道的吧。记忆中的陈老师每次下乡时，一路上都在赞叹自然和乡土建筑之美。

回到北京的陈老师也是一样，我常常陪他步行回家——那条路从建馆出发，穿过经管楼北侧树林、文南楼、五教，直至清华学堂背面，在那里他推上二八大自行车，继续沿旧水利馆、老图书馆北行，直出北门回家。一路四时景物不同，常惹得陈老师赞叹，说那是清华最美的路。

在这些路上我们都说了什么呢？其实 2009 年我回乡土组工作时，陈老师记忆力已逐渐衰退，逐渐停写文章，整理生平回忆，回组里"讲课"。课上没有具体知识，没有个人得失，说的都是前辈们的志业，乡民们的坚忍，还有这些人对他的照拂和关怀，每每激动哽咽，泪流不已。泪水中，前辈与乡民们便似乎泛起柔和的微笑。他们对陈老师的保护、照拂和期许，一如陈老师对我们一样——这扶助与期许，便成就了一条真正的精神之路。

"老师把学生带上路，学生再想转向，也是很艰难的。"陈老师说。

批判、建设和扶助，是作为知识分子、历史学者和教师的陈老师的三面。立言、立功、立德于日常实践中，本也如此具体！而今先生老去，后学回忆之中，常有作为批判者和教育者的他，但风骨、情怀之外，人们很少谈及他的历史研究、构建和思想。本文稍作补足，希望大家能够了解一个更加立体的陈老师，也希望回忆和思念能给废墟中的我们更多建设的力量。

念念不忘，必有回响

郑　静

缘起

我与陈志华先生的知会，始于2004年秋天的一个午后。那时的我还在天津大学建筑系读本科大五。临近毕业，需要开始考虑未来的去向。三联书店的杜非老师因为邀我父亲撰写"乡土中国"系列的书，与我们变得熟识。听说我正在困惑人生选择的问题，便说，来北京吧，我带你去见陈志华先生。

当我回想起当年跟着杜老师走进校门，走进清华大学建筑院馆，走进乡土建筑研究室，见到陈先生的过程，像是一直笼罩着淡淡的惆怅。只记得陈先生比我想象中高大，也比我想象的苍老。杜老师寒暄一阵之后，介绍了我，说这个小朋友大学快毕业了，比较困惑，所以带来和您聊一聊。我如实说了自己当时的情况，找到了个在深圳的建筑设计工作，也申请了出国读书。不是特别喜欢看书，觉得"乡土中国"里的图还蛮好看，但其实也没太看懂。听身边很多人说做乡土建筑很有意思，所以想来请教一下。

陈先生默默地听着，眼中隐约掠过一丝忧伤。我觉得他有千言万语想说。许久，他说："我觉得你还是应该去做设计挣钱吧。现在市场好。"又说："现在我们这里有年轻人说以后想跟我们做乡土建筑时，我都非常纠结，觉得特别对不起他们。你们未来都是要养家的。做乡土建筑，连自己都养不活。"

我非常讶异于陈先生的劝退，尤其是在看过他为此投入的巨大心力之后。

也许是好奇，我最终选择了出国学习，研究乡土住宅。不曾想过，当年陈先生在我心里埋下的那一颗小小的种子，在之后的二十年里，任风吹雨打世事变迁，竟开始枝繁叶茂起来，慢慢长成了我生命中的浓墨重彩。

我们相遇的时间其实很短，至今许多细节也已模糊。我不是一个热络的人，没做出什么东西想出什么问题，总觉得也不好意思叨扰。至多也就是找出文章翻翻，神交一下。但陈先生眼神中的那一丝忧伤，总会在某些迷茫的夜里出现，像在叮嘱：不要离开乡土，不要忘记传统，用建筑留下我们的文化。因为，这是一件应该要有人去做的事情，这是一件值得用一生去做的事情。

严格来说，这并不是一篇关于陈志华先生生活细节的回忆文章，更像是我自己的学习体会。然而当我想起这许多年成长中的诸多场景时，又仿佛能看见陈先生的身影，站在随风拂动的纱帘之后，远远地望着。我希望他最后会是微笑着的。因为他看到了：

念念不忘，必有回响。

一、从民居到聚落

1997 年，陈志华先生在"说说乡土建筑"一文的最后，拒绝回答了一个问题。他说：

> 一些朋友急切地问：你们的乡土建筑研究对建筑设计有什么用处？民居、祠堂、书院，我们怎么借鉴？借鉴哪些？怎样才能使我们的设计有地方色彩？
>
> 这是一个老问题了。过去有些"民居研究"，就因为太热衷于直接回答这个问题，以致路子越走越窄，方法单一，答案也单一，而且容易停留在浅表的层面上。我们从心底里认为，那种急功近利的幻想是不可能实现的。我们不能直接地回答那些问题，也不打算简单地回答那些问题。
>
> 因为，那些问题，正是建筑创作中的问题，不是研究中的问题，应该

由创作者来回答，不应该由研究者来回答。

中国建筑学科的民间建筑研究领域是在服务设计实践的背景下建立起来的。这一研究领域始于 1930 年代中国营造学社的探索。1953 年，为响应国家建工部提出的"民族形式，社会主义内容"的号召，华东建筑设计公司与南京工学院合作成立了中国建筑研究室，系统推动中国古代民居及园林的研究。研究室由刘敦桢先生主持，目的在于解决设计人员缺乏中国传统建筑知识的问题。虽然这一机构在 1964 年撤销了，但随后数十年里，其成员在全国各地持续推进对民间建筑的调查，搜集整理经济有效并具有民族特色的建筑形式及设计元素，为城乡建设服务。也正因此，首要任务是研究解决民生问题的居住类建筑，即民居。

1980 年代，陈志华先生在完成西方建筑史教学研究退休之后，决定"暮年变法"，投身中国乡土建筑的研究。到了 20 世纪末，他认为是时候用"乡土建筑"的概念，代替当时普遍使用的狭义的"民居研究"概念了。在他看来："乡土建筑研究包容民居研究、其他各种建筑类型研究、聚落研究、建筑文化圈研究，也包容装饰研究、工匠研究、有关建造的迷信和礼仪研究，等等。这些专题研究是乡土建筑研究这个大系统的子系统，它们之间应该形成一个有序结构。""民居研究"与"乡土建筑研究"这两个概念的核心区别是，是否将乡土环境中民间居住建筑之外的建筑物纳入研究的范畴。民居研究的问题在于"只着眼于民间居住建筑，（……）舍弃了大量与居住建筑共生的、一起形成人们物质生活环境的多种建筑物，因此，就建筑对乡土生活的对应来说，它不可避免是片面的、零散的，缺乏系统性和整体性"。而乡土建筑研究"则以乡土环境中所有种类和类型的建筑物为研究对象，在乡土文化的总体观照下考察一个生活圈或建筑文化圈范围之内乡土建筑的系统性，以及它与生活系统的对应关系，对乡土建筑做总体研究"。

事实上，西方学界对于民间建筑的研究在一开始主要关注的也是居住建筑，如 Amos Rapoport 的 *House Form and Culture* (1969)、Lloyd Kahn 的 *Shelters*

(1973)、Paul Oliver 的 *Dwellings: The House across the world* (1987) 等代表性著作，目的都是通过了解由"居住"这一人类生存本能所产生的建筑结构，揭示了世界各地人类文化的多样性和创造力。然而需要注意的是，在中国，农村聚落的人口密度极大，一个自然村的人口规模，可能相当于国外的一个城镇，甚至是整个原始文化的部落。此外，其聚落内建筑功能与社会组成的复杂性也很高，一是除了提供居住功能之外，还存在着大量提供其他功能的建筑物；二是在聚落发展的长期历史过程中，很多建筑物经历改建、扩建和重建，建筑功能也可能发生了变化。这些问题在世界上其他文化中都是很难观察到的，因此，我们需要有自己的研究方法。

陈志华先生很早就意识到了这一点，提倡在乡土建筑研究中要注意那些"长期被忽视的建筑类型"，因为这些建筑物在乡土生活中扮演着重要的角色。如果"把这许多建筑种类排除在中国古建筑研究视野之外，则我们对整个中国古建筑的认识是十分支离破碎的、十分贫乏的，既不能充分认识它的丰富性，也不能充分认识它与社会生活系统相应的系统性"。陈先生的这一思路对学界产生了深远的影响，催生了大量聚焦特定建筑类型——如宗祠、庙宇、书院、戏台、桥梁等——的测绘整理与专题研究。这些研究与社会科学领域的成果相结合，极大地加深了我们对乡土建筑复杂性的认识与理解。

反过来，作为建筑学者，理解整个文化是为了理解建筑本身。在每一栋建筑单体中，都应该可以看到历史变革的痕迹。如陈志华先生举的一个书塾的例子："早期的学塾和商店都是普通的住宅。后来，学塾有了塾师宿舍和教室，教室又再区分为蒙童的大教室和童生们精习的单间，当然就有了专门的供奉朱子或文昌帝君的香火堂。还有一些学塾增加了学生宿舍，便有了食堂。小院里设精致的炉子，焚烧字纸并祭祀仓颉。连种的树木都有特色，一般都有一棵桂花、一棵玉兰，为的是讨个'兰桂齐芳'的吉利。"陈先生指出，建筑学的研究者不能满足于记录观察到的功能、形制及视觉元素，要超越表象，尝试发现与探讨建筑演变的过程。因为通过"研究这些独立的功能形制的形成和分化过程"，我们就"能够大大深化对中国传统建筑和它的文化内涵的认识"。

二、从聚落到乡土

陈志华先生并不满足于建筑单体的研究，他关注的是其背后的"系统"。在研究方法上，他始终强调应该以聚落而非建筑单体为基本单位进行调查和研究。今天，聚落研究在建筑学领域已是学界常识了，但在当时，这是非常前沿的突破。自1999年起，陈志华先生的研究团队陆续出版了以聚落为单位的乡土建筑调查报告，如《楠溪江中游古村落》《福宝场》《张壁村》《郭峪村》《流坑村》《石桥村》等等。陈先生认为这样的研究是必要的，因为聚落"是乡土环境中各种建筑的总和，是一个完整的系统"，而不同的建筑类型，便是从属于这一完整系统中的"子系统"，除了居住建筑之外，还有交通建筑、文教建筑、宗教建筑、礼制建筑、崇祀建筑，等等等等，"像这样的子系统，细细统计起来，至少有十几个之多"。这些不同的"子系统"，涵盖了乡野生活的方方面面，而且在"大系统内部各子系统之间存在着交流"。其实质是引入了村民日常生活的视角，也引入了跨学科的研究方法。

自1980年代起，国外学者对于中国民间建筑的研究有着很强的跨学科特征。如美国人文地理学者那仲良（Ronald G. Knapp）主要关注中国乡土环境中的人地关系，出版了系列英文著作系统介绍了乡土聚落环境与生活习俗，是北美中国研究的必读书目。日本建筑学者茂木计一郎及其团队对中国东南部的福建及浙江民居做了详细调查，以考现学的方法详细绘制及记录了当时的人们的生活情景。在这些成果中，读者可以清楚看到具体的个人如何使用空间，并与"地方"产生情感。这与当时国内研究中主要强调记录和分析建筑的物质属性的研究取向相当不同。

陈志华先生跨学科的学术视野，也许与其个人成长经历有关。他幼年在浙江乡野长大，长期浸润在乡土社会之中。读书期间曾受社会科学影响，工作以后讲授西方建筑史，较熟悉西方文献及人文社会科学知识。因此当他带着童年的生活记忆投身乡土建筑研究的时候，便超越了一般建筑学者对于物质形式的关注，有一个更全面完整的视野。他指出，"不能把乡土建筑从社会整个的建筑大系统中割裂出来",而应该"把乡土建筑当作一个与乡土传统生活方式相对应的大系统来研究"。更进一步说,"乡土建筑研究,可以和我国的文化史研究'联网'","没有乡土文化的文化史研究是残缺不全的,没有乡土建筑的建筑史研究也是残缺不全的。乡土文化的研究离不开乡土建筑,乡土建筑的研究也离不开乡土文化"。

这一以聚落为单位的整体性研究方法,与人类学的社区研究方法遥相辉映。同样与人类学方法类似的,是陈先生对于田野调查和实证研究的强调。陈先生反对将传统的建筑史研究方法用于乡土建筑研究,认为那些是"书斋里的研究","以空泛而固定的观念来套死各地有明显差别的民居","完全抹杀了活生生的实际内容"。他提出,要先搞清楚客观事实,"把实证研究放在第一位","发掘中国乡土建筑领域中丰富的特殊性"。而要做到这一点,就"必须改变一向的价值观,要真正认识第一手的实地调查研究资料才是最宝贵的,最有恒久意义的"。法国宗教史学者劳格文(John Lagerway)先生也持类似的观点。他的研究聚焦闽粤赣山区客家社会生活传统,曾花数十年时间组织当地耆老及文史工作者撰写以聚落为单位的系列调查研究。我曾经问劳老师,为什么每次都只讲故事不讲思想?他回答说,最好的思想都在故事里。

然而,作为一名建筑学出身的学者,应该如何调查和理解乡土社会的日常生活?陈志华先生遇到了很多困难。最大的困难在于文献资料的缺失。陈先生感慨:"在中国的历史文献里,关于建筑,尤其关于乡土建筑,根本没有翔实可靠的记载。"而即便到了田野里,也"很难得到关于村落的口述史资料和乡土文献,因而几乎不可能完全地、准确地、深入地了解村落和宗族过去的生活和历史"。和一般的建筑学者不同,陈先生曾在乡间生活多年,非常熟悉乡土社会里的文献资料:"乡土文献包括宗谱、家族文件、阄书、地契、账本、来往书信、笔记、日记、文稿、碑铭等等。"但是乡土文献的获取非常困难,而且"经过这半个世纪的变化,早已零落散失","偶然见到一些断简残帙,便像精金宝玉一般珍贵"。他曾回忆,在安徽黟县关麓村,"前后去了三次,每次二三个星期,在农民家住,在农民家吃,跟农民建立了亲切的友谊,这才在第三次快要离开的时候，得到了一批乡土文献"，而这种情况"我们多年来只遇到过这一次"。

更大的困难在于乡土文献信息的解读与使用。陈先生在 2006 年发表的"怎样判定乡土建筑的建造年代"一文中，按照建筑物的做法、构件和风格，或是参照"官式"的做法给乡土建筑判定年代均很不可靠，比较可靠的做法是通过宗谱中的文字记载。即便如此，如何分辨文字中"浮词"与真实信息，判断建筑扩建、改建及修缮的情况，避免受掌握"话语权"的修订者的误导等等，都需要更细致深入的工作。近年来，历史学者与人类学者的合作，在民间文献的搜集整理和解读方法上取得了重大的突破，在全国很多地区都积累了大量原始资料和研究成果。这为建筑学的乡土研究带来了机遇，也对后学者提出了很高的要求。不仅需要有跨学科的视野，更需要熟练掌握不同学科的方法，才能够有效使用这些学科的发现，推进乡土建筑的系统研究。

三、乡土里的中国

在陈先生的文章中常能读到非常大的全局观。如《中国乡土建筑初探》一书，一个章节读下来，得跟着他在中国大地上跑几十个村子。对于没有农村生活体验的新手来说，其实非常吃力。慢慢地我开始明白，聚落对陈先生而言，只是一个调查研究的起点。他真正关注的，是其背后的"生活圈"："在传统的农业地区，封建宗法时代，往往一个村落便是一个生活圈，若干个村落便是一个亚文化圈。所以乡土建筑研究，通常以村落或若干村落的群体为基本对象。"更进一步，是由研究若干生活圈组成的"文化圈"："弄清某种建筑形制和形式的地理范围，这个范围便是文化圈。"在此基础之上，将其与中国文化史研究"联网"，理解什么是"乡土中国"。

然而中国实在太大了，每个区域都有其各自的特征。笼统的讨论很容易陷入误区，需要在大量实证资料的基础上进行比较，理解其共性及变异之处。陈先生承认，"散点式的聚落乡土建筑研究的偶然性和局限性很大"，因此提出"参照系"的概念，尝试在更大的视野里思考其关联性。因为"孤立地研究一个一个的聚落，没有适当的参照系，没有对聚落所在的建筑文化圈大略的了解，研究工作不大容易做得深入，会漏掉一些有价值的信息，对一些现象不能做出准确的判断"。这一思路与近二十年来学界常用的"民系""风土谱系"的思路有类似之处，强调考虑地域性分布的族群及文化对于民间建筑的影响。在西方学界一般对应的概念是"Vernacular Architecture"。"Vernacular"这一概念在人类学、民俗学、地理学和建筑学等学科中被普遍使用，其本意是方言，延伸指代与日常、传统和非正式的"地方性知识"。

在建筑学科中，"Vernacular Architecture"特指"没有建筑师的建筑"，即那些人们根据需要自发筹划建造的空间结构，常常与特定地点的气候环境、建造材料和文化传统紧密相关。陈先生指出，研究"建筑文化圈"的目的在于"搞清楚某种建筑形制和形式的流行范围，它们的来龙去脉"。然而他在田野中发现情况极其复杂，"同一个建筑亚文化圈里，隔一个村的建筑就不完全一样，甚至会有很不一样的部分"，不能笼统地用自然环境或是人文背景简单归纳。他推测，"造成这种差异的原因很多，但地方工匠传统无疑是重要原因之一"，但也担心"老工匠或者多少懂一点老式建筑制度的人"会越来越少。近年来，学界对于闽粤赣浙的地方工匠研究有了很大进展，通过对建筑材料、匠艺师承、匠作文本尤其是营造工具的系统调查与深入分析，逐步摹绘出民间工匠的技术传承与工程实践过程。

陈志华先生意识到，影响建筑文化圈的不只是工匠的"地方性知识"，也有更深层的意识形态问题。陈先生说，"乡土建筑是乡土生活的舞台，是乡土历史、文化的载体之一"。那么乡土建筑具体承载了什么，又是如何承载的呢？用他的话说，可分为"上焉"和"下焉"两条路径，简单来说就是"雅言文化"层面和"民俗文化"的实践层面。如对于风水来说，"上焉"的记录可见于文人在宗谱等乡土文献中的叙述，"下焉"则是流传在村民中的风水先生的说法。基于我个人的田野经验，我觉得这个思路也许可以再往前推一步，"上焉"可理解为地方知识分子主导的理论层面，"下焉"则是由民间工匠主导的实践层面，两者结合构成了属于地方的"建筑知识体系"，而房子的业主正是在这一体系的框架之内，根据自身的实际需求及能力范围，对乡土建筑的每一个具体环节做出决策。

陈先生的文字常常带有充沛情感，一种近乎绝望的呼吁。年少的我其实一直不太能欣赏这种真情流露，总觉得不够冷静客观。后来才渐渐明白，陈先生感兴趣的，从来都不是那些所谓的"科学"问题。在他的心中，装着一套属于本地人的生活和建造逻辑，那是一个属于每一个特定聚落的、从土壤中长出来的独立的知识系统。他想要保护的，是这一套属于乡土中国的运作逻辑。他感兴趣的，不只是那些建筑形制，更是其背后运作的文化系统，一个有着活生生的人的系统。从他的描述中，我们能够看到具体个人的纠结与谋略，快乐与痛苦，也能进一步能够看出行为逻辑和社会构想。而这，就是乡土里的中国文化。

四、作为文化遗产的乡土建筑

其实在 1997 年的"说说乡土建筑研究"一文最后，对于乡土建筑研究与建筑设计实践的关系，陈志华先生还是给出了他的答案。他说："关于乡土建筑的深刻而全面的认识，能够帮助建筑创作者充实和提高文化潜质。这便是一切。"至于乡土建筑研究能如何服务于建筑设计创作，已不是他能够考虑的问题了，"那是创作者的事"。

在 20 世纪末全国各地"大拆大建"的高速发展背景下，陈志华先生及其团队所做的更多是"抢救性"的工作，"要赶在乡土建筑消失之前，尽可能地抢救下一些资料"。他殷切地期望后人能够"做一定程度的普查工作，需要大协作，需要成立有稳定的专业人员和经费的机构，需要有计划一代代地积累资料、成果、知识和方法"，最担心的是"有朝一日这些条件都可能具备的时候，研究的对象，乡土建筑，已经没有多少了"。背后的驱动力，是将中国文化传统保护下来的使命感："抢救乡土建筑或者它们的资料不是我们自己'人生'

的事，这是我们国家文化建设的事。难道就让乡土建筑和它们的资料，这样在不如意中完蛋大吉？"

感谢陈志华先生的"暮年变法"，为我们记录下了细致翔实的建筑结构、丰富生动的生活情境和深刻透彻的分析思考。关于乡土建筑的这一切，与其所承载的乡土生活一起，成为后人珍贵的文化遗产。几十年之后的今天，当年陈先生呼吁的文物普查、重视乡土社会、保护传统文化已成为社会的共识。曾经的"大拆大建"的速度也已放缓。也许，现在又是一个范式改变的时代。在乡村振兴、文化遗产的大背景下，我们应该如何面对未来的挑战？

我时时觉得，陈先生真正反对的其实并不是所有的现代建筑，而是1990—2000 年代在中国农村大量发生着的，推翻历史建筑，代之以粗制滥造的水泥新建筑的现象。正如他所说的："传统的血缘村落中大多是有机的整体，村落的结构布局反映着宗法秩序，宗族对村落整体和个体建筑的位置、大小、高低，都有一定的管理。而现在的农家新住宅则相当随意地扰乱原有的整体，有些地方，新造几幢住宅便破坏了聚落几百年来有效的排水系统。"中国农村聚落人口密度极高，土地稀缺。当人们向往新的生活方式时，大多只能推倒旧房子，那些祖辈遗留下来的，传承了历史文化的旧房子，代之以提供了现代化功能，却毫无文化深度的新房子。今天看来，正如陈先生的猜测，在新一轮的城乡更新中，这些才建了二三十年的、缺乏历史价值的新房子已成为首先被拆除的对象了。

过去几十年的历史建筑保护实践也让我们发现，对于大量存在的旧建筑而言，博物馆式的静态保护和旅游观光并不是唯一的解决方案，也许也不是最好的解决方案。如何平衡发展与保护之间的关系，是今天的建筑学者和设计师所面临的挑战。从乡土自身的建筑知识体系出发，结合现代建筑知识体系所带来的优势，创作出像曾经的乡土建筑一样，既能延续地方传统文化、适应人们日常生活，又兼具艺术价值的高质量作品，是时代给我们的新使命。而这些具有文化底蕴的"新乡土建筑"，在未来，也许会因为承载了我们这个时代的文化，在后人的手中成为新的文化遗产。

......

行文至此，耳畔响起了王家卫电影《一代宗师》中的一句话："守一口气，点一盏灯。有灯，就有人。"

愿陈志华先生安息。

注：

除特别说明外，本文引用内容均出自：陈志华，"说说乡土建筑研究"，《中国乡土建筑》，商务印书馆，2021 年；原载《建筑师》第 75 期，1997 年 4 月。

为陈志华先生写一点文字是我的夙愿。只是点滴的想法散布在过去二十年的阅读与思考之中，许多笔记早已佚失，一直不知如何下笔。所幸，2021 年出版的《陈志华文集》将陈先生的大部分著作收录其中，让我得以重新翻阅先生的"暮年变法"，再次体会他的深情、痛惜与奋身。期望后来者能有兴趣查阅，有所感触，甚至奋身投入。

"请读乡土建筑这本书！"

记陈志华先生二三事

尚　晋[*]

2022 年 1 月 21 日，大寒刚过，北京大雪飘零。惊闻陈志华先生离世。虽知巨星终有陨落之日，但此刻来临，心中难以平复。提笔欲言，却不知云何为好，唯心中二三事难以忘怀。

乡土缘

初知陈先生，还是大学时读《外国建筑史》。虽不曾谋面，却从字里行间感受到此书的温度，作为一部教材少有的温度。书中字字句句，蕴含着对人类宏大历史的感悟。时至今日，已不知读过几遍。后来渐渐领会，若非一生风雨沧桑，筚路蓝缕，怎可铸就如此岁月久长之文。

2004 年毕业作业被分到陈先生的乡土组，或许也是缘分。工作内容是到浙江和四川等地考察乡土建筑。初见先生时，并无书中豪言慷慨之感，其貌也平平，甚至有些不修边幅。谈吐言语，很是平和。下乡安排，娓娓道来，如讲故事般，给人一种亲切感，宛如归乡的路。

步入山水林田之间，乡野清逸之感，令人心驰。晨曦暮霭，不类尘世。村

---

[*]　清华大学建筑学院建筑历史与理论硕士研究生毕业。本科阶段曾随乡土组赴浙江、四川等地调研。

2004年随陈先生一行测绘乡土建筑，每晚看图是必须的。无奈客栈条件有限，赶上停电，就点起蜡烛，在昏黄的灯光下看图。朦胧的烛光，烘托出一种志在千里的诗意。

民质朴，热情好客。方言土语，虽不能尽懂，真心真情之感十足。此时对陈先生的衣着与温和也多了几分理解。扎根土地、返璞归真的乡土情怀，一种全不为岁月湮没的执着——甚或是叶落归根的宿命，让耄耋之年的先生，坚守在这条崎岖的土石之路上。

　　先生所急的，是中国快速消亡的乡土建筑。他曾笑着说：是在和推土机赛跑，抢在开发前给老建筑拍"遗像"。当时的我们并不完全理解其中之意。只是小心翼翼地，爬上颤颤的竹梯，挑起竿头，拉开卷尺，给遍地青苔的老房子画测绘图，还要小心不时从脚下蹿出的鸡狗。年少的学子那时并不明白，如今扎根乡土的陈先生，是一位怎样的先锋。

　　先锋

　　陈先生在退休前教过外国建筑史。在那个年代，能接触到外国建筑资料的人屈指可数。先生用宝贵的资料，为求知若渴的学生们传授外国建筑知识。在图像资料极度匮乏的岁月，先生用生动的文字刻画出一个个鲜活的建筑形象，诠释着世界建筑的精神内涵。无论是出于学者个人的求知欲，还是为了让中国的建筑理论和实践能早日赶超国际水平，先生的眼界使他无愧于中国建筑史学界的时代先锋。而当先生投笔下乡，将目光转向广袤的乡土大地时，再次展现出一位先锋不同凡响的前卫。

陈先生还翻译过勒·柯布西耶的《走向新建筑》，堪称东西方先锋的一次理论共鸣。翻译一事，非原著者与译者能够实现跨越时空的心有灵犀不可。所幸，勒·柯布西耶作为现代主义的先锋在这篇檄文中吹响的时代号角，在陈先生的中译本中得到了灵魂的诠释。先生的译文同他的著作一样，充满了动人的力量，鼓舞着后来者在建筑史的领域开拓新的疆土。

斗士

陈先生自取笔名"窦武"。初听之时，以为是"斗武"，取自"文争武斗"。想来先生一生历经坎坷，没有铮铮铁骨和百折不挠的精神，是无法走到今日的。后来得知这是浙江方言，"二百五"之意。抚掌一笑——原来是风雨过后的自嘲！想到挚爱的西方建筑史，甚至苏联建筑史，让先生吃了多少苦，到头来却是一句：好个秋！

无论"窦武"还是"二百五"，陈先生是独树一帜的"建筑界的鲁迅"。千帆之后，先生迈过了王侯将相的宫堂庙苑，投身开辟中国乡土建筑研究的田地——这也正是当时国际建筑史研究的新方向。而就在这片新的沃土上，陈先生遇到了地方追名逐利的庸官，甚至是台湾出版社的挟用。然而，这些都没有挡住先生抢救中国乡土建筑的步伐——这是一位先锋、一位斗士。

背影

毕业之时，陈先生问去向，答曰规划。先生笑道：去发大财呀！这一句话，实在让人无言以对，心中怎一个无奈了得。诚然，乡土建筑保护是一项事业，而不是产业。若是，四处奔走的陈先生，有的是机会，并且是先机。但先生称得上"两袖清风"，多少年的奔波，都是心血和泪水的付出，而看不到对个人得失的计较。

走出校门，先生微微驼背、颔首躬身的背影，仍不时浮现在心中，俨然一位在土地上耕耘不辍的老人。海外的至交、校园里的师生，还有罗马的万神庙、尧坝的古街，蒙太奇地化为陈先生一生斑斓的背景，在袅袅炊烟中，翻转、升腾。

一晃十几年，再无机会见到先生。偶尔听闻先生身体每况愈下，恰如他极力挽救的乡土建筑，终不免时代的命运。而纵然物质泯灭，精神可以永存。所幸有《陈志华文集》将先生一生所著整理出版，将这笔精神财富保留下来，以资后人。

可巧家中书房也是一面大北窗。译著之余，抬头望向远方的天。每每回想起《北窗杂记》中的文字，仍能感到其中的温度。这温度将永在世间。

乡间的守望

李　姗*

我于 2007 年进入清华大学建筑系学习。入学之初，并不识得什么建筑大家，也未留心搜寻本当被尊为楷模的前辈大名。初识"陈志华"之名，还是因为大一上学期建筑历史课使用的《外国建筑史（19 世纪末叶以前）》这本教材，书的编者叫"陈志华"。记得书的前言中，或是我后续翻找的资料里，提及这本教材的初版是数十年前的事（以 2007 年计）。这也让我有一个假设：作者应是位早已退休在家的爷爷辈的人了，我大学五年间不会见到。

从小我就喜欢那些有故事的老房子，喜欢往古寺老庙里钻，梦想是有一个紫禁城边的四合院。这里的喜欢是一种很单纯的情感，并不是说我迫切地要研究它，而只是一进入那样的建筑空间中，就觉着很开心。大三暑假的时候，因为一些机缘，我结识了乡土组的学长学姐们。再到大五的时候，通过学长的引荐，加入到乡土组做毕业设计。

大五那年横跨 2011 年秋季到 2012 年夏季。那时已经退休多年的陈志华、楼庆西两位老师依然十分关心乡土组的发展，不时来到乡土组聊天，畅谈对于乡土保护以及相关时事的看法。可惜当时我并不常待在乡土组办公室，错过了不少聆听老师们教诲的机会。但这也打破了我大一入学时的假设——我不光见到了陈老师，并且与陈老师有了进一步的互动。

---

*　清华大学建筑学院 2007 级本科生，现任职于中国建筑设计研究院有限公司。

2012 年 3 月下旬，按照乡土组的工作安排，我们要集体赴浙江省建德市大慈岩镇新叶村调研。那一次出行，我有一个重要任务，就是从学校接陈老师夫妇去机场，沿途照顾，保证他们一路平安抵达新叶村。说是照顾，但陈老师夫妇都身体硬朗，彼此扶持，不需要我的照顾，行李箱都是自己拿。我的工作无非是联系车辆，协助办理登机而已。

这是我第二次赴新叶村，却是乡土组的前辈们第无数次赴新叶村。新叶村是南方典型的血缘村落，全村两千多人姓叶，彼此是亲戚。在这样的村子里，我们这群外人一来，消息就传遍全村。在我 2011 年底第一次赴新叶村时，遇到的村民总会热心地问我："陈老师这次来没来？"当听到我说陈老师这一次有事情不能来时，村民们脸上又会露出遗憾的神色。初时，我还对这些问话感到十分惊异，怎么好像全村的村民都识得陈老师一样？后来据李秋香老师及学长学姐们说，乡土组是在 1989 年对新叶村的保护研究后诞生的。几十年来，陈志华、楼庆西、李秋香三位老师多次前往新叶村，与村民结下了深厚的情谊。乡土组也是以新叶村为起点，进而辐射更多的古村落，为中国古村落的保护积累了大量资料和宝贵经验。

正是这第二次新叶之行，让我得以目睹一位保护古村落的学者被村民爱戴与簇拥的盛况。记得有一次，我和同学在村里行走调研。不远处，恰巧看到离开驻地的陈老师，在他熟悉的新叶村石板路上独自行走。陈老师一路走来，便一路有熟识的村民同陈老师打招呼，尤其是年长一些的，与陈老师有二十多年交情的老哥哥、老姐姐、老弟弟、老妹妹们。走不了多远，陈老师已是被一群村民簇拥着前行。在这样大群体的行进中，村民更多是在表达一种热情的问候，我听到最多的就是村民在说"陈老师您身体真好！""陈老师您还记不记得我呀？"看陈老师的反应，大部分村民他是记得的，偶然有一些一时想不起来姓名的，陈老师也微笑向其致意。大家脸上都洋溢着笑容，窄窄的村道不再能容下任何额外的人穿行而过。说实话，那样前呼后拥的场景也是让我大为震撼。一位来自远方的学者，数十年来以他的学术造诣及个人魅力，以他对村落保护的热情与赤诚，征服了当地村民，并同他们中的很多人成为了至交好友。

在那段时间里,我和同学有时因调研需要,与出行的陈老师同路。村民们对陈老师高度热情,路过自家门口都会主动邀请陈老师进家坐坐,吃点东西。陈老师自然不会轻易叨扰他们。有一次是一位与陈老师年龄相仿,有多年交情的老爷爷拉着陈老师不肯放手,陈老师这才进门。我们这些小辈自然也是跟着沾光,吃到了这家老奶奶亲手做的用鸡蛋、醪糟、龙眼熬煮的甜汤。后来据浙江同学讲,这甜汤是当地的一道特色美食。当然,我们也得以听到老爷爷和陈老师聊起村子这些年的发展与变迁,聊到爷爷多年来用他的巧手为远近村落的庙里塑菩萨的故事,聊到他的大儿子继承了这门雕塑手艺活,他的二儿子在金华教书法的事情。爷爷的儿子们重视学习、重视传统文化的传承,既是因为受到村中诗书传家氛围的熏陶,也是因为在年轻时受到陈老师的激励与影响。由此可见,陈老师对于新叶村的影响是深远的。

陈老师的学术思想,将借由他带有深沉情感的学术著作传世。陈老师的为人与治学,将通过那些与陈老师有更亲近交流的前辈老师、学长学姐传唱。而我,作为一名孙女辈年龄的学生,只想简单记录我所看到的那位一直惦记着乡村、为乡间村民所爱戴的陈老师的样子。

谁念西风独自凉

高　婷

　　我是 2012 年自东南大学建筑学院毕业后进入乡土所工作的。在硕士论文写作期间，我对古村落产生了强烈的兴趣，从网上看到乡土所的招聘信息，立即将其作为我求职的第一意向。收到了面试通知，第一次去清华建筑学院见陈老师，我心情忐忑，陈老师一开始很严肃，之后神情才慢慢缓和，后来我工作久了才理解到陈老师对整体的环境状况抱有忧患之心，才有那种疑虑与严谨的态度，这使得他经常心境沉郁，而对于真正热爱愿意加入的年轻人却是无条件的信任与支持。那天他问："做乡土建筑研究是要吃苦头的，你怕不怕呀？"我才立即放松下来，敞开话匣子开始聊起我做古建筑田野调研的种种经历和收获，陈老师更加开心，兴致很高地翻看我的作品集，详细问询个中细节。那天阳光很好，映衬得整个屋子里都树影摇曳，陈老师就坐在临窗的桌边，我离开前他愉快地跟我说："欢迎你加入乡土所。"

　　暑假结束后，我加入到乡土所的工作中。记得第一次出差是到浙江省建德大慈岩镇一带，八十三岁的陈老师和陈奶奶一路同行，之前已经在陈老师家中见过一面，陈奶奶第二次见到我便准确叫出我的名字还报出我的手机号码，让我惊叹不已，陈奶奶颇有点得意地说起她年轻时记忆力就极佳，考试往往都是考前突击成绩还都不错。陈奶奶知道我是东南大学毕业的，问起我刘先觉老师的近况，说他们是同班同学。我忆起在东南大学读书时住在四牌楼校区，每每饭点去餐厅吃饭，经常会遇到退休后的刘老师伉俪，有一次还坐到了一张餐桌与刘老师开心聊天的情形。陈老师开玩笑说看来我们老同学的共同点就是都喜欢去食堂吃饭。后来也听李秋香老师聊起陈奶奶出身家境优渥，不善针黹烹饪，在特殊的年代吃了不少苦头，后来两人又常年忙于工作，平日里清锅冷灶，一日三餐基本都在学校食堂解决，生活极其简单。那次出差我们就住在村里的农家小院，两位老人家却心情极好，陈奶奶每天提醒陈老师按时服药，把几种药取好分量放到药盒里，把开水放温了督促陈老师。村民采摘自种或者野生的各类果子酿造了十几瓶的果酒摆成一排，陈老师是没有口福品尝了。

李老师聊起他们当年初次到访上吴方村与李村，那时乡土建筑的研究工作还处于开疆拓土的时期，可供选择的古村落数量不少，这两个村子因为与新叶村相距较近，考虑到研究课题的多样化，最终放弃，而现在凭借着近年来古村落保护的东风，李村与上吴方村在劫后余生中再次进入大家的视线。与多年前的研究所不同的是，这次，我们的工作不但要做村落的历史研究，更要参与村落未来的保护规划工作。一日早起，陈老师立在村民的廊檐下，指着不远处山坡上的汪山村说："多么可爱的小村子啊！你看，所有的房子落在半山腰，像不像小布达拉宫？"赞叹之情溢于言表。早在多年前陈老师和李老师就曾经到过汪山村，没想到这次再去时村里除了大宗祠外，其余的古建筑无一幸免地被拆毁殆尽。乡土所从最初关注古村落的研究到现在，已有三十年之久，在这三十年中，曾有无数个村落因为几位老师的研究成果得到大家的关注而得以保存，也有更多的村落像汪山村一样，早已面目全非。

听说陈先生来了，周围村里的人们陆陆续续来看望陈老师了。离新叶村不远的兰溪诸葛村更为有名，那里住着许多陈老师的老朋友，他们带来自己家种的枇杷等物，有一位老爷爷带来一兜新鲜的鸡蛋，请住家做给我们吃，还有一包糕点用老式的纸包着，上面用麻绳扎了红纸和松枝作装饰，古雅可爱。大家商量着以后每年天气暖和的时候一定要请陈老师到自己的村子里住上一段时间，还要收拾好房子等着陈老师过来养老。其后我因为书稿的写作曾多次独自一人回到大慈岩一带做调研，每次都借住到村民家里，平日就出门挨家挨户调研访谈，一天下来，我的口袋甚至是相机包里都塞满了各种吃食，有橘子、板栗，甚至是刚出锅的热腾腾的粽子。村里高考生出成绩，新人结婚，小孩子过满月摆酒席都要邀请我，我若推脱，老乡们就会说："要参加的，你是陈老师领来的嘛，那你就是我们自己家人一样的。"而那次和陈老师、陈奶奶一起出差的经历也是我记忆中陈老师最后一次出远门。

其后的几年，我追随着乡土所的工作脚步，有过数次的古村落考察，其间只要有李老师参加，她看上去总是精力满满，热情健谈，为每个人加油打气。同行的张力智师兄则告诉我有一次李老师晕车很厉害，下车后直奔洗手间狂吐，简单洗把脸立即神采奕奕地跟当地的工作人员沟通，事无巨细地安排我们的调研事项。只要我们年轻人走到的地方，李老师也绝不倦怠，总是要走在前面，有好几次爬坡上堤，我走在李老师身边，都能听到她膝盖疼痛作响的声音。这也教会了我日后独立带学生做测绘时，也总是习惯走在最前面，遇到久无人住的老房子要前后左右上下检查仔细确保安全后再让学生进去。张力智师兄在乡土所工作多年，每当谈到几位老师的情况，他总是叹口气默默去做事了，他无私地跟我分享做田野调研的经验与收获，我仍然记得一次深夜的灯下在老乡家中，他指点我细读田野文献的情形。

后面几次我们也有了机会再去探访陈老师当年的考察地，行走在云雾缭绕的楠溪江边，我脑海中不断闪现陈老师书中的话，"我最爱楠溪江的乡土建筑"。可惜这里太多的古村落已经不再是陈老师笔下桃花源般的旧日模样，也正是这些考察经历，才让我更加深切地体会到对于这些古村落而言，抢救性的记录本身有多么重要。在李秋香老师的带领下，我也参与了乡土所历年积累的古建筑测绘资料的整理工作。2017 年，《鲁班绳墨：中国乡土建筑测绘图集》正式出版，从北方的窑洞到南方的水乡，从手绘图到电脑制图，书中汇集了乡土所几位老师二十余年带领学生深入全国各地进行测绘的成果，包含十五个省市自治区共计一百二十余处乡土聚落近四千张的测绘图纸。只是有太多的古建筑已经荡然无存，书中的测绘图已经成了它们唯一的历史档案。

那时，陈老师每周会有一两天从清华校园北面的荷清苑家属楼到最南边的建筑学院办公室跟我们聊天漫谈，所里几个年轻人都很期待。同事还告诉我陈老师因为近年体力有限，现在都是坐校车过来办公室，但是陈老师见了我们总是像小孩子一样爱玩笑逞强，夸耀说他是自己走过来的。陈老师还是那样的喜怒形于色，有一次对着来采访的记者，讲到文化遗产界目前存在的大拆大建的情况时，陈老师激愤地连连拍桌子，有时他会讲起早年三位老师带着学生们下乡调研的事情，以及抗战时期他跟着学校老师辗转求学的情形。

再后来陈老师身体不适不能够来办公室了，每周所里会固定半天时间去陈老师家中探望，看着陈老师满壁的藏书、书架上高高低低摆放的陈老师和学者专家朋友的合影以及和村落里的老朋友、小朋友的合影，从学院到民间，是如此和谐地在一起，新加入的同事偶尔问起来，总能牵扯出陈老师讲述的一段故事。那几年每到陈老师生日，李老师就会组织我们几个带上蛋糕与鲜花去到陈老师家中小小地庆祝一下。

那时候每当陈老师在南面的小屋子对着我们几个侃侃而谈的时候，陈奶奶往往坐在北面客厅的沙发上读书看报。陈奶奶又瘦又小埋在沙发的阴影里，好像整个人都消失不见，安静极了。印象很深的一次，陈老师提到林徽因先生，说她病中卧床仍然挣扎着指导他的情形忍不住哽咽流泪，我们几个年轻人也跟着沉默不语，现在回想，当时陈老师的情形与林先生当年又有何不同呢？慢慢地，陈老师讲述的内容重复得越来越多了，我们的每周一讲就渐渐变成了探望与陪伴。

2017 年，我因为较少参与田野考察的外出工作，也有了更多机会到陈老师家中参与照料陈老师和陈奶奶的生活。记得有段时间陈奶奶安装假牙，需要多次去医院进行取模调整，陈老师家人已提前在医院做好妥帖安排，但因为医院距学校距离稍远，两位老人家也已经习惯整日相伴，便由我每次陪护接送。事情不大没想到过程极其繁琐，前前后后竟然不下十几次。我每次先将出租车预约到清华家属院北门外等候，我就近自学校南门出发穿过校园，去接两位老人家。陈奶奶总是怕我辛苦不肯让我到楼上去接，而是让我约好时间打电话，他们自己慢慢下楼来。陈老师那时候身体已经很虚弱，我在楼下等着看到陈老师下来，便立即上前挽着陈老师手臂，慢慢从单元楼下走到校园外的出租车旁，短短的路，我却觉得我的挽扶只是徒劳与虚空，我甚至能感到我手臂间的轻飘，如落叶一般。那是一段对我来说很特别的生命体验，当时我自己作为一个准妈妈，时不时会感受到有力的胎动，既有对新生命的期待，又有对因为各种琐事而停滞不前的书稿写作以及对自己状态不满意的迷茫与忧虑，也是在这段时间，在乡土所工作好几年之后，我才开始静下心来研读陈老师的系列著作，那些对故土家园浪漫深情的表白，那些愤懑抗争的无奈，那些理性思辨，那些振臂一呼，当我挽着陈老师走在路上之时，那些书页上缤纷的思绪总是翻腾在我的脑海，就是在那十几个浓缩的安静的清晨，我一遍遍地从我身边搀扶着的带着生命暮年余温的身体，以及在偶然间闪现的吉光片羽的话锋之间，感受到陈老师与那几百万字的著作之间的致密的连接。陈奶奶在旁边走得稳当，总是很关切地询问我的身体和生活状况，闲聊着家常，又跟我道谢，可是我多想说，如果可以，我希望这短短的路程永远都没有尽头。

我们坐上出租车，陈老师的记忆时断时续，偶尔会认出我，询问我手上的具体工作，书稿的进展，又叮嘱让我好好写，说等我写完了拿来给他改，忽而停顿了一下，已经不记得我的名字，问我："姑娘，你知道我们这是要去哪里吗？"到医院，陈奶奶被医生接走去做检查，我陪着陈老师等候，前几分钟他还在说："你跟张力智熟悉吧，那个光头的小伙子很不错的，你们都好好做。"沉默了几分钟后，陈老师环顾四周，略带担忧又礼貌地问我："姑娘，你知道刚才那位老太太去哪里了吗？"我轻拍陈老师微凉的手背，说："不要担心，奶奶去隔壁做检查了，一会儿就回来，我陪着您一起等。"陈老师似乎放松一下，微微笑说："谢谢你啦。"又问道："姑娘，你是这家医院的护士吗？"我知道在这片刻里陈老师的世界里只剩下陈奶奶了。这样类似的情形，会在我陪伴陈老师和陈奶奶十余次去医院的过程中上演，也会在每一次的几个小时中，甚至间隔几分钟里不断地重复上演。不管在医院的等候厅中，出租车上，还是在闲聊的路上，时间的导演似乎永远在不停地循环喊NG，而也不知道为什么，我就因此变成了爱哭鬼。

2017年9月我临产住院，非常巧当日刚安顿毕，陈奶奶即给我打来电话问询我身体状况，听我说一切都好，她语气中满是喜悦，祝我顺利生一个健康的胖娃娃，说等孩子大一点一定要带着一起去看她。孩子出生后我自己的生活一片忙乱，休产假，从乡土所离职，从学校附近搬家，几经辗转磋磨，2020年我自己参与完成的两本书稿《大慈岩下两村落》《广州炭步镇四村》终于正式出版了，同年乡土建筑研究所也正式合并解散了。再回头看时才后知后觉地发现这一套李秋香老师早年村落个案研究专著的再版与我们几位年轻人的新作叠加的书系，竟然为乡土所三十余年来村落个案研究完成的四十余部专著画上了最后的句点。幸运如我，混沌如我，在完成了两部书稿后才堪堪瞥见学术殿堂一角而已。回望前事，感念良多，只有努力向前，其后我辗转求学央美，继续攻读艺术史方向的博士，疫情持续蔓延，在学习和生活之间忙忙碌碌，亦常感到蹉跎岁月，带上书和孩子再去看望陈老师和陈奶奶的约定也没能成行——这都是我疏懒的借口。

再后来朋友圈惊闻陈老师噩耗，我随即打电话证实。那一刻，所有回忆汹涌而来将我淹没，严冬的清晨，我再次走上荷清苑 11 号楼前的那段小路，去敲陈老师家的门，许久未开时心里已是慌乱一片，学校那边的几位老师亦赶来，提醒下才知陈奶奶近两年听力大为下降，又急忙打家里电话，陈奶奶慢慢来开门，我头戴围巾帽子和口罩，哽咽着还没开口，陈奶奶已经第一眼认出我来，清晰叫出名字。房间里仍然没有太大改变，简易的祭奠桌上整齐摆放了厚厚的十二卷本的《陈志华文集》。更多的陈老师的家人和朋友陆续赶到，谈论陈老师的旧事，庆幸文集已经在商务印书馆杜非老师等众位老师的努力下于2021 年 10 月正式出版了，这成为对陈老师和一切关心陈老师的人们最大的安慰了。时隔四年再次陪陈奶奶出行竟然是去医院送陈老师最后一程，我推着轮椅上的陈奶奶近前去看似乎是沉沉睡去的陈老师，陈奶奶哀痛轻唤陈老师的名字，陈老师的家人、后辈学生以及陈老师生前最为亲密的几位老朋友们都在，这样的时刻究竟怎样的话语才能安慰到人心呢？我不懂得。

陈老师的光芒影响并鼓舞了太多的人和事，而幸运的我只是其中最普通不过的一个，虽然如此，想来对于关心和敬仰陈老师的人们来讲，回忆本身即礼物。是以记之。

2023 年 7 月

深切追念陈志华老师

黄永松

　　1980年代末，两岸"三通"后，《汉声》急切想回大陆工作，毕竟我们的根、中华传统文化的根在这里。

　　中华大地上散落各地的民居，是《汉声》关注的重要主题，陈志华老师曾说："在民居聚落研究上，中国占据了地球最大的一部。"其中的蕴藏极其丰富。《汉声》与陈志华老师相识是在他去台湾探亲时，双方见面一拍即合，决定由汉声"龙虎基金会"提供资金支持，从楠溪江中游地区开始，进行一系列的乡土建筑考察。

　　首个专题《楠溪江中游乡土建筑》在1992年出版。当时乡土建筑不受重视，一个个濒临拆除改建。陈老师的工作在当时实属创举，可说是勾勒出了中国第一批传统村落的动人姿影，他正是"在狂飙的风雨里，为传统文化加紧赶路的人"。

　　近年我在各地的演讲中，常常会用一张图片，那就是楠溪江特有的洗衣木盆，当地叫"鹅兜"。注意到这个，是陈老师特别的慧眼。它有一个木制的长柄，顶端雕刻成鹅头的形状。王羲之爱鹅，曾在楠溪江所在的永嘉一带任太守，鹅兜仿佛是他养的白鹅变成的。这种设计符合人体力学，美观、便利又舒适。

　　说这个例子，其实是想说陈老师开创性的工作方法。在此之前，民居的研究，都局限于建筑技术层面，有"居"而无"民"，如此也就失掉其中最鲜活

的生命力了。而由陈老师带队的乡土建筑考察中，清华的师生都深入农村，与农民同吃同住，工作中更是不畏艰辛和农村生活的种种不便。限于物质条件，一支拗弯了笔尖的钢笔，可以抵多支粗细的制图笔用，为各种建筑勾勒草图，再返北京画成周整详密的测绘图。

陈老师的文笔很好，文情并茂，理性与感性兼具，读他的文字，既能获取专业知识，又不觉艰深枯燥。最终出版的书中，不只研究建筑，更研究村落的综合规划；不只研究祠堂、族谱，更研究村落千百年来悠久的"耕读"传统——建筑与人文并重。经由陈老师团队的辛苦研究工作，中国的民居文化才得以被重视、传承，也才有了今天的开发。陈老师在中国空白的民居调查研究中，踏出难得的第一步，也足为后来者的垂范。

《汉声》深深为陈老师的工作感动，他不计名，不较利，纯粹出于一份对传统的热爱和奉献。1990年代初，在江西婺源的工作中，我们跟陈老师说："只要你们做乡土建筑研究，我们就支持。"陈老师回说："只要你们支持，我们就做。"于是后期的工作又陆陆续续展开，十几年来完成了十几本，这里请容许我不厌其烦地列举出来，以表达对陈老师，对清华大学中国乡土建筑研究所的敬意：

1992年出版《楠溪江中游乡土建筑》；

深切追念陈志华老师／黄永松

1996 年出版《诸葛村乡土建筑》；

1998 年出版《婺源乡土建筑》；

2002 年出版《关麓村乡土建筑》；

2004 年出版《碛口古镇》；

2007 年集中出版《梅县三村》《丁村》《郭洞村》《楼下村》《十里铺》《西华片民居与安贞堡》《蔚县古堡》《俞源村》。

汉声的几位老朋友，曹振峰、王树村、李寸松、郭立诚、林衡道、吕胜中……都陆续走了。陈老师也离去了，我特别难过，陈老师走好。

《妙法莲华经》有语："香风时来，吹去萎华，更雨新者，如是不绝。"老人已逝，新人要来，代代相传要青胜于蓝。我想，这肯定也是陈老师的心愿。

回忆与先生的日子

李玉祥[*]

　　与陈志华先生相识是 1990 年代。想当初，为了做心目中的地理杂志丢下所有一切义无反顾北上到三联书店，一切从零开始，我拉了几个朋友一起做前期选题，第一次邀请的几位作者中就有陈志华先生。地理杂志最终未果后，我就将昔日做《老房子》的资源给三联，开始做"故园"系列图文书。第一本是《徽州》，第二本是《楠溪江》，徽州文字作者我请的是复旦大学历史地理所的教授王振忠，当时他还在日本做访问学者。组稿方式都是通过电子邮件进行。第二本《楠溪江》我邀请陈志华教授，在此前我看到台湾《汉声》杂志给先生出版的《楠溪江中游乡土建筑》的专著，就与先生商量请他从人文的角度为"故园"系列写个几万字的文稿，没过多久，陈先生就把写好的文字发给了我，我按先生的文字前后几次赴楠溪江进行图片拍摄工作，尽管我早于陈先生去过楠溪江，但那时拍摄的重点没有放到乡土建筑上。后系列名改为"乡土中国"，一经面世即引起轰动。其中《泰顺》的文稿也是我与陈先生在去山西路途中转给我的，作者是一位名不见经传的学生的硕士论文，我看了以后觉得蛮有意思，为此顶住巨大压力申报选题，并顺利通过，将一个陌生偏僻的浙南贫困小县城推向了全国，泰顺就此以中国木拱廊桥而闻名海内外。《泰顺》出版后不久，我与作者刘杰教授、上海《文汇报》"笔会"专栏主编周毅女士一起约上陈先生一同走访泰顺，先生兴致勃勃看得很开心。

---

[*] 摄影家，著有《老房子》。

1990 年代是陈先生最为繁忙的时候，有了台湾《汉声》杂志的资助，陈先生与李秋香老师带领清华大学本科生学生一同奔赴祖国大地进行乡土调查与测绘工作，我曾经几次参与，去了广东梅县侨乡村、浙江武义郭洞村、山西西文兴……我很早就进行开平碉楼调研工作，刚刚开始时，就建议当地政府邀请先生到开平进行评估，这之后，开平申遗成功也是我们想象不到的。在我担任《中华遗产》杂志艺术总监时，曾约陈先生夫妇一同去澳门考察历史街区，在澳门申遗前，《中华遗产》专门做了一期"澳门专辑"。

　　我还记得山西的朋友来北京邀请我去良户村进行调研，我将我所亲身经历及拍摄的图片给陈先生过目，促成该村一步成为了国家级历史文化名村，没有走一级级从市到省流程。能够成功我想是先生的功劳。在与先生论及最美中国古村落时，先生总是会说楠溪江，曾陪同先生多次探访楠溪江，在先生喜欢的芙蓉村、苍坡村及林坑村里，先生看到剧烈变化的古村落现状总是唉声叹气……

　　回想昔日与陈先生及他的学生在乡下的日子就像在昨日，印象深刻的是在山西晋东南的郭峪村，每天在老百姓家里搭伙吃的都是最简单的面食，吃惯米饭的我决定买些食材在老乡家亲自下厨，做了几个得心应手的南方家常菜，结果出奇的好，可能是北方山区老百姓从来没有吃过此口味的原因。我在北京生活期间，每周几乎都会去陈先生家看看，陈先生的儿子远在美国，很少回国内看望他们俩。我每次去必带我为先生做的一道南方家常菜——百叶结烧肉，外加几个卤蛋。陈先生和夫人出身于书香门第，生活方面极其简单，尤其在饮食方面，家里几乎没有开过伙，他们的伙食都是依靠学校的食堂。但陈先生的饮食习惯绝对是南方口味，有外地朋友来看陈先生，我们经常会将先生接到清华附近浙江风味餐厅，点几道先生喜欢吃的浙江海产品，印象深刻是先生爱吃海瓜子。记得有次我与宁海收藏大家何晓道陪先生去宁波天一阁藏书楼，先生回忆起儿时与父亲在此晾晒藏书的经历，陈先生的父亲陈宝麟先生曾担任过鄞县县长，对保护天一阁的藏书做出过重要贡献，先生父亲书写的俊美"天一阁藏书记"手书就镌刻在藏书楼一楼的隔扇门板上。好友刘杰通过朋友拓印，送给先生，陈先生一直悬挂在荷清苑家里客厅沙发后的墙壁上。

先生著作等身，藏书甚多。国内外许多书作者常常会赠书给先生，先生常常也会将别人赠给他的书再转赠别人，我曾带建筑师徐键来陈先生家，先生就将台湾学者一部专著给了徐键。国内作者朋友出书常常邀请先生为其书作序，先生总是在认真阅读书稿后为其作序。宁海收藏大家何晓道的几本专著的序都是先生撰写的，我与先生几次住在其大佳河民国老房子里，一起度过不少美好时光。十多年前，我曾将自己昔日拍摄的有关乡土建筑内容的图片结集出版，请先生为我作序，先生洋洋洒洒给我写了三个章节。该书出版后我给先生送样书，先生在翻看画册，看到画册里的平民百姓生活的图片时，先生老泪纵横，泣不成声——浙江慈城古城里有一栋名为"抱珠楼"的老房子，老房子主人也酷爱藏书。当地城投开发公司欲将该老房子重新修缮给先生做一个藏书楼。为此，城投老总严总专程来京，但陈先生许多书早被他母校清华大学建筑学院资料室捷足先登了，此事成了憾事。

陈先生所著的《外国建筑史》成为每个学建筑的学生必读的教材，影响甚广，三联书店请陈先生写一本较为通俗的《外国建筑二十讲》，当时是我带董总和编辑去清华乡土组组稿。陈先生的《外国建筑二十讲》与楼庆西老师的《中国古代建筑二十讲》一经推出就成了三联书店畅销书。

每次去先生家见到的都是他们夫妇在读书看报，生活上简单到不能再简单的地步。在我们大伙一再要求下，先生总算请了钟点工，我清楚地记得有一位厚道的钟点工常陪先生在楼下院子里散步，先生那时的状态非常不错。自从先生在家里摔了一跤后情形就急转直下，每次来看先生状态都不是十分好。为了能给先生留下些影像，我请了独立纪录片导演给先生拍摄，但先生对着摄像机镜头一下子没有了在纸上的驰骋潇洒，对导演提及的一些敏感话题常常报以沉默而没有能够进行下去，这也是我现在觉得非常遗憾的一件事。还有就是许多年前，我就给李秋香老师提议让陈先生口述，将先生的往事能够记录下来，这事估计也没能实现。

2022 年 8 月 31 日草写于黄山木竹园

"王陈之学，清华学脉"

王瑞智[*]

陈志华先生于今年 1 月 20 日去世。过去的八个多月里，我常常想起他。

1999 年秋，我把开了几年的"硅谷梦店铺"关了，来到北大小东门外成府街，在雕刻时光咖啡馆后面的院子里，租下一间小房。小房五六个平米，装进一张单人床和一个木书架之后，就转不开身了。幸好有前院的"雕光"作客厅和工作间，再把三五十米外的"万圣书园"当作"书房"。那段时间，我一边结识各路新朋友（不少与北大有关系），一边思考着职业上的转向，想找一件既喜欢又能谋生活的事情做。经过一番考量，决定选择编辑出版图书作为今后努力的方向。彼时，三联书店刚刚推出陈志华先生的《楠溪江中游古村落》，文图对照，蒙肯纸四色印刷，开"图文书"之风气。那大概也是陈先生第一次从建筑专业圈"破圈"，假如搁在当下，陈先生无疑可以成为"大网红"。我想，如果能编辑出版陈先生的书，肯定是叫好又叫座。后来才知道出版圈的行话，管这个叫"双效书"，既有社会效益又有经济效益。当然我也清楚，自己还没有编辑过一本书，而编辑出版的相关经历也是白纸一张。这样贸然去向陈先生约稿，估计希望不大。但我又想，不去试试又怎么知道不行呢？

抱着碰运气的想法，我通过在万圣书园认识的刘乐园先生和赵丽雅女士，拿到了陈先生家的电话。我在电话里与先生约好时间，到清华大学西南院陈先

* 编辑，出版人。

生家拜访，那大概是在 2000 年初夏。陈老师家在三楼，采光不太好，客厅里比较暗，我们到北屋里说话（就是著名的"北窗"之屋）。做了简单的自我介绍之后，我开始先谈阅读《楠溪江中游古村落》的感想，接着又谈对当时舆论热点的"国家大剧院设计方案"的看法。现在想来，自己当时真是班门弄斧、口无遮拦。初夏的漫散射光线透过"北窗"洒在屋里，陈先生坐在背光里，听我"夸夸其谈"。在我谈国家大剧院时，陈先生说，他认为安德鲁的"大巨蛋"在那些设计方案里是最好的，只是觉得工程造价太高了。（后来我在微信朋友圈里写到此事，当年参与"国家大剧院"工作的吴耀东先生看见了，对我说，这太珍贵了，他从未听陈先生提过。）这是我与陈先生第一次见面的经过。

或许是我的坦诚和执着打动了陈先生，通过一段时间的交往，他告诉我，"乡土建筑"是清华建筑学院乡土组与《汉声》杂志的合作项目，大陆版也已经与其他出版社有约在先了。不过，他有一本小册子《意大利古建筑散记》，初版的时间比较早了，他现在想修订补充一些内容，再重新增加一些图片，问我有没有兴趣。这就是 2003 年由安徽教育出版社出版的插图新版《意大利古建筑散记》。编辑修订这本书的大部分时间，恰好赶上"非典"防疫。陈先生在"修订版题记"里写到清华荷清苑封闭，我们只能坐在外边马路牙子上讨论问题。还特别提到，"制止非典，靠的是科学，是政府的组织工作、专业人员的奉献精神和大家的齐心协力"。《意大利古建筑散记》，是我协助陈先生编辑出版的第一本书。

我没有在课堂上听过陈先生的课，但是二十多年来，在清华西南院、荷清苑、建筑系楼、北大蔚秀园小院、挂甲屯台州小馆，还有电话里，我不时地向陈先生讨教。这种"滴灌"式的受业，具体有多少次，我自己也记不清了。因此，我可以毫不自谦地说，我是陈志华先生的编外"入室学生"。回溯陈先生对我的教导，单独看每一次，可能是片断式的，碎片化的。但是，统合起来看，它们都围绕着一个主题，有一个明确的价值指向。那就是：人与建筑，"五四"的科学和民主思想。

2005 年，我刚接手《万象》杂志，钱宁先生，还有商务印书馆的张稷女士和苏林先生来找我，商量借助《万象》的作者资源和涵芬楼书店的平台，合办一个公益性的人文社科系列讲座。之后就有了"八方阅读、走进涵芬楼"的活动。系列讲座持续了一年多时间，主讲人主要由我来邀请，有陈志华先生、周质平先生、陈方正先生、江晓原先生、龚鹏程先生、王缉思先生等十几位学者。陈先生讲"乡土建筑考察漫谈"的那一次，陈冠中兄也来听了。记得当时冠中兄在底下小声地问我：陈先生在清华大学讲授《外国建筑史》几十年，还翻译过柯布西耶的《走向新建筑》和其他一些现代主义建筑的名著，观念非常西化，但退休后又把全部身心投入到中国乡土建筑。这两者之间，相差较大，似乎很矛盾，不知道陈先生自己在这方面是怎么考虑的？我没有向冠中兄追问，只是揣测他的意思：近代以来，不少学术大家年轻时热衷西学（新学），老了之后，反而回归到传统文化（国学），文化保守主义起来了。不知道陈老师是否也是……

没过多久，某一天，陈先生和师母到蔚秀园《万象》编辑部来，我们一起在院子里喝茶。我把冠中兄这个问题说给陈老师。他想了一会儿，说："我退休之前，在清华讲授西方建筑史，翻译苏联的东西，翻译柯布西耶，宣传《走向新建筑》和现代主义。后来，得着改革开放的机会，到意大利访问学习，接触并学习了先进的文物建筑保护理论。退休后到现在十几年，从事乡土建筑的调查、研究和保护。在别人眼里，外国建筑史（柯布西耶）与中国乡土建筑，不是一回事，似乎有些矛盾，其实一点也不矛盾。我是在用在意大利学到的，当今国际上通行的、先进的理论，具体说是文物建筑保护理论来整理、研究、保护我们自己的乡土建筑。"我说："听您这么解释，我觉得有点王国维用新学（西学）治国学的意思？"陈先生没有正面回答，而是看着我，问了一句："你去看过清华一教后面那块碑没有？""去过，去过好几次。"陈先生说："好！"

陈志华先生身上有着鲜明的"清华气质"。这种气质，不是起自1952年，而是源于百年前的清华学校。

1925年7月，王国维在清华学校做"最近二三十年中国新发见之学问"的演讲，第一句话就是："古来新学问，大都由于新发见。"接着他在演讲里，列举自汉代以来三大发现，"一为孔子壁中书"，"二为汲冢书"，"三则今之殷虚甲骨文字、敦煌塞上及西域各处之汉晋木简、敦煌千佛洞之六朝唐人写本书卷、内阁大库之元明以来书籍档册、中国境内之古外族遗文"。其中"三"里的五项发现，都是 1900 年前后的新发现。这五项新发现中，第一、二、三、五项是从"地下"和"流沙"挖出来的，而第四项发现，缘于罗振玉的"新认识"和抢救。所以，"新认识"，也是一种"新发现"，而"新认识"源于"新观念"。对于平日习以为常的人、事、物，换一种新的"看法"，新的"认识"，就可能导致新的发现，就可能产生新的研究价值。中国传统乡土建筑即是如此，一般看来，它们不过是人们世世代代居住生活的日常空间，没有多少价值。千百年来，乡土建筑的命运就是：起新房，修旧房，实在修不了或者其他原因，一拆了之，再起新房。如此循环往复。从意大利取到"文物建筑保护真经"的陈先生，对于乡土建筑有了新的系统认知。当用新的眼光去看，这些乡土建筑就是承载着我们民族历史文化记忆的载体，是不可再生的"宝贝"，是活的"国故"。这种重新认识，其实就是王国维所说的"新发现"，是"新学问"产生的前提。

一位学人的学术取向，自然会受到他的人生经历的影响。陈志华先生选择乡土建筑作为学术研究方向，绝不仅仅是因为上面说的理性原因，更缘于他自己成长的亲身记忆。陈先生对乡土建筑有着深厚的感情，多次在文章里回忆，抗战兴起，年幼的他与父母家人分开，随学校老师和同学，躲避日寇，辗转逃难在浙西南山区。虽然有日寇袭扰的笼罩，但是浙西南的秀美山水，古朴民居，从那时就深深烙印在了他童年和少年的记忆里。所以，我相信，退休之后的陈先生投身乡土建筑研究，是一次饱含情感的初心回归，是一次生命的还愿。

王国维在清华学校的讲义，后来由门人编辑整理，以《古史新证》刊行。在此讲义的"总论"中，王国维阐述了自己的治学方法，其中包括著名的"二重证据法"，在此就不赘述了。王国维去世后，他的学术人格和精神，经过陈寅恪先生的诠释与提炼（《海宁王静安先生纪念碑》碑文），成为"清华学脉"

的源头。此后，就历史学、考古学和古文字学方面来说，承继者中间的代表人物有夏鼐、陈梦家先生。陈志华先生，1947 年入清华社会学系（两年后转建筑系），虽然没有见过王国维和陈寅恪，但是通过梅贻琦、潘光旦、费孝通、梁思成、林徽因等先生，陈先生承继了这个传统，打下了他学术人生的底色。毕业留校，陈先生开始从事西方建筑史的教学工作，1950 年代尝试用马克思主义的史学观点来分析讲授西方建筑史（关于王国维治学的方法论与马克思史学之间的关系，是另一个需要花费时间阐述的课题），同时翻译俄罗斯和欧美的建筑理论文献。几十年教学生涯，虽然主要是"纸上谈兵"，但是陈先生熟稔包括马克思主义的传统西学（马克思主义也是西学之一）理论、观点、方法。所以，当改革开放之后，陈先生到意大利学习，在知识迁移的接受上几乎可以说是"无缝对接"。当时在我国，乡土建筑保护还是一项新学问，新鲜事物。新学问，一有赖于新的发现（新认识），二有赖于新方法。掌握了这两项的陈先生，在随后的乡土建筑领域取得了开拓性的卓越成就。虽然考古学、古文字学与建筑学，学科门类不同，但是治学理念是相通的。陈先生最后三十年的乡土建筑研究，践行、延续了王国维开创的治学传统。陈志华先生，与夏鼐、陈梦家等先生一样，也是王国维、陈寅恪的学术传人。从王国维先生，中间经陈寅恪、夏鼐、陈梦家诸先生，再到陈志华先生，百年来，发轫于清华学校的这条文化血脉，起起伏伏，时强时弱，时显时隐，但是绵绵不绝，即使在那些最晦暗的日子里。

相比王国维身上那种学术研究和政治思想之间的巨大矛盾，陈志华先生的治学方法与思想观念是自洽的。当年，考入清华的陈先生是受"五四"精神影响，追求进步的青年。经历了 1950 年代的反右运动和后来的"文化大革命"，他更坚定了对于"德先生"和"赛先生"的信奉。这应该是他在 1950 年代主动尝试用马克思主义史学分析西方建筑史的动因；也是改革开放后，又能迅速接轨国际学术的潮流的原因。作为清华学校之后清华大学学生的夏鼐先生、陈志华先生，在接受王国维学术人格和他治学方法论的同时，也不妨碍他们对王国维的另一面做出评价。这种评价，也超越了王国维身上那种因时代性而造成的矛盾与冲突。这从他 2008 年为《万象》杂志撰写的《清华园里的纪念与纪念物》(刊发在《万象》2009 年 1 月号)就可略见一斑。文章评述了自清华学校创建、至 2000 年代的清华园纪念物,写到的第一个纪念人物、第一座纪念物,就是王国维和"海宁王静安先生纪念碑"。请允许我抄录几段陈先生的原文,放在下面:

> 但离这个(清华)二校门不到百米,第一教室楼北墙的阴影里,有一座石碑,冷冷清清,孤孤零零,不但到学校来参观的人没有一个注意到它,连清华大学自己的师生员工,都只有很少几个人知道这里有一块碑。大概正是因为它的身份很不显赫,所以连"文化大革命"时期"掘地三尺"肃清"四旧"的"革命造反派"都没有很注意它,推倒了事,使它免去了惨遭粉身碎骨的灾难。伟大者去世之后不久,它又被树立起来了,居然完整无缺,这倒是侥幸。

> 这是一块什么碑?是清华大学最早的教授之一国学大师王国维的纪念碑。王国维在满清王朝被推翻之后,"经此世变,义无再辱",头脑迷糊了十几年,赴颐和园投昆明湖自沉了。此后两年,1929 年,国学院师生为纪念他而立了这块碑。铭文不过 167 个字,从头至尾,没有一字触及王国维的"殉节",而竟三次反复颂扬"思想而不自由毋宁死耳"的精神。最后一段写的是:"先生之著述或有时而不章,先生之学说或有时而可商,惟此独立之精神、自由之思想,历千万祀,与天壤而同久,共三光而永光。"

陈先生同时为该碑在清华校园里遭到的冷落感到悲哀。他说:

> 铭文的撰写人是另一位国学大师陈寅恪,他避而不谈王国维忠于逊清王室的事,这和北京大学当时校长蔡元培聘任教授的思想是很契合的,但后来的当政者却以"政治立场"评定每个人的是非,国学大师王国维和他的纪念碑在清华大学备受冷落恐怕和这一点有关系。每每看到拿着话筒、

佩着红胸章的志愿者带着成群的年轻人从二校门匆匆走向"荷塘月色"景点去，在碑前掠过而不屑一顾的情况，倒也不免教人有点儿感慨。

清华大学早期的校长梅贻琦先生有一句闻名全国教育界的话，这就是："大学者，非为有大楼之谓也，有大师之谓也。"近几年，清华大学造了许许多多高档次的大楼，包括不少和教学、科研都没有关系的商业性大楼，但是，由陈寅恪大师撰文、梁思成大师造型的这座王国维大师的纪念碑，历经几十年的风雨，剥蚀已经很重，却连一座遮风挡雨的碑亭都没有造，虽然所需的钱无非相当于造大楼的几步台阶而已。如果发动大学生们义务劳动，亲手造起一座碑亭来，那就更有意义了。照现在这种听其存废的冷落样，再过几年，恐怕这座关乎三位大师的纪念碑便会只剩下烂石一块了。

如今，陈志华先生已随王、陈两位大师和他的其他老师远去。但我经手帮他编辑的书和他赠我的书还留在我的书架上，它们将和他的音容笑貌永远伴随我今后的生命旅程。我想，陈先生文章中引用的陈寅恪纪念王国维的话"先生之著述或有时而不章，先生之学说或有时而可商，惟此独立之精神、自由之思想，历千万祀，与天壤而同久，共三光而永光"也适用于他。只是祈愿，陈先生的社会理想、学术理想和遗产保护理想永远不会遭到冷落。

二〇二二年九月于颐和园延赏斋

为我们的时代思考

杜　非[*]

2022 年 1 月 20 日，一个风雪漫卷的傍晚，陈先生离去。当天陈师母独自在家未接听到电话，大家得知噩耗是在第二天上午。看到信息的那一刻，大脑瞬间空白。自陈先生住院，曾陪陈师母前往探望，曾与《陈志华文集》编委会一起为先生庆生，风烛病榻之状，不堪细味。先生年逾耄耋，以寿终，此番西去，未尝不是一种解脱，文集也于辛丑深秋出版，七百万言，算功德圆满，了无遗憾。随后的日子，那些经年往事，在清华建院乡土组小套间办公室和荷清苑小客厅听陈先生教诲、谈笑，陪先生在清华园散步，与陈先生下乡，以及和陈先生的编辑工作交往，种种画面，如同纪录片般在脑海中回溯，历历在目……

结识陈先生是因为乡土中国丛书。大约 1990 年代后期，时任三联书店老总的董秀玉女士看好图文书的发展，将当时因拍摄彼时艺术界、收藏界并不看重的乡村民居建筑、并出版了"老房子"系列的南京人李玉祥招至北京，除了做新刊《三联人文地理》的筹备工作，也出些图文书。李玉祥大约的想法是以图片为主体，配两三万的文字，丛书名拟定"故园"，约请了两位文字作者，其中就包括陈先生。

1998 年 7 月，我从复旦大学历史地理研究所毕业，因《三联人文地理》

* 商务印书馆编审。

到三联，张承志主持的两本试刊出来，董秀玉认为应暂停新刊运作，我就开始做起书来，于是跟着董秀玉和李玉祥去清华大学建筑学院拜见陈先生和他的乡土组。

乡土组实乃陈先生退休后组建的一个小型研究团队，成员除了同样已退休的楼庆西教授，还有李秋香老师，当时的院长秦佑国教授的学生罗德胤博士毕业后加入。根据经费多寡，几位老师每年大约数次带着本科高年级学生和研究生进行实地测绘和调查工作，研究个案的选择由陈先生确定，各个村落和聚落的研究调查框架也由陈先生确定，最终的成果文字大多由陈先生执笔。

乡土组早先在建筑学院三楼，出电梯向左，走楼梯向右，很容易辨识，旁的区域有着强烈的设计、建造、工业现代气息，而那个门上贴着或门神、或剪纸、对联一类的历史人文类介质的，就是乡土建筑教研室。

进入乡土组，扑面而来的是和煦的阳光，最初的陌生感和拘谨被陈先生、楼先生爽朗的笑声稀释。对于他们的工作，陈先生的介绍有着润物细无声的举重若轻，一位长期从事外国建筑史研究、教学、写作的专家，跨界进入当时建筑学界所谓的"民居"建筑领域，衔接似乎自然而然，让我充满了好奇。

20 世纪八九十年代是中国大陆学术的苏醒年代，知识界、学术界"幡然觉醒"，开始重新起步，如饥似渴，热闹，令人振奋，充满希望，大家意识到学术研究与知识探索原本应为"独立王国"，是纯粹的智识探索与追求，不必仰他人之鼻息。同时期，西方理论进入大家的视野，国外的新旧知识、名词、理论、方法大量引入，浩浩荡荡，泥沙俱下，呈汹涌之态，其形态堪与民国时期西方学科体系进入中国、中国学术由传统学术向现代学术转化相比较。学术之门径落到具体学者、具体领域上，彼时的观念理论和实践探索，都有些囫囵而行的意思，具体到建筑史领域，说好听些，没有条条框框，可以四面出击，但学术议题、规范就谈不上了，而正是陈先生，让我体会到一位学者，如果说他是一位大家，那往往意味着他有着高出同侪许多的天赋、学术感觉、视野和素养。

从清华回社里，开始研读台湾汉声出的陈先生的《楠溪江中游乡土建筑》，这本书设计得零碎花哨，内容却耳目一新。那时的传统民居研究往往以单栋建筑为对象，讨论主题较单一，陈先生以建筑所在的聚落为着眼点，将"民居"置于历史、地理、社会的发展脉络中，在视野、深度、学术意义上，将现有的学术认识提高了许多。我是历史地理学出身，对历史学发展稍熟悉些。1980年代开始，史学界涌动着对新的史学理论和方法论的探索，一改所谓"中央—地方"的"大历史"（政治史）叙事，"自下而上"的"小历史"叙事被研究者重视起来，展现着学科发展新方向的社会史等领域开始关注历史发展中的社会因素，诸如亲属制度、区域研究、大众文化 / 心态、社会结构 / 生活、家庭 /家族 / 宗族，乃至民间宗教等这些"正统"史学研究"不屑"涉及的主题。史料范围也大大拓宽，笔记小说、唱本、地方志、族谱、碑刻等这样的"边角料"被利用起来，人类学的田野调查方法也被史学研究者所采纳。而我看到的，是与历史学界无甚交集、长期研究西方建筑史、一个工科院校已退休的"老先生"的文字，他却讲："没有社会下层民众的生活，只有上层的政治、军事斗争和典章制度，这样的历史是不完整的。"他还讲："中国有两千多年不曾间断的官修正史，世上独一无二。但是，正史所写的大都是统治阶级上层的事，所以大学者梁启超说，一部二十四史，无非是帝王家谱和断烂朝报，即使熟读了史官们的著作，仍然不知道我们民族的生存状态和它艰难的发展历程。"这些认识和他的建筑研究，跨界跨得专业前沿富有创造性，足令史学界汗颜，我却欣喜不已。

以楠溪江中游古村落为主题，陈先生交给我们为故园系列写的稿子，将台版三大册的内容压缩成两三万字。台版书国内读者难以看到，我觉得这样的压缩版实在太可惜，从中国历史、社会、文化的角度看，"故园"这个词也文艺、轻浅了些。于是向陈先生请教，从乡土建筑研究的角度，将丛书名改为"乡土中国"是否可行，陈先生说这样更好。我得寸进尺，请陈先生补充四个最有代表性的村子的内容，大陆读者可以了解更全面，陈先生慨然应允。有关丛书的后续计划，我一些不成熟的想法，也毫无顾忌地向陈先生讨教，先生常常寥寥几句指点，就让我豁然开朗，于是这套丛书成了以文字为主，以图文形式介绍中国地域社会、历史、文化的系列。丛书名改了，"编者序语"也是我借鉴（抄）了陈先生书中的词句和意思写就的，发稿前拿给陈先生看，他哈哈大笑。于是，从《楠溪江中游古村落》开始，陈先生就成了我的导师和长辈，若一段时间不聆教就会感觉不踏实。

现在回想起来，那是一段美好的时光，每次或取稿，或送校样，或陈先生有什么事情吩咐，去清华乡土组，从城里到城外坐公交路途遥远，但每次于我都是一种精神上的愉悦和享受。"乡土中国"中，《楠溪江中游古村落》的读者反响最为热烈。陈先生说，乡土建筑研究需要获得大众的理解，了解其价值所在，大众的保护自觉与意识才是建筑遗产保护的基础。那时乡土组的工作其实比较艰难，经费少得可怜，出版也不易，书刚刚面世时并没有什么媒体关注采访，于是我拎着卡口录音机到乡土组，客串记者采访，整理成文在《北京青年报》上发表，不久便陆续有各大报刊和电视台与出版社联系，意欲采访陈先生，一时间"乡土建筑"突然火起来。浙江温州的楠溪江古村落过去并不为人所知，也引起了学者和旅游者的关注。现在古村镇大热，陈先生应该是先行者，功不可没。陈先生还推荐了多位作者加入丛书的写作，张良皋的《武陵土家》、蒋高宸《和顺》、沈福煦的《绍兴》、刘杰的《泰顺》都是陈先生介绍的，后来又赐下《福宝场》的稿子。"乡土中国"系列是当时国内尚少见的原创图文书，内容、装帧都新鲜，似一股清流，在当时的出版界读书界有些影响，没有陈先生，当然不会有这样的效果。

那时三联继续做着图文书，傅雷的《世界美术名作二十讲》原本是一个小册子，同事张琳为其配图，做了一个"插图珍藏本"，效果很不错，老董便带我去乡土组向陈先生约稿，请陈先生写一本《外国古建筑二十讲》（插图珍藏本）。其实那时陈先生的研究工作重心已在乡土建筑上，也许因老总亲自出马，不好拒绝，也许陈先生自己也想做一个"告别演出"，也许，当时改革开放已有二十年，研究资料、出国考察都方便许多，但外国建筑史的研究并没有什么实质进展，也许，写这本书是一种生命"回望"，陈先生在"后记"中回忆自己的外国建筑史研究、教学和研究经历，这是一篇不算短的"后记"，却是一篇不算长的回忆文章，从 1940 年代到 21 世纪初的"我写外国建筑史的历史"正好一个甲子，作为编辑，我看陈先生的这个六十年就足以支撑住一部厚重的民族史。

陈先生文笔好是读书界公认的，国内经过若干年的文化摧残，文字好的作者并不很多，有学问有内容文笔也好的更是凤毛麟角，从给陈先生做编辑后，我才明白，文字写得聱牙佶屈，比流畅自如要容易得多，只有在对研究主题有全面通透高屋建瓴的认识，又能与相关的更广阔的领域融会贯通，同时拥有文字表达的掌控力和技巧，以及充沛的感情投入，才能产生有力量、能感染、启迪读者的文字。

因是图文书，需要配图片，陈先生列出一个单子，我请清华建院毕业、北京航空航天大学的刘丹老师负责找图，由当时的美编室主任宁正春设计。面世后"双效"俱佳，印了十多万册，还得了很多奖。

陈先生从事乡土建筑调查研究在当时是创新之举，经费不多，条件艰苦，而那些年正好是建筑界赚钱非常容易的时期，陈先生自己对物质条件完全不在意，但常常会在文章中提及或对外人讲述同学们吃的种种苦，潜台词是在这样的条件下，同学们的工作却是最好的。"条件艰苦，但同学们的手工测绘水平是一流的。"陈老师总这么讲。一天，陈先生来电，说在考虑编一套书，以八省七十个左右的村子的两千多张测绘图为主要内容。我知道那些测绘图，且不论其宝贵的历史价值，那些平剖面、雕饰、陈设、轴测，简直太迷人。于是有了"乡土瑰宝"系列。陈先生和楼先生强调开本要大，让读者能看清细部精妙之处，于是我们做成八开本，这在当时的出版界极为罕见。尤为难得的是，陈先生在《庙宇》《宗祠》《住宅》《文教建筑》《村落》的第一部分，系统地勾勒了乡土建筑各门类的特征与概况，并总结了自己在乡土建筑研究中的理论认识和体会，这些文字无意中成为国内第一部也是唯一一部中国乡土建筑研究理论探索专著。陈先生深知乡土建筑的丰富与深邃，谦称自己的工作"粗疏"有"欠缺"，希望能引发更多的同道朋友共同投身乡土建筑的研究和保护工作，事实上，连同陈先生发表的几篇论文，在乡土建筑研究的理论构建上，在那时、

为我们的时代思考／杜 非

当下乃至以后很长一段时间内，应该没人能超越这些研究和认识。

与陈先生的交往并不仅仅全为业务往来。陈先生不仅学识渊博，思维缜密，秉持的还是中国传统知识分子的修齐治平，身经内忧外患，长期被折腾，依然不世故，书生气十足，没有一丝一毫的"油腻"感，远权贵，拒妄财，除学问外别无他求，自然气节高澈，学问做得酣畅淋漓，人做得清清白白，文章写得痛痛快快，嬉笑怒骂，自成天然，这与我通常接触的一些前辈长者成功人士还是有大不同，着实令我钦服与向往，也许正是这一点，似乎与陈先生有点"投缘"。陈先生常开玩笑说我是乡土组在出版社的"卧底"，以表扬我对所出版领域的"深度参与"。陈先生对乡土建筑研究充满热情甚至激情，常常调研过一个村子，见面时就忍不住频发赞美之语，我也就忍不住真的利用假期去看，陈先生见我感兴趣，其后的调查、史料搜集及回访活动时间合适的也特允我参加。1999年，香港中文大学建筑系的何培斌教授有一个港澳台与内地（大陆）的乡土建筑研究课题，课题设定为跨学科研究，强调每个课题组成员除了建筑学专业，须有一位人文学科研究者参与，陈先生主持山西碛口镇，便让我参与课题组，做史料及调查方面的工作，后写成《商镇聚落的生成环境及其历史变迁的考察》一文。一次与陈先生回访浙江新叶村和诸葛村，杭州当地请陈先生为文保人员讲讲建筑文物保护，结束后的餐食有领导作陪，大约这位领导看陈先生和蔼亲切，便放松下来露出"本色"，压根没有利用难得的机会向陈先生请教，谈的也与专业、工作相去甚远，净是些官场无聊之语，在我看来行为言语均有不端不敬之处，当场拉下脸直面训斥，领导大惊，悻然收声。回到宾馆，陈先生大笑不止，说看你挺乖不说话的样子，这是"发作"了啊，回京后还同李老师他们笑述当时的场景，遂成一件趣事。其实陈先生的"嫉恶嫉愚蠢嫉无知自大如仇"简直就是他的"标签"，据说许多人怕他，但我亲眼所见在乡间村头，与村民一起时，陈先生总是笑着如和煦的春风，总能在极短的时间内与大家打成一片，无间隙交谈。即使在地方上，大家对于古建筑保护与经济发展关系的认识还普遍不够成熟时，陈先生仍然不急不躁，将保护好才能更好发展、为子孙考虑长远等等这些理念掰开了揉碎了，一遍又一遍，反复讲。在诸葛村，我在后随陈先生和村支书诸葛坤亨在小巷走，听陈先生轻声细语，将国际上最为先进的文物建筑保护理念用最为平易的人人能听懂的话，慢慢把诸如将停车场设计得离村口远些的诸多益处讲得清楚明白。一位大学教授其实用不着做这些，没有任何实际的利益，但有"功德"，诸葛坤亨说"没有陈老师，就没有今天的诸葛古村"，没有陈先生，也没有新叶村，没有楠溪江村落……

在业界，陈先生人称"建筑界鲁迅"，建筑评论从来直言直语不留情面，不管对方是多大的官，多权威的学者，多牛的大师。中国这样一个人情社会，可以想见会是怎样的情形。1952 年院系调整，高校体系从英美式转向苏式，带来的结果是清华大学成为一所纯工科大学，当时的校园扩建工程中，全体建筑系师生停下正常教学活动，全力投入，到 1958 年再一次全员投入国庆十大建筑建设。等到改革开放后，神州处处脚手架，建筑专业成了"香饽饽"，收着全国高考最高分的天之骄子，"下海者"赚得盆钵满满。这样的氛围无形中让轻学术重生产实践的"传统"得以延续，对于纯粹的学术研究十分不利。陈先生自 1947 年入清华读书任教，1958—1959 年利用俄文英文法文文献完成《外国建筑史（19 世纪末叶以前）》的写作，后多次修订，成为国家级重点教材。改革开放后著有《外国造园艺术》，主编《建筑史论文集》，退休后开辟了乡土建筑研究领域，除了教学，学术研究是陈先生的工作重点，对现状，他不满，几次同我讲建院学生竟然不看带字的书，只看当代设计作品集。在建院和建筑学界，陈先生不是那种八面玲珑、"混"得风生水起的，他勤勉自律、以学术为生命，并不在意经济之困窘清贫，只是慨叹最好的时光在运动在被批在下放劳动，没有书，没有资料。尽管物质、资料条件极度匮乏，与同时代甚至后辈条件优越得多的学者相比，陈先生的天资、才情、学识高出许多，我有时会想，若陈先生在一个正常的时代和社会，学术成就会不可想象，会带出有影响力的研究团队，会为清华乃至中国的建筑学建筑史学术传统贡献更丰厚的学术财富，然而才犹未尽似乎是几代中国知识分子的宿命，陈先生也不例外。

与陈先生不知不觉处成了忘年交。陈先生知道我学历史的，有时想到什么，会当即电话过来让我查一下相关史料。有一次在荷清苑听陈先生聊天，陈先生突然对我和李秋香说：我走后我写的书就请你们俩负责吧。语气中的"托孤"意味着实让我们感觉突然和难过，当时我们几乎异口同声地笑回：您身体这么好，不着急考虑这些事呢。但那天出小区时心情黯然。其实也同陈先生聊过回忆录或口述史的事情，但总觉得陈先生有家族长寿基因，还可以再等等……

2017年初冬，北方的阔叶已渐次凋零，从陈先生家出来，怅然若失，觉得应该做点什么。陈先生倾一生的心血投入学术，最好的怀念与纪念应该是重温他近五十年的文字，并将零散四处的文字全面整理，为学界和一般读者提供一个系统全面的本子，于是开始启动《陈志华文集》的整理编辑工作。找到陈先生著作曾经的出版者和学生们，他们没有丝毫的犹豫，齐声表示全力支持，文集编委会成立。

我自恃还算熟知陈先生的文字，然而真正以搜罗殆尽为目的开始搜集整理，仍让我如入连绵的高山，一路仰止，一路惊喜。三本1955年面世从俄文引进的建筑史译作，堪称中国外建史探索中的筚路蓝缕。1958到1959年开始《外国建筑史》的写作，为《国外剧场建筑图集》写"国外剧场建筑发展简史"，陈先生那时只有二十多岁。将陈先生从1950年代到2012年登载于各处的论文与文章编排不太容易，为了强调时代性，我试着将所有文字的发表时间确定下来，以形成清晰的编年，这样，陈先生的学术行迹便可一目了然，也能发现一些有趣的事情，比如"外国古代纪念性建筑中的雕刻"一文分载于《建筑史论文集》第1辑和第2辑，前者在1964年，后者就是1979年了。实则陈先生的整个研究写作生涯的确以"文革"分为前后两段，中间是十多年的空白。

文集的编辑出版历时四年，陈先生的七百万言文字翻来倒去足足读了七八遍。这四年已不能向陈先生请教，建筑界有什么新鲜事，学界发生了什么，社会上有什么新闻，已听不到陈先生的精彩评论，也许因为对陈先生的文字太熟悉，我似乎能想象出陈先生会讲些什么，而自己也渐渐能于纷繁的世相中清醒自如。

中国知识分子传统上有所谓的入世与出世之辨，除去传统意义上的为官／求道之分，在现当代背景下，我喜欢"博学、审问、慎思、明辨、笃行"这个说法，我的导师葛剑雄教授教导的"不做伪君子，不做书呆子"其实也是这个意思，陈先生则是一个完美的例子。陈先生的文章标题中，我最喜欢"为我们的时代思考"，这篇发表于1988年初的文章所提出的问题似乎在今天仍不过时，从建筑理论到建筑教育，从建筑实践与理论的关系到现实处境，陈先生总能穿越历史与现实、本土与世界，将一个问题拆解分析得清清楚楚，并提供解决思路。凭先生的才华，完全可以躲进小楼，象牙塔中自得其乐，讲点场面上的话，但他仍要"为我们的时代思考"。

我相信陈先生影响了很多人。在学术上，外国古代建筑史和乡土建筑研究基本框架由陈先生搭建，国际上最重要的文物建筑保护文献由陈先生引进，时下许多名头花哨令人目眩的研究其实并没有超越陈先生，迄今仍有大量文章、专著沿袭陈先生的观点，更不用说大段大段的抄袭了。在文化传播上，陈先生的数本专著、教材每版都有数万数十万的印数，累积的读者应在数百上千万。于我，则庆幸自己的生命中能遇到陈老师。年轻时读茨威格的《人类的群星闪耀时》，看到译者舒昌善老师后记中引茨威格自愿与世界诀别时留下的话："我向我所有的友人致意！愿他们度过漫长的黑夜之后能见到曙光！"陈先生的离世常常让我想起这句话。陈先生经历、目睹了我们这个民族多年的困厄与劫难，愿先生安息，更愿先生所疾呼、倡导的民主与科学成为社会共识。

癸卯惊蛰日于时雨园

在消失前，给乡土建筑留下一份文化档案

曾 焱*

1990 年代，随着改革开放的深入，中国的城市化建设也步入了快车道。人们开始更多关注生存状态和居住环境，关注那些即将消失的传统文化的标志物，有关传统建筑及其蕴含其中的文化元素，由此进入大众出版的视野。三联书店从"乡土中国"系列开始，推出了一批建筑人文图书。而其中最重要的参与者之一，就是清华大学建筑学院著名教授陈志华先生。

1999 年 10 月，"乡土中国"系列的第一本《楠溪江中游古村落》出版。文稿由陈志华撰写。说"乡土中国"，就得先从陈志华教授他们的乡土建筑研究组说起，他们十几年积累的调查成果不但最早支持了三联书店的乡土文化选题，也成为内地建筑人文图书的重要资源。

1989 年，陈志华和同事楼庆西、李秋香一起发起成立了乡土建筑研究组。三个教授带领十二个学生开始调查工作，至今（注：本文采访时间为 2008 年）坚持十九年。每到一地，他们都做四件事情：写调查报告，画测绘图，拍资料照片，地方上有需要的话也帮助做保护规划方案。没有人给他们提供经费，第一次去浙江建德新叶村调查，四张火车票还是找当地一个朋友求援来的。彩色胶卷贵，他们把有限的几个彩卷留给摄影技术好的楼庆西教授，陈志华教授带其他人用黑白卷。为了不浪费胶片，每拍一张都得先商量好内容和角度，轻易

* 《三联生活周刊》记者。

不敢按快门。他们进新叶村的时候，前后两个邻村还有外国学者，也在搜集民居资料。有个日本同行观察了他们好几天，见他们拍照这么节俭，走过来跟陈教授说：别拍了，中国乡土建筑的资料中心以后肯定在日本东京，有什么需要去信，他一定寄资料过来。日本同行也许出于好意，这些话却刺痛了陈教授。事实上，研究组确实难以为继了。1990年陈教授找到一个机会去台湾讲学，主要目的是为乡土建筑调查募集经费。在台湾一家民间文化基金会组织的报告会上，他讲述了在新叶村调查遇到的困窘状况，听众很激动，会后马上有人送来一堆胶卷。第二天，台湾《汉声》杂志社也给陈教授打电话，告知愿意为调查提供经费，唯一条件是将调查报告的出版权给《汉声》。

从1970年代创办以来，《汉声》杂志一直用田野实际调查兼图片、摄影并陈的手法记录中国偏远山村的民俗文化，这和乡土建筑研究组的工作方法非常相似。《汉声》提供的资金，终于使乡土建筑研究组的项目一个个进行下去。在90年代早期，《汉声》为陈志华他们的乡土建筑研究组出版了多本专著，其中就有三册本《楠溪江中游乡土建筑》。和陈志华教授等人一样，摄影师李玉祥对乡村民居的关注也大约始于20世纪80年代末，早期还只是在去安徽皖南、江浙水乡写生时顺带拍摄一些照片，1991年江苏美术出版社的朱成梁先生策划出版"老房子"图集，他受邀成为专职摄影，此后数年全力投入，赴全国各地乡村拍摄照片数十万张，成了保留民间文化遗产的见证者之一。为什么有这样一些人，会不约而同地在80年代末把目光聚焦于乡村老房子？"我想是那几年经济发展的速度太快了，在还来不及反应的时候，很多老的东西已经被触目惊心地毁掉。"李玉祥这么想。乡土建筑研究组的成员也这么想。当一切旧物以极快的速度、极大的规模被野蛮而专横地破坏着，他们无力回天，只能立此存照。

乡土建筑调查并非从20世纪80年代末才有人进入。早在20世纪30年代，建筑学界泰斗刘敦桢教授就考察过丽江古城，解放初期又深入安徽民居调查，著述有《中国住宅概况》。楼庆西说："如果说乡土建筑研究组有区别于前辈的地方，就是我们始终在做整体的古村落调查。从前的调查者大都将资料搜集转化为现实设计的技术参考，而我们更关注建筑历史，注重对乡土环境和乡土文化的发现和研究，后几年尤其偏重于非物质文化成果，比如服饰、生活、民俗等这些组成乡土环境的细节。这可能是我们和三联'乡土中国'的策划比较一致的地方。"

李玉祥说，"老房子"和"乡土中国"都投入过他的心力，如果让他比较两套书的不同，他认为前者更注重带给读者高质量的视觉感受，而"乡土中国"系列对乡土文化有更深入的探究，这是之前没有人做过的，"拍'老房子'的时候，我的镜头关注建筑本身；在拍'乡土中国'时，我的镜头更多地关注了建筑之外的人"。以村落个案来体现传统民居的人文价值，充分展示了三联独具个性的选题标准。乡土系列和读者见面后，反响非常好，"这套书的内容具有很高学术价值，作者采用史学和人类学的方法，亲自测绘、摄影、征集、访问、参与，有很多宝贵的第一手资料。而且这套书装帧设计十分考究，印制精美。除了对乡土中国的热爱，也许编者和作者特别想要抢救这些即将逝去的文化吧。他们选择的是中国传统文化中最有价值的一部分，也是在中国现代化过程最脆弱最容易消失的那部分"。当年书评众多，这是从中摘选的一小段。1999年9月，董秀玉带着杜非再次登门拜访乡土建筑小组的教授们，提出能否从个体建筑转向建筑理念，以讲座的形式，系统介绍古代建筑的历史及建筑元素特征。请陈老师和楼老师开个头，就以平时讲课的内容为基础，写两本给非专业读者看的建筑史。当天就说定了选题，楼庆西写《中国古建筑史》，陈志华写《外国古建筑史》。三联的想法是把这两本"二十讲"定位于建筑人文图书，既使建筑专业的读者从中获益，也使非专业的一般读者能有所收获，读者群应该是对地域文化、人文历史、艺术史更感兴趣的那些人。"2000年底，《中国古建筑二十讲》完稿了。照片是楼老师提供的，四百多张里选了三百七十一张，其中百分之八十是他自己拍摄的照片。"杜非回忆。陈志华教授放不下手里的乡土建筑调查，楼庆西教授的书开始上柜销售了，他才动笔写《外国古建筑二十讲》。杜非说陈教授的文字功底极好，她这个编辑基本只字未改。陈教授在前言中写的几句话，虽是个人感悟，却也完美表达了三联的出版思想："建筑上凝固着人的生活，他们的需要、感情、审美和追求。建筑把这些传达给一代又一代的人，渗透到他们的性格和理想中去。建筑成了人们历史的见证，文化的标志，心灵的寄托。"

（本文节选自 2008 年出版的
《守望家园——生活·读书·新知三联书店》）

总有一种人生让我们高山仰止

丛　绿[*]

初冬的一天，我打电话给爷爷。

我已经很久没有给他电话，尽管他总是说：你要常打电话，接到你电话我就高兴。

话筒中他的话音一响起，我就知道不对劲。这不是我熟悉、亲切又响亮的声音。奶奶过来接电话，告诉我，他已经病了很久，患的是他平生最担心的一种病，无药可医，只能尽量延缓。

放下电话后，我开始计划回京的行程。

然而繁琐的事务与生活的羁绊，使我的安排一拖再拖，最后只能定在了春节。

深冬的一个夜晚，下班之后，我再次给他电话。这次他认出了我的声音，愉快得呵呵大笑。我在电话中泣不成声，对他说："爷爷，我很想你！"

走在上海交大的校园里，我如此想念阔别已久的清华校园；想念我挽着他走出建筑馆，一路遇到认识的学子，不管是骑着单车还是步行，都肃然地敬立一旁，恭恭敬敬地叫一声："陈先生！"

那时候，他久已不给建筑学院的学生们上课，但学生间一直流传着他的传奇，老学长们带着骄傲惋惜地说："没听过陈志华先生的外国建筑史课，你们

---

* 曾任中华书局《中华遗产》杂志副主编。

真是太遗憾了！"

虽然我清清脆脆、亲亲热热地叫他"爷爷"，其实他和我没有一点儿血缘关系；最初，只是一星半点的工作关系。那时候，我刚就职中华书局一年多的时间，正在初创《中华遗产》，成员只有我和主编两个人。尽管如此，我们却想做中国文化遗产界最顶尖的杂志，于是就想约最顶尖的高手的文章，希望能开个专栏。

这个人，要道德文章俱佳，因为在遗产界，品行是极为重要的，否则便不能坚持公正的原则，得不到广泛的认可；这个人，文字还要讲究，有的学者品行学问都好，但于文字却不耐品读。研究了很久，最终锁定的就是陈先生。

那时我们看中他的，是他所著的《意大利古建筑散记》。专家的专业文章，能写到散文大家水平的，屈指可数。当然事后也证明了我们判断的"英明"，他的专业文章，是曾被收录到贾平凹主编的《美文》之中的。

为人写的序言，本该是应景的、最不易出彩的文章，但我每读他的序文，都恨不得把这些文字吞到肚子里，补一补自己的文气，此时才真正明白什么叫绚烂之至归于平淡。

他还有一个称呼，叫作"建筑界的鲁迅"，能得到这样的称号并为业内公认，陈先生的为人可见一斑。

于是我便着手准备约稿。

我从114查号开始，一路问到清华建筑学院，又问到他的家里。可巧，他正在江山市考察乡土建筑，身上从不带手机。我又问到了陪他考察的江山市女市长的手机，直接拨通了要求找他。

他接到电话很惊讶，也有些担心，怕是家里老伴有什么事，直到听我说是想约稿，这才长吁了一口气，然后告诉我近几个月一直会很忙，基本都在外面考察；即便在北京，也在为一部书稿审定最后清样。

放下电话我也有些惴惴，只为约篇稿子就这样擅自打扰，好像有点太冒失。当然，遭受拒绝是意料之中的，约名家的文章，一次就能成功的几乎没有。所以，他回京之后，我又接连给他打过几次电话，他都说时间很紧，恐怕难以完成。

然而，忽然有一天，他主动给我打电话，说我屡次约稿，他觉得过意不去，所以就写了篇稿子，用挂号寄给了我，并说如果没完成，就不敢答应我，怕万一到时完不成，耽误了我的工作。

几年以后，当我已经亲热地称他为"爷爷"，可以提很多无理的要求时，他早就答应给我责编的一本书，中途被人抢走了。他给我打电话，很不好意思，怕我凶他。他说："以前人家帮过很多忙，老觉得欠别人的，所以……"

我说："您就是这样心软的人，从我第一次约稿就知道了，被我这个素不相识的人缠磨了几天，都不好意思不帮我写稿子，帮过忙的人，肯定更是开不了口拒绝。"

人和人是要讲缘分的。

北京城里从事文物保护的几位声名赫赫的老爷子，因为工作的关系我都比较熟，有的关系也很亲近，他们的德行学问，我此生可能都难望其项背。

但我只有对他，才能清清脆脆、亲亲热热地叫一声"爷爷"；其余的老爷子，往往都冠以"某老"。

奶奶也和我有缘。我们去澳门考察历史街区时，奶奶同行。一路相伴，舍不得分开，最后又延长了几天行程，一起跟爷爷和大侠李玉祥去惠州考察。

奶奶瘦瘦小小，年轻时必定有典型的江南女子的清柔；闺名"蛰蛰"，来自《诗经》。后来才听说，奶奶乃是大宅出身，祖父和父亲都是极有学问的人，在那个"女子无才便是德"的年代，她的姑姑早年便已毕业于北平大学，家族重视文化的氛围算是家风。

奶奶对什么都看得开。他们的儿子因为受够了"文革"中的牵连，漂洋过海，去了美国，爷爷经常外出考察，留下奶奶自己在家。给她打电话，问她："过得好吗？要不要去照顾一下？"奶奶总是说："好得很，都不用来，忙你的吧。"她是最不愿意麻烦别人的。

爷爷所在的整个乡土建筑研究所都和我有缘。爷爷的合作伙伴、第一助手兼超级大管家李秋香老师，年龄是我的母亲辈，一起去南方出过一次差，就结成了很亲密的关系。爷爷说我身上也有些和他们同样的痴劲与傻劲，所以才会一见投缘。

设在清华建筑学院三楼的乡土建筑研究所，是爷爷一手创建的，应该算是中国第一个专门的乡土建筑研究机构。到今年（注：指 2016 年），已经 27 年了。

而爷爷，也成了 87 岁高龄的"80 后"老头儿。

二十多年前，爷爷在外国建筑史研究方面，已经是当之无愧的大家。他早年负笈清华，最初学的是社会学，曾与朱镕基总理是同宿舍舍友；后来，经梁思成先生帮助，转学建筑，师从梁思成与林徽因先生。可惜后来"文革"开始，爷爷被下放到建筑工地砌墙。再后来又一声令下，他还穿着肮脏的工装时就立即返回清华任教。

所以爷爷常说，他们这代人荒废了很多岁月，所幸那时执教的基本都是西南联大时期的教授，因此比起现在的学生，是真正见识了什么叫作"大学"的。

20 世纪 70 年代末，爷爷所著的《外国建筑史》一书，至今一直是最权威的建筑系学生必备教材。几十年来，陆续不知印了多少版、多少册，而"陈志华"这个名字，也成了中国建筑界研究外国建筑史的一面旗帜。

很难想象得到，一本建筑史居然可以写得这样娓娓动人，有时令人扼腕，有时令人微笑，有时又忽然瞥见在严谨的描述中，作者压抑不住的才情与文笔的泄露。可爷爷对我说："不行了，真是老了，英语单词都当饭吃掉了。"我想，要写出这样一本经受住历史检验的建筑史，他年轻时期英文一定很好，这样才能查阅到第一手的资料。

殊不知，有一次为研究所的新书《新叶村》开发布会时，李老师对我说："你难道不知道，你爷爷年轻时候不单会英语，还会俄语、法语和意大利语，七八门外语呢。"

啊，我愕然！

就是这个通晓好几国语言的老爷子，放着烂熟省力的外国建筑史研究不搞，在退休那年，选定了一条研究乡土建筑的道路。不知在当时，他是否已料到，这条道路竟是如此艰难。

二十多年前的中国，还是一座乡土建筑的大宝库。

散落在乡间村陌的，有无数深宅、古院、风雨桥、路亭、书院、小庙……多少年来，它们在偏僻的小村度过了默默无闻的岁月，乡亲们看惯了的种种图景，谁也不觉得有什么稀奇。所以一旦见到几个外乡人探头探脑来窥视、测量自家的蜗居甚至是猪圈，简直像见到了外星人。

我见过爷爷动情流泪的几次，往往都是在他谈到下乡的时候。

爷爷说："乡亲们都是很好的，走到谁家，问人家要碗水喝，要个馒头大饼吃，都会给。可也是真苦呀，为测量一座小庙，可能来回要走 40 里山路，大日头下，连山石都晒得油汪汪的。"

他们住过乡下的窝棚，窝棚旁边就是农村的茅坑厕所；住过供销社的大通铺，盖着"乌黑发亮"的被子，几天后意外地发现同屋的几个住客竟然在集市上讨饭，才知道原来每晚"同床共枕"的是几个叫花子。

有时候遇到村里的干部为难，连这些地方也没得住，非要给赶得远远的。曾经有一个寒冷的冬天，大风呼啸，村干部不允许乡亲们留宿他们，最后经乡亲说情，允许他们住到荒废的、天棚倒塌的祠堂里，有善良的乡亲夜里偷偷给他们送了两床破被挡风。

所以，说起乡亲来，爷爷就感动不已。他说自己素来也是个爱干净的人，出门下饭馆，恨不得要自带了碗筷；外出坐车归来，手都是洗了又洗。可是一到了乡下，握着老农刚抓过牛粪的结满老茧的大手，一点儿也不觉得为难；晚上和老农挤一个炕上睡，被窝是多少年没拆洗过的，照样乐呵呵地聊家常；有的时候，接连四十多天都不能洗澡。谁会觉得这个灰头土脸的老头，居然会是清华大学的名教授呢？

做完调查，绘好图，写完文字，却找不到可以出版的地方。幸好台湾汉声慧眼识金，资助他们在台湾出版了很多著作。当年那本《楠溪江中游乡土建筑》一出，引发了台湾游客的旅行热潮，楠溪江迅速成为旅游热点。

二十多年间，爷爷走了无数的乡间小道，眼看着中国的乡土建筑已经渐渐为国家重视，也眼看着一座座精美的村落在经济大潮中摧毁。

二十多年后的今天，文物普查的结果令人震惊：中国的乡土遗产已所剩无几！

曾经有一位网友说："也许有一天，楠溪江的美只能在陈志华的书中寻找了。"

竟然一语成谶。

爷爷倾尽二十多年之力，唯一护住的一个村子，原本是诸葛村，这曾是全国唯一留下的最完整、保持着原生态的村落。但近两年，诸葛村也已在经济大潮中有了很多改变，以至于爷爷非常痛心，再也不忍重返诸葛村提供保护建议。

每次去爷爷家中，都可以在客厅看到八幅《全谢山先生天一阁藏书记》的板屏拓片条幅，字迹隽永清雅。

这是爷爷的父亲陈宝麟先生所书，天一阁将板屏拓片送给爷爷的。

2007 年 6 月，我跟着爷爷、秋香老师、李玉祥大侠南下考察，走了浙江不少地方，从杭州到宁波，再到两个溪口，后至宁海，从城市到乡镇，从渔村到山村，一路随行，听到了不少新鲜的掌故。

就是那次，第一次瞻仰天一阁，并在板屏前合影留念。

那时候才知道，在宁波，人们谈起陈宝麟这个人，总是尊敬地称为"宝麟先生"。20 世纪 30 年代，他曾任鄞县县长，为天一阁的保护做出了重要贡献：1933 年，当宁波受罕见强台风袭击，天一阁东墙角坍塌，阁内藏书危在旦夕，而当时范氏族人已无力维修，他提出了要求拨款修缮天一阁的倡议，向社会各界募集资金，最终修缮了天一阁；1937 年，面临日寇入侵的危急局势，他辗转筹措，最终促成了天一阁藏书外运，躲过了宁波沦陷后日寇对天一阁的洗劫。

爷爷就出生在宁波。他说，小时候，黄梅季节一过，到了晴天，父亲就要带他去天一阁晾书，不过书是不许小孩子乱动的，就让他们在"尊经阁"后面的假山上玩耍。

据说宝麟先生曾做到浙江省财政厅长，1949年到台湾，任当时台湾的财政部次长。但父亲到台湾之后的事情，爷爷已经所知甚少了，他那时已在清华读书，与哥哥都留在了内地。经过了几十年人生的风雨，他手头连一张父亲的手迹和照片都没有留下。

后来，我做天一阁专题时，借到了馆藏的许多珍贵的旧照片，用在了杂志中。爷爷拿到杂志给我打电话，很兴奋，说是在旧照中发现了身着长衫的父亲，这是他唯一能在今天看到的父亲的形象了。

我到上海后，有次和爷爷通电话，他第一次在电话里谈起自己小时候的事。一个教过他的老师，很有文化，但是为生计所迫，穷困潦倒，到他家里来请求他父亲帮忙谋个差事，见到他时，犹豫了一下，最终张口叫了声："少爷。"

爷爷是哽咽着说出这两个字的。我从他的讲述里，看到了鲁迅笔下闰土的影子，那不也是瑟缩着叫了一声"少爷"，从而无情地割断了儿时情谊吗？

人称爷爷为"建筑界的鲁迅"，他也极爱鲁迅的文风，大约是因为经历了同样的世事变迁、人情冷暖，深味人生的悲凉与无奈，从而立志将精神的自由、人格的高贵奉作了人生坐标吧。

爷爷从事乡土建筑保护二十多年来，已经出版了二十多本图文并茂的乡土建筑著作，平均每年一本。

这期间，他还一直为《建筑师》撰写专栏"北窗杂记"，几乎从无一期间断。

每年还要数次带领学生"上山下乡"，翻山上房。

他每天十一点之前没睡过，所以我有时候很晚给他打电话，也不怕吵醒他。

高强度的工作状态，即便是年轻人也吃不消，更何况，他还是一个"半瞎子"。

二十多年前，在台湾访问时，他因眼疾住进医院，结果医生误诊，生生治瞎他一只眼睛。他没为难医生，也没要什么补偿，瞎就瞎了吧，人家也不是故意的，反正还有一只眼。

二十多年里，他就是用一只左眼，完成了双眼健全的人也难以完成的工作。

可是，下乡考察是这样苦，近年来，愿意跟随他走那寂寞而辛苦的乡村路的学生越来越少了。跟着其他的老师，也许坐的是奔驰，住的是五星级宾馆，可是跟着他们做乡土建筑研究，有时坐三轮车，有时坐"蹦蹦车"，有时只能靠两条腿。以往多的时候能带一二十个学生，这两年，连一两个都难得了。

爷爷常对我说："年轻人要是连点精神都没有，我们这个民族还有什么希望呢？"

这样一个严于律己的人，会不会让人觉得严厉古板、难以亲近呢？

恰恰相反，爷爷是个特别有趣、好玩的老头儿，他的有趣来自于生活陶冶出的智慧、通达与温情。

曾有一件事让我一直耿耿于怀。

有一年元旦，杂志社想请几位德高望重的老先生聚一聚，表示感谢，其中便包括爷爷。我因为和他们相熟，所以就担任了邀请的角色。于是，北京城内五六个最受尊敬的老爷子都被我们请到了，他们的平均年龄是八十岁，年龄最大的郑老，已经年过九十，国宝级人物，平时出门是要受到诸多约束的。

可是，一场本以为是答谢宴的聚会，最终带上了浓厚的商业性质，席间无比嘈杂，连让几位素难见面的老人聊天都难以听清对方说的是什么。饭菜是大鱼大肉，没考虑到老人的需要，最终我要求饭店煮了一钵粥，每个老人吃了一碗，便各自匆匆回家。

第二天我给爷爷打电话，觉得无比羞愧。爷爷和我开玩笑，安慰我说："我们这些老头子，不像大家想得那样不通人情世故，我们都能理解。你看现在不管哪里举行个会议或者活动，都要邀请一下我们，其实并不是真正看重我们，我们不过是像车展的车模，出来在名车面前亮亮相，吸引一下大家的眼球，呵呵。"

爷爷有时对我说："现在出门，人家往往拿我当个专家，走到哪里都是吃饭吃饭，从早吃到晚，其实我哪里能吃多少呢？一小碗米饭、一小碟青菜就够了，不过是借着我们的由头吃吃喝喝罢了。我们也明白这点，所以就跟着做陪客，不过要建议把'八小时工作制'改为'八小时吃饭制'。"

有一次通电话，新叶村要开个研讨会，请他帮助选定一些专家，爷爷对我说："我就帮他们选了几个倔老头，我们这几个，都是典型的'高保真派'，坚决主张要保护遗产的原真性。"

他还告诉我："现在有人说我'左'了，那些人，头三十年说我太'右'，后三十年又说我太'左'，其实我哪里有变呢？不过是头三十年他们站在我左边，所以看我'右'；这三十年他们站在我右边，所以看我'左'，是他们不停在换位置，倒让我好像是'左右不分'了。"

说这些话时，他每次都几乎要笑出眼泪。

2009 年，我离开北京，借调去上海工作。

春节期间，我带九个多月大的女儿去看望他，兼作辞行。

他很不舍，对我说："以后你们回来，就在后面买房子吧，离我们近一点。"

他在送我的《北窗杂记》上留言："请毛毛虫她妈妈随便看看。"因为我女儿名字叫丛丛，所以他就给命名了"毛毛虫"这个绰号。

每一次回京拜望他，他都会高兴得忙这忙那：或者张罗着开空调，怕我走路出了汗；或者到处找书，要送给我；然后和我聊个没完。

一起吃饭时，李老师总说："每次来北京，一定要来看看你爷爷，他特别想你。"

我们常常通一两个小时的电话，眉飞色舞地随意乱侃。有时他让奶奶接电话，奶奶一听是我，就会哈哈大笑，说："以后回到北京就到家里来，我们都很想你。"然后爷爷接过电话，笑得合不拢嘴地说："老太太过来，本来冲我吹胡子瞪眼的，嫌我电话打得时间长，所以我让她来听听是和谁打电话，她一听是你，就高兴了，现在你知道你在我们家多受欢迎了吧。"

对于像爷爷这样才情四溢的人，时光的流逝会更为加重怀旧与依恋的情感，所以他在每次通话时，必定有一句是问："是不是快回北京啦？什么时候回北京？还是早一点全家搬回来吧。"

岁月无形，水深流静，日子简单安详到令客尘中人觉得寂寞。然而在爷爷奶奶，已经是世事阅尽，浮华不染，对人情世故已经无欲无求，所以这样的欢迎与欢喜，尤其令我觉得真切、深情与感动。

我曾经有个心愿：有一天他闲下来，我帮他整理整理他的自传。除了那些精美的建筑和图纸，他理应留下些自己人生的足迹。

而年轻一代中，很少有人如我从情感上与他如此亲近。

做遗产保护的人，因为常翻山越岭，所以比起十多年前我初认识他时，这些年他并没有多大变化，背还是像原来微微地驼，脸庞有佛相，一点儿不见老。所以我总觉得还有的是时间，让我能够从容不迫地完成这个心愿。

我们其实永远都不知道，亲近的人哪一天会突然离开，或者突然疾病缠身，让那些计划了很久、以为板上钉钉的事情，再也没有实现的可能。

我在生命的水流中游走，承受着自己的天命；我沉默着，安静着，避开所有关注的视线。

我知道世事无常——但我还是以为他永远都会静静地坐在旧沙发上和我谈天，我以为拿起电话随时都可以听到他开心地大笑，我以为不管离开多久他都会健康如常……

所以知道他生病的消息后，我在深冬的交大的校园，如此想念阔别已久的清华校园。

我带着已经七岁多的女儿，在这个春节期间再次看望他。

他已经忘记了我的名字，但还认得我，一直说："这么多年，你怎么一点儿都没变！"

我忍不住泪如雨下。

他忘记了很多切近的事，但对很多往事记忆犹新。他讲述自己的恩师梁思成先生和林徽因先生，在抗战期间，日本人打来时，美国派出最先进的飞机，希望接他们前去美国，梁先生和林先生断然拒绝。林先生对自己的孩子说：如果日本人来了，你们知道该去哪里吗？她指指门外缓缓流过的江水，"就是那里！"

国难不弃，蹈海赴死，这是那一代文化精英的铮铮风骨，那些高贵的灵魂令人敬仰。

这样的精神，在爷爷身上得到了共鸣和延续。他一遍遍地自问：人还是要有点精神的，现在，我们这个国家应该怎么办？！

老骥伏枥，志在千里；烈士暮年，壮心不已。这样的情怀与忧思，在他身染老病之症，依然不改忧国忧民之虑时，尤其显得令人动容、动心。

这是一个真正的人，一个简单而又丰富的人，一个有着高贵灵魂的人。

高山仰止，景行行止。虽不能至，心向往之。

（本文完成于 2016 年 2 月）

陈志华老先生与新叶的故事

叶同宽 邓永良 朱红霞

2022 年 1 月 21 日中午，建德旅投公司朱红霞收到李秋香老师的消息，得知陈志华老先生于 20 日晚上七点多仙逝。消息传开，新叶村的父老乡亲、建德熟悉陈老先生的领导和我们无不悲痛不已。陈老先生率领的乡土建筑研究团队，在建德新叶一带近二十年的研究与保护中，为建德这块土地，留下了一批难得的中国乡土建筑的村落瑰宝。陈先生对中国乡土建筑深深的情怀，感动了最基层的百姓，让他们懂得了村落研究保护的价值，也让陈老师结识了一批志同道合的老朋友。大家在一起整理了陈老师及研究团队在建德新叶做研究和保护工作中留下的点滴往事，用最朴素的语言去缅怀这位了不起的中国乡土建筑研究开创者和古村落保护先驱——清华大学建筑学院陈志华教授！

邂逅新叶，开启中国乡土建筑研究的新课题

1989 年 11 月，在建德新安江边的老汽车站，叶同宽老师与陈志华教授、李秋香老师一行邂逅，一下车陈志华教授就向叶老师聊起想开展乡土建筑研究的话题。叶老师觉得自己的家乡新叶村大致符合这个要求，就向陈老师做了推荐，第二天陈老师和李老师便在叶老师的带领下，来到了新叶村。那时的新叶村没有一栋新房子，村落依山傍水，十分秀美。在与村民叶早平、叶肃芳等老人座谈时，叶早荣提到还保存着新叶村完整的"玉华叶氏族谱"，其中记载了建于南宋嘉定元年（1208 年）的新叶村，历经了宋、元、明、清、民国，至今已发展第三十六代，已有八百余年的历史。村中老住宅保存有两百多幢，是难得的研究案例。当即决定在新叶村开展乡土建筑研究。

苦中作乐，与新叶村建立了深厚的感情

新叶村距离县城较远，是个十分偏僻的山村，与外面连接的是泥石路，村里没有自来水，没有旅馆。1990 年 3 月陈老师委派李秋香老师带领卢永刚、胡昕和薄薇三名学生来到新叶村。他们就借住在农民家里二十多天，睡地铺，与老乡同吃住，十分和谐。

大家白天测绘，拉皮尺、搭架子、爬梯子、照手电，把每个细部调查清楚仗量准确。记得最小的同学叫薄薇，一支笔一张纸，就凭着过硬的功底把牛腿、雕梁画得比例标准、图像生动，新叶人称她为"照相机"。调研后，每晚大家在昏暗的灯光下写资料、整理测绘图纸，为我们留下了宝贵的资料。陈老师说：我们努力去测绘、调研，力图将这些聚落和建筑的美留住，万一它们被毁灭无余，没有留下一丝痕迹，那将是一个多么可悲的情景！

三月份正是江南的雨季，十分潮湿，不方便洗澡，就打盆水擦擦身，但衣服洗了一周都不干。几个同学因水土不服、跳蚤叮咬，身上长了红疮，但他们并不在乎。新叶没有菜市场，各家都自产自销，甚至有时蔬菜供应不上，有豆腐吃已经是很奢侈了，大家却吃得很香。记得 1991 年陈老师来时，村民就采了野茭白做菜，陈老师还不断夸奖，说"我从来没有吃过这么鲜美的茭白"。交通不便，没有公共交通，就连二轮的手扶拖拉机也难找到，有时去外村调研，大家挤在小小的车斗里，一把稻草就是他们的坐垫，随拖拉机的颠簸。一天下来，回到家个个头上满灰土。陈老师笑哈哈地说，大家都变成白头翁了。

陈老师及团队的工作在新叶两年多，李秋香老师撰文《新叶村乡土建筑研究》，后正式出版。1993 年乡土组进入诸葛村工作，陈老师虽然短暂地离开了新叶村，但他已与新叶村结下了不解之缘，他几乎每年都来新叶村，看看老房

子，看望老朋友。他向建德县市的领导宣传保护乡土建筑的意义，指导当地的领导做好新叶村保护。1993年新叶村民发起修建抟云塔的活动，陈老师也十分关心，特地来新叶指导，并亲自写了修建抟云塔的原则意见、注意事项等。新叶村的百姓把他们当亲人，一提起清华大学的陈老师、李老师人人皆知。陈老师不但能听懂新叶村的方言，还学会了一些新叶村的土话，与老乡亲们聊起家常格外亲切。

坚持不懈，陈老师说"新叶是浪子回头金不换"

新叶村在经济发展的大潮中并未能逃脱外界的影响，村里也有村民开始拆迁建，当时村里的一些老人，特别是受到陈老师影响的一批老领导人，见状积极奔走呼吁，乡镇里负责文化工作的李友彬和建德市里旅游文化部门的领导，以及乐祖康、叶同宽等先生，都在不同场合呼吁新叶村的保护工作，同时旅游部门还做了新叶村的旅游开发方案。但是新叶村周边的农田里还是竖起了一幢幢的新房。

2002年，建德市政府领导开始重视并开展违章建房的相关调查，之后还组织相关部门和大慈岩镇对新叶村开展了违章建房的行政执法工作，政府也采取法律手段对村民的乱建房问题进行了制止，使新叶村避免了一次百年来从未经历的灾难。前十年陈老师团队在新叶村的工作和调研，唤醒了部分新叶村人对自己家乡所承载的价值的认识。他们也许对新叶村所拥有的乡土建筑文化价值没有理解得那么深刻，但是陈老师和李老师每一次来新叶村，就让他们对家乡的自信、肯定增进一分。正是因为有这份自信，村中的有识之人才会积极呼吁。

2002—2007年，新叶村一直处在古村需要保护和村民需要建新房的矛盾之中，破坏时常发生，其间陈老师和李老师每次来新叶也都会发出一声惋惜。事情终于峰回路转，2007年底新叶村人遇上了懂得珍惜文化、尊重文化遗产、懂得新叶村价值的领导，即建德市市长洪庆华和市委副书记梁建华，他们在是否保护的争议声中，坚持着文化保护的梦想。他们准备启动新叶古村的保护工作。如何开始？怎么做？由谁来做？这些问题都要一一解决，在时任其他乡镇领导的李友彬的安排下，洪市长一行亲自来到清华大学陈志华教授的家里，向陈老师、李老师请教：新叶村的保护工作还可以做吗？有价值吗？怎么做？陈老师他们听完市长的话高兴极了——终于有政府领导明白了。陈老师为了新叶的保护工作能做好，还亲自给洪庆华市长写了一封信，在信中对新叶保护工作的意义、步骤、方法都进行了详细的说明和指导。在第二年开春，陈老师和李老师一起来新叶村进行现场指导，之后根据陈老师对新叶村的总体指导意见，建德市场政府专门成立了新叶古村保护委员会，并且建立了保护工作专班。在整个古村落保护工作中，他们的指导起到了关键的作用。新叶古村在市政府领导的直接关心和领导下，经过全体村民的共同努力，终于又慢慢回到了原来那个秀美协调的新叶村。尽管村子与1990年初相比留下了不少缺憾，但是新叶村的整体规划和文脉并没有改变，传统建筑大部分仍在。这次保护工作，让村民又一次认识到了保护乡土建筑与文化的意义，村民的思想得到了统一，也从根本上解决了新村规划用地问题，让村民尝试着发展乡村旅游致富的新方向。陈老师看到它的变化，开心地说"新叶村是中国乡土建筑文化保护工作中，浪子回头金不换的典型例子"。

2009年9月26—29日，在陈志华老师的建议下，由中国战略与管理研究会和中国文物学会共同发起的"第二届中国乡土建筑文化抢救与保护研讨会"在建德新叶召开，中国文物学会名誉会长、国家文物局顾问谢辰生，中国考古学会会长徐平芳等三十多位专家、嘉宾和媒体参加。谢辰生给新叶村留下了墨宝——"新叶古村是中国东南部最典型的农耕村落"，这是对清华大学陈志华教授二十多年研究、保护新叶古村的肯定，也让村民更有了一份对古村落保护的自豪感。

在专家们的重视下，在领导的关心下，在村民们共同努力下，新叶村于2010年被批准为"中国历史文化名村"，2011年公布为浙江省重点文物保护单位，2012年2月入选中国首批传统村落，2013年列入第七批全国重点文物保护单位，同年 9 月入选全国 6 个古村落保护和利用综合试点工作单位之一，是浙江省、中国东南部唯一入选的综合试点单位。

2019 年，陈老师 90 岁了，他再也跑不动了。5 月 31 日，由市文化部广旅体局李友彬副局长带队去北京老年医院探望他老人家。在大家说到新叶村时，半昏迷中的陈老师脸上竟露出了笑容，看来他心里一直惦记着新叶村……

2022 年 7 月 20 日整理

没有陈老师，就没有今天的诸葛古村

诸葛坤亨

　　陈志华老师 1991 年来诸葛村课题调研，当时一同来的有楼庆西、李秋香老师和十多位学生。他们在调研期间住的是收购站的大棚，进出的交通工具是手扶拖拉机，为了诸葛村的乡土保护调研工作忍辱负重。在当时干部群众对古村落的保护工作意识还很淡薄的情况下，陈老师带领的团队深入到群众中调查，访问老人，收集资料，走遍了诸葛村的角角落落，出规划，提建议，向市领导分析诸葛村的历史文化价值和保护的重要性。他的呼吁引起了政府的重视。1992 年诸葛村被公布为兰溪市文保单位，在他的努力下，1996 年又被公布为全国重点文保单位，这使诸葛村的保护工作有了法律保障和依据。

　　我与陈老开始频繁接触是自 1995 年 3 月担任诸葛村村支书开始的，抚今忆昔，当时村集体一无资金，二无经验，群众又不理解，在这最困难的时期是他鼓励我，他说："坤亨，我是跑过大半个地球的人，诸葛村价值将来是了不得的，你相信我，一定要坚持。"在他亲自规划和指导下，1997 年 7 月论证通过了全国第一个由清华大学建筑学院编制的古村落整体保护的《诸葛村保护规划》，为抢救中国的乡土遗产保护工作做出了样板。

　　回顾二十几年走过来的历程，充满了他的谆谆教导和他的鼓励，在他的亲自指导下，诸葛村得到了全面保护，村里的每幢老屋，每条路，每条巷，角角落落都留下了他的足迹。在他的指导下我们建立了乡土文化馆，中医药文化馆，诸葛亮史迹馆，为诸葛村的文化保护和文旅产业发展工作付出了心血。在

《诸葛村志》的编写中，我们写一章寄给他修改一章。在他写给我的几十封信中，倾注着他对诸葛村保护工作的点点滴滴，他是诸葛村保护的第一功臣。我们村民都说："没有陈老师，就没有今天的诸葛古村。"我们诸葛村的村民会永远记着他，感谢他，缅怀他。

陈老师的去世使我们失去了一位好导师，一位好朋友，他对中国乡土保护工作的贡献，忘我工作的奉献精神，刚正不阿的品德，孜孜不倦、精益求精的师德，教育我们，激发我们对保护工作的信念和坚持。他和蔼可亲的音容笑貌永远铭刻在我们的心中。

2023 年 5 月 13 日

楠溪江的父老乡亲永远怀念陈老师

王澄荣

　　我是永嘉县王澄荣，与陈老师认识较早，联系也多。从陈老师第一次来永嘉楠溪江到 2012 年最后一次，跨越二十多年时间，陈老师常对人说自己来楠溪江不少于二十次了，说自己最喜爱楠溪江，楠溪江是他的第二故乡，也是他的母亲河。

　　1999 年以来，我几乎每年给陈老师电话拜年从不间断，与陈老师通电话，一聊都要一小时，陈老师对楠溪江十分熟悉，爱得很深切！

　　记得陈老师 1989 年底第一次来楠溪江，是在原浙江省建设厅张延惠处长的陪同下来考察古村落。两三天下来后，陈老师既激动高兴，又担忧焦虑，觉得对楠溪江古村落的研究、抢救工作已十分紧迫，可当时的永嘉县还是浙江省的贫困县，研究课题经费难以落实，陈老师就说自己要到台湾去"化缘"。第二年也就是 1990 年 5 月，陈老师就邀请了台湾汉声杂志社的专家学者来楠溪江考察，并且争取到了课题经费。1990 年 9 月—1991 年 12 月，陈老师、楼庆西老师和李秋香老师带领清华大学学生对楠溪江中游三十多个村落进行调查、测量、研究。1992 年 10 月，在台湾出版了《楠溪江中游乡土建筑》(一套 3 册)，台湾业界反响很大，但大陆买不到。我们也是在 1997 年，几经周折，花了一万多元通过香港友人购买到十套台湾版的《楠溪江中游乡土建筑》。

　　1999 年 10 月，北京三联书店出版了"乡土中国"系列《楠溪江中游古村落》，中国乡土建筑文化研究开始热了起来。

2002 年秋，为了抢救楠溪江上游古村落，陈老师团队对楠溪江上游黄南、林坑、上坳等古村进行调查研究，并于 2004 年 8 月出版了《楠溪江上游古村落》，在书中陈老师写道：事隔十年再来楠溪江，喜爱上了上游偏僻而荒寒、建筑类型贫乏的小山村，吸引我们的是一种"情结"，一种深深扎根在我们民族精神里的情结，那就是"桃花源情结"。

陈老师总觉得前二次出版书的内容不够齐全，很有必要把楠溪江古村落的研究成果再加以整理。到了 2010 年，永嘉县政府资助二十万元，由清华大学出版社再次出版了研究材料最齐全的、四十六万多字的新版《楠溪江中游古村落》，为永嘉留下了宝贵的文化财富。

陈老师关爱楠溪江，十分关心楠溪江古村落的变化。

1999 年 7 月，我去北京参加世界遗产申报工作座谈会，北京大学谢凝高教授建议楠溪江申报的准备工作要请陈老师指导帮忙。会后当晚，因多年没有与陈老师联系，我怀着忐忑不安的心情，给陈老师家里打了电话，说明自己来北京开会之事，请求陈老师帮忙，陈老师一听，在电话里就说："小王啊，我等了你十年啦！"我提着的心放下了，高兴极了。当晚约好第二天八点半去清华大学乡土研究办公室，次日八点前，我到了建筑系办公楼下，想早点进楼等陈老师的，可门口的老师说陈教授七点半就进来了。进到陈老师办公室，陈老师热情又高兴，已经在桌子上列好了楠溪江申报世界遗产的名称、申报材料的格式和要点，开始耐心地给我分析和说明。

为了提高当地领导干部对古村落的认识和保护意识，陈老师先后两次（1999 年 11 月、2002 年 6 月）在永嘉县委理论中心组学习会上，做了"楠溪江古村落的美学价值"和"楠溪江古村落的保护和合理利用"的报告。

2009 年 10 月，楠溪江本土一位摄影师要出版《楠溪民居》摄影集，想请陈老师为其写序，陈老师欣然答应，还说多谢摄影师不辞辛苦，跋山涉水去一幅一幅地拍摄下来。

2013 年 10 月的一天，陈老师突然主动来电话，焦急地询问了解楠溪江在美丽乡村建设中涉及二十三座祠堂改为展览馆的情况，我在电话里详细说明后他才放心。

2016 年 4 月，我带上《永嘉壁画》画册去北京看望陈老师，在他家里，陈老师开始有点想不起来我和楠溪江，后来翻了几页画册，就马上想起了楠溪江许多往事。我临走时，陈老师还突然说："小王，好像你有位朋友来家里看过我。"我说有好几次了呢。

我知道，陈老师喜爱楠溪江，关心楠溪江，只要我们为楠溪江古村落的保护和合理利用能做些工作，他都很开心，并给予鼓励，但多年以来，让陈老师伤心的事也不少。

好在近几年，县市领导很重视楠溪江古村落的保护，对乡土建筑做了许多抢救性的工作。如枫林镇"千年古城"复兴工程、全县"百家修百屋"行动等都能有组织地开展，社会各界也积极响应，大力支持保护工作。

现在，楠溪江的岩头镇被列入国家级历史文化名镇，屿北村被列入国家级历史文化名村，此外还有多个传统文化村落。芙蓉古建筑群 2006 年被列入第六批全国重点文保单位，楠溪江宗祠建筑被列入第七批全国重点文保单位，楠溪江现共有五处全国重点文保单位，有八个村落被授予中国景观村落称号，永嘉县也拥有全国唯一的中国景观村落群。

陈老师离开我们已有一年多了，我们深切怀念陈老师，楠溪江的父老乡亲永远怀念陈老师。

2023 年 5 月 13 日

陈志华先生与张壁古堡

任兆琮

我国著名建筑学家、建筑教育家，清华大学建筑学院教授陈志华先生因病医治无效，于 2022 年 1 月 20 日晚七时在北京逝世，享年九十二岁。

在张壁工作的人，都知道陈志华先生，大抵因为读过他写的《张壁村》。这是最早，也是迄今最全面记录张壁古堡村落格局和建筑形态的专著。该书甫问世，就成为研究张壁文化的工具书，成了景区讲解必备的教材。

先生最初是在 1992 年，从山西考察乡土建筑归来的研究生邹颖和舒楠女士那里知道张壁村的。1995 年，《人民日报》报道，张壁村"地底下最近发现了保存完好的上中下三层立体古代军事地道网，目前已挖掘开通三千一百米，断续可通的达三千余米，在全国实属罕见"。报道再次勾起引起先生的兴趣。他特别请托赖德霖博士在教学之余，做一做张壁村的工作。

这年 5 月，赖博士来到张壁，花了很多时间，进行基础调研。次年，又来了两次。又次年，博士赴美深造，手头活儿停了下来。行前，他给陈先生留下一千多张照片和一份打印文稿。这些资料，成了研究张壁的珍贵参考。

1998 年深秋，陈先生一行九人来到张壁。其中有楼西庆先生、李秋香女士和邓旻衢、傅昕、唐钧、陈寒凝、尚世睿、周宇等。先生在《张壁村》中描述，他们这回是"正规军大部队"，用词不是"来到"或"进入"，而是满腔豪情地"开进"，很有气势！久盼成行的喜悦跃然纸上。

陈先生他们在张壁待了一个多星期。楼西庆先生住三大寺殿西侧耳房，陈先生和其他人住二郎庙一层的几眼窑洞。当时，那里是村委会，村里安排人做饭。但条件实在是太差了。睡的是土炕，吃的是农家饭，见面不见菜，偶尔才有鸡蛋吃，清汤寡水，幸亏有向村民买来的一只鸡，才让他们欢天喜地打了回牙祭。

这段时间，好像屁股背后有人拿鞭子追着，又好像古堡会突然消失似地，先生和他的队员一分钟也舍不得浪费，夜以继日地赶活。白天走访，测量，绘图；晚上缩在窑洞里，整理资料，爬格子码字。陈先生为人谦和，治学严谨，他的队员们像极了他。

考察还延伸到周边村落。一直陪同调研的，是原介休纱厂退休、数十年孜孜不倦研究张壁的张壁村人郑广根先生。另外还有当地城建部门的工程师霍光裕。郑广根对笔者说，先生为人谦和，没有架子，跟人很处得来，村里人对他印象极好。郑先生还说，陈先生不怕吃苦受累，起早搭黑地工作，精神气十足。

这次调研的成果，最后以《张壁村》一书呈现。书中有大量张壁村街巷和传统建筑的测绘图，有当时可见的碑文内容摘记，有精心整理的古堡大事记，也有记录当时生活场景的充满乡土气息的摄影作品，涵盖全面、精准细致。然而更令人叹服的，是陈先生的叙写风格。

《张壁村》表述严谨，逻辑严密，考证充分，论专业自是巨擘巨献，然而这样一部专著，却不像别的作品那样生涩古板，读起来一点也不枯燥。这简直让人怀疑先生本该是个文学大家，是不小心入错了行的。

看看下面这段文字：

> 秋风劲了，软软地冒出的几缕白烟，把村子罩得朦朦胧胧，田野早就没有人了，却见两个女孩子，背着小小的行囊，踩着几寸厚的浮土，走进了张壁村的大门。她们就是清华大学建筑系的硕士研究生邹颖和舒楠。她们并不认识村里的什么人，只听人说起过有这样一个古堡式的村子，就一路打听着，自己摸到村里来了。

2011 年 9 月 11 日，陈先生携夫人再次来到张壁。凯嘉集团路斗恒先生陪同。也是深秋，天气突然变得寒如严冬。路先生紧急安排给两位买来衣服御寒。他们进行了愉快且深入的交谈。开发过程中，旅游公司十分注重传统建筑和村落风貌的保护。看不准的事儿，宁肯放着不动，也不乱来。先生整个堡内看遍，对旅游公司的做法很是满意："你们能够这样稳，没有大动，这就对了。"

　　就古堡的保护开发，陈先生提了很多建议。十多年来，这些被当作重要原则，得到很好的遵循。从陈先生初来张壁到现在，已经过去了二十三年。二十三年，是孩童到成长为壮实后生的时间。从"藏在深闺人不识"的偏僻小山村到山西颇具影响力的国家 4A 级景区，越来越多的人知道了张壁，越来越多的人来张壁旅游观光，感受北方古村落和传统文化的魅力。先生之功，不可泯矣。

陈志华教授与江山历史文物保护

何蔚萍

2003 年，我是浙江省江山市分管文化教育的副市长。当时，为了保护廿八都古镇，我到谢晋导演家里，想请他为我们廿八都拍部电影，在谢晋导演家里看到了一本名为《楠溪江中游古村落》的书，那么精美，那么大气，让我深感震惊。仔细看作者名，原来是陈志华教授。我通过 114 查询台找到了清华大学陈志华教授的电话号码，然后专门去到清华大学，邀请他为我们江山的廿八都古镇写一本书。廿八都古镇，这个独特的古镇，有一百四十二个姓氏，十三种方言，其建筑风格之多样，集浙式、徽式、闽式、赣式、欧式于一体。

后来，陈志华教授来江山几次，进行了全面的考察。他看到了我们的三卿口古瓷村，告诉我们这是中国唯一完整保留的手工制作瓷器工艺的村落，应该成为国家级文物保护单位。于是我们向国家文物局申报，最后三卿口村成功成为国家级文物保护单位。就是在三卿口，陈志华教授告诉我们，比龙窑更珍贵的，是馒头窑，因为那才是最原始的古窑。后来在我们江山清湖镇的和睦村发现了大片馒头窑的窑群时，我非常兴奋地打电话，陈教授马上乘飞机赶到江山。在他的指导下，和睦村六十多个馒头窑得到了完整的保护，并修建了彩陶博物馆和陶艺体验馆。用七栋古建筑异地修建的和睦别园，已经成为浙江省最高等级的白金民宿。

陈教授还考察了清湖码头。这是钱塘江最上游的一个码头。他告诉我们，你们的清湖码头太好了！他一条街一条街地走，一条巷一条巷地穿过。他跟那些老匠人们一个个亲切交谈。他跟我说，你一定要把清湖码头保护好。然而，当时的清湖码头破坏得已经相当严重，因为它在一个经济非常发达的地区。江山市的家庭工业几乎与温州同时起步，被称为"小温州"。清湖码头当年是海上丝绸之路的咽喉之地，有十七个埠头，包括盐码头、布码头、南货码头、木码头等。货物从京杭大运河运到杭州，然后转钱塘江，清湖码头就是钱塘江最南源的一个码头。到这里，浙人舍舟登陆，闽人舍陆登舟。货物卸下来，用扁担挑。江山历史上曾经有十万挑夫，他们翻山越岭，沿着仙霞古道来到廿八都古镇，住一宿，第二天继续挑着货物到福建的浦城，入闽江，到泉州出海。

我找到清湖镇的党委书记说：陈志华教授说了清湖码头非常好，一定要保护好，我也知道你没有钱，那这样吧，所有的新房子全部建到外面去，老房子一栋也不能再拆。于是清湖码头就一直保留了当时的样子。现在，清湖码头成为浙江省古镇修复小镇建设的示范镇，并在上个月举行了隆重的开街仪式。这个千年古码头终于迎来了它的高光时刻。

陈志华教授还指导他的学生罗德胤博士，花了几年的时间，写下了仙霞古道系列丛书，一共五本，分别是《清湖码头》《峡口古镇》《廿八都古镇》《仙霞古道》和《观前码头》。丛书对江山的历史文化进行了完整的记录、梳理，成为江山文物保护的专业指导书籍。今年这套系列丛书将由中国建工出版社再版。

按照陈志华教授的指导，我们联合福建浦城县政府向建设部出申请，将仙霞古道作为海上丝绸之路陆上交通段申报世界遗产。也正是因为按照陈志华教授的指导，我们的古镇修复秉承了维持不倒、尽可能少干预、尽可能修旧如旧的原则。他希望我们能在古镇里做可逆性的民宿，希望我们要重视当地的专家，运用当地专家来修复古建筑。他的谆谆教导，至今犹在耳边回响。

今天，清湖码头已经成为历史保护街区和浙江省特色小镇，三卿口古瓷村已经成为国家级文物保护单位，廿八都古镇成为国家级历史保护街区和国家5A级景区，江山市也成为国家级首批全域旅游示范市。

我们一直希望有机会邀请陈志华教授重回江山，再来看一看他当年所要求保护下的古建筑。我们总想等一个更好的、更合适的机会，没想到却再也没有机会了。陈志华教授保护下来的这些精美的建筑和古村古镇，将永存江山的山山水水间，作为今天送给未来的礼物而代代相传。他为江山文物保护工作做出的巨大贡献，将永远铭刻在江山人民的心里。

"我跟你说"

何晓道[*]

"我跟你说"是您的口头禅。早年，您跟我说，祖国是唯一的，要热爱祖国。您老跟我说，我们的祖国没有外敌，不应该有外敌，没有外敌的国家是幸运的国家。您又深情地跟我说，祖国百年来苦难深重，要珍惜和平，要维护正义。

我看着您衰老的面容，听您深沉地跟我说。那时候，您思维清晰，是富有智慧的老人啊。晚上，清华宿舍里传来您语无伦次的声音，答非所问的言语，我突然意识到您有了老年病，真的老了。

您总是跟我说："我老了，乡土的研究和保护有太多的工作要做，已经力不从心了。"您每次都是沉重地、伤感地跟我说的。

是的，您的学生大多数离开了您身边，他们需要更美好的生活呀！您做的研究是公益的，您的老学生也要带着病体退休了。您担忧许多乡土遗存消失在历史中，常常含泪要求我收集乡土文物中的农耕器具。

是的，这么大的一个民族，一个国家，有着几千年传统的乡村秩序，突然在这几十年里改变了。我们还没有用心关注，还没有静下心来思考，乡村文明悄然衰落在我们手里。千百年的手工时代，居然在我们这一代人手里基本停止，在我们这代人的手里结束。大家都忙着谋生、创业，忙着吸收外来文明，

* 浙江宁海人，创建浙江宁海江南民间艺术馆和宁海十里红妆博物馆。

在不知不觉中，自己民族的思维方式、生产方式和生活方式悄然淡去，传统的宗族和乡绅治理制度退出了历史舞台。

是的，我们前三十年仍然有原生态的生存环境，纯手工的生活方式；而后三十年便基本进入了工业化时代，衣、食、住、行发生了彻底的改变。这千百年传承的生产方式、生活方式在当下被改变。我们这辈人生在木屋里，却大多数要在水泥屋中离世。

传统文化总得要有人整理，哪怕是粗浅的记录。您总是要求多拍照、多记笔记。您担忧曾经有过的历史事实淹没在黑暗中，更担忧有人为自己的利益重新造一段历史，如同您痛骂拆了古建筑、新造仿古建筑的行为。您痛恨那些大拆大毁优秀古城古村的人，您常常说："有些城市如果保留住 1990 年代初的模样，这些城一定有文化遗产价值，这个价值是实实在在的财富。"您是流着泪感叹，有多少优秀的古城古镇古村消失了。

您经历了您的老师梁思成先生和林徽因先生为保护古城而遭遇的苦痛，您悲愤地看到梁先生的故居竟也在几年前被拆毁。您悲叹那么多有权有钱的人漠视文化遗产，也无奈于他们的自私与无知，好端端的古城所剩无几，好端端的村落和古建筑转眼消失，您痛苦时也会苦笑，甚至有无情的嘲讽。

事实上，您不必跟我说，我也知道您的痛苦和无奈。

您不弃我这个乡野初中毕业的小辈，为我《江南明清门窗》和《江南明清建筑木雕》作长篇序言。您即使在思维混乱、患轻度阿尔茨海默病的今晚，仍不忘我家移建的小楼，没忘记我的电话号码，没忘记我妻子烧的土菜好吃。

那一年，与您从东园出发，由浙东西行，寻找您七十年前曾经走过的逃难之路。我们一路走，您一路讲述您的故事。

那是一条您出生和您优养的宁波被日本人侵占后，当年逃难的路线。1941年 4 月宁波失守，虚龄十三岁的您随学校经奉化、新昌、东阳到义乌，照顾您的老家人不幸因日本人在义乌投放的鼠疫病毒感染去世，您被隔离在一座孤零零的破屋的二楼，用竹竿勾住竹篮取得食物，一个少年的您在等待死亡，天怜您竟然不死而活了下来。

继续西行到丽水，我们一路寻找您曾经上过学的宗祠，到景宁畲族自治县大漈山乡，竟然见到了记不起来脸孔的白胡子梅老先生，您和他对上许多当年老师的名字，有着当年学校曾经发生过事件的共同记忆。言语间，每每您和梅先生对上老师的名字，或发现有过共同相知的故事时，双目相看，泪水会在您俩的脸上滴落。九十三岁的梅先生身体健强，手拉着并且扶着八十三岁的您参观了著名的江南宋元建筑群时思寺。

后来您和梅先生还通信多年，几年后，您告诉我，给梅先生去信无回，老人可能已经不在人世了。是的，生命是有规律的，九十三岁的您也走了。

疫情前，我与妻北上来京看您，卧病的您基本上不看世界，也不闻世人的呼唤，我无奈看着您的面孔自语，告诉您我对您的深爱。我把您少时熟悉的宁波土话的儿歌在您耳旁吟起，那是您当年五十多年后第一次回宁波时在半夜里告诉我的儿歌。我用宁波土话对您吟着："犯惯犯惯真犯惯，贼啦儿子要造反，宣统皇帝关牢监，正宫娘娘送监饭。"突然听到您闭着眼睛，激动地说："很好，很好。"护工惊喜地告诉我们，您已经许久日子没有说话了。我们却又要离开病床上的您。

又一年，我去北京，却因为疫情不能去医院看您，而现在也只能遥望北方，为您祈祷，愿先生一路走好！

思维、文字、情感：悼陈先生

阿　福[*]

斯人已去，这在清华大学，抑或中国建筑学界，是一个早有预料的哀事。毕竟先生久卧病榻，很多人都知道，但惊愕依然袭来，感觉有更大的悲哀，教人说不出话来。我见过先生三次，累计的单独交谈，怕是只有三句话。在兰溪一家酒店的电梯里，凑巧就我们两个人，先生问我从哪里来。先生忘了半年前从无锡赶到杭州聆听他讲演并与他同桌进餐的我不足为奇，偏偏他还忘了有过那个杭州会议。可能在先生眼里，那种给行政人员讲古村落的场合过于频繁，而且作用有限，明知子规唤不回东风，仍"日日夜夜地啼叫，直到喉咙里溅出最后一丝血"。

先生师从梁思成、林徽因夫妇，日后在清华园里以外国建筑史为授业，及至退休以后，才介入中国古村落的调查工作，成为清华三人小组的领头人。最早在书店里读到先生的《楠溪江中游古村落》，那是 1999 年，就感觉这本书文字好，记住了作者的名字。也没在意他是清华教授，也不知道这是他本人将一份不免枯燥的科学调查报告，改写为引人入胜且情感丰沛的散文体例，只晓得这是写古村落最好的一本书。及至 2002 年，我自己写安徽泾县的古村落时，就把陈先生书中专业的及非专业的词语，几乎挨个往电脑里打一遍。我亦步亦趋，只是一个万金油一样的自由撰稿人的权宜之计，但了解先生的用词、情感

---

*　作家。曾获江苏省首届"紫金山文学奖"。

和思维，以及解剖中国古建筑乃至古代村落文化的洞察，是有享受感的。到了2007年，被先生称为摄影大师的李玉祥问我去不去杭州听先生一个讲演，我欣然而往。尽管先生日后已经忘了那场讲演，这隔了十余年，我仍记忆犹新。有人称先生是建筑学界的鲁迅，这倒不是讲他文笔好而是言辞犀利，不管台上台下有什么人，不管伤没伤什么人的面子，不管起不起作用或会不会挨骂，该说的会说出来。他自嘲坐在主席台上是坐在了群众的对立面。他说文物是你们的，你们高兴怎么干就怎么干，既然你们要我来，我就讲一讲我的建议。但这不是一句两句的建议，而是一堂有世界视野的建筑讲座。他呼吁不要强调自己的特殊性，而是要尊重国际原则。他说西方的石头建筑比我们的琉璃瓦更难保护。他讲到了德国的德累斯顿，意大利的帕多瓦，看人家是怎么处理石头风化的。又讲美国有七十余种保护石头的方案，这就刺激了一个产业，并形成一门科学。又说到意大利的拿波里，那是亚平宁山的几个小村子，那儿山路弯弯，人迹罕至，一会儿下几分钟雪，一会儿又出太阳了，还有吓人的地震，搞文物保护的人搭帐篷住在山里，几个星期只吃干粮不洗澡，就为了研究墓地上的那些小石碑该如何保护。有个搞建筑变形的爱尔兰人，在地震地区跑来跑去，定时记录原始数据。一次陈先生在一个国际会议上私下问这个人你怕不怕，他说我是搞古建筑保护的，这是我的职责，死也就死了。这是一个小青年，而且没有报酬。先生对人家的敬仰之情是溢于言表的。他直言我们的建筑复原维修跟人家比差得远。他认为拿化学物质修复蚝壳墙是胡闹。他说古建筑保护最大的敌人就是建设部。

熟悉先生的朋友讲，先生的父亲做过多年宁波地方长官，跟蒋介石有私交。他到了台湾，当了财政次长，因为不同意宋美龄建圆通饭店，不拨建造款，被调到税务总局当局长，但上面没想到，他又查出圆通饭店偷税漏税多少，开了多少多少万的罚单。陈先生父亲坚持正义的耿直品格，应该是一种基因，流动在先生的血液里。

半年后，李玉祥要陪先生去诸葛村旧地重游，问我去不去。我再次从无锡赶到那个古村子，现场听先生讲古建筑。先生的三人小组已经在楠溪江待了两年，在建德的新叶村待了一年，然后马不停蹄地来诸葛村。那是1992年，他在这里待了整整一年时间。

那是边走边讲。诸葛村在我眼里，是全国古村落保存最好的一个村子，此前我曾走马观花地走过一趟，只晓得这村子好，但说不清楚它好在哪里。先生背着手穿行在巷道里，他引导本村的诸葛村长往几个幽静处走。他对古人在建筑上的用心是一眼就看得出来的。一堵石头矮墙上冒出一枝细细的翠竹。一个很不起眼的小门楼藏在小巷深处是经典之作。这边的石头体积感好。那边的铸铁街灯不错。先生或点到为止，或详尽言述，行止自若，谈笑风生。

看到一处被改动的门槛，先生就说以前的檐头是挑出来的没按原样修复。看到半块水泥，先生就难受如鲠在喉。看到一处因失火被焚毁的老房子，先生就心疼地讲这里有什么那里有什么，村长连连点头称是。李玉祥说这个门楼是香山帮的东西，先生就详述它是怎么从苏州运过来的，这连村长也不知道。

而这样的现场专业讲解，时不时给岔到非建筑的别处去。先生看到一个十岁女孩背着她的弟弟迎面走来，就伸手托一把给姐姐分担一份力。先生看到一位坐在门前剥一捧豆荚的老婆婆，就讲十五年前另一位老婆婆成天坐在这里织袋子。老婆婆人呢，要见个面。围过来的村民讲，先生记忆中的那个婆婆已经走了，先生摇头唏嘘一番。

这样的边走边聊，就走到天黑了，走到行堂路48号，其砖雕门楼上的四个字刻得古雅，我一个都认不出来。这家人家已经在吃晚饭了，先生坐到人家给他让出的太师椅上。滴酒不沾的他，问主人有没有酒。他说当年他在这里是"走到哪一家吃哪一家，碰到什么就吃什么"的。难怪先生于古村落的文字，有丰厚情感的流露。

三年后，李玉祥驾他的红吉普带我去清华园，先生已在路口等候多时。车子停在建筑学院门口，我们一同参加冯骥才在清华主持的"《中国古村落代表作》编纂工作座谈会"。这是我头一回来清华，也是头一回看到匆匆而来匆匆而去的罗哲文教授。我曾在《安徽泾县》一书里面，提及罗教授给陈村翟氏祠堂题写"中华第一祠"正门匾额。陈先生则自始至终在会场上，严谨探讨编纂工作的各个操作细节。先生是 1988 年开始做古村落的，已经有了四十本书。他说他是三四个人带十余个学生，规定一年只做一个村子，但还是做得不够好。

参加讨论的十六位专家学者有巨大分歧。在先生看来，一个县就有上百个古村落你选哪个好，若东部卷选定五十个代表村落，单是考察遴选的时间，起码一年以上，而急于求成的人则主张，从编纂到出版最好在三个月内完成；而且，文字量也有悬殊分歧，有人讲每个村落应在五千字左右，也有人认为五百字就够了。先生说："我们要讲科学，不是我泼冷水，几个月搞测绘图根本就不可能，兼职的不行，专职的也不行。"而测绘图是罗教授的一个提议，可惜他要赶飞机，未能讨论操作层面上的事。

会议安排我承担东部卷的文字工作，浙闽苏三省挑出了三十四个村落，其字数定在两千字左右。诸葛村我写了 2163 字，单是摘引陈先生《诸葛村》一书的几个段落，就多达 1178 字。一者我写不出先生这样的文字，再者我是以此表达对先生的一份敬意。

　　钟塘西南角的一条巷子，穿过两个有树木花草的小空地，就登高到了一个岭脊，右前方可以一直望到西边远处的层层青山。转一个弯，踏着裸露的紫砂石基岩下坡，就是上方塘。塘边长满一人多高的芦苇，点缀着几株木芙蓉，一派田园风光。

这仿佛读的是海明威小说里面不动声色的情景描写。先生对古人的敬意，流露在字里行间。这是先生拿他的深厚文字功底来表达他对古村落的观察、理解和情感，这迥异于拿古村落来炫弄本人文字的那些人。这座古村子曾被时任县长贴了一个用以招揽游客的标签"八卦村"，有人不明就里，还在同济会议上，当面指责先生以此哗众取宠，这把先生气得半死。诸葛村长当面给先生下保证：这"八卦"二字，不写入村史镇史。

2015 年我第二次走进清华园，一边吃晚饭，啤酒喝起，一边拿小本子采访一桌子的硕士博士，他们作为志愿者，曾在新疆阿合奇有过一两段边地工作经历。酒喝了一半，交谈也很热烈，但感觉没啥收获。于是我讲起海明威写钓鱼的细节，鳟鱼被拉出水面的那一刹那，你有过怎样的观察、感受及记忆，我要这样的回忆。清华学子确实厉害，只这么点了一点，丰富生动的东西，就一个一个从他们嘴里冒出来。这些学子中，居然有建筑学院的，一位名叫马宁的女生，就曾经跟随陈先生做过楠溪江古村落，在那里画过建筑测绘图。按时间推断，应是先生三人小组于2002年开始的楠溪江上游古村落调查。

马宁讲得最好，不但细节丰富，而且情真意切，而且言辞细腻，一桌子的嘈杂，顿时宁静寂然。可惜她说的那些话写不到书稿的正文里，于是我在作为后跋的采访手记中，几乎一字不落地记载了她的那段原话："……我们到远山去，那儿三面环山，散落着稀疏的人家，那些干打垒的破房子，存在了很多很多年了。我低头弯腰进去，一个柯尔克孜族阿姨，她对陌生人十分好奇，一脸诧异表情，然后朝我笑了一下，给我吃的，给我喝的。那些房间很大，炕也很大，炕上墙上全是毯子，粗看你觉得朴素感强，细看后才发现屋里装饰品很多，其图案丰富，颜色更丰富，而且夸张华丽，这跟外面的干打垒土墙形成鲜明对比……"

因为采访主题不同，次日一早我就走了，没能单独跟马宁聊一聊她的老师陈志华教授，不然会有更多的细节给我在本文中写出来。我无法断定马宁读过陈先生的书，若读过的话读了多少本，亦无从晓得她受陈先生多大影响，以及对先生的田野工作有多少记忆，但我看得出来，马宁的言语、思维和情感，与先生一脉相承。她说"天上的云朵体积感特强"，这不免让我想起诸葛村那堵矮墙上缝隙很大的意外爆出一枝翠竹的一叠粗朴蛮石，并想起陈先生平静评述的音容笑貌。